Holger de Vries

# Brandbekämpfung mit Wasser und Schaum

ecomed
SICHERHEIT

**Bibliografische Informationen der Deutschen Nationalbibliothek**
Die Deutsche Nationalbibliothek verzeichnet diese Publikation in der Deutschen Nationalbibliografie; detaillierte bibliografische Daten sind im Internet über <http://www.dnb.de> abrufbar.

Bei der Herstellung des Werkes haben wir uns zukunftsbewusst für umweltverträgliche und wiederverwertbare Materialien entschieden.



ISBN 978-3-609-77509-8

E-Mail: kundenservice@ecomed-storck.de
Telefon: 089/2183-7922
Telefax: 089/2183-7620



www.ecomed-storck.de

Bildautoren:
Titelbild, Startbilder 3, 4: Heiner Lahmann
Startbilder 1, 2, 5, 6: Dr.-Ing. Holger de Vries
Startbild 7: Los Angeles Fire Department



Satz: Fotosatz Buck, Kumhausen
Druck: Westermann Druck GmbH, Zwickau

# Inhaltsverzeichnis


**Vorwort** .......... **7**

**Der Autor** .......... **12**

**1 Brandbekämpfung mit wässrigen Löschmitteln** .......... **13**

1.1 Brennen und Löschen .......... 13
1.2 Wasser und wässrige Löschmittel .......... 16
1.3 Einsatz reinen Wassers bei unterschiedlich hohem Förderdruck mit unterschiedlichen wasserführenden Armaturen .......... 32
1.3.1 Hochdrucklöschverfahren .......... 34
1.3.2 Hochdruckpumpen und Schnellangriffeinrichtungen mit formstabilem Druckschlauch .......... 36
1.3.3 Hochdrucklöschverfahren mit Zugabe von Abrasionsmittel (Schneidlöschverfahren) .......... 41
1.4 Unterschiedliche Applikationsmethoden .......... 55
1.5 Wirtschaftliche Aspekte des Löschmittels Wasser .......... 65
1.6 Wässrige Löschmittel mit Gelbildner-Zumischung .......... 68
1.7 Wässrige Löschmittel mit Retardant-Zumischung .......... 72
1.8 Wässrige Löschmittel mit Schaummittel-Zumischung: Netzwasser und Feuerlöschschäume .......... 72
1.8.1 Technische Entwicklung des Löschmittelsschaum .......... 72
1.8.2 Schaum- und Schaummittelkennzahlen .......... 79
1.8.3 Schaumtypen .......... 81
1.8.3.1 Proteinschäume (PS) .......... 83
1.8.3.2 Fluorierte Proteinschäume (FPS) .......... 83
1.8.3.3 Filmbildende, fluorierte Proteinschäume (FFFP oder 3FP) .......... 84
1.8.3.4 Wasserfilmbildende Schäume (AFFF oder A3F) .......... 84
1.8.3.5 Mehrbereich-Schäume (MBS) .......... 87
1.8.3.6 Class-A-Foam-Schaummittel (CAFSM) .......... 91

**2 Feuerlöschkreiselpumpen, Schaummittelzumischung und Druckluftschaumanlagen** .......... **99**

2.1 Auslegung der Feuerlöschkreiselpumpen .......... 99

2.2 Grundlagen der Schaummittelzumischung ........ 104
2.2.1 Systematik der Zumischsysteme ........ 106
2.2.2 Das Wasserstrahlpumpen-Prinzip ........ 108
2.3 Saugseitige Zumischung ........ 109
2.3.1 Tankvormischung (batch mixing) ........ 109
2.3.2 Saugzumischung (suction side proportioning) ........ 111
2.4 Druckseitige Zumischung ........ 118
2.4.1 Ungeregelte, zentrale und/oder dezentrale Zumischung mit Netzmittel-Kartuschen ........ 118
2.4.2 Manuell geregelte Zumischung ........ 121
2.4.2.1 Zumischer ohne Umlaufkanal (eductors) ........ 121
2.4.2.2 Zumischer mit Umlaufkanal – Z-Zumischer (by-pass eductors) ........ 130
2.4.2.3 Groupe Leader Mix 200-1000 V2 ........ 143

**3 Einsatztaktische Aspekte der Schaummittelzumischung ........ 145**

3.1 Extensive und intensive Schaummittelversorgung/-abgabe ........ 145
3.2 Befehlsgebung Schaumeinsatz ........ 146
3.3 Zeitfaktoren ........ 148
3.3.1 Transportzeit ........ 148
3.3.2 Reaktionszeit der Zumischeinrichtung ........ 149
3.4 Druckluftschaum ........ 153
3.4.1 Druckluftschaumsysteme mit Kompressoren ........ 158
3.4.2 Druckluftschaum und die Realität ........ 164
3.4.2.1 Hohlstrahlrohre und DLS/CAFS ........ 164
3.4.2.2 Die Hydraulik des Löschangriffs vs. die Mess-Regel-Technik einer Druckluftschaumanlage ........ 168
3.4.2.3 Messung des Druckverlaufs an mit Wasser oder Druckluftschaum gefüllten Schlauchleitungen während des Betriebs ........ 169
3.4.2.4 Der „Tübinger Unfall“ und seine (vorübergehenden) Folgen ........ 181

**4 Löschmittelauswurfvorrichtungen (LAV) und tragbare Schaumgeräte . 185**

4.1 Volumenstrom, Leitungslänge, Leitungsdurchmesser und Auswahl von (Hohl-)Strahlrohren ........ 194
4.2 Applikationsraten für die Brandbekämpfung mit Schaum bei zwei- und dreidimensionalen Bränden ........ 217
4.3 Einsatz von Wasserwerfern, Monitoren und Wenderohren ........ 222
4.4 Werfer mit Automatikdüsen und oszillierende Werfer ........ 228

4.5 Lösch- und Schutzdüsen an Fahrzeugen ..... 229
4.6 Unfallverhütung und Ergonomie ..... 230

**5 Toxikologische Bewertung des Einsatzes von Schaum ..... 235**

5.1 Trinkwasserhygiene ..... 235
5.2 Schaum(mittel) in abfließendem Löschwasser ..... 235
5.3 Zur Problematik der Fluorcarbontenside: Richtlinie 2006/122/EG ..... 239

**6 Praktische Umsetzung ..... 241**

6.1 Ein neues Löschmittelkonzept ..... 245
6.2 Ausbildung und Einsatzerfahrung von Feuerwehrangehörigen in Deutschland ..... 251
6.3 Einsatztaktik bei Holz- und Holzmischbauweise ..... 256
6.4 Einsatztaktik bei Flüssigkeitsbränden ..... 259
6.5 Arbeitsschutz ..... 264
6.6 Fahrzeugtechnische Umsetzung ..... 267

**7 Zusammenfassung und Ausblick ..... 279**

**Glossar ..... 285**

**Literatur, Quellen und Erläuterungen ..... 287**

**Stichwortverzeichnis ..... 319**

# Vorwort

Die Feuerwehren stehen erheblichen personellen, strukturellen und finanziellen Problemen gegenüber. Die Zahl der Einsätze ist steigend [1; 2; 3], die Brandschadensummen sind bereits bis Ende der 1980er-Jahre exponentiell gestiegen und bleiben seit dem auf hohem Niveau [4; 5], gleichzeitig gibt es bei den Feuerwehren Probleme, Geräte zu beschaffen und ausrückende Fahrzeuge adäquat zu besetzen. Bei den Berufsfeuerwehren sind Löschzüge – sofern es diese heute noch gibt – mittlerweile fast immer unterbesetzt. Freiwillige Feuerwehren haben Probleme, ihren Nachwuchs zu halten [6] und tagsüber Alarme zu bedienen, weil viele Mitglieder aus ihren Wohngemeinden pendeln oder die Arbeitgeber unwillig sind – trotz der gesetzlichen Verpflichtung – die Feuerwehrmitglieder freizustellen [7].

Zudem mussten die Feuerwehren in den letzten Jahrzehnten neue Aufgaben übernehmen. Zu problematischen Brandszenarien mit Bränden in Recyclingbetrieben und Industrielagern mit Kleinladungsträgern aus Kunststoff kamen insbesondere Technische Hilfeleistungen in einem immer stärker werdenden Umfang und Einsätze in den Bereichen „Gefährliche Stoffe und Güter“ sowie Umweltschutz und Löschwasserrückhaltung. Weitere Aufgaben und neue Herausforderungen kommen auf die kommunalen Feuerwehren zu: Im kommunalen Bereich werden die Feuerwehren heute schon mit neuen, brennbaren Baustoffen konfrontiert: Holzhäuser in „amerikanischer“ oder „skandinavischer“ Bauweise, Hausbooten, Papierfasern und Kork als Dämmstoffe und insbesondere Fassaden-Außendämmungen [8; 9; 10; 11; 12; 13]. Diese Einsatzszenarien erfordern ein Überdenken und ggf. ein Überarbeiten der anzuwendenden Brandbekämpfungstaktiken.

Die Verbesserung von Brandbekämpfungstaktiken erfordert zunächst die Auswertung von Erkenntnissen aus Forschung und Praxis. Die deutschsprachige, wissenschaftlich ausgerichtete Literatur (Herterich [14], Schleichl [15], Schreiber/Porst [16]) stammt aber bereits aus den 1960er bzw. 1970er-Jahren, sodass viele Erkenntnisse nicht mehr angewendet werden können. Der Literatur für den Feuerwehrpraktiker (z.B. Rempe [17], Hamilton [18]) dagegen fehlt es an Literaturverweisen, um bestimmte Probleme genauer zu untersuchen.

In den letzten Jahren hat sich viel getan: Konzepte und Verfahren, die der Verfasser angeregt hat, sind mittlerweile umgesetzt worden: Hohlstrahlrohre waren zunächst (2002) in DIN 14367 und mittlerweile europaweit in DIN EN 15182 „Strahlrohre für die Brandbekämpfung“ genormt worden. Damit ist auch europaweit die Prüfung gegen elektrischen Durchschlag weggefallen, auch wenn einigen Mitgliedern von Gremien in Deutschland dies immer noch nicht ganz klar geworden zu sein scheint. Die AGBF in Nordrhein-Westfalen hat jedoch frühzeitig sachgerecht reagiert und entsprechende Hinweise für die realistische Brandbekämpfung in elektrischen Anlagen herausgegeben. Des Weiteren ist die „Ordnungsbehördliche Verordnung über Feuerlöschmittel und Feuerlöschgeräte" gefallen, was zur Folge hatte, dass u.a. die Prüf- und Versuchsstrecke an der LFS Regensburg zum 31.12.2005 aufgelöst wurde. Zwischenzeitlich sind fast alle wasserführenden Armaturen europäisch genormt.

Sicherheitstechnische Anforderungen, die der Verfasser für Druckzumisch- und Druckschaumanlagen gefordert hat, sind zumindest teilweise in die entsprechende DIN 14430 „Druckzumischanlagen und Druckluftschaumanlagen" und die nachfolgend formulierte ISO-Norm eingeflossen. Hohlstrahlrohre und Druckzumischanlagen haben Eingang in die entsprechenden Normen der Löschfahrzeuge gefunden. Gleichermaßen sind aber Warnungen, die der Verfasser in Vorträgen und Seminaren hinsichtlich der Verwendung von Druckluftschaum im Innenangriff formuliert hatte, geflissentlich in den Wind geschrieben worden. Das Platzen eines mit Druckluftschaum gefüllten Schlauchs hatte im Dezember 2005 einen nicht unerheblichen Anteil am tragischen Tod zweier Feuerwehrangehöriger in Tübingen.

Wenngleich der Einsatz von Netzwasser und die Verwendung von Hohlstrahlrohren mittlerweile deutlich weiter verbreitet sind als noch vor 20 Jahren, so darf dies nicht darüber hinwegtäuschen, dass viele Feuerwehren von dieser Technik und deren Anwendung noch rein gar nichts mitbekommen haben – einer Technik, die in der DDR ab den 1970er-Jahren Standard war!

Dieses Buch versteht sich nicht als tagesaktuelle Zusammenstellung von Kennblättern und Bedienungsanleitungen der Hersteller von Löschanlagen und -geräten, sondern technische Systeme werden grundlegend und anhand einiger Ausführungsbeispiele erläutert. Daher obliegt es weiterhin dem potenziellen Anwender, im Rahmen von Ausschreibungen derartige Informationen beim Hersteller anzufragen und selbst für sich auszuwerten – üblicherweise legen die deutschen Feuerwehren sonst ja auch sehr viel Wert darauf, dass alles „den örtlichen Verhältnissen angepasst ist". Rumpf beschrieb 1952 das Feuerwehrwesen in Deutschland in den 1930er-Jahren folgendermaßen [19]:

> *„An Bemühungen zur Herbeiführung einer größeren Vereinheitlichung des Feuerlöschwesens, schon allein aus volkswirtschaftlichen Gründen, hatte es auch vordem nicht gefehlt, aber Kleinstaaterei, Selbstsucht und persönliche Eitelkeiten hatten dies immer verhindert. Sie fanden stets eine Ablehnung unter der Begründung, dass die Verschiedenheiten der örtlichen Verhältnisse eine einheitliche Regelung nicht zulasse bzw. um der Entwicklung und den Eigenarten in den einzelnen Länderteilen nicht vorzugreifen. Und dabei lagen die Mängel der Zersplitterung überall deutlich zutage: Verschwendung von Geld und Arbeitskraft, schlechte Ausnutzung erprobter Methoden und Mittel, Unsicherheit und Willkür behördlicher Bestimmungen, Unklarheit der rechtlichen Beziehungen – in der Folge letzten Endes immer wieder erhöhte Brandschäden. In jedem Lande galten andere feuerpolizeiliche Bestimmungen, was in dem einen erlaubt war, war in dem anderen verboten. Es galt gewissermaßen als Ehrensache, dass jedes Land*

*eine von den anderen abweichende Organisation hatte. Wo einmal die Durchführungsbehörde eingreifen wollte, musste sie sich mit Hinweis auf die leichteren Bestimmungen des Nachbars Rückständigkeit vorwerfen lassen. Was den eigentlichen feuerwehrtechnischen Apparat betraf, so konnte jeder Feuerwehrführer praktisch sich jedes, auch das ausgefallenste Gerät bauen lassen, jede Gerätefirma jede von ihr entwickelte Konstruktion auf den Markt bringen, jeder „Erfinder" für seine absonderlichen Ideen so viel Dumme suchen, wie er fand."*

Man mag über die historische Person Rumpf streiten – allein seine 70 Jahre (!) alte Analyse liest sich, als wäre sie von heute. Warum in Deutschland jedes Bundesland seine eigene Bauordnung haben muss, verschließt sich dem Verfasser, der im Einzugsbereich dreier Bundesländer lebt und arbeitet, nachdem er in einem vierten Bundesland seine Ausbildung durchlaufen hat. Und warum in einem Bundesland Tanklöschfahrzeuge keine Saugschläuche mehr mitführen müssen, ist auch nicht ganz klar.

In diesem Buch findet auch nicht jede skurrile und angeblich unheimlich effektive „Neuentwicklung" Berücksichtigung – dies würde sie im Zweifelsfalle nur unnötig aufwerten und Platz für wirklich wichtige Dinge wegnehmen. Der Verfasser erlaubt sich hier den Luxus der sachgerechten, aber freien Entscheidung. Daher nehmen rot lackierte Hochdruckreinigungsgeräte sowie artverwandte de-Luxe-Feuerlöscher mit vierstelligen Preisen in diesem Buch keinen breiten Raum ein. Ganz clevere Hersteller versuchen nunmehr, ihre Hochdruckreinigungsgeräte als mobile Schlauchwaschgeräte zu vermarkten – nach Aussagen von Schlauchherstellern ist dies keine gute Idee.

Den Leser mag es stellenweise verwundern, dass in einem „brandaktuellen" Buch des Jahres 2021 teilweise ausführlich historische Sachverhalte dargestellt werden. Das zeigt jedoch nur, dass viele heute noch relevante technische Sachverhalte bereits vor Jahrzehnten korrekt herausgearbeitet worden sind, dann aber wohl irgendwie „verloren gegangen" sind. Des Weiteren hält der Verfasser es für das Verständnis einiger Sachverhalte wichtig, den technisch-historischen Hintergrund zu kennen, um verstehen zu können, warum bestimmte Verfahren oder Geräte wie verordnet sind oder wie angewendet werden – „Feuerwehr" wurde ja nicht erst gestern erfunden!

Dieses Buch ist kein „laufbahnlehrgangskonformes Lehrbuch", denn dann wäre es zu sehr in den deutschen Dienstvorschriften verhaftet. Vielmehr werden die Sachverhalte zwar unter Berücksichtigung geltender Dienstvorschriften und Regeln der Technik dargestellt, dennoch geht dieses Buch in seiner Tiefe und in seiner Breite über die Lehrgangsinhalte der Landesfeuerwehrschulen hinaus. Dies muss auch so sein, denn Lehrgangsunterlagen gibt es – offiziell wie inoffiziell – genug, doch müssen dem Feuerwehrnachwuchs Fakten, Inhalte und Methoden aufgezeigt werden, die ihm helfen, auch zukünftig richtige Entscheidungen treffen zu können – einerseits an der Einsatzstelle, andererseits am Schreibtisch bei der kritischen Überprüfung ihm zugesandter Herstellerunterlagen zur Vorbereitung von Beschaffungen.

Beim Studium der Quellen wird dem Leser auffallen, dass zwar viele „Berichte“ aus deutschen Zeitschriften stammen, die wichtigeren Quellen aber weitgehend aus dem Ausland und hier insbesondere aus Großbritannien, Schweden, Neuseeland und den USA stammen. Dies liegt daran, dass es in Deutschland keine anwendungsbezogene und gleichzeitig wissenschaftlich-methodische „Brandbekämpfungsforschung“ gibt, die sich systematischen Untersuchungen widmet – abgesehen von vorübergehenden „Hypes“ wie dem Sprengen von wassergefüllten Plastikschläuchen im Wald, der „wissenschaftlichen Begleitung“ des Rotlackierens von ausgesonderten Schützenpanzerwagen der Bundeswehr als „Waldbrandlöschfahrzeuge“ o.Ä. Geschichten, die den Feuerwehren in der Breite von vornherein nicht weiterhelfen könnten? Dem Verfasser wurde an einer deutschen Forschungseinrichtung anlässlich eines Vortrags einmal vorgeworfen, ihm würde es an einer „Forschungsvision“ fehlen. Erstens muss man zwischen offensichtlichem Unfug und einer Vision unterscheiden können (zumindest, wenn man verantwortungsbewusst ist). Und zweitens fehlt es mir (und anderen!) durchaus nicht an Visionen und Themen. Allein, es fehlen finanzielle Mittel und der politische Wille zur Umsetzung, wie u.a. an der Streichung der zweiten Professorenstelle für Brand- und Explosionsschutz an der Bergischen Universität Wuppertal zu erkennen ist.

Es ist sicherlich ungewöhnlich, im eigenen Vorwort eine Literaturempfehlung eines anderen Autoren, der unter der Flagge eines anderen Verlags segelt, zu geben. Doch denke ich, dass das Buch von Markus Pulm „Falsche Taktik – große Schäden“ jedem Feuerwehranwärter an die Hand gegeben werden sollte, bevor dieselbe Hand jemals ein Strahlrohr oder einen Schlauch berührt.

Ich erlaube mir an dieser Stelle noch einen Kommentar zu Brand- und Löschversuchen: Im Jahre 1997 wurden von der Bergischen Universität Wuppertal insgesamt 21 Versuche auf der ehem. Versuchsgrube Tremonia der DMT in Dortmund durchgeführt. Diese Brandversuche wurden bisher weder an Umfang, Messtechnik noch Objektivität übertroffen. Ich war mir damals zwar schon bewusst, dass es ein ganz großes Stück Arbeit war, dass wir damit aber mittlerweile über 20 Jahre einen in Deutschland unerreichten Standard setzen würden. Die Leitung dieses Projekts hatte mir seinerzeit Prof. Dr. Hans Hölemann (1935–2015) in die Hände gelegt. Ich danke an dieser Stelle nochmals meinem damaligen Projektteam: Martin Bosse, Thomas Caspar, Jens Großer, Daniel Guischard, Markus Jagieniak, Carsten Kroll, Peter Schildhauer, Martin Stenz, Jürgen Thier und Torsten Wolf.

Es freut mich ganz besonders, dass sich in Deutschland mittlerweile eine „Seminarkultur“ entwickelt hat, und darüber, dass einige wackere Individuen sich die Arbeit machen, diese Seminare zu organisieren und durchzuführen. Ohne sie wäre die Feuerwehr in Deutschland um einen wichtigen Aspekt der Aus- und Fortbildung ärmer!

Zum Schluss erlaube ich mir ein Zitat von James Braidwood (1800–1861) aus dem Vorwort zu seinem grundlegenden Werk „On the constrution of Fire-Engines and Apparatus; the training of Firemen; and the Methods of Proceeding in Cases of Fire“, Edinburgh, 1830:

> *„For the style of the work I make no apology; and as I presume no one will read it except for the purpose of gaining information, my aim shall be obtained if I shall have succeeded in imparting it, or in directing the public attention to the advantage which may be derived from the systematic training of Firemen.“*

Ich wünsche jederzeit eine sichere Heimkehr von den Einsätzen!

Hamburg, im Oktober 2021

Dr.-Ing. Holger de Vries

# Der Autor

**Dr.-Ing. Holger de Vries (Jahrgang 1967)**

Öffentlich bestellter und vereidigter Sachverständiger für Brand- und Explosionsschutz sowie Gefahrenabwehr.

Mitglied im FNFW NA„Schläuche und Armaturen“ und CEN/TC 192/WG 8 „Portable equipment for projecting extinguishing agents supplied by fire fighting pumps“.

Fregattenkapitän d.R. am Einsatzausbildungszentrum Schadenabwehr der Marine.

Seit 1981 FF Flensburg, Ahrensburg, Hannover, Wuppertal-Sonnborn, Wehrführer Hamburg-Stellingen.

Studium in Hannover und Wuppertal: Elektrotechnik und Sicherheitstechnik, Brand- und Explosionsschutz, Promotion 2000.

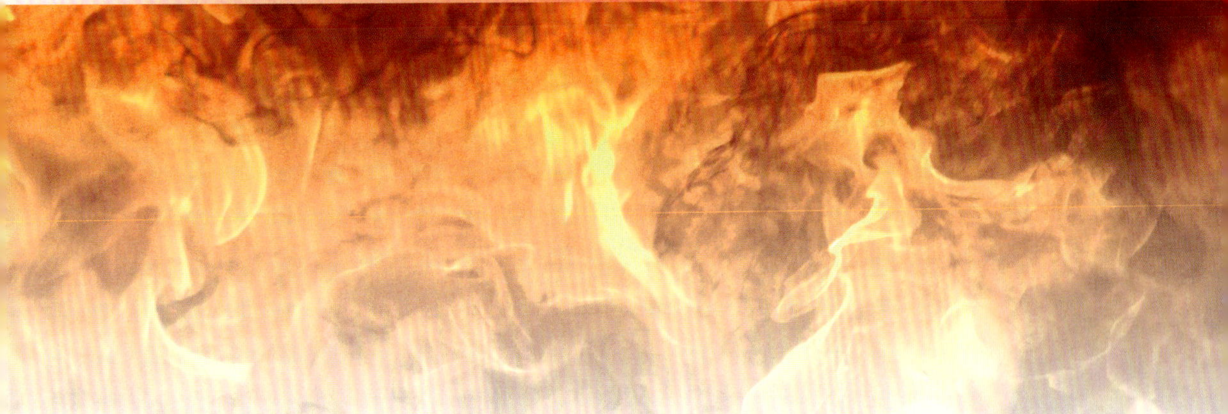

# 1 Brandbekämpfung mit wässrigen Löschmitteln

## 1.1 Brennen und Löschen

Die Voraussetzungen für die Zündung und das Weiterbrennen eines Stoffes können in notwendige Stoff- und Systemeigenschaften unterteilt werden. Der brennbare Stoff muss in einer für die Zündung bzw. für das Weiterbrennen geeigneten Darreichungsform vorhanden sein. Für eine erfolgreiche Zündung von Feststoffen kann dies z.B. durch ein ausreichendes Verhältnis von Oberfläche zu Volumen sein, für brennbare Dämpfe eine zündfähige Mischung in einem Oxidationsmittel. Ein häufiges Oxidationsmittel ist Luftsauerstoff, der in dem den brennbaren Stoff umgebenden System enthalten ist. Weitere Systemparameter sind das (Mischungs-)Verhältnis von Brennstoff zu Oxidationsmittel, die aktuelle Temperatur bzw. in das System einfließende andere Energieformen wie z.B. Wärme. Zur Zündung ist weiterhin eine effektive Zündquelle erforderlich, die nach Art und Stärke ausreichend ist. Dies kann auch eine im Brennstoff inhärente Zündquelle (z.B. exotherme Autooxidation, Selbstentzündung) sein. Löschen im Allgemeinen zielt darauf ab, die System- oder Stoffeigenschaften so zu verändern, dass keine Verbrennung mehr stattfinden kann. In der Praxis der Brandbekämpfung unterscheidet man vier Löscheffekte. Diese sind:

Löscheffekte

- **Trennen** des Brandgutes vom Luftsauerstoff oder von einer anderen Atmosphäre, die die Verbrennung fördert.

- **Kühlen** des Brennstoffes unter die Mindestverbrennungstemperatur.
- **Stören** oder **Unterbrechen der Verbrennungskettenreaktion** (Inhibition = Hemmung).
- **Ersticken** durch Verringerung der Sauerstoffkonzentration unter den für die Verbrennung erforderlichen Grenzwert.

Diese Löscheffekte werden bei der Anwendung verschiedener Löschmittel genutzt. Zur Brandbekämpfung werden vor allem sechs Löschmittel bzw. Löschmittelzubereitungen verwendet:

Löschmittel

- Wasser
- Schaummittel in Wasser-Schaummittel-Gemisch (Netzmittel, Netzwasser)
- Schaum
- Löschgase: z.B. Kohlendioxid, Stickstoff, Argon, früher Halon (teilweise noch in Sonderanwendungen)
- Trockenlöschmittel: Trockenlöschpulver, Sand, Metallbrandpulver, Retardants
- Retarder als Löschwasserzusätze

Den Löschmitteln können nun verschiedene Löscheffekte zugeordnet werden. Je nach Löschmittel wird zwischen Haupt- und Nebenlöscheffekt unterschieden:

Haupt- und Nebenlöscheffekte

- **Wasser:** Abkühlen, als Hochdrucknebel: Inhibition
- **Schaum:** Kühlen, Trennen, Ersticken
- **Löschgase:** Ersticken, Inhibition
- **Trockenlöschmittel:** Trennen, Inhibition (Hemmung)

Brandklassen

Für eine erste Zuordnung von Brennstoff und Löschmittel bedient man sich einer Einteilung von Brennstoffen in sogenannte „Brandklassen“. In Europa werden nach DIN EN 2 [20] und in den USA (und weitgehend international) nach NFPA 10-2007 [21] jeweils fünf Brandklassen unterschieden, von denen jedoch nur die vier mit Buchstaben A bis D bezeichneten Brandklassen für die Feuerwehr relevant sind, wobei die Einteilung bzw. Bedeutung der Brandklassen teilweise unterschiedlich ist. Der Hauptlöscheffekt entscheidet i.d.R., welches Löschmittel bei welcher Brandklasse angewendet wird.

Feste, brennbare Stoffe (außer Metalle) gehören nach EN und nach NFPA zur Brandklasse A. In Europa werden brennbare Flüssigkeiten der Brandklasse B und brennbare Gase der Brandklasse C zugeordnet. Nach NFPA gehören brennbare Gase und Flüssigkeiten zu einer Brandklasse B. Dies ist sinnvoll, weil Flüssigkeiten in ihrer Dampfphase brennen. Gasbrände werden jedoch anders gelöscht als Flüssigkeitsbrände, sodass die Zuordnung von Löscheffekten und Löschmitteln zu Brandklassen nach EN eindeutiger ist. Die Brandklasse C nach NFPA umfasst Brände elektrischer Geräte und Anlagen. In Deutschland gab es für diese Art von Bränden die Brandklasse E, die nicht mehr gültig ist. Brennbare Metalle werden nach EN und nach NFPA der Brandklasse D zugeordnet. Die Brandklassen nach NFPA sind an dieser Stelle erläutert, um die Auswertung amerikanischer Literatur zu erleichtern. Den weiteren Betrachtungen werden die Brandklassen nach EN zugrunde gelegt.

In Tab. 1 ist dargestellt, welche Löschmittel üblicherweise von der Feuerwehr bei welchen Brandklassen verwendet werden. Der erfahrene Praktiker wird je nachdem, welche Löschtechnik ihm zur Verfügung steht, von den Zuordnungen durchaus abweichen und wird teilweise auch abweichen müssen. So kann es z.B. sinnvoll sein, einen Metallbrand mit großen Wassermengen zu löschen, wenn keine anderen Löschmittel zur Verfügung stehen und eine Gefährdung der Einsatzkräfte und der Umgebung ausgeschlossen werden kann. Lösch-

**Tab. 1: Einteilung der Brandklassen nach DIN EN 2 und NFPA 10 sowie bevorzugte Löschmittel**

| Brandklassen nach DIN EN 2 | Brandklassen nach NFPA 10 | Bevorzugte Löschmittel |
|---|---|---|
| Feste, glutbildende Stoffe (A) | (A) Feste, brennbare Stoffe | Wasser, Netzwasser, Schaum, ABC-Pulver, Retarder |
| Brennbare Flüssigkeiten (B) | (B) Brennbare Flüssigkeiten und Gase („Fluide “) | Schaum, ABC-Pulver, BC-Pulver |
| Brennbare Gase (C) | | ABC-Pulver, BC-Pulver Graugussspäne |
| Brennbare Metalle (D) | (D) Brennbare Metalle | Metallbrandpulver, Sand, |
| (früher nach DIN: Brandklasse E) | (C) Elektrische Geräte und Anlagen | Entsprechend der Brandklasse des jeweiligen Brandgutes |
| Speiseöle/-fette (pflanzliche oder tierische Öle und Fette) in Fritier- und Fettbackgeräten und anderen Kücheneinrichtungen und -geräten (F) | (K) Inhaltlich wie EN | Wie Brandklasse B; die Brandklasse F hat für die Feuerwehr keine praktische Bedeutung |

gase und Trockenlöschmittel werden in diesem Buch nicht weiter behandelt.

Um einen Löscherfolg zu erzielen, reicht es nicht aus, lediglich ein geeignetes Löschmittel einzusetzen. Vielmehr ist es wichtig, das Löschmittel an der richtigen Stelle und in der richtigen Menge und Verteilung einzusetzen (vgl. Abb. 1).

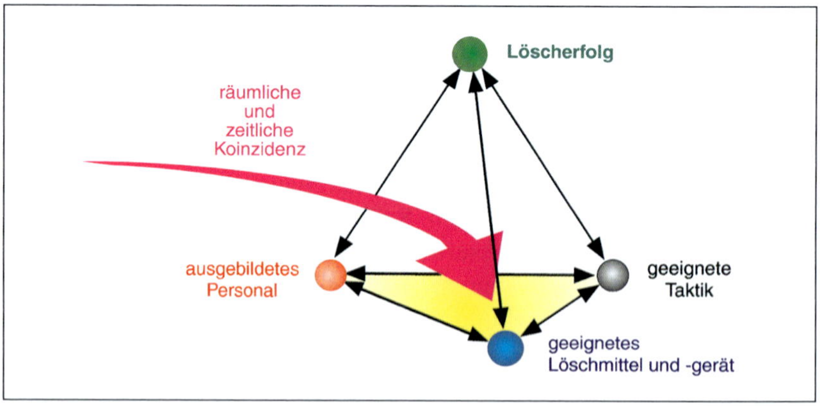


**Abb. 1: Löschtetraeder nach Wackerhahn und de Vries**

## 1.2 Wasser und wässrige Löschmittel

Wasser ist häufigstes Löschmittel Brandklasse A

Wasser ist das am häufigsten verwendete Löschmittel für Brände der Brandklasse A, also fester, glutbildender Stoffe. Nach einer Studie aus dem Jahr 1978 [23] wurde bei 93,8 % aller Einsätze, bei denen die an der Untersuchung beteiligten Feuerwehren eingriffen, nur reines Wasser, bei 3,7 % wurden Wasser und Pulver und bei 2,5 % Wasser und Schaum verwendet. Nach einer britischen Untersuchung aus den frühen 60er-Jahren werden etwa 90 % aller Brände von den Feuerwehren mit weniger als 4.500 Litern Wasser gelöscht [22]. Nach der Studie der Wibera [23] werden über 80 % der (als zeitkritisch anzusehenden [24; 25]) Brände in Wohngebäuden mit weniger als 200 Litern Wasser gelöscht, 80 % mit weniger als 600 Litern, 85 % mit weniger als 1.000 Litern und 92 % mit weniger als 3.000 Litern. Der Vergleich des Löschwasserbedarfs mit der mitgebrachten Löschwassermenge ergab, dass nur in 6 % der Brände eine von der Feuerwehr aufzubauende Wasserversorgung benötigt wurde. Dies wurde bestätigt durch die Auswertung der bei Brandeinsätzen angeschlossenen Hydranten: In nur 12 % der Brandeinsätze wurde ein Hydrant und in 12 % mehr als ein Hydrant in Betrieb genommen [26]. Neuere Untersuchungen von Jansson (1981) und Särdqvist (2000) bestätigen die Grundaussage der Wibera-Studie [27].

Abb. 2 zeigt, welcher Anteil von Bränden mit welchem in Deutschland genormten Fahrzeugtyp i.d.R. abgedeckt werden kann. Gleichzeitig macht Abb. 2 deutlich, wie wenig Vorteil die Verwendung eines Fahrzeugs mit wenig feuerwehrtechnischer Beladung, aber großem Wassertank (z.B. TLF 16/24, TLF 24/48) gegenüber einem universell einsetzbaren Fahrzeug (z.B. LF 16/12, HLF 20/16) aus Sicht der Brandbekämpfung bringt. Es entspricht der allgemeinen Einsatzerfahrung, dass der weit überwiegende Teil der Brandeinsätze mit Kleinlöschgerät oder maximal einer Leitung gelöscht werden kann. Daher ist es auch weniger entscheidend für den Einsatzerfolg, wie viel Wasser ein Löschfahrzeug mitführt, als wie mit diesem Wasser umgegangen wird [28].

Haupt- und Nebenlöscheffekt

Der Hauptlöscheffekt von Wasser und Schaum ist das Kühlen. Daneben tritt bei Hochdruck-Nebellöschverfahren angeblich die Inhibition als Nebenlöscheffekt auf. Wasser wird i.d.R. mit Schläuchen und Strahlrohren an die Brandstelle geleitet. Der Wasserstrahl tritt durch die Flammen des Brandes und trifft auf das Brandgut. In den Flammen und beim Kontakt mit dem Brandgut erwärmt sich ein Teil des Wassers zunächst auf seine Siedetemperatur von rund 100 °C und ver-

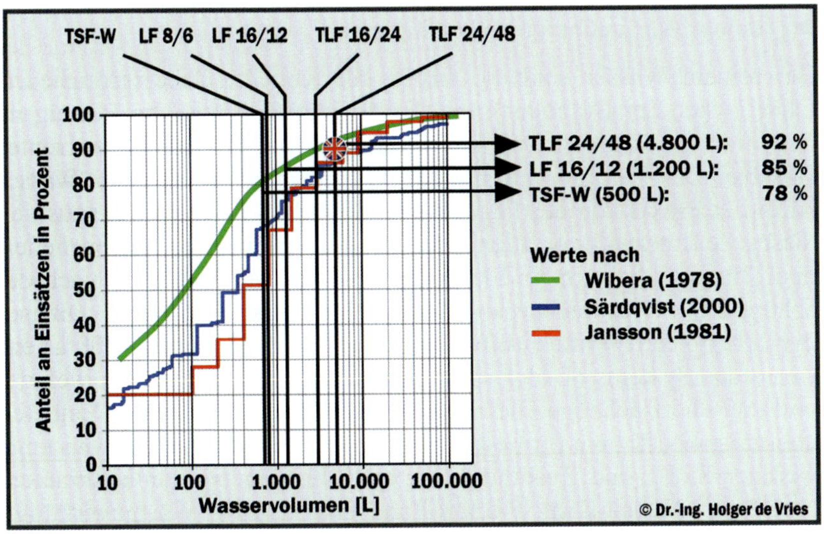


Abb. 2: Verbrauchshäufigkeit verschiedener Wassermengen [23] und Löschwasservorrat von in Deutschland üblichen Feuerwehrfahrzeugen [28]

dampft, ein anderer Teil des Wassers fließt (ungenutzt) ab. Durch das Verdampfen wird dem Feuer Energie entzogen.

Wasser hat eine spezifische Wärmekapazität von 4,19 kJ/kg K. Wird die Masse von einem Kilogramm Wasser von 20 °C auf 100 °C erwärmt, so werden 335,2 kJ Energie benötigt. Zum Verdampfen von 1 kg Wasser sind weitere 2.250 kJ Energie erforderlich. Die Gesamtenergie, die ein Kilogramm Wasser einem Feuer am Verdampfungspunkt theoretisch maximal entziehen kann, beträgt 2.585,2 kJ. Das Verhältnis von Erwärmungs- zu Verdampfungsenergie ist etwa eins zu sieben. Für den Löscherfolg ist es wichtig, dass das aufgebrachte Wasser möglichst vollständig verdampft, da nur so der größte Energiebetrag abgegeben und der maximale Kühleffekt erzielt werden kann. Nebenbei entsteht dann auch weniger Löschwasserschaden.

Wärmeübergang

Beim Phasenübergang von flüssigem Wasser zu Wasserdampf am Siedepunkt nimmt das Wasservolumen um das 1.700-fache zu, bei höheren Temperaturen als 100 °C wird der Wasserdampf weiter expandiert. Bei dem Wärmeübergang vom Brandgut und der Brandraumatmosphäre auf das Wasser handelt es sich vor allem um einen konvektiven Wärmeübergang. Dieser Wärmeübergang vom Brandgut zum Löschmittel hängt ab von

- der Größe der Kontaktfläche zwischen Brandgut und Löschmittel,
- der Zeit für den Wärmeübergang,
- der Temperaturdifferenz zwischen Brandgut und Löschmittel,
- einem Wärmeübergangskoeffizienten.

Bei reinem Wasser sind die Größe der Kontaktfläche (erreichbare Oberflächen der Brandlast) und die Temperatur zwischen Brandgut/Brandraumatmosphäre von der Feuerwehr nicht unmittelbar beeinflussbar. Das Zeitintervall für den Wärmeübergang auf das Wasser ist in der Praxis von der Feuerwehr ebenfalls schwer optimierbar, da dieses Zeitintervall vor allem von der Verweildauer des Wassers auf dem Brandgut bzw. in der Flammenphase oder im heißen Brandrauch abhängt. Der Wärmeübergangskoeffizient nimmt Stoffwerte (Dichte, dyn. Zähigkeit, Wärmeleitfähigkeit, spez. Wärmekapazität), Zustandswerte des Systems (Druck, Temperatur, Strömungsgeschwindigkeit) und die Oberflächengeometrie auf [29]. Technisch wird der Wärmeübergangskoeffizient für bestimmte Wertebereiche unter Verwendung weniger Stoff- und Zustandswerte mithilfe von Ähnlichkeitszahlen berechnet (Nußelt-Zahl, Prandtl-Zahl, char. Länge, Wärmeleitfähigkeit, kin. Zähigkeit).

Nun handelt es sich bei der Brandbekämpfung allerdings nicht um eine kontrollierte Erwärmung von Wasser in einem Kochtopf oder in einer Dampfmaschine, sondern um das Einleiten von Wasser(tropfen) in heiße Brandgasschichten und das Auftreffen von Wasser(tropfen) auf heiße Oberflächen. Nicht zu unterschätzen ist dabei der „Leidenfrost-Effekt", zuerst 1756 von Johann Gottlob Leidenfrost beschrieben [30]. Dieser Effekt kann bei einer bereits heißen Herdplatte beobachtet werden, auf die Wassertropfen fallen. Ist die Temperatur der Grenzfläche hoch genug, um eine rasche primäre Verdampfung zu erreichen, so schweben oder gleiten die Wassertropfen auf einem Dampfpolster, das sie von direkter Wärmeübertragung isoliert. Der Dampf ist dabei unter dem Wassertropfen „gefangen" und entweicht nur langsam. Gleichzeitig entsteht neuer Wasserdampf und der Tropfen gleitet so über die heiße Oberfläche. Dies führt zu einer zeitlichen Verzögerung des Verdampfens des gesamten Tropfens. Einen unerwünschten Effekt bewirkt das Leidenfrost-Phänomen beim Härten von Metallen in einem flüssigen Medium wie Öl oder Wasser. Das angestrebte Herabkühlen des Werkstückes in möglichst kurzer Zeit verlängert sich durch die Dampfschicht zwischen Werkstück und Kühlmedium. Durch Zusätze zum Kühlmedium kann der Effekt nur bedingt beeinflusst werden.

Leidenfrost-Effekt

Unter Laborbedingungen bedingt der Leidenfrost-Effekt bei Wasser zwischen ca. 220 °C und 350 °C Oberflächentemperatur zwischen 70 und 40 Sekunden eine mit steigender Temperatur abnehmende „Verdampfungsverzögerung" (vgl. Abb. 3) [31]. Der Leidenfrost-Punkt ist keine Konstante, sondern von den beteiligten Stoffen abhängig.

Bei Untersuchungen der Forschungsstelle für Brandschutztechnik, Karlsruhe, an Raumbränden wurde festgestellt, dass die verdampfte

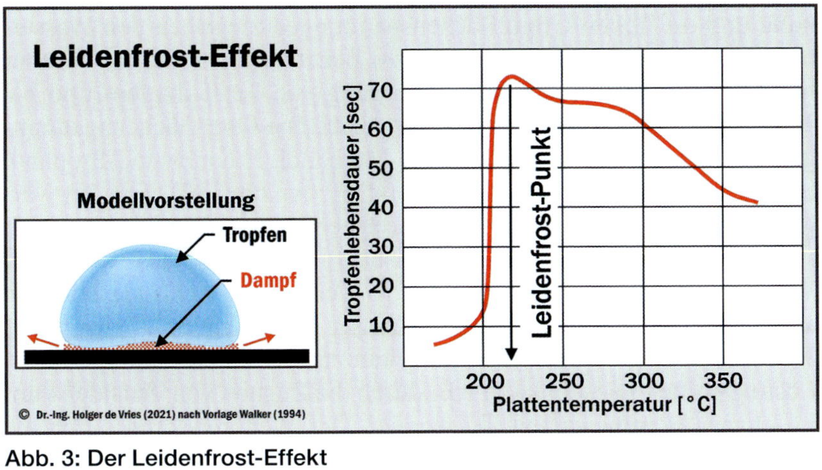


Abb. 3: Der Leidenfrost-Effekt

Wassermenge bei Raumbrandversuchen mit einer berechneten Energiefreisetzungsrate von ca. 92,5 MJ/min nahezu konstant ist (im Mittel 95 Liter). Es wurde weiter ermittelt, dass von dieser Wassermenge ca. ein Drittel für das Löschen der Glut erforderlich ist und ca. zwei Drittel für das Kühlen des Brandraumes erforderlich sind [32]. Wenn also zum optimalen Löschen eines Brandes eine – wenn auch schwer zu quantifizierende – bestimmte Wassermenge erforderlich ist, so gilt es, Mittel und Wege zu finden, genau diese Wassermenge in geeigneter Form zu applizieren. An den Leistungen z.B. amerikanischer Sachversicherer nach Bränden ist zu erkennen, dass in der Realität ein Großteil des an die Brandstelle geförderten Wassers abfließt, bevor es zur Kühlung des Brandgutes beitragen kann: Die Leistungen für Wasserschäden als Folge der Brandbekämpfung sind etwa viermal so groß wie die Leistungen für den eigentlichen Brandschaden [33]. Amerikanische Untersuchungen haben weiterhin gezeigt, dass beim konventionellen Löschangriff nur 5 bis 10 % eines Löschwasserstrahls zur Löschwirkung beitragen [34].

Verbesserung Wärmeübergang

Eine Möglichkeit für die Verbesserung des Wärmeübergangs vom Brandgut auf das Wasser ist die Applikation des Wassers in Form kleinerer Tröpfchen. Kleine Tröpfchen können durch verschieden geformte Düsen und insbesondere durch höheren Druck erzeugt werden. Werden aus einer bestimmten Menge Wasser viele kleine Tröpfchen gebildet, so bieten sie mehr Gesamtoberfläche für den konvektiven Wärmeübergang als größere Tropfen [35].

Es ist jedoch in der Einsatzpraxis nicht immer möglich, das Wasser so lange mit dem Brandgut in Kontakt zu halten, bis es vollständig verdampft oder das Brandgut benetzt ist. Ursachen für die unzureichende Netzfähigkeit des Wassers sind seine absolut hohe Oberflächenspannung und die hohen Grenzflächenspannungen zwischen den Wassermolekülen bzw. -tropfen und dem zu benetzenden Material. Wasser hat bei 20 °C eine Oberflächenspannung von 72,75 dyn/cm und bei 100 °C von 58,91 dyn/cm. Zum Vergleich: Die Oberflächenspannungen organischer Lösungsmittel wie Methanol, Ethanol und Propanol betragen bei 20 °C zwischen 20 und 30 dyn/cm [36]. Die im Vergleich zu anderen Flüssigkeiten hohe Oberflächenspannung des Wassers führt zur Tropfenbildung. Es ist zu beobachten, dass sich zwei Wassertropfen sehr leicht miteinander verbinden, wenn sie langsam aufeinander zugeschoben werden. Wasser bildet also möglichst große Tropfen, statt auf einer Oberfläche fein zu zerfließen wie organische Lösungsmittel. Diesem kann z.B. durch die Zugabe von Tensiden zum Löschwasser entgegengewirkt werden. Des Weiteren kann durch die

Zugabe von Verdickungsmitteln oder durch den Einsatz von Schaum verhindert werden, dass das Wasser zu schnell vom Brandgut abfließt.

Wässrige Löschmittel

Für eine nähere Betrachtung der verschiedenen Lösungsansätze wird der Begriff „wässrige Löschmittel" eingeführt: „Ein wässriges Löschmittel ist ein Löschmittel, dessen Hauptbestandteil (> 80 %) Wasser ist und dessen vornehmliche Löschwirkung auf der Benetzung und der Kühlwirkung des Wassers beruht." Tab. 2 gibt einen Überblick über heute bei den Feuerwehren übliche wässrige Löschmittel:

Tab. 2: Übersicht „Wässrige Löschmittel"

| **1** | **Unterscheidung nach chemischem und physikalischem Zustand** |
|---|---|
| 1.1 | als reines Wasser |
| 1.2 | mit Gelbildner-Zumischer |
| 1.3 | mit Retardant-Zumischer |
| 1.4 | mit Schaummittel-Zumischung als Netzwasser |
| 1.5 | mit Schaummittel- und druckluft-Zumischung als Kompressor- oder Druckluftschaum (CAF) |
| **2** | **Unterscheidung nach Förderdruck und Art der wasserführenden Armatur** |
| 2.1 | Normaldruck (p < 16 bar) mit (DIN-EN)-Mehrzweck-Strahlrohren |
| 2.2 | Normaldruck (p < 16 bar) mit (DIN-EN)-Hohlstrahlrohren |
| 2.3 | Normaldruck (p < 16 bar) mit Zerstäuberdüsen oder Sprühköpfen (auch als Lanzen) |
| 2.4 | Hochdruck (p > 40 bar) mit Zugabe von Abrasionsmittel (Schneidlöschverfahren) |
| 2.5 | Hochdruck (p > 40 bar) mit Zugabe von Abrasionsmittel (Schneidlöschverfahren) |
| **3** | **Unterscheidung nach Art der Applikationsmethode** |
| 3.1 | Außenangriff |
| 3.2 | Innenangriff |
| 3.3 | direkter Angriff |
| 3.4 | indirekter Angriff |
| 3.5 | kombinierter Angriff |

Aus Tab. 2 ergeben sich über 150 verschiedene Möglichkeiten für die Verwendung wässriger Löschmittel, aus denen diejenigen ausgewählt werden müssen, die es den Feuerwehren ermöglichen, Brände effizient und finanziell tragbar zu löschen. Die verschiedenen Lösungsansätze werden in den folgenden Abschnitten diskutiert.

## Die Mindestapplikationsrate (MAR) wässriger Löschmittel

Applikationsdichte

Der **Löschmittelbedarf pro Brandfläche (die „Applikationsdichte“)** wird üblicherweise in Litern pro Quadratmeter ($L/m^2$) angegeben, wobei bei Versuchsberichten unterschieden werden muss, ob als Fläche die Größe des Brandraumes (z.B. 25 $m^2$) oder der Brandstelle (z.B. ein Sofa oder im Versuch zwei Stapel Paletten: 2 $m^2$) zugrunde gelegt wird. Dabei kann das Löschmittel mit einem oder mehreren Rohren aufgebracht werden. 1 Liter pro Quadratmeter entspricht dabei 1 $mm/m^2$ „Niederschlag“, wie aus Wetterberichten bekannt. Der Wert des Löschmittelbedarfs pro Brandfläche bei Raumbränden ist nach wie vor Untersuchungsgegenstand von Studien in Versuchseinrichtungen und von Feldstudien in der Praxis. Es handelt sich nicht um eine „Naturkonstante“, sondern um einen Wert, der letztlich statistisch ermittelt wird und bisher nicht exakt allgemeingültig naturwissenschaftlich berechnet werden kann.

Mindestapplikationsrate

Der Begriff der **Mindestapplikationsrate (MAR)** setzt die Applikationsdichte in den Bezug zur Zeit und definiert somit, wieviel Löschmittel pro Zeiteinheit und Brandfläche erforderlich ist. Sie gibt an, wieviel Löschmittel pro Zeiteinheit und Flächen- oder Volumeneinheit, also in Litern pro Minute und Quadrat- oder Kubikmetern, aufgebracht werden muss, um tatsächlich einen Löscherfolg zu erzielen, d.h. um die Abbrandrate (den Massenverlust pro Zeiteinheit, meist in kg/sec gemessen) wesentlich zu verringern. Üblich ist die Angabe in Litern pro Quadratmeter und Minute ($L/m^2 \times min$). Berechnungsbeispiele finden sich in [37, dort Kap. 2 ff.].

Der Wert der Mindestapplikationsrate bei Raumbränden ist ebenfalls nach wie vor Untersuchungsgegenstand von Studien in Versuchseinrichtungen und von Feldstudien in der Praxis. Auch hier handelt sich nicht um eine „Naturkonstante“, sondern um einen Wert, der letztlich statistisch ermittelt wird und bisher nicht exakt allgemeingültig naturwissenschaftlich berechnet werden kann.

Taktische Löschintensität (TALIS)

Als Ergebnis vieler Brandversuche und Feldstudien über den Löschwasserverbrauch von Realbränden wurde die Mindestapplikationsrate (MAR) bzw. die **Ta**ktische **L**öschinten**s**ität (TALIS) definiert und bereits 2005 von Grimwood und Barnett veröffentlicht [38].

**Grimwoods zugeschnittene Formel für „kleine Räume" (50 m² bis 600 m², bis 2,5 m Deckenhöhe):**

**Volumenstrom [L/min] = 4 (L/min x m²) x Brandfläche [m²]**

Der Druck spielt in dieser Gleichung keine Rolle, d.h. Hochdrucklöschverfahren erfordern im mobilen Einsatz keine geringere Mindestapplikationsrate (MAR) bzw. TALIS.

Tasächlich gilt die Gleichung aber prinzipiell für Wasser und Schaum; für letzteren gibt es noch einen zweiten Wert mit 6 L/min × m², üblicherweise für Brände polarer alkoholhaltiger Flüssigkeiten.

Zur noch schnelleren Abschätzung kann für Feststoffbrände die Brandfläche mit dem Faktor 10 multipliziert und dann die Hälfte des Ergebnisses verwendet werden. Für die Verwendung bei Flüssigkeitsbränden ergibt sich mit dem Faktor 10 ein Sicherheitsvorrat zur Kompensation von Schaumverlusten durch Verwehungen etc. Die Brandfläche muss geschätzt werden oder kann Flucht- und Rettungsplänen oder Feuerwehr(einsatz)plänen entnommen werden.

**Beispiel 1: Wieviel Löschwasser- und/oder Schaummittelstrom erfordert ein Objekt mit einer geschätzten Größe von 20 m x 20 m?**

(1.1) Brandfläche A = 20 m x 20 m = 400 m²

(1.2) 10 x Brandfläche = 10 x A = 10 x 400 m² = 4.000 m²

(1.3) MAR Wasser = ½ x 10 x A = 2.000 [L/min]

(1.4) MAR Schaum (incl. Reserve) = 10 x A = 4.000 [L/min]

**Werden nur Schaumgeräte der Größe „4" (Z4, S4 oder M4 verwendet), so bedeutet dies, dass**

zwischen

$$(1.5)\ n = \frac{2000\ \text{L/min}}{400\ \text{L/min}} = 5$$

und

$$(1.6)\ n = \frac{4000\ \text{L/min}}{400\ \text{L/min}} = 10$$

Schaumleitungen vorgenommen werden müssen.

**Aus der Zumischrate von z.B. 3 % ergibt sich unmittelbar der Schaummittelbedarf für Schwer- oder Mittelschaum zu**

(1.7) SM/t = 4.000 L/min x 3 % = 4.000 L/min x 0,03 = 120 L/min

**Sowie bei z.B. 30 min angenommer Beschäumungszeit**

(1.8) SM = SM/t x t = 120 L/min x 30 min = 3.600 L = 3,6 $m^3$

die Gesamtmenge an erforderlichem Schaummittel.

**Beispiel 2: Wieviel Löschwasser- und/oder Schaummittelstrom erfordert ein Objekt mit einer geschätzten Größe von 1.600 m²?**

Industriebauten können unter bestimmten Voraussetzungen bis zu einer Grundfläche von 1.600 $m^2$ ohne brandschutztechnische Anforderungen errichtet und betrieben werden. Der Vollbrand eines solchen Objekts wird dabei in Kauf genommen. Streng genommen geht liegt dieser Fall oberhalb von Grimwoods o.g. Definition für „kleine Räume“ (50 $m^2$ bis 600 $m^2$, bis 2,5 m Deckenhöhe). Für die MAR ergibt sich:

(2.1) MAR Wasser = ½ x 10 x 1.600 $m^2$ = 8.000 [L/min]

Löschwasserversorgung

Dies bedeutet, dass für ein solches Objekt eine entsprechende Löschwasserversorgung vorgesehen werden muss und dass in der Alarm- und Ausrückeordnung (AAO) der Feuerwehr Löschfahrzeuge mit einer entsprechenden Pumpengesamtleistung hinterlegt werden müssen. Aufgrund der in den Fahrzeugen verwendeten Pumpen (bei gleichen Fahrgestellen) wären dies in Großbritannien zwei HLF (DPL [39; 40]) und in Deutschland vier (H)LF20 bis acht (H)LF10 [vgl. 41; 42; 43; 44]. Es ist somit ratsam, Löschfahrzeuge mit den – bezogen auf das Fahrgestell – größtmöglichen Pumpen zu beschaffen. Die Löschwasserversorgung zu derartigen Objekten bzw. deren Ansammlungen (Gewerbegebiete) ist exakt vorzuplanen. Dies umfasst u.a.:

- (fahrzeuggenaue) Festlegung der benötigten Kräfte (Einheiten und Fahrzeuge) inkl. Reserven, deren Führungsstruktur und Funkplan,
- Berücksichtigung von Sondergebieten (z.B. munitionslastig, Landschafts-, Natur-, Wasser- und sonstige Schutzgebiete)
- Anmarschrouten, Bereitstellungsräume,

- verbindliche Planung des Ablaufs und des Aufbaus der Wasserversorgung,
- (vorbereitete) Wasserentnahmestellen,
- Verlegerichtungen von Schlauchwagen,
- Positionen der Verstärkerpumpen,
- Gestaltung des Wasserübergabepunktes/ der Wasserübergabenpunkte an die Einheiten (des ersten Abmarsches), die die Löschmittelauswurfvorrichtungen (LAV) versorgen.

Beispiel Löschwasserbedarf im Objektschutz

Zum Vergleich mit der berechneten MAR zeigt Tab. 3 beispielhaft eine Aufstellung, die bei der Berliner Feuerwehr zur Bestimmung des Löschwasserbedarfs im Objektschutz Verwendung findet. Das Beipielobjekt mit 1.600 m² wäre der Zeile 6 oder 7 zuzuordnen, der dort benannte Löschwasserbedarf liegt bei 3.200 L/min oder mehr.

**Tab. 3: Löschwasserbedarf für den Objektschutz [45]**

| | Löschwasserbedarf [L/min] | Dauer [h] | Objekt(e) |
|---|---|---|---|
| 1 | 400 | 0,5 | Lauben u.Ä. |
| 2 | 600 | 1 | kleine freistehende Gebäude ≤ 2 Geschosse |
| 3 | 800 | 1 | Wohngebäude ≤ 3 Geschosse |
| 4 | 1.000 | 2 | Wohngebäude ≤ 3 Geschosse und teilweise Geschäfte oder Gewerbebetriebe |
| 5 | 1.600 | 2 | Geschäfts- oder Gewerbegebäude mit ≤ 3 Geschossen, Wohngebäude mit < 3 Geschossen einschließlich Geschäften oder Gewerbebetrieben |
| 6 | 3.200 | 2 | Geschäfts- oder Gewerbegebäude mit > 3 Geschossen, Industrie- oder Lagergebäude ohne übergroße Brandabschnitte, Warenhäuser, Versammlungsstätten, Ausstellungsbauten, Museen u.Ä. |
| 7 | > 3.200 | > 2 | Industrie- oder Lagergebäude mit übergroßen Brandabschnitten, Holzlagerplätze u.Ä. bauliche Anlagen |

Wichtig in diesem Zusammenhang ist, dass (Groß-)Tanklöschfahrzeuge oder WLF mit AB-Tank als Kompensationsmaßnahme genannt werden. Wirklich Sinn machen diese nur in der Erstangriffphase, wenn sie mit ihren LAV und ihrem nur für wenige Minuten reichenden Löschwasserbehältern einen Beitrag zur evtl. noch möglichen erfolgreichen Brandbekämpfung in der Entstehungsphase leisten. Die mitgeführten 6.000 bis 15.000 Liter sind nach ca. zwei bis fünf Minuten verbraucht, während ein Löschfahrzeug der 12-t-Klasse tagelang 4.000 L/min fördern kann. Somit macht es auch Sinn, dass derart ausgestattete (H)LF mit einem oder zwei tragbaren Wasserwerfern ausgestattet sind (vgl. Abb. 159).

Abb. 4: In Skandinavien längst Standard an vielen Standorten: WLF mit TS und 6.000 bis 8.000 L Löschmittel (Quelle: Autokaross AB)

**Überdeckung der Wurfbilder**

An ausgedehnten Einsatzstellen wird häufig nicht nur der erfoderliche Volumenstrom nicht erreicht, oft ordnen die Einsatzleitung bzw. die Abschnittsleitungen den Raum nicht stringent, sodass es angriffsseitig zu einer Zersplitterung statt zu der erforderlichen Konzentration der Kräfte kommt. Dies gilt nicht nur für das Löschen mit Schaum, sondern auch für das Löschen mit Wasser. Abb. 5 zeigt, dass für eine

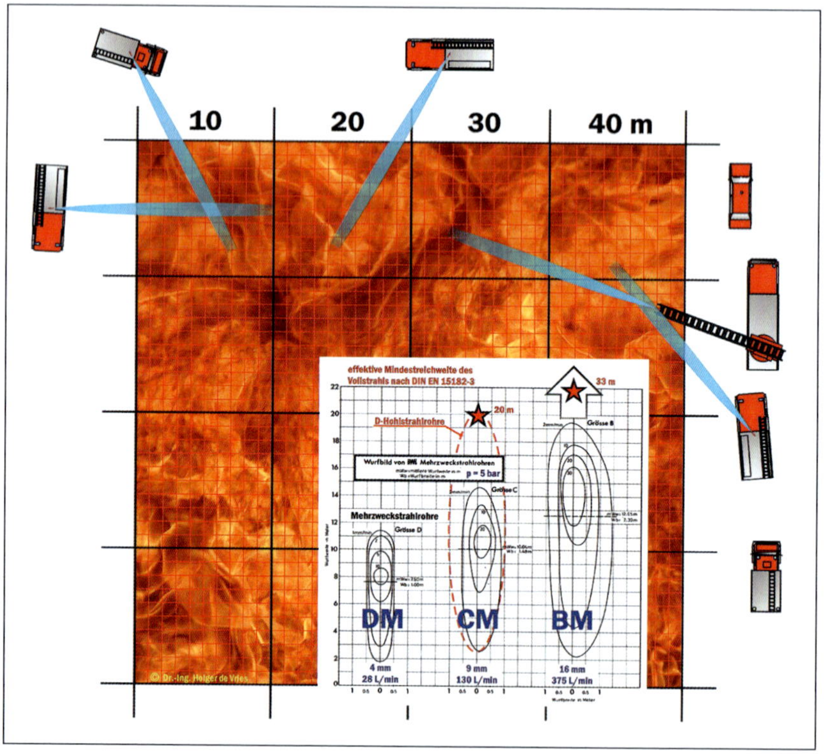


Abb. 5: Ein 1.600-m²-Objekt mit Wurfbildern von DM-, CM-und BM-Rohren und Hohlstrahlrohren (vgl. Abb. 133).

**Abb. 6: Schwerschaumrohre und Schaumwerfer eines TLF 24/50 im Einsatz bei einem Deponiebrand (Quelle: FF Coburg)**

Überdeckung der Wurfbilder mehrere handgeführte Rohre (oder Werfer) erforderlich sind, um zunächst einzelne (Rand-)Bereiche unter Kontrolle zu bringen, zu löschen und dann die gelöschten Bereiche („Taschen") bis zum vollständigen Ablöschen auszudehnen und miteinander zu vereinen.

**Beispiel 3: Bis zu welcher Raumgröße reichen 120 L/min Volumenstrom aus?**

(3.1) Näherung 1 mit 4 L/min x m²: $\frac{120\ \text{L/min}}{4\ \text{L/min}} = 30\ \text{m}^2$

(3.2) Näherung 2 mit 5 L/min x m²: $\frac{120\ \text{L/min}}{5\ \text{L/min}} = 25\ \text{m}^2$

120 L/min Volumenstrom sind für Raumgrößen bis zu 25 bis 30 $\text{m}^2$ ausreichend. Bei einem Pumpendruck von 10 bar unter Verwendung einer 90 m langen D25-Flachschlauchleitung (3 × 30 m) werden am Hohlstrahlrohr (HSR) ca. 120 L/min bei 5 bar erreicht. D-HSR erreichen Wurfweiten von 10 bis 20 Metern. Es ist sichergestellt, dass im Innenangriff auch Räume „üblicher Größe" bestrichen werden können. Damit dürften 90 % aller Wohnungsbrände in Gebäuden mit D-Leitungen abgedeckt sein [46] und es steht auch für Vegetationsbrände eine schlagkräftige normkonforme Alternative zur C-Leitung zur Verfügung. Die Werte sind praktisch in den Versuchen der „Tremonia"-Reihe [451] belegt worden, siehe Abb. 7.

Abb. 7: Szenen aus den Tremonia-Brandversuchen (Quelle: Guischard)

Abb. 8: Kleiner als eine Kübelspritze: Wirklich schneller „Schnellangriff“: HSR mit 30 m D-Schlauch in einem „Tactical Molle Shoulder Sling Tanker Bag“ (z.B. von der Fa. MILTEC), als handelsübliche kostengünstige (ca. EUR 20) Alternative zur „Schnellangrifftasche de Vries“, auf deren Gestaltung und Vertrieb ihr Entwickler seit über 10 Jahren keinen Einfluss mehr hat

Es gilt nun also, die MAR-Werte auf eine Art und Weise zu erreichen, ohne die Einsatzkräfte selbst oder noch im Brandobjekt befindliche Personen zu gefährden. In Abb. 9 ist die Vielzahl der Faktoren und Einflussgrößen dargestellt, die die Formung und Eigenschaften eines Strahles allein schon im Freien, d.h. ohne Hindernisse, beeinflussen. In Abb. 7 war bereits beispielhaft eine Möglichkeit der Ermittlung der vertikalen Auftrefffläche dargestellt worden.

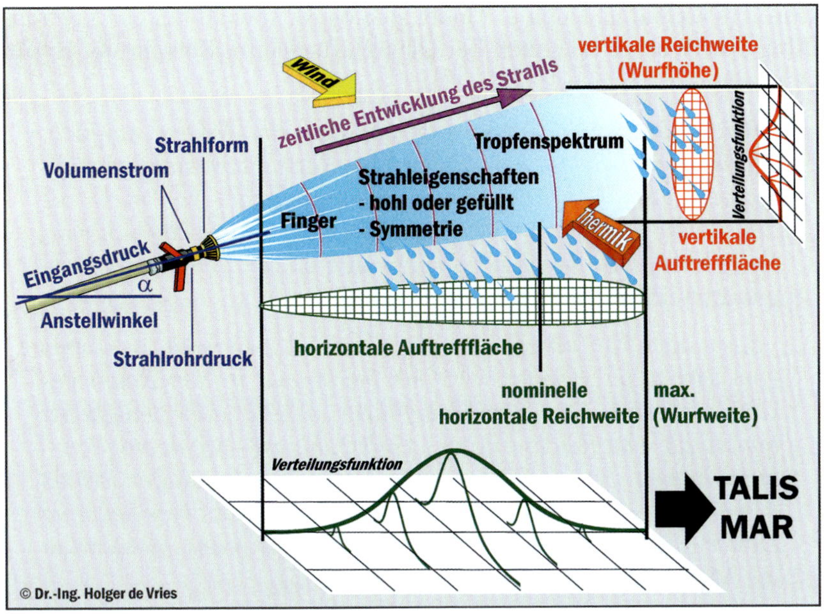


**Abb. 9: Faktoren und Einflussgrößen der Strahlbildung bei „kalter Lage"**

Thermisches Gleichgewicht

In der „Containerlöschtheorie" gibt es die These, dass die Einsatzkräfte das „thermische Gleichgewicht" im Brandraum nicht stören dürfen. Diese These ist von Ansatz her falsch, da das Feuer ohne Störung des thermischen Gleichgewichts (wenn es sowas gibt) einfach weiterbrennen würde, bis kein Brennstoff mehr vorhanden ist. Die Feuerwehr aber wird gerufen, um das thermische Gleichgewicht zu stören und es sogar möglichst völlig durcheinander zu bringen. Das nennt man „Löschen", wie aus den vielen in Abb. 9 dargestellten Faktoren hervorgeht. Die Wechselwirkung mit einer Brandraumatmosphäre der bei Ausbildungsveranstaltungen üblichen sechs Handlungsinformationen (Strahlrohrtyp, Volumenstrom, Eingangsdruck, Sprühstrahlwinkel und -richtung sowie Impulsdauer) hängt – neben den naturwissenschaftlichen Grundlagen, die aber noch nicht mathematisch erfasst sind – vor allem von zwei Bedingungen ab: Von der Gestaltung der Ausbildungseinrichtung und den Erfahrungen des/der Ausbilder/s in derselben.

Somit gibt es nach wie vor vielerlei individuelle Vorgehensweisen, die nur sehr begrenzt direkt auf die Praxis übertragbar sind. Dies ist keine Kritik daran, dass diese notwendige Form der Ausbildung so durchgeführt wird, sondern lediglich ein Warnhinweis, dass es in der Realität ganz anders aussehen kann und dass einige veröffentlichte Arbeitsanweisungen nicht nachvollzogen werden können.

Der „einsekündige Impuls“ findet sich bspw. sowohl bei der Verwendung von Wasser wie auch bei Druckluftschaum. So schreibt Braun [47] z.B.

> *„Bei Bedarf ist mit dem Sprühstrahl auch ein »Takten« möglich, sodass mit 1-Sekunden-Stößen die Rauchgasschicht gekühlt werden kann […]. Die Verdampfungskapazität von mehr als 200 L/min (Wasseranteil) eines getakteten Druckluftschaum-Sprühstrahls ist durchaus dazu geeignet, ein zündfähiges Gasgemisch abkühlen zu können.“ (S. 42).*

> *„Bei einem Vollbrand sollte der Strahl des Druckluftschaums vom Tür- oder Fenstersturz aus beginnend in den Raum gerichtet werden. Der Strahlrohrführer arbeitet dabei möglichst bodennah. Die Reichweite des Vollstrahls ist – wenn möglich – auszunutzen. Folgende Vorgehensweise hat sich in der Praxis bewährt: drei Löschmittelstöße von jeweils zirka einer Sekunde Dauer auf die linke Seite, die rechte Seite und anschließend in die Mitte des Brandraums abgeben.“ (S. 52).*

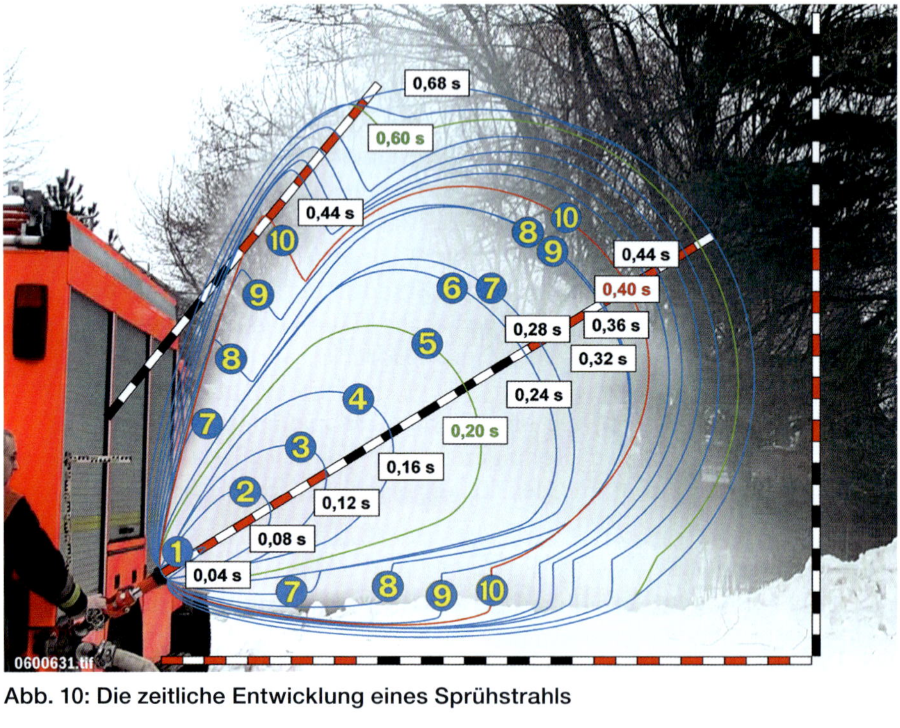


Abb. 10: Die zeitliche Entwicklung eines Sprühstrahls

Einsekündiger Impuls

Ein „einsekündiger Impuls“ bedeutet in der Theorie jeweils eine halbe Sekunde für das Öffnen und das Schließen des Hohlstrahlrohres. Nach einer halben Sekunde ist die Sprühstrahlkeule z.B. eines „Fogfighter“-Strahlrohres (Abb. 10) erst etwa zwei Meter tief, würde in einem 2,50 Meter hohen Raum knapp die Rauchgasschicht unter der Decke erreichen, aber erst nach etwa einer dreiviertel Sekunde mit etwa 3 Metern voll ausgebildet sein, um die Rauchgasschicht in höheren Räumen erreichen zu können. Innerhalb einer halben Sekunde ist der Querschnitt eines Hohlstrahles noch nicht symmetrisch ausgebildet, da der Kugelhahn nur Sekundenbruchteile ganz geöffnet ist, dann wird das Strahlrohr wieder geschlossen. Messungen haben außerdem gezeigt, dass diese einsekündigen „Taktungen“ oder „Impulse“ gar nicht erreicht werden, siehe z.B. Abb. 11 (ausführlich dargestellt in [48]). In der Praxis bedeutet dies, dass die „Containerverfahren“ hinsichtlich des Sprühstrahlwinkels und der Impulsdauer der realen Brandraumgröße entsprechend angepasst werden müssen.

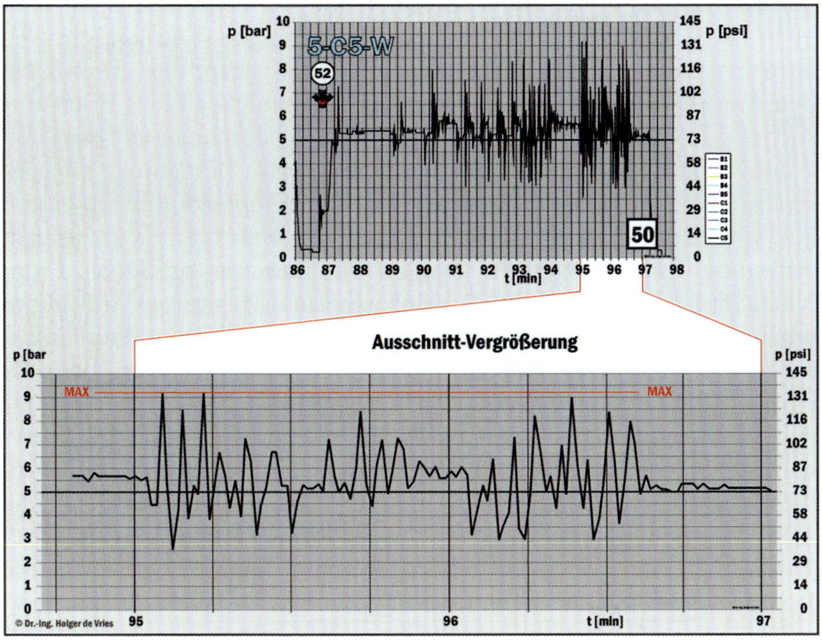


Abb. 11: Aufgezeichneter zeitlicher Verlauf einer Löschmittelabgabe

## 1.3 Einsatz reinen Wassers bei unterschiedlich hohem Förderdruck mit unterschiedlichen wasserführenden Armaturen

Förderdruck

Wasser wird von den deutschen Feuerwehren i.d.R. mit einem Förderdruck von 5 bis 6 bar und entweder mit Mehrzweckstrahlrohren nach alter DIN 14365 [49; 50] oder mit (Hohl-)Strahlrohren nach DIN EN 15182 [51; 52; 53; 54] appliziert. Mehrzweckstrahlrohre haben je eine Einstellmöglichkeit für „Vollstrahl“, eine für „Wasser halt“ und eine für „Sprühstrahl“. Es soll dem Strahlrohrführer möglich sein, einen Brand aus größerer Entfernung mit einem kompakten Vollstrahl oder aus der Nähe bzw. im Innenangriff mit einem Sprühstrahl bekämpfen zu können. Der Strahlrohrführer kann bei Mehrzweckstrahlrohren weder die Wasserleistung des Strahlrohres noch die Form des Sprühstrahles variieren.

Optimaler Tropfendurchmesser

Die Frage nach dem „optimalen Tropfendurchmesser“ ist nach wie vor nicht eindeutig zu beantworten, was darin begründet liegt, dass es in der Praxis keine zwei gleichen Brandereignisse geben wird. Es wird insbesondere kein echtes Brandereignis geben, das gleichzeitig den Anforderungen an wissenschaftliche Genauigkeit eines Brandversuches – in dem vorher ein „optimaler Tropfendurchmesser“ ermittelt wurde – entspricht. Daher kann nur eine gewisse Brandbreite angegeben werden: Nach Herterich ist ein mittlerer Tropfendurchmesser von 0,35 mm für die Brandbekämpfung theoretisch als optimal anzusehen und in der Praxis sollten die Tropfen Durchmesser von 0,1 bis 1 mm haben [55]. Bis 2007 nach DIN 14365 genormte Mehrzweckstrahlrohre erzeugen mit ihrem Sprühstrahl Tropfen von 0,3 bis 1 mm Durchmesser und im Vollstrahl Tropfen, die einen Durchmesser von mehr als einem Millimeter haben (vgl. Kap. 4 „Löschmittelauswurfvorrichtungen“). Tatsächlich ist dieser Tropfendurchmesser aber nicht thermodynamisch berechnet oder begründet, sondern es handelt sich um ein relatives Optimum aus der Reichweite eines Tropfens zu der Oberfläche eines Tropfens, der idealisiert als fliegende Kugel angenommen wird. Theoretisch sind also Mehrzweckstrahlrohre optimale Geräte für die Brandbekämpfung: Sie erzeugen ein geeignetes Tropfenspektrum, sind einfach in der Bauart und preisgünstig, da sie in großen Stückzahlen hergestellt werden. An Mehrzweckstrahlrohren wird aber vor allem kritisiert, dass weder der Volumenstrom noch die Form des Sprühstrahles variiert werden kann.

Schon Herterich schrieb 1960 [56]:

> *„Der Praktiker fordert ferner das sogenannte Mehrzweckstrahlrohr, das vom Sprühstrahl zum Vollstrahl und umgekehrt überzugehen sowie den Sprühstrahlwinkel zu ändern erlaubt.“*

Mit seiner Kommentierung zum damaligen Entwurf der DIN 14365 *„man soll doch dem Feuerwehrmann keine Dinge zumuten, mit denen sich selbst Feuerwehringenieure bekannterweise nur ungern beschäftigen und über die sich Einzelne seit Jahrzehnten ohne Ergebnis streiten“* hat Branddirektor Schwarzenberger, Hamburg, 1956 [57] durchaus nicht unrecht: Auch rund 50 Jahre später gibt es nach wie vor keine eineindeutigen Erkenntnisse oder Festlegungen, die dem Feuerwehrangehörigen sagen, dass er in dieser oder jener Situation exakt dieses so oder anders machen soll.

Hohlstrahlrohre

Dennoch hält der Verfasser es für sinnvoll, Strahlrohre zu verwenden, die es den Strahlrohrführern ermöglichen, den Strahl bzw. die Strahlform (und damit auch die Verteilung der Tropfendurchmesser) zu verändern, um somit auf sich verändernde Einsatzsituationen reagieren zu können. Den Feuerwehren werden als Alternative zu Mehrzweckstrahlrohren Hohlstrahlrohre angeboten. Die technische Bezeichnung von Hohlstrahlrohren heißt „Ringstrahldüsen“. Der Wasserstrahl fließt durch ein Rohr, an dessen Ende es auf einen Strahlformkegel trifft, sodass ein Wasserstrahl entsteht, der zunächst keinen Kern hat. Das Wasser trifft dann auf einen Strahlformregler. Die Relativposition von Strahlformkegel oder Strahlformregler bedingt Volumenstrom und/oder Strahlform. Es gibt Hohlstrahlrohre, bei denen der Volumenstrom nur durch Verdrehen bzw. Verschieben von Strahlformkegel und/oder Strahlformregler gestoppt werden kann; andere Strahlrohre sind mit einem Kugel- oder Kegelventil ausgestattet.

Hohlstrahlrohre sind im europäischen Ausland, in den USA und zunehmend auch in Deutschland aufgrund der aktuellen Beladepläne der Löschfahrzeugnormen Stand der Technik. Sie wurden auch in der Vergangenheit von deutschen Feuerwehren verwendet, so z.B. von den größten deutschen Feuerwehren in Berlin und Hamburg. Ihre flächendeckende Einführung wurde in Deutschland einerseits durch den gegenüber Mehrzweckstrahlrohren höheren Preis verhindert. Es gibt jedoch Hohlstrahlrohre, die nur geringfügig teurer sind als DIN-Strahlrohre [57]. Andererseits durften bis zum Erscheinen der deutschen Hohlstrahlrohrnorm DIN 14367 im Jahr 2002 Hohlstrahlrohre formal nicht von deutschen Feuerwehren verwendet werden [58], weil sie konstruktiv nicht der DIN 14365 ff. und insbesondere nicht der Prüfung gegen elektrischen Durchschlag genügten.

**Eine Analyse der deutschen und amerikanischen Unfallstatistiken zeigt jedoch seit über 20 Jahren keine Unfälle von Feuerwehrangehörigen bei der Brandbekämpfung, die kausal mit der Verwendung von Hohl- oder anderen Strahlrohren verknüpft sind.**

Zulassungsnormen für Strahlrohre mit Prüfungen gegen elektrischen Durchschlag gab bzw. gibt es ohnehin nur in Deutschland, Österreich und der Schweiz. In Deutschland bestehen bei einigen Kreisen z.Zt. noch unbegründete Bedenken gegen die elektrische Durchschlagsicherheit der Hohlstrahlrohre. Die für die Prüfung und Zulassung angewendete deutsche Norm war bei genauer Betrachtung aber ohnehin wenig geeignet, das Risiko des elektrischen Durchschlags sicherheitstechnisch zu erfassen [519].

DIN EN 15182

DIN EN 15182 „Tragbare Geräte zum Ausbringen von Löschmitteln, die mit Feuerlöschpumpen gefördert werden – Strahlrohre für die Brandbekämpfung" mit ihren vier Teilen ersetzte Anfang 2007 die DIN 14365 Mehrzweckstahlrohre und die DIN 14367 Hohlstrahlrohre. In Teil 3 ist die Empfehlung, die Rohre nach Teil 3 (z.B. Mehrzweckstahlrohre) nicht im Innenangriff zu nutzen, aufgenommen. In Teil 1 ist keine elektrische Prüfung enthalten. Stattdessen wurde die Empfehlung, bis 1.000-V-Spannung einen Abstand von mindestens 1 Meter bei einem Sprühstrahl von mind. 30° einzuhalten, aufgenommen, eine praktisch im Einsatz auch anwendbare Empfehlung.

**Die aktuelle Regel der Technik (DIN EN 15182) verbietet wegen des unveränderlichen Sprühstrahlwinkels faktisch den Einsatz von Mehrzweckstrahlrohren für den Innenangriff.**

## 1.3.1 Hochdrucklöschverfahren

Hochdrucklöschanlagen

Neben der Verwendung von Hohlstrahlrohren bietet theoretisch die Anwendung von hohen Drucken eine weitere Alternative zur Erhöhung der Effizienz reinen Wassers bei der Brandbekämpfung. Je nach Land und Hersteller wird unter „Hochdruck" etwas anderes verstanden. Für dieses Buch definiert der Verfasser in Übereinstimmung mit DIN EN 15182-4 [55], dass mit „Hochdrucklöschanlagen" solche gemeint sind, bei denen der Förderdruck des Wassers über 16 bar, aber geringer als 40 bar ist, und mit „Höchstdrucklöschanlagen" solche mit einem Druck höher als 40 bar [59]. Durch die Verwendung eines höheren Strahlrohrdrucks und geeigneter Strahlrohre bzw. Düsen ist es möglich, aus einer bestimmten Menge Wasser eine größere Anzahl Wassertröpfchen zu erzeugen und somit mehr Wasseroberfläche für den Wärmeübergang von Brandgut und den Flammen auf das Wasser anzubieten. Auch für Hochdrucklöschanlagen gilt die kritische Löschintensität (MAR), wie zuvor beschrieben.

Daher gibt es nur wenige Szenarien, die Hochdrucklöschanlagen für Feuerwehren erforderlich machen können:

Es muss aus einsatztaktischen Gründen zwingend ein formstabiler Schlauch mit einem kleinen Durchmesser verwendet werden, sodass der hohe Pumpendruck erforderlich ist, um am Strahlrohr noch ausreichend Druck für eine Strahlbildung zu haben.

Es soll mit einem (sehr) kleinen Löschwasservorrat das Löschwasser besonders fein dosiert abgegeben werden können, z.B. bei Voraus(lösch)fahrzeugen auf Gelände-Pkw- oder Transporter-Fahrgestell.

Es ist möglich, mit einer Löschanlage, mit einem bestimmten Druck und bestimmten Tröpfchengrößen, einen Entstehungsbrand in einem frühen Stadium zu löschen. Dies bedeutet nicht, dass ein Feuerwehrangehöriger nach Alarmierung, Anmarsch, Erkundung, Festlegen einer Taktik, Ausrüstung, Dislozierung der Feuerwehrtechnik, Lokalisierung des Brandherdes und Eindringen in das Gebäude – also mithin 30 bis 45 Minuten nach Brandausbruch – noch in der Lage ist, mit mobiler Löschtechnik (bei gleichem Druck und Tröpfchenspektrum) noch irgendetwas zum Eingrenzen oder Löschen des Brandes beitragen zu können. Viele Hersteller versuchen trotzdem, Erkenntnisse aus Experimenten mit stationären Löschanlagen auf die mobile Brandbekämpfung zu übertragen. Die Argumentation der Hersteller zielt aber einzig auf sparsamen Einsatz von Wassernebel oder Hochdruckstrahlen ab und lässt dabei die physiologischen Grenzen, die dem Feuerwehrangehörigen gesetzt sind, völlig außer Acht. Um es für die Einsatzpraxis deutlich zu formulieren: Ja es gibt Brände, die klein und ungefährlich genug sind, um sie auch mit an sich ungeeigneten Löschgeräten zu löschen. Für diese würde aber i.d.R. ein Eimer Wasser reichen. Dies gilt insbesondere für Hochdrucklöschverfahren mit diskontinuierlichen Systemen, die jeweils nur einen Wasserstoß abgeben können.

Es wird nicht bestritten, dass es möglich ist, mit Hoch- oder Höchstdrucklöschgeräten bestimmte Kleinbrände zu löschen. Im Umkehrschluss wird es aber wohl kein Szenario geben, in dem ein Hochdrucklöschgerät gerade noch ausreichen würde, das ein erfahrener Strahlrohrführer mit konventionellen Mitteln nicht auch unter Kontrolle brächte, im ungünstigsten Fall mit einem CM-Rohr. Mithin sind diese Hoch- und Höchstdrucklöschverfahren als teure Nischenlösungen abzulehnen. Es ist auch befremdlich, dass es in den letzten 70 Jahren in Deutschland in der üblichen Fachpresse (Brandschutz, vfdb-Zeitschrift) nach Recherche des Verfassers keine Veröffentlichung einer herstellerunabhängigen Stelle über vergleichende Brand- und Löschversuche mit mobilen Hoch- oder Höchstdrucklöschanlagen, geschweige denn über deren Überlegenheit, gegeben hat (vgl. [60; 61; 62; 63; 64]).

## 1.3.2 Hochdruckpumpen und Schnellangriffeinrichtungen mit formstabilem Druckschlauch

Schnellangriffseinrichtung

Seegerer kritisierte bereits 1970 den Einbau von Schnellangriffeinrichtungen in genormte Löschfahrzeuge wegen ihrer Einbaumaße und ihres Gewichts [65]: Eine Schnellangriffeinrichtung erfordert heute ca. 0,25 m³ zusätzlichen Raum in einem Gerätefach, der 30- bzw. 60-m-Schnellangriffsschlauch wiegt leer ca. 24 bzw. 48 kg, die Schnellangriffhaspel kostet ca. EUR 2.500 (mechanische Aufwicklung) bis EUR 15.000 (elektrische Aufwicklung) [66; 67]. Gerade bei kleinen Löschfahrzeugen (TSF-W!) kann der Einbauraum sinnvoller genutzt werden, vgl. Abb. 12.

Der sogenannte „Kölner Unfall“ 1995 [68] kostete einen Feuerwehrangehörigen nicht zuletzt deshalb das Leben, weil der Angriffstrupp bei einem Kellerbrand einsatztaktisch falsch mit dem formstabilen Druckschlauch einer Schnellangriffeinrichtung in eine unbekannte Lage vorgegangen war. Die exzessive Verwendung von Schnellangriffeinrichtungen bei Bränden aller Art widerspricht dem vernünftigen Leitsatz der Ausbildung, dass stets dann ein Verteiler zu setzen und ein „klassischer“ Löschangriff mit Rollschläuchen oder Schlauchtragekörben aufzubauen ist, wenn der tatsächliche Brandumfang nicht zu übersehen ist. So verbleibt als Verwendungsmöglichkeit für die Schnellangriffeinrichtung eigentlich nur noch der Mülltonnen- oder Papiercontainerbrand, der Gartenlaubenbrand und der Pkw-Brand, bei denen genauso gut D- oder C-Rollschläuche ausgeworfen werden können. Mittlerweile hat diese sinnvolle Praxis wieder Einzug in die FwDV und in die Fahrzeugbeschaffung vieler Feuerwehren gefunden, vgl. auch [69].

Abb. 12: Raumbedarf unterschiedlicher Einrichtungen zur schnellen Löschmitttelabgabe

Abb. 13: Flugfeldlöschfahrzeuge mit Flachschlauch-Schnellangriffeinrichtungen

**Es hält sich in Feuerwehrkreisen auch die Meinung, die Verwendung der Schnellangriffeinrichtung biete Zeit- und/oder Handhabungsvorteile gegenüber der Verwendung von Flachschläuchen aus Tragekörben. Dies ist erwiesenermaßen nach veröffentlichten Versuchen [70; vgl. 71; 72; 73; 74] und eigenen Untersuchungen nicht der Fall. Hinzu kommt, dass die Vornahme des ersten Rohres von einer Schnellangriffhaspel für die Vornahme des zweiten Rohres erhebliche Zeitnachteile bedingt. Sinnvoller ist das Setzen eines Schnellangriffverteilers und die Verwendung von Schlauchtragekörben (vgl. [73; 75]). Schlauchtragekörbe haben aus ergonomischer Sicht auch den Vorteil, dass sie leichter werden, je länger die verlegte Schlauchlänge ist.**

Im Unterschied zu einigen „Hochdruck-Missionaren“ aus Feuerwehrkreisen, die manchmal sogar meinen, sich in Diskussionen (real oder virtuell in Foren) ungefragt „vor“ die Hersteller von Pumpen mit Hochdruckteil stellen zu müssen („… Firma XY ist Pionier der Hochdrucktechnik …“), sehen die Hersteller diese Auseinandersetzung beliebig gelassen: Wenn ein neues Löschfahrzeug gekauft wird, muss ohnehin eine Pumpe gekauft werden und ob es nun die „Normaldruckpumpe“ von S. 17 des Herstellerkataloges oder die mit Hochdruckstufe von S. 23 sein wird, ist den Herstellern fast egal. Die Entscheidung für oder gegen eine Technik oder Taktik muss vom Anwender getroffen und getragen werden, nicht vom Hersteller.

Abb. 14: Schnellangriff „ohne Schnellangriff“ – links klassisch mit Verteiler, rechts an einer schwedischen Vorbaupumpe direkt an/von der FP

Abb. 15: Schnellangriff „ohne Schnellangriff“ auf einem LF der Marinestützpunktfeuerwehr Wilhelmshaven

Entwicklungen

Man kann sogar noch einige Schritte weiter gehen, wenn man die Vorarbeiten und Analysen von Cimolino und Lembeck konsequent weiterdenkt, die die inzwischen stattgefundenen Entwicklungen inklusive der Reform der FwDV 3 und 4 berücksichtigen und mit der Realität der Einsatzstellen heutzutage vergleichen:

Die Gruppenbesatzung von 1+8=9 FA existiert in der Einsatzpraxis nicht mehr, sondern nur noch an Feuerwehrschulen und während der Übungsabende Freiwilliger Feuerwehren bzw. deren Vorbereitung auf die Leistungs(abzeichen)prüfungen.

Eine Staffelbesatzung kann i.d.R. maximal zwei Rohre vornehmen; oft wird von jedem Fahrzeug nur eine Angriffsleitung vorgenommen.

Rollschläuche sind eine Lagerungsform von Druckschläuchen, die dem schnellen Aufbau von längeren Schlauchleitungen durch einzelne Feuerwehrangehörige widerspricht, da jeder Schlauch einzeln entnommen, ausgeworfen und gekuppelt werden muss.

Für den Transport von drei Druckschläuchen benötigen wir in Deutschland einen genormten Schlauchtragekorb aus Metall (Stichwort „Verpackungsgewicht“), Feuerwehren anderer Länder benötigen dafür lediglich einige Gurtbänder mit Klettverschluss.

Ein Schnellangriffverteiler B-CBC wird üblicherweise nur über eine B-Schlauchlänge an das Fahrzeug gekuppelt. In vielen Fällen wird von diesem Verteiler nur eine weitere Angriffsleitung nach vorne geführt.

Bei Personalknappheit (Wegfall des Melders!) wird ein Verteiler oftmals nicht besetzt. Oft muss der Maschinist (neben dem Fahrzeug und seinen Aggregaten und der Atemschutzüberwachung) auch noch den Verteiler bedienen.

Standardfahrzeug – Standardbeladung

Drei vorgekuppelte Schnellangriffeinrichtungen mit Flachschläuchen

Drei vorgekuppelte Schnellangriffsleitungen mit Flachschläuchen – Draufsicht

Schlauchpaket (keine „Verpackung“!), man beachte das Manometer am Verteiler! („high-rise pack“)

Der Angriffstrupp schultert die Angriffsleitung inkl. Schlauchreserve, der Fahrzeugführer arbeitet vorübergehend als „Libero“ (Standardbesatzung: 1 + 3 = 4)

Die Angriffsleitung ist inkl. Schlauchreserve binnen kürzester Zeit vorbildlich ausgelegt (Die Atemschutzgeräte mag der Leser sich hinzudenken)

**Abb. 16 a–f: „Löschangriff à la FwDV 3 americaine“ – die Rücknahme der Leitung wird ähnlich unspektakulär durchgeführt; den amerikanischen Feuerwehrangehörigen wird – im Unterschied zu den deutschen – der Umgang mit bereits im Transportzustand an die Druckabgangsstutzen gekuppelten Schläuchen zugetraut**

Wäre es dann nicht konsequent, darüber nachzudenken, Angriffsleitungen mit Schlauchpaketen aus C-Schläuchen direkt ab den Druckausgangsstutzen zu verlegen und die Fahrzeugtechnik – sprich: Pumpe, ihre Armaturen und das Fahrzeugheck – entsprechend anzupassen (vgl. auch [76; 77])? Dies würde jedoch zunächst erfordern, grundlegend taktische Inhalte, technische Regeln und dementsprechend auch die Ausbildung zu ändern.

## 1.3.3 Hochdrucklöschverfahren mit Zugabe von Abrasionsmittel (Schneidlöschverfahren)

### ■ Grundlagen der Schneidlöschverfahren

Schneidlöschverfahren arbeiten grundsätzlich nach den gleichen Prinzipien des Wasserstrahlschneidens, das industriell seit etwa 100 Jahren verwendet wird. Der Vorteil gegenüber Brenn- und Lasertechniken ist, dass der Werkstoff nicht erwärmt wird. Heutige industrielle Anlagen arbeiten mit bis zu 6.000 bar Druck. Es wird zwischen Reinwasserstrahlschneiden für vornehmliche weiche Werkstoffe und Abrasivschneiden für harte Werkstoffe unterschieden.

Konventionelle (Hochdruck-) Löschsysteme

Bei konventionellen (Hochdruck-)Löschsystemen muss weiterhin „klassisch" vorgegangen werden: Die Einsatzkräfte müssen sich durch Türen und Fenster und ggf. durch Öffnen der Dachhaut, Wänden und Decken ihren Zugang zum Brandherd schaffen. Dadurch können sich der Brandrauch und evtl. auch der Brand selbst im Gebäude weiter ausbreiten. Gleichzeitig setzen sich die Einsatzkräfte dabei selbst dem Brandrauch und der thermischen Wirkung des Brandes aus. Diese Probleme können durch die Verwendung von Schneidlöschverfahren vermieden werden, da der Eintrag des Löschmittels von außen in den Brandraum erfolgt. Die Grundidee dazu wurde in den 1980er-Jahren entwickelt [78].

**Abb. 17: Birgt ganz besondere Gefährdungen: Öffnen einer Dachhaut (Quelle: Kalle Lundeberg)**

Verfahren

Bei Schneidlöschverfahren wird mit einer Löschlanze innerhalb weniger Sekunden von außerhalb des Brandraumes ein einige Millimeter großes Loch erzeugt, durch das der Löschwasserstrahl in den Raum tritt. Aktuell marktgängige Systeme arbeiten mit Drucken zwischen 200 und ca. 500 bar. Mit ihnen ist es möglich, den „indirekten Angriff" mit seinen fünf Regeln gemäß Lloyd Layman durchzuführen, wie in Kap. 1.4 beschrieben. Es muss sichergestellt sein, dass sich auf der anderen Seite der Wand, durch die gerade eine Öffnung mit Wasser unter 200 bar Druck getrieben wird, keine Person befindet oder der Wasserstrahl so eingebracht wird, dass eine Person durch ihn nicht gefährdet werden kann. Dies ist z.B. durch die Wahl des Durchstoßpunktes oben am Fensterrahmen mit der Strahlrichtung gegen die Raumdecke möglich. Hier wird dann auch der Bereich wie mit an die Decke gerichteten Hohlstrahlrohren erreicht.

Nachalarmieren oftmals nicht zielführend

Schneidlöschgeräte erst dann als „Spezialgerät" nachzualarmieren, wenn an der Einsatzstelle alles andere schon nicht zum Erfolg geführt hat, ist nicht zielführend. Zur Zeit gehen mehrere größere Feuerwehren in GB konsequent einen anderen Weg, wobei die Projekte der Einführung von COBRA unterschiedliche Stände haben [79; 85 ff.]

## Systeme und Verbreitung

CSS Cobra

Ein System stammt aus Schweden, wird unter dem Namen „CCS Cobra" vermarktet, und ist seit der Jahrhundertwende am Markt. Es arbeitet bei 300 bar Druck und einem Volumenstrom von 50 L/min. „CCS" steht dabei für „Cold Cutting System". Durch den hohen Wasserdruck und ggf. – falls vom Rohrführer ausgelöst – unter automatischer Zumischung eines Abrasivmittels (Eisenoxid) kann es unterschiedliche Werkstoffe schnell durchdringen (z.B. Stahlwand eines Seecontainers in 2 Sekunden, 15 mm Pressspanplatte in 4 Sekunden [80] und es kann Löschwasser als fein verteilter Sprühnebel in einen Brandraum eingebracht werden.

Die Abgabe des Lösch-/Abrasivmittelgemisches erfolgt über eine handgeführte Lanze, die durch einen formstabilen Druckschlauch (Länge 80 m) mit einer Hochdruckpumpe verbunden ist. Allerdings ist auch ein stationärer Einbau der Löschlanze z.B. in Körben von Drehleitern und Gelenkmasten möglich. Das Löschmittel verlässt die COBRA-Löschlanze mit 220 m/s. Der Wasserstrahl bleibt ca. 5 m lang erhalten, nach ca. 7 m zerfällt er komplett zu einer vernebelten Wassertropfenwolke. Durch die große Oberfläche der Wassertropfenwolke und der einzelnen extrem kleinen Wassertropfen kann eine hohe Wärmeenergie durch Verdampfen des Wassers aufgenommen und dem

Feuer entzogen werden. Die extrem kleinen Wassertropfen schweben lange in der Luft und können dadurch längere Zeit verdampft werden [83].

Im Jahr 2008 standen in Schweden bereits 120 COBRAs im Einsatz, davon ca. 25 auf Vorauslöschfahrzeugen und die anderen auf konventionellen Löschfahrzeugen mit einer Standardbesatzung von 1 + 4 = 5. Bei insgesamt rund 800 Feuerwehrstandorten auf ca. 9 Millionen Einwohner in ganz Schweden, von denen sich alleine ca. 4,5 Millionen auf die Metropolregionen Stockholm, Malmö und Göteborg konzentrieren, kann man dabei zwar noch nicht von einer flächendeckenden, aber wohl von einer bevölkerungsdeckenden Anzahl sprechen [81]. In Schweden wurden zwischen 2004 und 2008 COBRAs bei 675 Einsätzen benutzt. Insgesamt gab es 2008 weltweit 450 COBRAs in über 30 Ländern auf allen Arten von Löschfahrzeugen und auf einigen Schiffen [82].

Auch in Großbritannien beschaffen mehrere Counties (Lincolnshire, Manchester, Northamptonshire, West Yorkshire) diese Anlagen in großen Stückzahlen. Es gibt COBRA-Systeme auf Transporterfahrgestellen (z.B. Sprinter/Crafter) und auf Trupp-TLF als Erprobungs-, Schulungs- und Ersatzfahrzeuge sowie einige mobile Systeme. Ziel in diesen Counties ist die Etablierung von COBRA als Erstangriffsmittel, was bedeutet, dass die Löschfahrzeuge der Feuerwehren, die im ersten Abmarsch stehen, flächendeckend mit COBRA aus- oder nachgerüstet werden. Ein Gutes hat die auch in Großbritannien mittlerweile wieder abklingende „CAFS-Hype" gehabt: Nach dem Schuldspruch eines irischen Gerichts über Ausbildungs- und Organisationsverschulden des Trägers einer irischen Feuerwehr wurden bzw. werden bei COBRA

**Abb. 18: Löschfahrzeug des Northamptonshire FRS mit COBRA-Anlage**

die erforderlichen flankierenden Maßnahmen ergriffen, bevor die Systeme in den Einsatzdienst gehen. Der Einsatz von COBRA wird immer zwingend vom Einsatz einer Wärmebildkamera begleitet. Da die britischen Feuerwehren ohnehin in ihrer Angrifftaktik weitgehend Schnellangriffeinrichtungen mit formstabilem Schlauch verwenden, wird die bisherige Einsatztaktik durch die Verwendung der COBRA mit 80 m langer Schnellangriffleitung nicht grundlegend verändert [83; 84].

Abb. 19: Tanklöschfahrzeug TLF 2000 mit COBRA-Anlage

Abb. 20: Schlauchhaspel und Löschlanze des COBRA-Systems in G2

Für Feuerwehren im Kanton Waadt in der französischen Schweiz – beschafft über die Gebäudeversicherung – baute z.B. Feumochtech sechs Tanklöschfahrzeuge TLF 2000 mit Kommunalkabine auf MB Atego 1530AF 4x4 mit einer Godiva FPN 10-3000 und einer integrierten COBRA-Anlage C360 HLS mit 100 m Hochdruckschlauch und 10 L Abrasivmittel. Auch dieses Fahrzeug verfügt über variantenreiche Schlauchlagerungen inklusive einer EPH [85].

Die Feuerwehr Gladbeck betreibt seit dem Jahr 2009 erfolgreich ein von der Fa. Lohr-Magirus aufgebautes Fahrzeug [86]. Das für die Gefahrenabwehr auf dem Meer (v.a. deutsche Hoheitsgewässer) zuständige Havariekommando hat entlang der deutschen Küsten COBRA-Anlagen bei Feuerwehren mit einer „SEG Schiffsbrandbekämpfung“ stationiert.

Alternativprodukte

Jetzt, da die wesentlichen Patente gefallen sind, wird es auch hier Alternativprodukte geben. „Pyrolance" hatte zwar schon einen Stand auf der letzten Interschutz, durfte aber noch nicht ausstellen. „Coolfire" der Fa. Angus Fire Ltd (Abb. 21 oben rechts) wurde auf der ESS 2016 vorgestellt und arbeitet mit 28 L/min oder 56 L/min bei etwa 300 bar Druck und verwendet bei Bedarf ein nichtmetallisches, mineralisches Abrasivmittel. Nach Herstellerangaben schneidet das Gerät durch eine typische Steinwand in etwa 10 Sekunden, eine 10 mm dicke Stahlplatte in 15 Sekunden, einen 100 mm dicken Beton in 20 Sekunden. Bei einer Geschwindigkeit von etwa 200 m/s hat der Strahl eine Reichweite von über 30 Metern. Die Anlage kann in einem Fahrzeug verteilt oder als Modul (120 × 180 × 90 cm³) konfiguriert werden und wiegt 500 kg trocken und 720 kg einsatzbereit.

**Abb. 21: Hochdruckschneidlöschsysteme verschiedener Hersteller**

X-FIRE 350

Das System X-FIRE 350 stammt ebenfalls aus Schweden und arbeitet mit 22 L/min bei 350 bar Druck [87]. Das Schleifmittel wird nicht durch den Hochdruckschlauch geführt, sondern unmittelbar an der Lanze zugemischt. Das Schleifmittel erreicht die Düse, nachdem der Auslöser für das Schleifmittel eine Sekunde lang gedrückt wurde.

Die Düsen können gewechselt werden, um die optimale Wirkung des Löschmittels bei unterschiedlichen Wurflängen zu erzielen, von feinem Nebel bis hin zu Flachdüsen in verschiedenen Breiten, Drucken und Volumenströmen. X-FIRE wird mit 2 × 40 m Hochdruckschlauch geliefert. Das Antriebsaggregat wird mit Diesel betrieben und erfüllt damit die Forderung vieler Marinen, die keinen Ottokraftstoff an Bord dulden. Das Modul X-Jet 350-WJFE (Abb. 21 unten rechts) wiegt inkl. 23 Liter Diesel und mit NATO-Stecker für die externe Stromversorgung betriebsbereit etwa 250 kg bei einer Größe von 900 × 560 × 600 $mm^3$ (ohne Haspel und Lanze).

**RFC CUTTEX Löschsystem**

Im Herbst 2020 folgte die Fa. Rosenbauer, vermeidet aber in ihrer Produktbeschreibung die schwedischen Wurzeln des Systems und beschreibt das RFC CUTTEX Löschsystem (Abb. 21 unten links) als „eine Weiterentwicklung auf Basis des bewährten Rosenbauer UHPS Höchstdrucklöschsystems mit einem neu entwickelten Strahlrohr.“ Das System gibt es in zwei Größen mit Leistungen von 38 L/min bei 180 bar (CUTTEX) bzw. 58 L/min bei 300 bar (CUTTEX XL), mit denen Wassernebel in Tröpfchengrößen um 100 µm (zum Vergleich: ND-Strahlrohr ca. 500 µm) erzeugt werden. Es ist mit einem integrierten Schaumzumischsystem mit stufenloser Zumischung von 0 bis 6 % ausgestattet und wird mit Schlauchlängen von 60 m (Standard CUTTEX und CUTTEX XL) bis zu 120 m Länge (CUTTEX XL) ausgeliefert. Beide Systeme können in Feuerwehrfahrzeuge (auch Hubrettungsgeräte und Flughafenlöschfahrzeuge) verbaut werden, wobei CUTTEX XL über Nebenantrieb (PTO=Power-Take-off), die Skid-Variante CUTTEX von einem Benzinmotor angetrieben wird. Herzstück des Systems ist das Strahlrohr zum Schneiden und Löschen. Ersteres erfolgt durch Ausbringen eines Abrasivstoffs (Schleifmittel) mit dem Wasserstrahl. Der Behälter für das Abrasivmittel wird per Schnellkupplung in das Strahlrohr eingehängt, ähnlich wie bei dem X-FIRE-System. Das Fassungsvermögen ermöglicht eine Schneidzeit von einer Minute. Der Abrasivmittelbehälter lässt sich binnen Sekunden wechseln, die Schneiddüse über einen Bajonettverschluss entfernen. Über einen Drehgriff werden Vollstrahl, Sprühstrahl und Schneidstrahl eingestellt. Ohne Schneidfunktion lässt es sich als normales Höchstdrucklöschsystem verwenden. Eine Person kann das System allein bedienen. Darüber hinaus ist es in das Rosenbauer-Bediensystem LCS eingebunden, mit dem alle in Fahrzeugen verbauten Komponenten (Pumpen, Schaumzumischsysteme etc.) gesteuert werden können. Das Rosenbauer-Schneidlöschsystem RFC CUTTEX ist zur Zeit das einzige voll integrierbare System am Markt [88].

## Anwendungshinweise Schneidlöschverfahren

Schutzausrüstung

Aufgrund des hohen Arbeitsdruckes von über 200 bar besteht im Bereich des in den Raum austretenden Wasserstrahles eine hohe Verletzungsgefahr, weshalb dort der Aufenthalt verboten ist. Wegen der Abrasivteilchen ist eine entsprechende Schutzausrüstung zu tragen und insbesondere der Augen- und Gesichtsbereich zu schützen.

Das bedeutet mindestens

- Helm,
- Augenschutz (ein Visier ist zumindest bei der Verwendung des Abrasivmittels nicht sicher ausreichend, eine Vollmaske des Atemschutzgerätes ist hier natürlich noch besser, weil auch das ganze Gesicht geschützt ist),
- Gehörschutz kann je nach Anwendung sinnvoll sein – auch um die Gehörgänge vor Sprühwasser und Abrasivmittel usw. zu schützen. Unter Atemschutz bzw. Helm mit schließbarem Nackentuch wird davon ausgegangen, dass mit Flammschutzhaube bzw. die Ohren ebenfalls umschließenden „holländischem (Nacken-)Tuch" auch eine ausreichende Schalldämpfung erreicht wird. Regelrechter Gehörschutz ist hier nicht sinnvoll, weil damit z.B. die Kommunikation noch weiter erschwert wird),
- Schutzkleidung inkl. geeigneten Handschuhen und Sicherheitsschuhwerk (am besten nach DIN EN 469 bzw. HuPF 1 und 4.
- Bei allen Einsätzen zu Bränden in Gebäuden oder auf Gebäuden etc. gehört je nach Einsatzort und dortigen Gefährdungen natürlich bei Bedarf weitere PSA dazu, wie
- Atemschutzgerät,
- Absturzsicherung.

Abb. 22: Anwendung eines Schneidlöschverfahrens bei einem ebenerdigen Raumbrand

Bei der Verwendung von Schneidlöschverfahren wird die Sicherheit der zur Innenbrandbekämpfung vorgehenden Trupps erheblich erhöht, da der Brandraum in der Erstphase nicht betreten wird und der Einsatz zunächst nur von außen bzw. aus einem gesicherten Bereich erfolgt. Die Situation wird dadurch „eingefroren", d.h. eine weitere Brandausbreitung wird gestoppt. In dieser Zeit kann bspw. der Innenangriff vorbereitet werden. Beim anschließenden Betreten des Brandbereichs durch die Einsatzkräfte sind die Arbeitsbedingungen für diese bereits verbessert. Die Temperatur ist gesenkt und die Zündfähigkeit der brennbaren Pyrolysegase reduziert worden. Eine Überdruckbelüftung ist daher relativ gefahrlos möglich.

Abb. 23: Anwendung eines Schneidlöschverfahrens bei einem Dach(stuhl) brand

Taktisches Konzept Einsatz von Schneidlöschverfahren

Wenn gesichert ist, dass sich keine Personen vor dem Strahl des Schneidlöschsystems im zu löschenden Raum aufhalten (intensive Erkundung) oder die Brandtemperatur derart hoch ist, dass ein Überleben äußerst zweifelhaft ist, stellt sich das taktische Konzept für den Einsatz von Schneidlöschverfahren wie folgt dar:

- Feststellen von Temperaturunterschieden mittels Wärmebildkamera (WBK) von außerhalb des Gebäudes.
- Einsatz von außen an der wärmsten Stelle bzw. von der Stelle aus, wo das COBRA-System am besten einzusetzen ist (der gebündelte Hochdruckstrahl benötigt einige Meter, um sich auszubreiten).
- Kühlung der Brandgase und Inertisierung durch den Wasserdampf innerhalb des Gebäudes.

- Temperaturänderungen durch die Wärmebildkamera beobachten.
- Während des Einsatzes des Schneidlöschverfahrens wird der reguläre Löschangriff aufgebaut.
- Die Löschwirkung des Schneidlöschverfahrens mithilfe einer WBK oder aufgrund des entstehenden Wasserdampfes (Änderung der Rauchfarbe ins Weiße) ständig beurteilen.
- Bei größeren Räumen oder intensiven Brandverläufen ist ein längerer Einsatz des Schneidlöschverfahrens erforderlich, bevor Resultate eintreten (bis zu mehreren Minuten).
- Wenn kein Löscheffekt eintritt, ist es nötig, die Position der Löschlanze zu ändern, bis die heißen Brandgase und Oberflächen besser getroffen werden oder alternative Löschtechniken einzusetzen.
- Wenn die Temperatur gesenkt wurde, kann mit dem Innenangriff, ggf. unterstützt durch Überdruckbelüftung, begonnen werden [89].

Abb. 24: Anwendungsvorschlag des Schneidlöschverfahrens bei einem Silobrand [89]

Vergleich COBRA und Fognails

Im direkten Vergleich zu den Fognails lässt sich aus den Erfahrungen eines Expertenworkshops Anfang 2016 an der dänischen Feuerwehr- und Katastrophenschutzschule in Tinglev sagen, dass die Wirkungstiefe und die Löscheffektivität der COBRA gegenüber dem Fognailsystem deutlich größer ist [90; 91]. Die vom Fognail erreichte Wurfweite ist geringer, der Kühl- und Löscheffekt durch die Entstehung von Wasserdampf trat deutlich vor dem Brandherd auf. Bei COBRA ist die Wurfweite des Sprühstrahls deutlich größer, der Löscheffekt wird in direkter Umgebung des Brandherdes erreicht.

Als Zusammenfassung lässt sich sagen, dass das Schneidlöschverfahren eine zusätzliche taktische Möglichkeit bietet. Während der Löschphase muss jedoch immer daran gedacht werden, den brennenden Bereich so abgeschlossen wie möglich zu lassen. Eine Belüftung darf solange nicht erfolgen, bis die Löschwirkung eingetreten ist, damit der entstehende Wasserdampf wirken kann. Zwar hat sich in den Versuchen gezeigt, dass die Temperatur im Brandraum fast „schlagartig" auf unter 100 °C herunterkühlt, sodass die Überlebenschancen im Brandraum durch den Einsatz der Schneidlöschverfahren eher verbessert werden, doch darf deren Einsatz nicht dazu führen, dass ein Such- und Rettungseinsatz in der „traditionellen" Weise verzögert oder gefährdet wird.

Schneidlöschverfahren können bei Bränden in geschlossenen Räumen wie Zimmern, Wohnungen, im Dachgeschoss, in Kellern und anderen schwer zugänglichen Bereichen eingesetzt werden. Vorteilhaft ist, wenn der Brandraum geschlossen ist, sodass ein besserer Kühleffekt erreicht wird. Sonst muss mit dem Schneidlöschverfahren längere Zeit gearbeitet werden, um die gleiche Wirkung zu erzielen.

Die Schneidlöschverfahren bieten damit insgesamt interessante zusätzliche einsatztaktische Möglichkeiten, die jedoch zwingend eine entsprechende theoretische und praktische Schulung der Führungs- und Einsatzkräfte voraussetzen.

## ■ COBRA-Erfahrungen in Nordrhein-Westfalen 2016 bis 2019

Im Sommer 2016 präsentierte Nordrhein-Westfalens Innenminister Ralf Jäger in Ratingen vier Einsatzfahrzeuge im Rahmen des Projektes „FeuerwEhrensache" der Öffentlichkeit [92; 93; 94; 95]. Sie wurden von 20 ehrenamtlichen Feuerwehren landesweit erprobt. Es handelte sich um ein Vorauslöschfahrzeug (VLF) und drei mittlere Löschfahrzeuge (MLF). Das MLF soll sich bei Brandeinsätzen, Unwetterlagen,

Hilfeleistungen oder als erstes Fahrzeug an Unfallstellen bewähren. Es ist dazu mit einem 1.000-L-Löschwasserbehälter, Tauchpumpe, Kettensäge und tragbarem Stromerzeuger ausgerüstet, jedes der drei MLF ist mit einer anderen Art der Schaumzumischung ausgestattet. Das VLF auf der Basis des Iveco Daily 50 C 21 3,0 D mit 400-L-Löschwasserbehälter verfügt über das vorbeschriebene COBRA-System mit 80 m formstabilem ½-Zoll-Druckschlauch auf Haspel und 20 m formstabilem ½-Zoll-Druckschlauch einzeln als Verlängerung sowie zwei Druckschläuche C als Füllschläuche. *„Wir wollen mit diesem Pilotprojekt neue Impulse für eine fortschrittliche und bedarfsgerechte Technik bei den nordrhein-westfälischen Feuerwehren setzen“*, sagte Jäger. Ziel des Projekts ist es, der Feuerwehr die bestmögliche Ausrüstung an die Hand zu geben: *„Mehr Technik kann zwar niemals weniger Ehrenamtliche ausgleichen. Moderne Technik kann aber sehr wohl entlasten und motivieren“,* betonte Jäger [94].

Dazu führt der Verband der Feuerwehren NRW auf seiner Homepage aus: *„Die Feuerwehren im Land verfallen immer mehr einem „Wettrüsten“. Reichte vor ein paar Jahrzehnten noch ein TSF zur Brandbekämpfung (dörfliche Gegenden), wurde dies bereits durch ein LF 8 ersetzt. Nicht selten führte die Folgebeschaffung zu einem (H)LF 10, welches von seiner Größe und der genormten Ausstattung eher dem damaligen LF 16 entspricht. Besitzt die Nachbarwehr ein LF 20, setzt nicht selten ein „Gruppenzwang“ bzw. ein selbstgesetzter Anspruch ein, mindestens gleichwertig ausgestattet zu sein. Doch: Immer weniger Personal muss immer mehr Technik bedienen (können). Zuviel Technik überlastet die vorhandenen Kräfte der ehrenamtlichen Einheiten. Der gefühlte Bedarf entspricht hierbei oft nicht dem tatsächlichen Bedarf. Es wird immer komplexere und auch quantitativ mehr Technik beschafft, jedoch nicht bedacht, dass diese Technik nicht das fehlende Personal oder eine sinnvolle Taktik kompensiert. Für „mehr Technik“ ist auch „mehr Ausbildung“ notwendig: Umfangreiche Schulungen an der vorhandenen Technik ist für sichere Handhabung zwingend erforderlich.“* [93].

Die zwei Fahrzeugtypen VLF und MLF sollten im Rahmen des Projektes erprobt und wissenschaftlich begleitet werden: Schon vor Beginn des Projekts erschien aus methodischer Sicht der Untersuchungszeitraum als zu kurz gewählt.

Abschlussbericht

So überrascht im 148-seitigen Abschlussbericht des Innenministeriums NRW aus dem Jahr 2019 folgender Absatz

> *„Wegen der teils nur kurzen Erprobung müssen die nachfolgenden Ergebnisse als vorläufig bezeichnet werden. Festgestellt werden kann, dass alle an der durchgeführten ersten Erprobung beteiligten Feuerwehren die Fahrzeuge intensiv getestet und an deren Leistungsgrenzen herangeführt haben."*

sowie

> *„Die Motivation, sich mit neuen Technologien und damit einer veränderten Einsatztaktik zu befassen, kann sich durch die zusätzliche Belastung im Einführungsprozess verringern. Bei der Erprobung der Löschtechniken „Druckluftschaum" und „Kaltschneid-Löschsystem COBRA" konnte dieser Effekt beobachtet werden. Stellenweise war erkennbar, dass bewährte Technik bevorzugt wird, die von jedermann zu jeder Uhrzeit bei allen möglichen Facetten eines Feuerwehreinsatzes bedient werden kann.*
>
> *Im Einsatz haben sich die Erwartungen an die erprobten Löschsyteme, COBRA, Druckluftschaum und Druckzumischanlage bestätigt. Bei der Nutzung der Löschsysteme haben die Einsatzkräfte von einem effektiven Arbeiten berichtet, welches mit weniger Personal sicher möglich war. Dennoch wurden die Löschsysteme wegen der erhöhten Komplexität in der Anwendung bei einigen Einheiten kritisch beurteilt."*

nicht [95, S. 102].

In diesem Abschlussbericht sind die Einsätze, zu denen das COBRA-VLF ausgerückt ist, allerdings nicht aufgelistet. Eine Matrix zur Bewertung der Löschsysteme wurde nicht erstellt, auch im Quellenverzeichnis findet sich kein Hinweis auf eine tiefergehende Dokumentation oder Auswertung von Einsätzen. Immerhin bestätigt der Bericht, dass neue Löschmethoden und -verfahren eine gründliche Ausbildung und Übung erfordern, um effektiv eingesetzt werden zu können. Etwas ausführlicher ist der „Abschlussbericht Technik" [96] (bei dem es sich im Downloadbereich des Innenministeriums allerdings um einen Zwischenbericht zu handeln scheint), auch hier gibt es keine quantifizierten Ergebnisse, sondern eine Zusammenstellung von subjektiven Meinungen und Bewertungen, sortiert nach „Vor- und Nachteilen" [96, S. 27 ff.]:

*„Löschanlage*

*Vorteile*

*Mehrfach genannt*

- *Einfache Bedienbarkeit, das Gerät konnte nach vergleichsweiser kurzer Einweisung von Maschinisten und Angriffstrupp effizient bedient werden.*
- *schnelle Integration in den Einsatz*
- *Das Löschen konnte schnell und effizient erledigt werden.*
- *unproblematisch über Drehleiter in Stellung zu bringende Löschlanze*
- *Das Fahrzeug war schnell und flexibel in die Übung einzubringen, die Schneidleistung war gut und die Löschleistung wäre im Realfall deutlich erkennbar gewesen.*
- *Die Schneidleistung war sehr gut, ein 15 cm-Betonstein konnte in ca. sechs Minuten geschnitten werden.*

*Einfach genannt*

- *Die Mülltonne musste nicht leergeräumt werden, um Glutnester zu finden.*
- *Ansetzen der Lanze im sicheren Bereich*
- *einsturzgefährdetes Haus oder Trümmerschatten muss nicht betreten werden*
- *sehr gute Schneidleistung*
- *Auch bei längeren Schnitten (etwa im Betonstein), lässt sich der anstehende Druck von fast 300 bar mit einem korrekt positionierten Angriffstrupp aushalten.*
- *Mithilfe der Löschanlage konnten die sich schon immer mehr braun färbenden austretenden Brandgase runter gekühlt werden und somit wurde die Gefahr einer Durchzündung minimiert. Als Ansatzpunkt diente ein Kunststofffensterrahmen.*
- *sehr geeignet für die Löscharbeiten in einer Zwischendecke*

*Nachteile:*

- *Für das Aufbringen von Löschwasser zwecks Kühlung ist der hohe Druck ungeeignet* [Anm.: Was wie gekühlt werden sollte wird nicht benannt].
- *Löschanlage funktionierte in den gegebenen Parametern, jedoch wurde mehr Abrasivmittel verbraucht, als geplant* [Anm. technischer Mangel, der sofort behoben wurde].
- *Löscheffekt fehlt, wenn Dachhaut einseitig bereits geöffnet ist.*

- *Balkenkonstruktion in der Zwischendecke verhinderte nach einigen Metern weitere Löschleistung, da sich die Balken auch nicht mehr schneiden ließen.*
- *Für den eingesetzten Zweck* [Anm.: Der Zweck wird nicht genannt] *eher ungeeignet, da Ausgangsdruck nicht zu regulieren war.*
- *Während des Schneidvorgangs in 11 cm Beton musste Abrasivmittel nachgefüllt werden (Abrasiv-Tank war zuvor aufgefüllt worden).*
- *Im Vergleich zur Erwartungshaltung hoher Abrasivmittel-Verbrauch.*
- *Der „Zirkel“ an der Lanze führt bei längeren Schnitten, dass eine kurze „Konzentrationslücke“ zu einem Verdrehen der Lanze führt. Hier muss mit entsprechendem Aufwand insbesondere in harten Materialien wie dem Betonstein die Lanze so erneut angesetzt werden, dass man nicht wieder von vorne beginnt, sondern das vorhandene Loch nutzen kann“.*

Zwar gibt es einen Verweis auf einen Anhang, der die zugehörigen Einsatzberichte enthalten soll, dieser fehlt jedoch.

In Kap. 2.5 Schlussfolgerung “ [96, S. 43 ff.] schreiben die Verfasser: *„Das Vorauslöschfahrzeug „COBRA“ hat sich im Einsatz bewährt. In komplexen Schadenslagen konnte durch den Einsatz dieses Sondergeräts die Einsatzdauer verkürzt und ein Zugewinn an Sicherheit für die Einsatzkräfte verzeichnet werden. Auch die Konzeptidee, das Sondergerät auf einem flexiblen Transporterfahrgestell zentral für den überörtlichen Einsatz vorzuhalten, konnte überzeugen. So konnten außerdem Nachalarmierungen zu weiter entfernten Einsatzstellen zügig und ressourcenschonend bedient werden. In der nachbarschaftlichen Erstalarmierung standen die Einsatzleiter vor Ort dem Löschsystem teilweise sehr kritisch gegenüber und entschieden sich gegen den Einsatz. Dies geschah trotz umfangreicher Informationsveranstaltungen im Vorfeld. Hier zeigte sich deutlich, wie notwendig und intensiv ein Technologiewechsel begleitet werden muss. Des Weiteren war die Quote der Einsatzabbrüche unverhältnismäßig hoch, welches bei einer ehrenamtlichen Besetzung des Fahrzeugs problematisch ist. Im weiteren Verlauf des Feldversuches soll hier noch eine passende Alarmierungsschwelle gefunden werden.“*

Die Zualarmierung eines mit einem Schneidlöschverfahren ausgestatteten „Sonderfahrzeugs“ widerspricht dem konzeptionellen Ansatz für dieses Löschsystems, wie er in Schweden entwickelt wurde: Schneidlöschverfahren sind sehr wohl Erstangrifftechniken und werden daher in den HLF/TLF der ersten Alarmfolge integriert mitgeführt, wie z.B. in Großbritannien und Schweden. Dessen unbenommen können sie natürlich auch zu besonderen Lagen und/oder in fremde Reviere nachalarmiert werden.

## 1.4 Unterschiedliche Applikationsmethoden

Taktiken bei der Anwendung wässriger Löschmittel

International werden heute folgende Taktiken bei der Anwendung wässriger Löschmittel unterschieden [96; 97; 98; 99]:

- Direkter Angriff
- Indirekter Angriff
- Kombinierter Angriff

Beim „indirekten Angriff" wird zwischen „Raumkühlung" und „Rauchkühlung" unterschieden.

Für die Anwendung von Schaum (Verschäumungszahl > 4 [100], also nicht als Netzwasser) gibt es außerdem noch „Schieben" und „Ablaufen lassen".

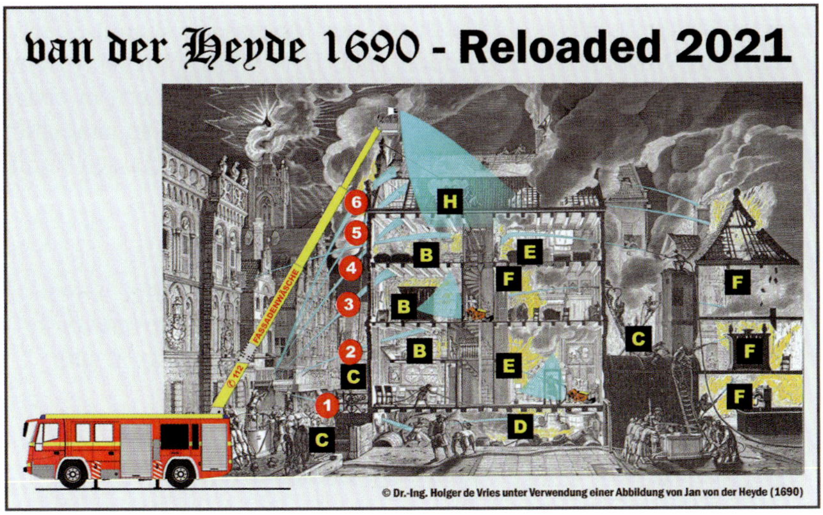


Abb. 25: Wenderohre vs. handgeführte Angriffsleitungen und Strahlrohre 1690 und 2021

Jan van der Heyde stellte schon 1690 unterschiedliche Applikationsmethoden einander gegenüber. Zu der damaligen Zeit waren Handdruckspritzen mit Wenderohren und der reine Außenangriff üblich (in Abb. 25 mit Zahlen gekennzeichnet). Demgegenüber favorisierte van der Heyde Schläuche, mit denen das Wasser direkt bis zum Brandherd gebracht werden konnte – was heute als „direkter Angriff" bezeichnet wird (in Abb. 25 mit Buchstaben gekennzeichnet). Leider neigen einige Feuerwehren auch heute noch zu Angriffstaktiken von vor 1690.

Definition Außen- und Innenangriff

In Deutschland sind nach DIN 14011 „Außen-" und „Innenangriff" definiert:

- *„Außenangriff ist ein Vorgehen, bei dem die Löschmittel von außen in das Innere eines Gebäudes oder Raumes eingebracht werden."* [101].
- *„Innenangriff ist ein Vorgehen, bei dem die Löschkräfte in das Innere eines Gebäudes oder Raumes eindringen, um die Löschmittel aus nächster Nähe gezielt einsetzen zu können."* [102].

Die Definition nach DIN sagt lediglich aus, wie die Löschkräfte relativ zum Gebäude bzw. zum Brandherd vorgehen sollen, nicht aber, wie tatsächlich gelöscht werden soll. Der „Innenangriff" ist nach Schott/Ritter in Deutschland synonym zum „direkten Angriff" und die klassische, in weiten Teilen Deutschlands gelehrte (meist noch nicht einmal in realitätsnahen Szenarien, wie z.B. in Brandhäusern, ausgebildete) Form des Angriffs: *„Innenangriff heißt nicht Innenangriff, weil man von innen vorgeht."* [102] (Anm. des Verfassers: Womit Schott/Ritter dem Wortlaut der Definition nach DIN widersprechen.) Beim Innenangriff ist nicht der Weg des Angriffstrupps, sondern in erster Linie die Tatsache von Bedeutung, dass der Rohrführer so nahe zum Brandherd vordringt, dass er ihn im *direkten* Strahl erfassen kann. Weiterhin führen Schott/Ritter aus [103]:

> *„5. Regel: Nicht in Flammen oder Rauch spritzen."*
>
> *„Ein Löscherfolg stellt sich nur dann schnell und mit geringen Folgeschäden (Wasserschäden!) ein, wenn der Strahlrohrführer nicht zum sturen Strahlrohrhalter wird, sondern „mitdenkt". Deshalb muss stets beachtet werden:"*
>
> 1. *„Nur absperrbare und dem Brand angemessene Strahlrohre (z.B. keine B-Rohre bei Zimmerbränden!) verwenden."*
> 2. *„Das Wasser in jeder Form (Voll- oder Sprühstrahl) gezielt auf den Brandherd (also besser gesagt: in die Glut) bringen und nicht dorthin, wo es unnötig ist und nur Wasserschaden anrichtet."*

3. *„Die Strahlrohre elastisch und beweglich führen, d.h. Strahlrohre erst dann öffnen, wenn der Brandherd erkannt ist. Wasser überhaupt nur stoßweise (also nur, wenn wirklich Feuer zu sehen ist) auf den Brandherd abgeben."*

Direkter Angriff

Nun passiert beim direkten Angriff aber i.d.R. folgendes: Das kalte Löschwasser trifft auf die Glut. Ein Teil des Wassers verdampft fast schlagartig und ein großer Teil fließt erwärmt vom Brandgut ab. Beim Phasenübergang von der Flüssigkeit zum Dampf nimmt das Volumen des Wassers am Siedepunkt um ca. das 1.700-fache zu, d.h. 1 L Wasser erzeugt rund 1,7 $m^3$ Wasserdampf, mithin kann ein $4 \times 4 \times 3\ m^3$ großer Raum mit rund 30 L Wasser binnen Sekunden mit Wasserdampf gefüllt werden. In einem Brandraum herrschen aber selten „nur" 100 °C Temperatur, sondern eher 300 bis 500 °C oder mehr. Also wird der Wasserdampf von 1.700 L weiter expandiert. Wenn keine Druckentlastungsöffnungen vorhanden sind, wird der Raum zum „Dampfkochtopf". Wenn die einzige Druckentlastungsöffnung die vom Angriffstrupp selbst geöffnete Tür ist, wird der heiße Dampf diesen Weg nehmen. Sollte der Angriffstrupp sein Wasser als Sprühstrahl abgeben, so wird die Dampfbildung beschleunigt werden.

Dampfhammer

Im Feuerwehrjargon wird vom „Dampfhammer" gesprochen: Der Wasserdampf trennt die Flammen kurzzeitig von der Glut, Flammen und Dampf steigen unter die Decke und komprimieren dort die überhitzten, brennbaren Pyrolysegase und treiben diese in Richtung des geringsten Strömungswiderstandes: auf die Türöffnung, in der der Angriffstrupp kauert. Dieser sieht mittlerweile nichts mehr und wird vom Heißdampf zurückgetrieben. Unter bestimmten Bedingungen kann der Angriffstrupp auf genau diese Weise einen Flashover initiieren [vgl. 77].

Indirekter Angriff

Eine Alternative dazu ist der „indirekte Angriff". Bereits während des Zweiten Weltkrieges entwickelte die amerikanische Küstenwache wirkungsvolle Verfahren zum Löschen von Betriebsstoffbränden mit Wassernebel. Mit Sprühdüsen ausgestattete Angriffsleitungen wurden durch Luken und Lüfterleitungen in brennende Bunker des Schiffs verlegt und das Feuer innerhalb von 20 bis 40 Minuten bekämpft. Die Feuerwehr Hamburg verwendet auch heute noch „Löschköpfe" genannte Sprühdüsen zur Brandbekämpfung auf Schiffen und in Hafenschuppen.

Regeln indirekte Brandbekämpfung

Layman war während des Krieges Kommandant der Brandbekämpfungsschule der USCG und fasste seine Erfahrungen 1952 in einem Buch mit dem Titel „Attacking and Extinguishing interior Fires"

zusammen [103; 104; vgl. 105; 106]. Er überträgt darin seine Erkenntnisse aus Schiffsbränden auf die Bekämpfung von Raum- und Wohnungsbränden. Die von Layman vorgeschlagene Taktik wird „indirekter Angriff" oder „Brandraumkühlung" [vgl. 77] genannt, weil der Löschwasserstrahl nicht auf das Brandgut, sondern als Sprühstrahl in die Brandraumatmosphäre gerichtet wird. Dadurch wird die Brandraumatmosphäre so stark abgekühlt, dass das Feuer erlischt. Layman stellt explizit folgende Regeln 1 bis 5 für die indirekte Brandbekämpfung mit Sprüh- oder Nebelstrahlen im indirekten Angriff auf:

1. *Der vom Feuer betroffene Raum muss während der Brandbekämpfung so weit wie möglich geschlossen sein.*
2. *Je stärker die oberen Schichten der Brandraumatmosphäre aufgeheizt sind, desto effektiver ist das Verfahren.*
3. *Für die Bekämpfung empfiehlt Layman die Verwendung feiner Sprühstrahlen. Dazu sollen Löschlanzen oder Sprühdüsen durch kleine Öffnungen von außen, d.h. durch Fensteröffnungen und Löcher, Wände oder Türen in den Brandraum gebracht werden.*
4. *Wenn das Feuer nicht auf einen geschlossenen Raum begrenzt werden kann, ist direkter Angriff anzuwenden.*
5. *Im betroffenen Raum dürfen sich keine Personen aufhalten.*

**Die dritte Regel über den Einsatz von Löschlanzen und Sprühdüsen von außen ist von besonderer Bedeutung: Layman ging davon aus, dass sich keine Personen – also auch keine Feuerwehrangehörigen – im Brandraum befinden. Durch die feine Vernebelung des Wassers und mindestens 1.700-fache Volumenvergrößerung des Wassers beim Verdampfen wird die Brandraumatmosphäre an sich zwar abgekühlt, der heiße Wasserdampf füllt aber gleichzeitig den Raum und kann die Situation für Einsatzpersonal unerträglich machen. Diese Voraussetzung ergibt sich aus dem Text, der Laymans vier Regeln begleitet und wird vom Verfasser als fünfte Regel hinzugefügt, um nicht „vergessen" zu werden.**

In den 1950er- und 1960er-Jahren wurde der indirekte Angriff bei amerikanischen Feuerwehren sehr populär und viele Fahrzeuge wurden mit Schnellangriffstanks und Schnellangriffsleitungen – teilweise i.V.m. Hochdruckpumpen („booster reels") – ausgerüstet. Dabei wurde aber Laymans dritte Regel über den Einsatz von Löschlanzen und Sprühdüsen von außen her ignoriert. In der Folge stiegen in den USA die Verletzungen von Feuerwehrangehörigen durch Verbrühungen und Verbrennungen. In den 1970er-Jahren wurde dann das Projekt „FIRES" begonnen, das die Verbesserung der Einsatzkleidung der Feuerwehrangehörigen zum Ziel hatte [107]. Im Laufe dieses Projekts kam es zur Entwicklung der heute bei den amerikanischen Feuerwehren verwendeten Schutzkleidung, die einen sehr guten Schutz gegen Hitze, Flammen und Feuchtigkeit bietet, aber gleichzeitig eine hohe physiologische Belastung der Einsatzkräfte zur Folge hat. Somit sinken in den USA die Verletzungszahlen durch Verbrühungen und Verbrennungen. Gleichzeitig steigen die Zahlen der Herz- und Kreislauferkrankungen. Die Ursache dafür wird in dem zu hohen Schutzniveau der Einsatzbekleidung gesehen, das zu „heat stress", also zu gefährlicher Körperüberwärmung und übermäßigem Flüssigkeitsverlust bereits während der dreißigminütigen Einsatzdauer eines Atemschutzgeräts führt, eine Tatsache, die auch in Deutschland bereits 1965 veröffentlicht wurde [108]. Der Verfasser ist der Ansicht, dass die – falsche – Anwendung einer physikalisch wirksamen Löschtaktik und die Erhöhung des Schutzniveaus der amerikanischen Einsatzbekleidung ursächlich zusammenhängen und nun zu noch nicht absehbaren arbeitsmedizinischen Problemen führen.

Schutzkleidung

Ebenso war bzw. ist auch in Deutschland die Verwendung von Schutzkleidung nach DIN EN 469 notwendig. Einhergehen mit ihrer Einführung muss aber eine entsprechende Ausbildung der Feuerwehrangehörigen, damit mit der neuen Kleidung nicht „tiefer" ins Feuer eingedrungen wird und dadurch die Sicherheitsreserven der Schutzkleidung wieder aufgebraucht werden.

Die richtige Anwendung des indirekten Angriffs i.S.v. Layman wurde in Deutschland bereits 1959 und 1966 [109] dokumentiert: Die Reichs- bzw. Bundesbahn setzte ca. 3 m lange Löschlanzen mit Sprühköpfen ein, um Waggons oder (verlassene!) Personenabteile bei enem Wasserdruck zwischen 2 und 4 bar Druck von außen sehr schnell und nachhaltig abzulöschen. Erst mit der Entwicklung der „Schneidlöschverfahren" ist die Umsetzung des von Layman beschriebenen „indirekten Angriffs" möglich, da sich die Einsatzkräfte bei deren Anwendung außerhalb des Brandraumes aufhalten.

In Schweden werden dort übliche Schlauchdurchmesser von 38 oder 42 mm – und nicht mit 52 mm wie in Deutschland – zusammen mit

Hohlstrahlrohren (z.B. „Fogfighter“ [110]) verwendet, um Innenangriffe unter Verwendung redundant versorgter angriffseitiger BB-DBBD-Verteiler durchzuführen. Bei allen Feuerwehren, die diese Verteiler nicht verwenden (und wenn, dann versorgungs- und nicht angriffseitig) und ihren Löschangriff nicht entsprechend redundant aufbauen, verbietet sich somit diese schwedische Taktik – die Feuerwehren arbeiten dann maximal nur mit „deutscher Taktik und schwedischem Strahlrohr.“

Die Strahlrohre haben Volumenströme von 100 bis 400 L/min bei 7 bar. Bei Wohnungsbränden wird der betroffene Raum möglichst geschlossen gehalten. Der Angriffstrupp schließt nach Betreten des Raums die Tür soweit, dass nur der Schlauch noch frei bewegt werden kann. Das Feuer wird dann durch kurze, schnelle Stöße von Sprühstrahlen in die Brandraumatmosphäre bekämpft. Die Wasserstöße haben eine Dauer von zwei bis vier Sekunden mit etwa sechssekündigen Pausen dazwischen. Bei längeren Wasserstößen entsteht zuviel Heißdampf und der Angriffstrupp ist gezwungen, den Raum zu verlassen. Mit dieser Taktik kann auch ein Flashover gemildert oder kontrolliert werden. Diese Taktik wird in Deutschland unter dem Begriff „Rauchkühlung“ geführt (vgl. [77]).

Der indirekte Angriff erfordert qualitativ hochwertige Schutzkleidung nach DIN EN 469, von deren flächendeckender Einführung auch in Deutschland mittlerweile ausgegangen werden kann (wenngleich die Tragedisziplin, wie aus Bildern von Einsatzberichten zu erkennen ist, noch zu wünschen übrig lässt), insbesondere isolierende und wasserdampfundurchlässige Handschuhe und Schutzhauben über oder zumindest unter dem Helm. Außerdem müssen die Feuerwehrangehörigen möglichst realitätsnah „heiß“ ausgebildet werden [98; 99; 100; 111; 112; 113; 114; 115; 116; 117; 118]. Indirekter und direkter Angriff werden – situationsbedingt eingesetzt – als „kombinierter Angriff“ bezeichnet.

Wenngleich die skandinavische Taktik der Raumbrandbekämpfung effektiv in der Niederschlagung des Flammenbrandes ist, so bietet sie keinen Vorteil beim erforderlichen nachfolgenden Löschen und Ausheben der Glutnester, bei der sich die schlechte Benetzungsfähigkeit des Wassers bemerkbar macht.

Schutz von angrenzenden Gebäuden

Ein Problem der Feuerwehr bei langwierigen Einsätzen, die nicht auf Raum- oder Gebäudeinhalte begrenzt werden können, ist der Schutz angrenzender Gebäude oder Gebäudeteile vor Funkenflug und Strahlungswärme. Der beste Nachbarschaftsschutz ist natürlich die Bekämpfung des Primärbrandes, was aber insbesondere dann schwierig ist, wenn die Dachhaut bereits durchgebrannt ist und die Wärmestrahlung großer Flammenflächen auf die Umgebung wirkt. Von den deutschen Feuerwehren werden zum Nachbarschaftsschutz zwei Taktiken verwendet (vgl. [120]):

- Besprühen des gefährdeten Objekts mit Strahlrohren, mobilen Wasserwerfern oder Wasserwerfern bzw. Wenderohren von (Tank-)Löschfahrzeugen und Drehleitern,
- Erzeugen senkrechter „Wasserwände“ mit Hydro-Schilden und/ oder „Düsenschläuchen“.

Diese Taktiken sind mit Problemen behaftet:

- Ein effektiver Nachbarschaftsschutz ist wegen der erforderlichen Wassermenge und Reichweite erst ab der Größenordnung von B-Strahlrohren sinnvoll. Die erforderlichen Wassermengen betragen zwischen 400 und 800 L/min (B-Strahlrohr) und ca. 1.000 bis 2.500 L/min (Wasserwerfer). Pro B-Strahlrohr sind beim quasi-stationären Einsatz (auch mit Stützkrümmer) drei Feuerwehrkräfte erforderlich, insbesondere bei längeren Einsätzen und in schwierigem Gelände.
- Tragbare Monitore – außer selbsttätig oszillierende, die bei kommunalen Feuerwehren i.d.R. nicht verwendet werden – erfordern ebenfalls Bedienpersonal.
- Wasserwerfer auf Fahrzeugen und Drehleitern binden das jeweilige Fahrzeug an einen bestimmten Ort. Für alle Strahlrohre, Wasserwerfer und Hydro-Schilde gilt, dass sie einen enormen Aufwand an Löschwasserversorgung erfordern und rückwärtige Kräfte binden. Deutsche Hydro-Schilde sind in ihrem Volumenstrom nur durch den Eingangsdruck begrenzt. Die typischen Leistungsdaten von Hydro-Schilden sind in Tab. 4 wiedergegeben [119].

**Tab. 4: Leistungsdaten von Hydro-Schilden [120]**

| Größe | Volumenstrom bei 5 bar [L/min] | Volumenstrom bei 8 bar [L/min] | Wurfweite bei 5 bar [m] | Wurfweite bei 8 bar [m] | Wurfhöhe bei 5 bar [m] | Wurfhöhe bei 8 bar [m] |
|---|---|---|---|---|---|---|
| C | 800 | 1.100 | 24 | 27 | 6 | 8 |
| B | 1.400 | 1.800 | 27 | 31 | 7 | 10 |

Hydro-Schilde

An den Volumenströmen ist bereits erkennbar, dass je nach tatsächlicher Pumpenleistung (bis zu 2.500 L/min bei LF 16 bzw. TLF 16) maximal zwei Hydro-Schilde pro Fahrzeug eingesetzt werden können. Eine Verbesserung könnten in der Schweiz hergestellte Hydro-Schilde sein [120], da sie in ihrem Volumenstrom begrenzbar sind und an die jeweilige Wasserversorgung angepasst werden können – selbstverständlich bei reduzierter Reichweite. Der praktische Nutzen einer senkrechten Wasserwand als Abschirmung gegen Strahlungswärme ist jedoch als eher gering zu bewerten. Bereits Herterich [121] zitiert eine Untersuchung von Hendricks aus dem Jahr 1937:

> *„Der Sprühstrahl bietet dann den besten Schutz, wenn die zu schützende Fläche direkt besprüht wird." [Anm.: Als zu schützende Fläche verwendete Hendricks eine Stahlplatte, die den Flammen eines Benzinbrandes ausgesetzt war.]*
>
> *„Ein Strahl, der die strahlende Fläche nicht benetzt, ist nicht in gleicher Weise wirksam."*
>
> *„Ein Einfluß der Tropfengröße war bei diesen Versuchen nicht festzustellen."* [Anm: Leider enthält die Veröffentlichung keine Angaben über das Tropfenspektrum.]

**Daher ist die – wenn auch geringe – Benetzungsfähigkeit des Wassers und seine Verdampfungsenthalpie zu nutzen und mit dem vorhandenen Wasser ein gefährdetes Objekt zu besprühen und das Wasser an ihm ablaufen zu lassen, sodass das Objekt durch diesen konvektiven Wärmeübergang und die Verdampfung gekühlt wird.**

Dies ist, wie bereits zuvor beschrieben, mit Strahlrohren und Wasserwerfern möglich. Feuerwehren improvisieren häufig, indem sie Hydro-Schilde behelfsmäßig mit einem Stützkrümmer schräg stellen. Ein amerikanischer Armaturenhersteller bietet Hydro-Schilde in anderthalb- und zweieinhalbzölliger Größe an, die horizontal und vertikal schwenkbar sind [122]. Diese Hydro-Schilde haben einen Volumenstrom von 378 L/min (100 GPM) bei 7 bar (100 psi), die erzeugte Wasserwand ist 10 m (35 Fuß) breit und 6 m (20 Fuß) hoch. Letztendlich ist ein effektiver Nachbarschaftschutz mit reinem Wasser hinsichtlich des Personal-, Arbeits- und Zeitaufwandes sehr schwierig, zumal Personal bei fast allen Feuerwehren knapp ist. Ähnliches gilt auch für „Düsenschläuche", die angeblich eine neue Erfindung sind, obwohl sie nachweislich schon in den 1960er-Jahren, z.B. in Northhumberland/UK, vorhanden waren [123] und dann irgendwann ausgesondert wurden, ohne dass sie jemand vermisst hätte.

Aufbau Düsenschlauch

Aufbau und technische Daten des Düsenschlauchs:

Schlauch B75 Duraflex F, Länge 20 m, LM-Druckkupplungen eingebunden mit ICONOS-Klemmgleitringen, Arbeitsdruck 17 bar, Berstdruck 50 bar, 25 Edelstahleinsätze, Abstand ca. 80 cm, ca. 15°-Winkel, Standarddüse ST 4,2/5,5 (weitere Sätze auf Anfrage), Gewicht ca. 16 kg.

**Tab. 5: Volumenstrom des ICONOS-Düsenschlauchs in Abhängigkeit der Düsenkonfiguration und des Eingangsdrucks nach Herstellerangaben [124]**

| | Volumenstrom [L/min] bei Eingangsdruck | | | |
|---|---|---|---|---|
| **Düse** | **4 bar** | **6 bar** | **8 bar** | **10 bar** |
| 5 Loch (4 x 2,5 mm/2 x 3 mm) | 970 | 1.000 | 1.020 | 1.150 |
| 3 Loch (3 x 3 mm) | 800 | 940 | 990 | 1.000 |
| Stufendüse 3 mm | 210 | 250 | 300 | 330 |
| Stufendüse 4,5 mm | 360 | 790 | 880 | 920 |
| Durchgang 4,5 mm | 440 | 510 | 700 | 780 |
| Durchgang 6 mm (Standard) | 1.050 | 1.130 | 1.230 | 1.300 |
| Ohne Düsen | 1.050 | 1.600 | | |

**Abb. 26: Düsenschlauch in den 1960er-Jahren (Northhumberland FRS) (links) und Düsenschlauch in 2004 (rechts)**

# 1.5 Wirtschaftliche Aspekte des Löschmittels Wasser

Bei einem ganzheitlichen Ansatz der Betrachtungen manueller Brandbekämpfungstechniken und -taktiken dürfen nicht nur physikalische und technische, sondern müssen auch wirtschaftliche Aspekte berücksichtigt werden. Die Eigenschaften des Wassers als Löschmittel werden in den Ausbildungsunterlagen der Feuerwehren meist unreflektiert angegeben [125]:

*„Wasser hat als Löschmittel unübersehbare Vorteile:“*

- *„Es ist das preiswerteste Löschmittel.“*
- *„Es läßt sich leicht von der Entnahmestelle zur Einsatzstelle befördern.“*
- *„Es hat das größte Wärmebindungsvermögen. [...]“*

Kostenanalyse Wasser

Wasser wird v.a. deshalb heute noch als das preiswerteste Löschmittel betrachtet, weil die Feuerwehren bzw. ihre Träger (je nach Landesrecht [126]) die konkret verbrauchte Menge nicht selbst bezahlen müssen. Eine Betrachtung im Sinne einer betriebswirtschaftlichen Kostenanalyse ist aber bisher von den Feuerwehren nicht durchgeführt worden. Einige Aspekte, die in diese Analyse einfließen müssten, werden hier dargestellt: Ein Kubikmeter Frischwasser kostet 2008 einen privaten Haushalt in Deutschland durchschnittlich EUR 1,85 (bei immensen lokalen Spannen) [127]. Ein durchschnittliches Löschfahrzeug fördert in der Minute 1.000 bis 2.000 Liter Wasser. Dies entspricht 60 bis 120 $m^3/h$ oder 111 bis 222 EUR/h.

Kosten Löschwasserrückhaltung und -entsorgung

Bei den meisten Löscheinsätzen wird mit Trinkwasser gearbeitet, das erst sorgfältig gereinigt und aufbereitet wird, um dann an der Einsatzstelle verschmutzt zu werden. Stark kontaminiertes Löschwasser muss an Einsatzstellen zurückgehalten werden, wofür kostenintensive bauliche Maßnahmen wie Schotts oder Rückhaltebecken erforderlich sind. Die Entsorgung eines Kubikmeters Wasser als Sondermüll kostet zur Zeit zwischen EUR 200 und 800 pro Tonne. Die Kosten für Löschwasserrückhaltung und -entsorgung sind zwar nicht von der Feuerwehr zu tragen, sondern vom Eigentümer der Einsatzstelle oder dessen Versicherer, dürfen aber bei der Diskussion um Wasser oder alternative Löschmittel nicht vernachlässigt werden. Hinzu kommen Umweltschäden durch toxisches Löschwasser, die sich – wenn sie überhaupt zu beseitigen sind – oft einer monetären Bewertung entziehen oder von der Allgemeinheit getragen werden müssen.

Kosten Wasserförderung

Wasser ist zudem nicht leicht von der Entnahme- zur Einsatzstelle zu befördern. Wasserförderung erfordert Löschfahrzeuge mit einem Stückpreis von rund EUR 250.000, teilweise bis zu EUR 550.000 und einer Besatzung von sechs bis neun Feuerwehrangehörigen, die rund um die Uhr vorgehalten oder bei Bedarf an ihrer zivilen Arbeitsstelle oder zu Hause alarmiert werden. Während des Betriebs verbraucht ein Löschfahrzeug zwischen 15 und 25 Liter Kraftstoff pro Stunde [128] bei einem Literpreis von mittlerweile EUR 1,40, Tendenz steigend, jedes Fahrzeug muss instand gehalten und repariert werden und verliert durch Alterung an Wert.

Kosten Wasserschäden

In die Kostenanalyse müssen weiterhin Wasserschäden, die durch die Verwendung unterschiedlicher Löschmittel unterschiedlich hoch sein können, einfließen. Eine solche Kostenanalyse müsste über einen längeren Zeitraum in Zusammenarbeit der Feuerwehren und der Gebäude- und Hausratversicherer in einem größeren Beobachtungsgebiet durchgeführt werden. Im Rahmen dieser Arbeit kann nur insofern ein Beitrag zur Löschmittelauswahl geleistet werden, als dass der Verbrauch unterschiedlicher Löschmittel bei gleichen Brandszenarien untersucht wird.

Ein weiterer, für die Feuerwehren wichtiger taktischer Aspekt ist die Bewertung der Menge an Wasser, die einem Löschzug oder einer Löschgruppe für den Erstangriff zur Verfügung steht. In Abb. 2 (Kap. 1.1) wurde bereits dargestellt, dass rund 80 bis 90 % aller Brände mit weniger als 1.000 Litern Wasser gelöscht werden können. Dies darf die Feuerwehren jedoch nicht dazu veranlassen, keine Vorsorge für Großbrände zu treffen [129]. Der „klassische Löschzug" deutscher Feuerwehren bestand bis in die 1990er-Jahre aus einem Tanklöschfahrzeug TLF 16/25, einer Drehleiter DLK 23-12 und einem Löschgruppenfahrzeug LF 16 (vgl. [130]). Je nach Löschwasserbehälter des Löschgruppenfahrzeugs hatte der Löschzug insgesamt 3.300 bis 3.700 Liter Wasser an Bord. Mit dieser Wassermenge konnten etwa 80 bis 90 % aller Brände gelöscht werden, zu denen die Feuerwehr alarmiert wurde, ohne dass eine Wasserversorgung aufgebaut werden musste. Verschiedene Berufsfeuerwehren (Bremen, Berlin, Frankfurt, Köln, Hamburg) führen seit einigen Jahren Löschfahrzeuge unter verschiedenen Bezeichnungen (City-LF, VLF, HLF) ein, die über eine geringere Fahrzeuggröße und -gewicht und nur noch über einen Löschwasserbehälter mit 1.200 Litern Inhalt oder weniger verfügen. Der Grund für die Einführung kompakterer Fahrzeuge liegt insbesondere in dem Wunsch, über ein Einheitsfahrzeug zu verfügen, das in verstopften Innenstädten besser manövrierbar ist [131; 132; 133; 134; 135; 136]. Der Gesamtwasservorrat eines Löschzuges reduziert sich dabei auf 2.400 Liter, sodass es jetzt eher erforderlich werden kann, eine Wasserversorgung aufzubauen [137]. Der reduzierte Löschwasservorrat bedeutet gleichzeitig, dass das mitgeführte Wasser möglichst effizient genutzt werden muss. Günther sieht eine Erfolgsgrenze der Feuerwehr, wenn es ihr nicht gelingt, innerhalb der ersten sieben Minuten nach Eintreffen eine wirksame Brandbekämpfung zu beginnen [138]. An Großeinsatzstellen kommt es oft während der Erstangriffsphase, wenn vom Feuer nicht betroffene Gebäudeabschnitte theoretisch noch gehalten werden könnten, zu Verzögerungen beim material- und personalintensiven Aufbau einer Löschwasserversorgung über lange Strecken und somit zum Scheitern der Maßnahmen. Es wurde bereits dargelegt, dass dies nicht durch mobile Hochdrucklöschanlagen, sondern durch die Verwendung von Hohlstrahlrohren möglich ist. Ein weiteres Potenzial könnte die Verwendung von Löschwasserzusätzen wie Gelbildnern, Retardants oder Netz- bzw. Schaummitteln darstellen, die im folgenden beschrieben werden.

## 1.6 Wässrige Löschmittel mit Gelbildner-Zumischung

Gelbildner-, Verdickungsmittel- oder Quellkörperbeimengungen zum Löschwasser führen dazu, dass auf dem Brandgut eine gelartige Schicht gebildet wird. Das Wasser fließt langsamer ab und kann aus der Gelphase heraus verdampfen. Durch Gelbildner werden also „große, weiche Wassertropfen“ gebildet.

Versuche

An der Forschungsstelle für Brandschutztechnik, Karlsruhe, sind Brand- und Löschversuche mit stationärer Löschtechnik und reinem Wasser und Wasser mit Quellkörperzumischung durchgeführt worden. Die Brandlast bestand je Versuch aus Kunststoffchips und Blechkanistern in 288 Wellpappkartons auf Holzpaletten, die in Regalen mit drei Ebenen angeordnet waren. Als Ergebnis wird formuliert [139]:

> *„Sowohl aus den Versuchen Reg[al] 1 und Reg[al] 4 mit dem Wasser-Quellkörper-Gemisch kann auf Grund der Zumischung der Quellkörper nicht darauf geschlossen werden, dass durch die Zumischung ein besserer Löscherfolg eintrat.“*

Bei den vier Versuchen wurden jedoch drei verschiedene Sprinklertypen verwendet, sodass die Versuche untereinander nur bedingt vergleichbar sind. Weitere Versuchsergebnisse mit Quellkörpern aus Polyacrylsäurekörnchen mit Polyethylenglycol-Ummantelung bei 0,25 bis 0,6 % Zumischung zum Löschwasser wurden 1988 veröffentlicht [140]:

> *„Vergleichende Löschversuche an Zimmereinrichtungen in Versuchsräumen natürlicher Größe und an Gartenhäusern mit Wasser und mit Wasser-Quellkörper-Gemisch, die von einem Feuerwehrmann ausgeführt wurden, zeigten als Ergebnis, dass sich der Löschmittelbedarf von 100 % beim Einsatz von Wasser*

*auf 63 % im Falle der Zimmereinrichtungen und auf 43 % im Falle der Gartenhäuser beim Einsatz eines Wasser-Quellkörper-Gemisches als Löschmittel verringert.“*

Quellkörperlösung

Die Quellkörperlösung wurde für diese Versuche vorgemischt. Über eine für die Einsatzpraxis geeignete Zumischtechnik werden keine Angaben gemacht. Die Fa. Öko-Tex vertreibt ein entsprechendes Quellkörpermittel und zitiert o.g. Versuche der Forschungsstelle für Brandschutztechnik, Karlsruhe, zum Zwecke der Produktwerbung. Zur Zumischung von 1,5 % Quellkörpern zum Löschwasser bietet die Fa. Öko-Tex selbstansaugende Strahlrohre, ein Hydro-Schild und Zumischer vom Typ „transventuri“ an (kein Z-Zumischer nach DIN), bei deren Einsatz „kein normales Strahlrohr benutzt werden [darf], sondern ausschließlich ein S 4-Schaumrohr, da der transventuri [-Zumischer] durch den Rückstau nicht mehr zumischen würde“ [141].

Lex, ein erfahrener Waldbrandpraktiker aus der Lüneburger Heide berichtet 1995: „Beim Abwurf dieses Löschmittels (Hydrex-Wasser-Gemisch) aus einem Hubschrauber Hughes 500 mit (faltbarem) Außenlastbehälter Bambi Bucket (600 Liter) auf einen Haufen brennender Kiefernstangen kam es auch nach mehreren Abwürfen zu Rückzündungen“, während andere Quellen unreflektiert die jeweiligen Produktinformationen der Hersteller zitieren [142]. Der Verfasser war bei dieser Vorführung im April 1995 ebenfalls anwesend [143]: Es regnete in Strömen und es war fast unmöglich, die Vorführobjekte überhaupt

**Abb. 27: Feldbrand läuft bei 35 °C auf Kieferdickungen in Nordosten Brandenburgs zu**

anzuzünden – anschließend konnten sie mithilfe der feilgebotenen Löschmittelzusätze kaum gelöscht werden. Gleiches galt an jenem Tag auch für den Löschmittelzusatz „Eucam“ der Fa. Otto.

Verdickungsmittel auf der Basis von Natriumpolyacrylaten (NPA)

Ein weiterer Löschmittelzusatz ist ein Verdickungsmittel auf der Basis von Natriumpolyacrylaten (NPA) in milchiger Dispersion, das mit 3 % dem Löschwasser zugemischt werden muss. Es liegt ein Bericht über einen Zimmerbrandversuch der Forschungsstelle für Brandschutztechnik an der Universität Karlsruhe vor, der mit ca. 450 Litern Wasser bei Zumischung von 2 % NPA gelöscht wurde [144]. Dieses Verdickungsmittel soll mit bei den Feuerwehren üblichen Z-Zumischern zugemischt werden können. Versuche in den Laboren der Universität Wuppertal haben ergeben, dass das Verdickungsmittel Schläuche und Armaturen in erheblichem Maße verklebt. Es kann nicht ausgeschlossen werden, dass diese Verklebungen im Einsatzfall zu gefahrbringenden Situationen für das Einsatzpersonal führen. Flächen, auf denen NPA-Verdickungsmittel oder mit ihm versetztes Löschwasser aufgebracht wurden, sind extrem rutschgefährlich. Eine Schaumbildung ist mit dem NPA-Verdickungsmittel ebenfalls nicht möglich; dies wurde mit einem Zumischer Z2R und einem Mittelschaumrohr bei unterschiedlichen Zumischraten festgestellt. Daher ist ein NPA-Verdickungsmittel nicht so universell einsetzbar – z.B. zum Fluten von Kellern oder Schiffsladeräumen – wie ein Schaummittel. Der Einsatz gegen Flüssigkeitsbrände ist ebenfalls nicht möglich. Das NPA-Verdickungsmittel muss mit 3 % zugemischt werden, hat also gegenüber üblichen Schaummitteln keinen logistischen Vorteil, dagegen aber einen erheblichen logistischen Nachteil gegenüber höher konzentrierten Schaummitteln (z.B. Class-A-Foam).

Da trotz dieser Zweifel nicht auszuschließen war, dass NPA-Verdickungsmittel gegenüber anderen Löschwasserzusätzen einen überragenden Löscheffekt bewirkt, wurde es in das Programm der „Tremonia“-Versuche aufgenommen [451]. Während der Versuche sollte das NPA-Verdickungsmittel mit 3 % zugemischt werden. Der Hersteller des Gels stellte für die Versuche einen Venturi-Zumischer vom Typ „Z 1“ der Fa. ZR Armaturen zur Verfügung, der für einen nominellen Volumenstrom von 100 L/min ausgelegt ist. Der Zumischer wurde in die Angriffsleitung gekuppelt. Bereits bei der Erprobung dieser Anordnung zeigte sich, dass das Löschgel unmittelbar nach Kontakt mit Wasser derart aufquoll, dass der Zumischer, die Wasseruhren, die Schläuche (sic!) und das Strahlrohr verstopft waren. Da das Verdickungsmittel durch Wasser aufquillt, lässt es sich auch nur schwer mit Wasser wegspülen. Wäre dies während eines Einsatzes passiert, hätte die gesamte angriffseitige Löschtechnik neu aufgebaut werden müssen. Während des Versuchs wurde sowohl am Ansaugschlauch des Zumischers wie auch am Strahlrohr bemerkt, dass das Gel nicht angesaugt bzw. vermutlich nicht in der richtigen Dosierung zugemischt wurde, weil der Zumischer immer wieder verstopfte. Während eines zweiten Versuchs wurde ein handelsüblicher Zumischer vom Typ „Z 2 R" verwendet, der für einen nominellen Volumenstrom von 200 L/min ausgelegt ist. Es wurde eine zusätzliche Angriffsleitung für einen Leerlaufstrom verlegt und der unnötige Verbrauch an Löschgel hingenommen, um eine konstante Zumischung sicherzustellen. Bei diesem zweiten Versuch bewirkte das Gel keine Erhöhung der Wirksamkeit der Brandbekämpfung. Es wurde vielmehr ein schmieriger Film auf dem Boden des Versuchsraumes und auf den Sichtscheiben der Atemschutzmasken gebildet, was beides zu einer erheblichen Unfallgefahr für die beteiligten Kräfte führte. Die Verwendung dieser Verdickungsmittel ist also nicht effizienzsteigernd, sondern vielmehr aus technischen, einsatztaktischen und v.a. sicherheitstechnischen Gründen abzulehnen.

Mittlerweile gab es einige Presseberichte über die erfolgreiche Verwendung dieser Gelbildnerzusätze bei Silo- und Deponiebränden [145]. Gleichzeitig wurde dem Verfasser allerdings auch weiterhin berichtet, dass die Probleme des Verklebens der Leitungen bei Versuchen, diese Löschmittel als Komponente zu stationären Löschanlagen zu verkaufen, weiterhin bestehen. Es scheinen hier – wie so oft – Diskrepanzen zwischen der „veröffentlichten Meinung" und der „erlebten Realität" zu bestehen. Zumindest hat sich die Vermarktungsstrategie der Hersteller bzw. Vertreiber von „Universallöschmittel" zu „Speziallöschmittel" verschoben.

Da diese Gelbildner nach aktuellem Stand (2021) keine Zulassungen für die Brandklasse B haben, sind sie für kommunale Feuerwehren als universeller Löschmittelzusatz ungeeignet, da sie zusätzlich zu den Schaummitteln für Brände der Brandklasse B mitgeführt werden müssten und das Risiko des Verklebens von Zumischeinrichtungen ein unkalkulierbares Risiko für den Gesamtausfall des Fahrzeugs zumindest für den laufenden Einsatz darstellen kann. Des weiteren beträgt der Preis für Gelbildner nach Kenntnis des Verfassers ein Mehrfaches dessen von Mehrbereichschaummitteln.

# 1.7 Wässrige Löschmittel mit Retardant-Zumischung

Handelsübliche Retardants sind Mischungen aus Ammoniumsalzen, Phosphaten und Sulfaten, die flammenhemmende Eigenschaften haben [146; 147; 148]. Sie werden v.a. in den USA von Flugzeugen aus bei der Waldbrandbekämpfung abgeworfen [149; 150; 151; 152; 153]. Den Retardants sind rotes Eisenoxid oder ungiftige, unter UV-Licht zerfallende organische Farbstoffe beigegeben, damit die Piloten aus der Luft erkennen können, wo sie bereits abgeworfen haben. Handelsübliche Retardants werden entweder konzentriert oder in 10 % bis 18 % Zumischung zu Wasser verwendet [154]. Durch die erforderliche hohe Konzentration im Löschwasser haben sie gegenüber den Löschwasserzusätzen (Gelbildner, Schaummittel), die eine Zumischung bis maximal 6 % erfordern, einen erheblichen logistischen Nachteil, kommen für kommunale Feuerwehren als Löschmittelzusatz nicht in Betracht und werden daher in diesem Buch nicht weiter berücksichtigt.

# 1.8 Wässrige Löschmittel mit Schaummittel-Zumischung: Netzwasser und Feuerlöschschäume

## 1.8.1 Technische Entwicklung des Löschmittelsschaum

Schaum ist bei den Feuerwehren seit der Jahrhundertwende bekannt [155; 156; 157; 158]. Die Entwicklung von chemisch erzeugtem Schaum (mit Kohlendioxid als Füllgas) und mechanisch erzeugtem Luftschaum verlief bis in die dreißiger Jahre dieses Jahrhunderts parallel. Wegen der hohen Kosten für die erforderlichen Chemikalien und der im Vergleich zum mechanischen Schaum größeren Menge an Schaumbildnern, wird chemischer Schaum seit Ende der 1930er-Jahre in Deutschland nicht mehr eingesetzt 159; 160, 161]. Chemischer Schaum wird daher im weiteren nicht behandelt. 1932 wurde in Deutschland das Luftschaumrohr („Komet-Rohr“) [162] patentiert, das zum noch heute verwendeten Luftschaumrohr weiterentwickelt worden ist. Interessant ist, dass die in den USA und in Großbritannien eingesetzten Schaumrohre der Marke „Pyrene“ baugleich mit den Komet-Rohren waren. Parallel dazu wurden in den 1930er-Jahren bis zum Beginn des Zweiten Weltkrieges von verschiedenen Herstellern insgesamt ca. 1.150 „Luftschaumpumpen“, entweder als Vorbaupumpen für Feuerwehrfahrzeuge oder als tragbare Geräte, hergestellt. Diese

Abb. 28: Flader Luftschaumpumpe als Vorbaupumpe, Volumenstrom 2.500 L/min bei 8 bar Förderdruck [164]

Abb. 29: Venturi-Zumischer von FOAMITE aus den 1930er-Jahren (Standort: Cincinatti Fire Museum)

Luftschaumpumpen bestanden aus Feuerlöschkreiselpumpen mit Schaummittelvormischung und i.d.R. Kapselschieberpumpen zur Luftlieferung und „Schaumveredlern", in denen das Wasser-Schaummittel-Gemisch verschäumt wurde, sodass ab Pumpenausgang fertiger Schaum zur Verfügung stand (Abb. 28) (vgl. [163; 164]).

Nach Brunswig [163] sind technische Probleme entscheidend dafür gewesen, dass sich Luftschaumpumpen nicht weiter durchgesetzt haben. Außerdem wurden ab 1940 die Typen und Ausstattungen der deutschen Feuerwehrfahrzeuge im Erlass „Typenbegrenzungen im Feuerlöschfahrzeugbau" des Reichsministers des Innern festgelegt [165] – für Löschfahrzeuge waren lediglich einfache Feuerlöschkreiselpumpen vorgeschrieben, sodass die Weiterentwicklung der technisch aufwendigeren Luftschaumpumpen unter dem Aspekt der Kriegswirtschaft nicht fortgesetzt werden konnte. Neben den Luftschaumpumpen in Feuerwehrfahrzeugen fertigte die Fa. Flader, Jöhstadt/Sachsen, von 1935 bis 1944 ca. 1.250 Druckluft-Schaumaggregate vom Typ „Lok" in unterschiedlichen Ausführungen: Diese Geräte wurden an den Feuerlöschstutzen von Dampfloks und an ihre Druckluftbremsanlage (Betriebsdruck 8 bar) angeschlossen [166]. Der Schaum wurde mit einer C-Leitung zum Brandherd befördert, die Verschäumung lag zwischen 15 und 25 (vgl. Kap. 1.8.2.1) [167].

Problem des Brandschutz auf Flughäfen und Fliegerhorsten kam auf

In den 1930er-Jahren entstand ein ganz neues Problem: Der Brandschutz auf Flughäfen und Fliegerhorsten musste sichergestellt werden: Die Maschinen wurden größer, führten mehr Kraftstoff mit und die Zahl der Flugbewegungen stieg. Festlegungen und Richtlinien über die Ausstattung der Feuerwehren bzw. ihrer Fahrzeuge gab es noch nicht [168]. Während des Zweiten Weltkrieges wurde ein sehr großer Aufwand zur Verbesserung der Luftschaumlöschverfahren mit Injektorzumischern und Luftschaumrohren betrieben. Es war erforderlich, die jeweils eigenen Städte, Industrieanlagen und insbesondere die Fliegerhorste zu schützen. In Deutschland hatte dies bereits 1938 zur Entwicklung der legendären „Fliegertankspritzen" auf Henschel-Fahrgestellen (und „Schlauchtendern" als Begleitfahrzeuge) geführt, deren Pumpe und Zumischeinrichtung bereits während der Fahrt in Betrieb genommen und Löschmittel über die an den vorderen Kotflügeln angebrachten Schaumrohre abgeben konnten – um dies zu ermöglichen, waren an jeder Seite der Fahrzeuge jeweils Schnellangriffeinrichtungen mit formstabilen Schläuchen angebracht.

**Abb. 30: Im Jahre 1939 lieferte die Fa. Koebe aus Luckenwalde ein (Schaum-)Löschfahrzeug an die Firma Falck in Dänemark mit 2000 L Löschwasserbehälter und einer FP 15 als Vorbaupumpe, vermutlich das erste Fahrzeug, das mit Komet-Rohren als Monitoren ausgerüstet war. Ein Trupp saß offen im hinteren, offenen Teil des Aufbaus entgegen der Fahrtrichtung.**

Britische Flugfeldlöschfahrzeuge

Ende der 1930er-Jahre stellte die britische Fa. Crossley ihr zweiachsiges Frontlenkerfahrgestell „Type Q 30“ vor, das über erstaunliche – „Unimog-gleiche“-Geländeeigenschaften verfügte [169, 170] und ab 1940 als Basis für Flugfeldlöschfahrzeuge der Royal Air Force diente [171]. Auf die Schaumlöschtechnik dieses Fahrzeugs wird hier detailliert eingegangen, um zu zeigen, dass es sich eben nicht um eine Druckluftschaumanlage handelte: Der Antrieb der Pumpe erfolgte zunächst über einen Nebenantrieb etwa in Fahrzeugmitte, dessen Welle dann über einen Kettentrieb die Pumpenwelle antrieb. Bei der Pumpe handelte es sich nicht um eine Kreiselpumpe, sondern um eine Verdrängerpumpe, mit der kein Ansaugen möglich war. Das Wasser konnte aber von außen eingespeist werden, die Wassertankfahrzeuge („water bowsers“) waren i.d.R. auf das Bedford-OY-Fahrgestell mit 350 imp. Gal. (1591 L) bzw. ab 1943 mit 500 imp. Gal. (2273 L) aufgebaut. Der Schaummittelbehälter war so am Löschwasserbehälter angebracht, dass der statische Druck des Schaummittels mindestens immer dem des Löschwassers entsprach. Das Schaummittel wurde vor der Eingangsseite der Pumpe zugemischt. Die Einstellung des Zumischventils war werkseitig kalibriert und sollte nicht verstellt werden, gleichwohl konnte die Pumpe vom Fahrerplatz aus in Betrieb genommen und die

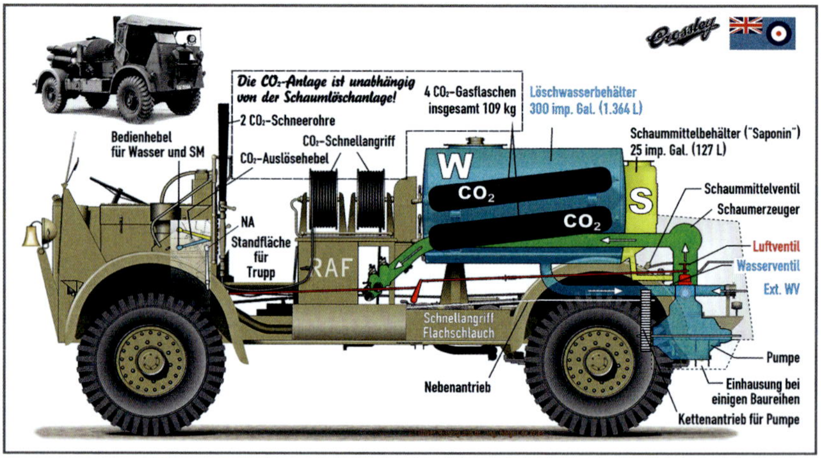


**Abb. 31: Zur Funktionsweise der Löschtechnik britischer Flugfeldlöschfahrzeuge (Quelle Zeichnung: Missing und de Vries)**

Wasser- und Schaumventile von diesem aus über Gestänge geöffnet und geschlossen werden – das Fahrzeug war also spätestens mit Eintreffen an der Einsatzstelle einsatzbereit. Die Pumpe bestand aus Rotguß, hatte eine Leistung von 1.000 imp. gal/min (ca. 4.500 L/min) – war also weit überdimensoniert, da sie nur zwei handgeführte Rohre versorgen sollte – und wurde von Peter Brown Pumps hergestellt.

Als zweites Löschmittel führten die Fahrzeuge insgesamt 110 kg $CO_2$ in vier Flaschen, die seitlich angebracht waren, und zwei Schnellangriffeinrichtungen mit Schneerohren mit. Ab 1942 wurden die Crossley-Fahrgestelle vom Typ F.W.D. Type Q 4x4 nicht mehr verwendet, sondern die Löschtechnik wurde auf dreiachsige Fahrgestelle des Typs Fordson W.O.T.1 6x4 aufgebaut. Wegen Überlastung des Fahrgestells wurden die $CO_2$-Löschanlagen weggelassen. Dafür wurde der Löschwasservorrat von 300 imp. Gal. (1364 L) um 100 imp. Gal. (454 L) auf 400 imp. Gal (1.818 L) erhöht. Weitere Varianten folgten bis und nach Kriegsende. Die in den 1950er-Jahren von der Cardox Corporation in den USA hergestellten und vertriebenen „Foam-Maker"-Pumpen scheinen bei einer Verschäumungszahl von 12 („Sno-Foam") das gleiche Schaumerzeugungsprinzip zu nutzen wie die oben beschriebenen Pumpen der Fahrzeuge der RAF (vgl. Abb. 32). Ebenso handelt es sich hierbei nicht um Druckluftschaum.

Ab 1940 verwendete die British Army 739 Fahrzeuge auf „Bedford-QL"-Fahrgestell als Löschfahrzeug im „Army Fire Service" mit einer besonders gestalteten Pritsche mit einem 200 imp. Gal. (900 L) fassenden Löschwasserbehälter, einer formstabilen Schnellangriffein-

Abb. 32: Schaumangriff auf eine „Lancaster" bzw. eine „Hurricane": Man beachte den „flockigen", klebenden Schaum – kein Druckluftschaum!

richtung und einer Pumpe, die von einem Nebenantrieb angetrieben wurde [172]. Die Mannschaft saß längs zur Fahrtrichtung auf Bänken im achteren Bereich der Pritsche. Ein Tragkraftspritzenanhänger der gleichen Bauart wie für den zivilen „National Fire Service" (mit einer Pumpe der Fa. „Coventry Climax"), der zum Transport auf dem Mannschaftsbereich der Pritsche gehoben werden konnte, trug die sonstige feuerwehrtechnische Beladung. Des Weiteren waren Schaummittelbehälter als Tornister und Schwerschaumrohre vorhanden (vgl. Abb. 33). Als Schaummittel wurden v.a. Saponine [173] verwendet.

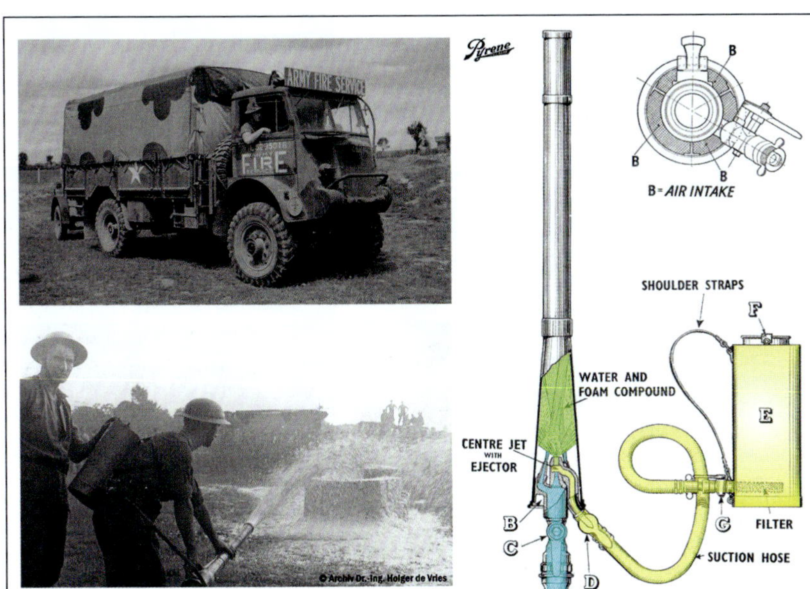


Abb. 33: Vorführung eines Schaumangriffs von einem Bedford QL des britischen Army Fire Service aus mit einem Tornistergerät – die Baugleichheit der britischen „Pyrene" – mit den deutschen „Total"-Geräten ist offensichtlich

Bedeutung Treibstofflager

Herausragende strategische Bedeutung hatten (und haben) Treibstofflager [163; 174; 175]. Mit dem Boom der Petrochemie zur Kraftstoff- und Kunststofferzeugung und der starken Zunahme des zivilen Luftverkehrs seit den 1950er-Jahren wurde es erforderlich, unterschiedliche Schaumtypen für die verschiedenen brennbaren Flüssigkeiten zu entwickeln. Der Anstieg des individuellen Kraftverkehrs und damit das erhöhte Transportvolumen von Mineralölprodukten auf Straße und Schiene machte eine flächendeckende Ausrüstung auch der kommunalen Feuerwehren mit Schaumlöschgeräten erforderlich. In Deutschland stand in den 1960er-Jahren die Entwicklung der synthetischen Mehrbereich-Schaummittel im Vordergrund. Synthetische Mehrbereich-Schaummittel gehören heute in Deutschland zur Standardausrüstung der kommunalen Feuerwehren. In England wurden zur gleichen Zeit fluorierte Protein-Schaummittel und in den USA filmbildende Schaummittel (AFFF) entwickelt [176; 177; 178; 179].

Z-Zumischer

Bei kommunalen Feuerwehren wurden aufgrund der Normung der Fahrzeugbeladung bis in die 1990er-Jahre fast ausschließlich Injektorzumischer und Luftschaumrohre verwendet. Die bis heute meist verwendete Stufe der Entwicklung der Injektorzumischer ist der seit den 1940er-Jahren fast unveränderte (genormte) Z-Zumischer. Seit der europäischen Normung der Z-Zumischer ist eine neue Generation am Markt, die Zumischraten zwischen 0,1 und 6 % ermöglicht.

**Abb. 34: Flugfeldlöschfahrzeug FLF (Räddningsbil) der schwedischen Luftwaffe, stationiert auf der Basis Luleå, Norrbotten, auf Fahrgestell Volvo FM 480 6x6, ZGM 24.000 kg, Feuerlöschpumpe Ruberg R280 (6.000 L/min bei 10 bar) mitschiffs, 7.400 L Löschwasser, 230 L Schaummittel und 150 kg Pulver, Schaum/Wasserwerfer Unifire Force 50 (4.000 L/min bei 10 bar), hydraulischer und pneumatischer Rettungssatz**

## 1.8.2 Schaum- und Schaummittelkennzahlen

Kennzahlen

Für die Bewertung von Schäumen werden verschiedene Kennzahlen verwendet, die teilweise genormt sind [181; 182; 183]. Schaummittel waren in Deutschland bis zum Jahre 2001 nach DIN 14272 genormt, danach durch die Normen DIN EN 1568 Teil 1 bis 4 [180; 181; 182; 183], die im Jahre 2008 überarbeitet wieder herausgegeben wurden [184; 185; 186; 187]. Es gibt weitere internationale Schaumnormen nach ISO [188; 189; 190] sowie „Hausnormen" der unterschiedlichen Streitkräfte (z.B. MilSpec, DefStd), die besondere Schaum(mittel)-eigenschaften oder Prüfverfahren fordern.

### ■ Verschäumungszahl (VZ) und Schaumdichte

Die Verschäumungszahl ist das Verhältnis des Volumens des fertigen Schaumes zum Volumen des Wasser-Schaummittel-Gemisches. Der Kehrwert der Verschäumungszahl ist die Dichte des Schaumes. Man unterscheidet Schwerschaum mit einer Verschäumung unter 20, Mittelschaum mit einer Verschäumung von 20 bis 200 und Leichtschaum mit einer Verschäumung über 200. Diese Einteilung gilt auch weiterhin nach DIN EN 1568. Während die DIN 14272 für die Verschäumungszahl von Proteinschäumen und AFFF mindestens 6, von Fluorproteinschäumen mindestens 5,5, von Mehrbereichschaum als Schwerschaum mindestens 8 sowie als Mittelschaum mindestens 90 und als Leichtschaum mindestens 500 forderte, müssen die Verschäumungszahlen nach DIN EN 1568 zwar bestimmt werden, normative Zahlenwerte gibt es jedoch nicht.

### ■ Wasserhalbzeit (WHZ) und Wasserviertelzeit (WVZ)

Die Wasserhalbzeit ist die Zeit, in der die Hälfte der Flüssigkeit, die im Schaum gebunden ist, abgeschieden wird. Sie ist ein Maß für die Dauerhaftigkeit des Schaumes. In den USA ist auch die Bestimmung der Wasserviertelzeit („25-%-drain-time") üblich. Die Wasserhalbzeit eines Schaumes muss einerseits hoch genug sein, damit eine stabile Schaumschicht über einen gewissen Zeitraum erhalten bleibt. Dies ist besonders für brennbare Flüssigkeiten wichtig, um ein Wiederentzünden zu verhindern. Andererseits darf die Wasserhalbzeit nicht zu hoch sein, da das aus der Schaumschicht heraustretende Wasser verdampfen und dadurch die heiße Oberfläche des Brandgutes kühlen können muss. Nach DIN EN 1568 müssen WVZ und WHZ zwar bestimmt werden, normative Zahlenwerte gibt es jedoch nicht. Nach DIN 14272 musste die Wasserhalbzeit von Mehrbereichschaum als Schwerschaum mindestens 20 Minuten und als Mittelschaum mindestens 15 Minuten betragen. Wird Mehrbereich-Schaummittel hoch verschäumt, so durfte die Volumenabnahme unter Prüfbedingungen maximal 10 % innerhalb der ersten 10 Minuten betragen. Für die Einsatzpraxis gilt jedoch, dass je nach Wasser- und Luftqualität und je nach Umgebungstemperatur i.d.R. niedrigere Verschäumungszahlen und kürzere Wasserhalbzeiten als unter Prüfbedingungen erreicht werden [207].

## Löschleistung sowie Abbrand- und Durchbruchwiderstand des Schaumes

Für Abbrandwiderstand gab es nach DIN ebenfalls eine genormte, gesonderte Prüfung oder Kennziffer. Da Schaum bereits beim Auftragen teilweise zerstört wird, insbesondere weil das im Schaum gebundene Wasser durch die Wärmestrahlung der Flammen verdunstet, ist ein hoher Abbrandwiderstand von entscheidender Bedeutung. Der Abbrandwiderstand, ebenso wie die Fließfähigkeit, wird implizit bei den Brand- und Löschversuchen im jeweiligen Zulassungsverfahren geprüft. Der Durchbruchwiderstand charakterisiert die Fähigkeit eines Schaumes, den Durchbruch brennbarer Dämpfe durch die Schaumschicht zu verhindern. Er wird nach Auftragen einer geschlossenen Schaumschicht über der brennbaren Flüssigkeit mit einer Fackel auf der der Flüssigkeit abgewandten Seite überprüft. Nach DIN EN 1568 werden Schaummittel bzw. -schäume in „Löschleistungsstufen" von I bis III sowie nach ihrer „Rückbrandbeständigkeit" von A bis D eingestuft.

## Stockpunkt und Viskosität des Schaummittels

Die Viskosität des Schaummittels ist ein Parameter für die Schaummittelzumischung. Hochviskoses, also schwer fließfähiges Schaummittel, kann schlecht durch Zumischer angesaugt und zugemischt werden. Die Viskosität von Schaummitteln ist u.a. temperaturabhängig. Der Stockpunkt eines Schaummittels ist die tiefste Temperatur, bei der das Schaummittel gerade noch angesaugt und zugemischt werden kann.

## Fließfähigkeit des Schaumes

Die Fließfähigkeit des Schaumes ist eine Voraussetzung für die zügige Abdeckung des Brandgutes, insbesondere brennender Flüssigkeitsoberflächen. Ihre Größe ist außer vom Schaummittel von vielen Faktoren abhängig, z.B. der Verschäumung, dem verwendeten Schaumstrahlrohr, dem Wasser, das für die Schaumerzeugung verwendet wird, von der brennenden Flüssigkeit und ihrer Oberfläche selbst. Die Fließfähigkeit ist keine genormte Eigenschaft eines Schaumes. Sie wird implizit bei den Brand- und Löschversuchen des jeweiligen Zulassungsverfahrens geprüft.

### Haftfähigkeit des Schaumes

Die Haftfähigkeit eines Schaumes beschreibt die Fähigkeit eines Schaumes, an senkrechten oder schrägen Flächen eine stabile Schaumschicht zu bilden. Die Haftfähigkeit des Schaumes ist keine genormte Eigenschaften. Dazu ein Auszug aus dem 3M-Schaumsemiar 1996:

> *„Mythos: Einige Schäume haften besser an heißen Metallwänden als andere. Fakten: Wasser siedet bei 100 °C. Alle Schäume bestehen aus Schaumblasen, die Wände dieser Blasen bestehen aus 95 bis 99 % Wasser. Schlussfolgerung: Kein Schaum kann an einer vertikalen Wand haften, bis die Temperatur unter 100 °C liegt.“*

## 1.8.3 Schaumtypen

Arten Schaumtypen

Folgende Schaumtypen werden heute unterschieden:

- Proteinschäume PS
- Fluorproteinschäume FPS
- Filmbildende Fluorproteinschäume FFFP oder 3FP
- Filmbildende Schäume AFFF oder A3F
- Mehrbereich-Schäume MBS
- Class-A-Foam-Schäume CAFSM

Alkoholbeständigkeit

Von einigen Schaumtypen gibt es alkoholbeständige Varianten. Die Alkoholbeständigkeit wird durch Anhängen der Buchstaben-Kombination „ATC“ für „alcohol type concentrate“ oder „AR“ für „alcohol resistant“ an das Schaumkurzzeichen kenntlich gemacht. Die Abkürzung „AFFF-AR“ bedeutet also, dass es sich um ein filmbildendes und alkoholbeständiges Schaummittel handelt. In Deutschland wird außerdem geprüft, ob ein Schaummittel mit Seewasser Schaum erzeugen kann. Dies wird nicht besonders gekennzeichnet, da es Teil des üblichen Zulassungsverfahrens ist.

Einteilung von Schäumen nach Typen und Brandklassen

Die in Abb. 35 dargestellte Einteilung von Schäumen nach Typen und Brandklassen ist zwar in Europa unüblich, wird aber beibehalten, da es in den USA nach wie vor eine reine Zulassung für die Brandklasse A gibt, in Europa jedoch nicht. Die Löschfähigkeit von Schäumen, die in Deutschland zugelassen sind, wird nach DIN 14272 oder DIN EN 1568 nur gegen Flüssigkeitsbrände geprüft. Diese Schaummittel erhalten dann ohne weitere Prüfung auch eine Zulassung für Feststoffbrände, also für die Brandklasse A. In diesem Abschnitt steht die Frage im Vordergrund, welcher Schaumtyp für welches Brandgut am besten geeignet ist und deshalb auch verwendet werden sollte [181; 182; 183].

Fluorhaltige Schaummittel

In Abb. 35 sind die drei fluorhaltigen Schaummittel (Fluorprotein-SM, filmbildende Fluorprotein-SM und AFFF) als solche gekennzeichnet. Dies liegt im Verbot des Inverkehrbringens PFOS-haltiger Löschschäume, die nach 27.12.2006 in Verkehr gebracht wurden (EU-Richtlinie 2006/122/EG i.V.m. GefStoffV 23.12.04) sowie dem Verbot der Verwendung PFOS-haltiger Löschschäume vom 27.06.2011 begründet. Aufgrund der möglichen ökologischen und umwelt-, zivil- und strafrechtlichen Konsequenzen der Verwendung fluorhaltiger Schaummittel – egal in welcher chemischen Struktur – und aufgrund der Tatsache, dass die chemische Analytik stetig verfeinert und die Nachweisgrenzen geringer werden sowie des (politischen) Risikos, dass die Verwendung von zu einem bestimmten Zeitpunkt noch zulässiger fluorhaltigen Verbindungen kurzfristig verboten werden kann und wegen des grundsätzlichen Vermeidungs- bzw. Minimierungsgebots bei umweltgefährdenden Stoffen, sollte auf diese, wenn irgend möglich, gänzlich verzichtet werden, sodass damit die filigrane und für den Nicht-Chemiker kaum nachvollziehbare PFOS/PFOA-Diskussion überflüssig wird. Fluorfreie Schaummittel mit Eigenschaften, die den Anforderungen von z.B. Flughafenfeuerwehren genügen, sind mittlerweile handelsüblich. Für kommunale Feuerwehren gibt es keinen Bedarf für die Verwendung von fluorhaltigen Schaummitteln.

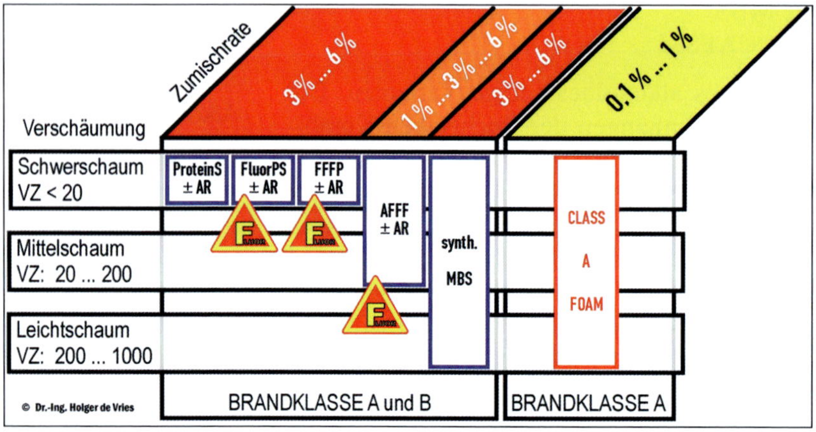


Abb. 35: Einteilung mechanisch erzeugter Schäume nach Typ, Verschäumungszahl und Brandklasse

### 1.8.3.1 Proteinschäume (PS)

Proteinschäume wurden bereits in den Vierzigerjahren zum Löschen von Flüssigkeitsbränden verwendet. Sie werden seit den 1940er Jahren aus hydrolysierten Eiweißen hergestellt. Proteinschaummittel werden mit 5 bis 6 % zugemischt.

**Mit Proteinschaummitteln kann nur Schwerschaum mit einer Verschäumungszahl von maximal 7 bis 8 hergestellt werden. Proteinschäume sind i.d.R. nicht alkoholbeständig.**

Protein-Schwerschaum

Der Protein-Schwerschaum ist sehr dicht und hat eine große Haftfähigkeit. Da er aus organischem Material hergestellt ist, enthält er Konservierungsstoffe zur Hemmung des biologischen Abbauprozesses. Trotzdem ist er nur begrenzt haltbar. Proteinschaummittel dürfen nicht mit synthetischen Schaummitteln gemischt werden. Auch die fertigen Schäume sind unverträglich: Synthetische Schäume lösen Proteinschäume auf. Bei kommunalen Feuerwehren werden Proteinschaummittel kaum noch verwendet, meist sind nur noch Restbestände vorhanden.

### 1.8.3.2 Fluorierte Proteinschäume (FPS)

Fluorierte Proteinschäume sind eine Weiterentwicklung auf Grundlage der Proteinschäume. Sie enthalten zusätzlich fluorierte Tenside, die kohlenwasserstoffabweisend sind. Dadurch gleitet der Schaum besser auf der Oberfläche der brennbaren bzw. brennenden Flüssigkeit.

**Mit Fluorproteinschaummitteln kann nur Schwerschaum erzeugt werden. Der Fluorproteinschaum ist aber ebenso wie der reine Proteinschaum i.d.R. nicht alkoholbeständig, weil die verwendeten Fluortenside wasserlöslich sind. Sie werden mit 3 bis 6 % zugemischt.**

„base-injection“-Verfahren

Fluorproteinschäume sind in der Petrochemie sehr weit verbreitet, da mit ihnen nach dem „base-injection“-Verfahren gelöscht werden kann: Zur Bekämpfung von Tankbränden werden üblicherweise Schaumwerfer um den Tank in Stellung gebracht und die Schaumschicht auf dem Tankdach aus großer Entfernung aufgebracht. Beim „base-injection“-Verfahren dagegen wird das Wasser-Schaummittel-Gemisch am

Fuß des Tanks durch die Produktförderleitung eingespeist. Das Wasser-Schaummittel-Gemisch steigt im Tank durch das Produkt auf und bildet dann auf der Flüssigkeitsoberfläche eine kaum verschäumte, aber wirksame Schaumschicht. Fluorproteinschaummittel werden bei kommunalen Feuerwehren i.d.R. nicht vorgehalten.

### 1.8.3.3 Filmbildende, fluorierte Proteinschäume (FFFP oder 3FP)

Filmbildende, fluorierte Proteinschäume wurden aus den Fluorproteinschäumen entwickelt. Zusätzlich wird hier eine oleophobe (öl- bzw. kohlenwasserstoffabweisende) Schicht zwischen der brennbaren Flüssigkeit und der eigentlichen Schaumschicht gebildet.

**Wie bei allen Proteinschaummitteln kann mit ihnen nur Schwerschaum erzeugt werden. Sie werden mit 3 oder 6 % zugemischt.**

### 1.8.3.4 Wasserfilmbildende Schäume (AFFF oder A3F)

Diese wasserfilmbildenden Schäume auf der Basis synthetischer Schäume werden in der Literatur üblicherweise unter der Rubrik „Schwerschaum" geführt [181]. Dies ist nicht richtig.

**Mit AFFF-Schaummitteln können Schwer- und Mittelschäume erzeugt werden.**

Abb. 36: Flugzeugbrandbekämpfungsausbildung

**Abb. 37: Stationäre AFFF-Löschanlagen der Flug- und Hangardecks US-amerikanischer Flugzeugträger**

Der Mittelschaum ist hervorragend geeignet, um Tanktassen zu fluten und um brennbare Flüssigkeiten abzudecken. AFFF-Schaummittel werden mit 1, 3 oder 6 % zugemischt.

Alkoholbeständige Varianten AFFF-AR/AFFF-ATC

AFFF-Schäume enthalten üblicherweise Fluorcarbon-Tenside. An der Grenzschicht zwischen brennbarer Flüssigkeit und Schaumschicht wird ein wasserhaltiger oleophober Fluorcarbontensidfilm gebildet. Dieser verhindert das Aufsteigen brennbarer Flüssigkeitsdämpfe in die Schaumschicht. Je nach Einsatzumständen kann dieser Film über den Zerfall der eigentlichen Schaumschicht hinaus stabil und wirksam bleiben. AFFF-Schäume sind an sich nicht alkoholbeständig. Alkoholbeständige Varianten sind erhältlich und werden als AFFF-AR oder AFFF-ATC bezeichnet.

Die Entwicklung dieser Schaummittel geht auf Initiative der US Navy und hier insbesondere auf Konsequenzen aus den Bränden auf der USS Enterprise und der USS Oriskany zurück: Zur Bekämpfung von Bränden gecrashten Fluggeräts und brennendem Flugbenzin auf den Decks von Flugzeugträgern ist Schaum unverzichtbar. Die Angriffsrichtung der Löschmannschaften kann dabei aber nicht immer „windoptimiert" sein. Sowohl Schwer- wie auch Mittelschaum werden bei Querwind aber leicht vorgetragen. Also suchte die US Navy nach einem Löschmittel, das die Löschfähigkeit von Schaum damit verband, dieses Löschmittel ggf. auch als Vollstrahl mit Hohlstrahlrohren wirksam aufbringen zu können [191]. AFFF verbindet genau diese Eigenschaften. Hier auch gleich ein Hinweis für die Praxis: Sollte es aufgrund der Windrichtung nicht möglich sein, mit Schwer- oder Mittelschaumrohren den Brand einzudecken, so sind die Schaumrohre durch zu den Zumischern passende Hohlstrahlrohre zu ersetzen, der Flammenbrand niederzukämpfen („knock-down") und erst in zweiter Linie Schaumrohre zur Sicherung einzusetzen.

Am Fire Service College, Moreton-in-Marsh/England wurde in den 1980er-Jahren eine Kleinversuchserie mit Isopropanolbränden durchgeführt, in denen unterschiedliche Schaummitteltypen und unterschiedliches taktisches Verhalten bei Flüssigkeitsbränden untersucht wurden. Die Versuche wurden mit 54 Liter Isopropanol in einer 0,665 m² großen, runden Wanne mit einer Vorbrennzeit von 5 Minuten durchgeführt [192]. Die Löschintensität betrug 6,5 Liter pro Minute und Quadratmeter. Als Schaumrohr diente ein Versuchsstrahlrohr mit einer Wasserabgabe von 4,3 L/min bei einem Strahlrohrdruck von 4,5 0,1 bar. Die verwendeten Löschmittel waren Wasser, AFFF und AFFF-AR mit jeweils 6 % Zumischung. Bei allen Versuchen mit Schaum betrug die Verschäumungszahl 6. Bei diesen Versuchen wurden auch verschiedene Methoden der Schaumauftragung verglichen.

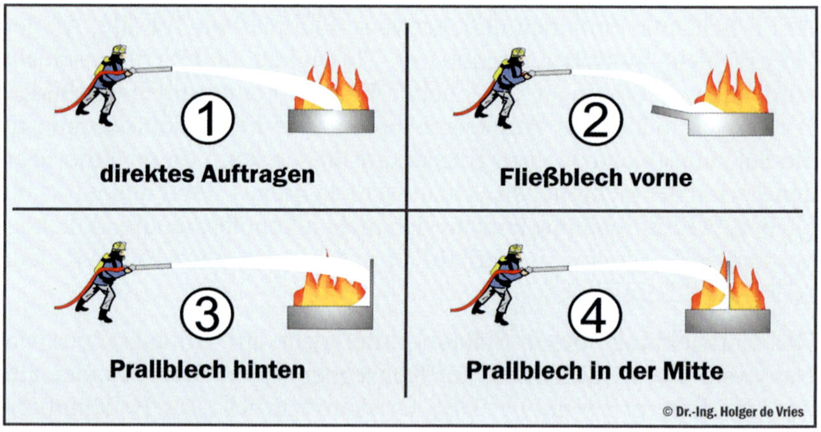


Methoden Schaumauftragung

Abb. 38: Methoden der Schaumauftragung

1. Der Schaumstrahl wird direkt in die Mitte der brennenden Fläche gerichtet.
2. Der Schaumstrahl wird auf ein Fließblech gerichtet, sodass der Schaum auf die brennende Flüssigkeitsoberfläche geschoben wird – „schieben".
3. Der Schaumstrahl wird gegen ein Prallblech hinter der brennenden Flüssigkeit gerichtet – „ablaufen lassen".
4. Der Schaumstrahl wird gegen ein Prallblech in der Mitte der brennenden Flüssigkeit gerichtet – „ablaufen lassen".

Die Methoden 2, 3 und 4 werden zusammenfassend als indirekte Schaumaufgabemethoden bezeichnet. Des Weiteren wurde unterschieden, ob das Fließ- oder Prallblech heiß oder kalt war, weil es erst unmittelbar vor Beginn des Löschens angebracht wurde. Während der Versuche wurden Schaumproben genommen und anschließend die Wasserhalbzeiten der AFFF-AR-Schäume zu jeweils etwa 20 Minuten, die des AFFF-Schaumes zu sechs Minuten bestimmt. Die Versuchsergebnisse lassen sich folgendermaßen zusammenfassen:

- Isopropanolbrände (Alkoholbrände) lassen sich nicht mit Wasser durch Verdünnen löschen.
- AFFF ist ein signifikant schlechteres Löschmittel für Isopropanolbrände als alkoholbeständiges AFFF-AR. AFFF kann auf Isopropanol keinen rückzündungsverhindernden Schaumfilm bilden.
- Indirekte Auftragungsmethoden sind direkten stets vorzuziehen.

Auf die Wiedergabe der Zahlenwerte dieser und anderer Versuche aus den 1989er- und 1990er-Jahren (z.B. [180; 193; 194; 195; 196; 197; 198, 199, 200]) wird an dieser Stelle bewusst verzichtet, da davon auszugehen ist, dass die Schaummittelrezepte seit der jeweiligen Versuchsdurchführung derart verändert wurden, dass die Messergebnisse nicht mehr als Grundlage für taktische oder strategische Entscheidungen geeignet sind.

**Abb. 39: Brand im Recyclinglager (Quelle: Feuerwehr Düsseldorf)**

## 1.8.3.5 Mehrbereich-Schäume (MBS)

Meist verbreitete Schaummittel

Synthetische Mehrbereich-Schaummittel auf Basis wässriger Lösungen von Sulfoncarbontensiden sind heute bei den kommunalen Feuerwehren in Deutschland am weitesten verbreitet, da mit ihnen Leicht-, Mittel- und Schwerschaum erzeugt werden kann [180]. Sie bestehen aus synthetischen Tensiden und Additiven in wässriger Lösung und werden mit 3 bis 6 % zugemischt. Die Schäume dieses Typs sind nicht alkoholbeständig.

Die mit Mehrbereich-Schaummitteln erzeugten Schwerschäume haben Verschäumungszahlen von 9 bis 15. Daher sind die Schaumschichten leichter und nicht so stabil wie die von Proteinschaummitteln. Lösungen von Mehrbereich-Schaummitteln von 1 % oder weniger werden als „Netzmittellösungen“ oder „Netzwasser“ bezeichnet. Herterich stellte 1960 fest [201]:

> *„Bei der Bekämpfung von Bränden an Faserstoffen in Ballen und Haufen sowie von Braunkohlenstaub ist die Zumischung von Netzmitteln zum Löschwasser zwecks Steigerung der Löschwirkung des Sprühstrahls empfehlenswert.“*

Schreiber und Porst zitieren 1964 von Kasakow veröffentlichte Ergebnisse von vergleichenden Löschversuchen an Holzbränden, die mit reinem Wasser und 0,2 % Sulfonatlösung gelöscht wurden. Die Zumischung des Sulfonats als Netzmittel reduzierte die Löschdauer auf die Hälfte, den Gesamtverbrauch an Löschmittel auf ein Viertel und verhinderte Wasserschäden. Weiter stellen Schreiber und Porst von Kasarow und Demidow durchgeführte, vergleichende Löschversuche mit reinem Wasser und 0,3 % Netzmittellösung „NP-1" an für Waldbrände typischen Feststoffen (Streubelag, Torfmoos, grünes Moos, Holz, Torf) dar. Es wurden Einsparungen an Löschmittel von 38 % bis 50 % gegenüber reinem Wasser ermittelt. Schreiber und Porst fassten 1972 ihre Erkenntnisse folgendermaßen zusammen [202]:

> *„Die Zahl der durchgeführten Löschversuche im Kleinmaßstab ließe sich noch erweitern. Das Wesentliche bezüglich der Anwendung von Netzmitteln der Brände der Klasse A ist aber bereits den angeführten Beispielen entnehmbar. So wird die Löschzeit kürzer und der Wasserverbrauch (damit auch die Gefahr des Wasserschadens) geringer. Diese wesentlichen Vorteile dürften in der Zukunft eine breitere Anwendung der Netzmittellösungen erwarten lassen."*

Auf Deutschland bezogen irrten die Verfasser: Die Anwendung von Mehrbereichschaum bei Feststoffbränden ist zwar dokumentiert, beschränkt sich aber in der Praxis auf das Fluten von Kellern oder Schiffsladeräumen mit Mittel- oder Leichtschaum [203; 204; 205; 206; 207]. Schaum bzw. Netzwasser werden bei Klein- und Mittelbränden i.d.R. nicht, bei Großbränden oft erst dann eingesetzt, wenn nach stundenlangem Einsatz reinen Wassers abzusehen ist, dass kein Löscherfolg zu erzielen ist (z.B. [208; 209; 210]). I.d.R. wird das Versäumnis, nicht rechtzeitig Schaum oder Netzwasser eingesetzt zu haben entweder mit Erfordernissen des Gewässerschutzes (vgl. Kap. 5) oder mit den

Abb. 40: Einsatz von Netzwasser bei brennenden Watteballen in den 1950er-Jahren im Hamburger Hafen

**Abb. 41: Fluten einer Schiffsabteilung mit Mittelschaum**

in DIN VDI 0132 genannten Restriktionen für den Schaumeinsatz bei elektrischen Anlagen gerechtfertigt.

DIN VDE 0132

In Abschnitt 1 „Anwendungsbereich“ von DIN VDE 0132 „Brandbekämpfung und technische Hilfeleistung im Bereich elektrischer Anlagen“ [211] werden zwar „besondere Löschmaßnahmen wie das Fluten von Kabelkanälen mit Wasser oder Schaum“ von der Gültigkeit dieser Norm ausgenommen, jedoch bestehen in der Einsatzpraxis der Feuerwehren erhebliche Unsicherheiten über das einsatztaktisch richtige und sichere Verhalten. Demgegenüber stellten Biewald und Meyer, Berliner Kraft- und Licht AG, 1996, fest [212]:

> *„Eine schnelle und wirksame Brandbekämpfung in elektrischen Anlagen, insbesondere in geschlossenen Räumen, Kanälen und Schächten, ist mit Löschschaum möglich. Der Löschschaum hat gegenüber anderen Löschmitteln Vorteile hinsichtlich seines Einflusses auf die nicht unmittelbar vom Brand betroffenen Anlagenteile und seiner Entfernbarkeit aus dem Brandobjekt: Löschschaum kommt mit verhältnismäßig kleinen Löschwasser-Rückhalteanlagen aus. ...“*

Nach DIN VDE 0132 darf Schaum im Bereich elektrischer Anlagen mit Nennspannungen bis 1.000 V nur in einer Entfernung von mindestens 3 m, mit Nennspannungen größer 1.000 V nur im spannungsfreien Zustand eingesetzt werden. Biewald und Meyer kamen bei Versuchen in elektrischen Anlagen bis 110 kV, also bei Nennspannungen, die deutlich höher liegen als diejenigen (220 bzw. 380 V), denen die Feuerwehren bei Wohnungs- und kleineren Industriebränden regelmäßig begegnen, zu folgenden Ergebnissen, die hier im Wortlaut zitiert werden, da sie für die Einsatzpraxis der Feuerwehren von erheblicher Bedeutung sind [214]:

> *„Die elektrische Leitfähigkeit der Wässer liegt etwa eine Größenordnung über der der Löschschäume."*
>
> *„Stehender Löschschaum zeigt i.d.R. eine höhere Leitfähigkeit als strömender Schaum. Die Leitfähigkeit für stehenden Schaum wird dem Sicherheitsmodell zugrunde gelegt."*
>
> *„Der Einfluß der Qualität verwendeter Wässer auf die Leitfähigkeit der Schäume blieb gering."*
>
> *„Auf Grund der wesentlich niedrigeren elektrischen Leitfähigkeit sind beim Einsatz von Löschschäumen geringere Ableitströme von fehlerhaften Anlagen und somit auch eine geringere Gefährdung von Personen infolge Durchströmung zu erwarten als beim Einsatz von Wässern. Damit sind die Einsatzbedingungen von Wasser auch auf Löschschäume übertragbar. ..."*
>
> *„ ... Danach sollen in Kabelanlagen ohne offene elektrische Anlagenteile die Löschkräfte, die mit entsprechender [Feuerwehr-] Schutzbekleidung und Gesichtsschutz* [Anm.: z.B. Visier oder Atemschutzmaske] *ausgerüstet sind, einen Abstand von 1 m nicht unterschreiten."*
>
> *„In Kabelanlagen mit offenen elektrischen Anlagenteilen sind wegen der dort zu erwartenden größeren Lichtbogenlängen Abstände wie für elektrische Anlagen nach DIN VDE 0132 einzuhalten."*

Wie valide die Regelungen der DIN VDE 0132 für die Einsatzpraxis tatsächlich sind, muss auch an anderer Stelle hinterfragt werden (vgl. „Hohlstrahlrohre"). Es ist bekannt, dass der Zusatz von Schaummitteln zum Löschwasser die elektrischen und die hydraulischen Eigenschaften des Wassers verändert. Der Grenzwert der Leitfähigkeit nach der deutschen Trinkwasserverordnung beträgt 2.000 µS/cm, die Leitfähigkeit Wuppertaler Trinkwassers beträgt zwischen 205 und 750 µS/cm [213]. Der Verfasser hat die Leitfähigkeitserhöhung durch Schaummittel in wässriger Lösung bestimmt: Beim Schaummittel „TWFL Silv-ex G" (Class-A-Foam) wurde in 0 bis 1 % Lösung die Leitfähigkeit von 222 auf 378 µS/cm erhöht, beim Schaummittel „TWFL KES" (MBS) in 3 % Lösung auf 573 µS/cm und beim Schaummittel „Sthamex F 15" (MBS) in 3 % Lösung auf 746 µS/cm [214]. Die Leitfähigkeitserhöhung durch Zugabe von Schaummittel lag bei den untersuchten Lösungen also innerhalb der Spannweite und deutlich unterhalb des Leitfähigkeitsgrenzwerts von Trinkwasser – hat also keine praktische Bedeutung. Hinsichtlich der Veränderung der hydraulischen Eigenschaften des Wassers ist bekannt, dass die Zugabe von Tensiden die Tröpfchengröße des Wasser verringert [215]. Insbesondere bei Verwendung des Sprühstrahls ist also davon auszugehen, dass die Verwendung von Netzwasser keine erhöhte Gefährdung des Strahlrohrführers bedeutet.

**Es ist festzustellen:**

- **Die Erhöhung der Löscheffizienz durch den Einsatz von Netzwasser bzw. Schaum auch bei Feststoffbränden ist unbestritten (vgl. [163; 216]). Dies ist ein wesentlicher Unterschied zu anderen umstrittenen Techniken, wie z.B. Hochdrucklöschverfahren oder Gel.**
- **Die Bedenken hinsichtlich des Einsatzes bei/in elektrischen Anlagen können als ausgeräumt betrachtet werden (vgl. „Hohlstrahlrohre").**
- **Schaumeinsatz ist bei großen Einsatzstellen – egal, ob bei Feststoffbränden oder Flüssigkeiten – v.a. aus zwei Gründen problematisch: Erstens wegen der Kosten für Schaummittel, insbesondere bei Feststoffbränden, und zweitens wegen der landläufig immer noch hohen erforderlichen Zumischrate von 3 oder gar 6 %, die dazu führen, dass ein LF nur 10 Minuten lang in der Lage ist, mit einem Rohr Schaum abzugeben.**
- **Ein weiterer – zum jetzigen Zeitpunkt noch nicht erörterter, aber für die Einsatzpraxis sehr wichtiger – Aspekt ist die Wirkung von Schaummitteln und Schäumen auf die Umwelt, dem ein eigenes Kap. gewidmet ist.**

### 1.8.3.6 Class-A-Foam-Schaummittel (CAFSM)

Class-A-Foam

Zur Erläuterung des Standes der Technik von Class-A-Foam ist eine vergleichende Betrachtung der Entwicklung von Methoden zur Waldbrandbekämpfung in Nordamerika und Deutschland erforderlich. In Nordamerika werden – im Gegensatz zu Europa und insbesondere Deutschland – schon lange Chemikalien bei der Waldbrandbekämpfung eingesetzt [217; 218]. Es gab drei Stränge der Entwicklung: Retardants, Verdickungsmittel und Zusätze zur Verringerung der Oberflächenspannung.

Die Entwicklung von Class-A-Foam in der heutigen Form geht letztlich auf erste Untersuchungen aus den 1950er-Jahren zurück, die in den 1970er-Jahren vom Texas Forest Service wieder aufgenommen wurden. Der Texas Forest Service versprühte Rückstände aus der Papierherstellung, um langanhaltende, feuchte Schutzstreifen in der Vegetation anzulegen. Diese Mittel erforderten eine Zumischung von 5 bis 7 % und wurden auch eingesetzt, um von Vegetationsbränden gefährdete Gebäude zu schützen [219]. Mitte der 1980er-Jahre setzte die US-Forstbehörde in Boise/ID eine Arbeitsgruppe zur Entwicklung geeigneter, umweltverträglicher Schaummittel ein. Es wurden hochkonzentrierte, synthetische Mehrbereich-Schaummittel entwickelt, die Zumischraten von weniger als ein Prozent erforderten. Heute kommerziell hergestellte Zumischer, wie z.B. der AccuFoam-Zumischer [220; 221] der Fa. Angus Fire, gehen auf Konstruktionen von amerikanischen Forstbeamten zurück oder wie der Flow-Mix der Fa. Robwen auf Entwicklungsaufträge der US-Forstbehörde.

Abb. 42: Schaumschneisen aus Class-A-Foam (Quelle: Jim Jarvis)

Abb. 43: „Snow-Job" – Vorsorgliches Einschäumung eines Wohnhauses mit Druckluftschaum kurz vor dem Hinwegfegen der Feuerwalze (Quelle: Jim Jarvis)

Versuche zu Class-A-Foam

Parallel zur technischen Entwicklung wurden in den USA, England, Neu Seeland und in Deutschland Untersuchungen über die Effektivität von Class-A-Foam durchgeführt. Folgende Versuchsreihen sind unter verschiedenen Gesichtspunkten bisher durchgeführt und veröffentlicht worden:

- Versuche des National Institute of Standards and Technology (NIST), Maryland/USA, 1988
- Versuche der Underwriters Laboratories (UL), 1993
- Die „Salem"-Versuche, Connecticut/USA, 1992
- Die „Fairfax County"-Versuche, Virginia/USA, 1993
- Die „Rissington"-Versuche, Fire Research and Development Group, GB, 1995–1996
- Die „Canterbury"-Versuche, Universität Canterbury, NZ, 1997
- Versuche mit Krippenfeuern und Handfeuerlöschern, Universität Wuppertal, 1994
- Versuche mit Palettenfeuern und CMM-Strahlrohr im Freien, Universität Wuppertal, 1994
- Die „Trauen"-Versuche, Universität Wuppertal, 1995
- Die „Tremonia"-Versuche, Universität Wuppertal,1997
- Die „Ingolstadt"-Versuche mit Druckluftschaum, Universität Wuppertal, 1997
- Die „Wattenscheid"-Versuche, Universität Wuppertal, 1999
- Ein Versuch an der Forschungsstelle für Brandschutztechnik, Karlsruhe, 2000

Die Verwendung von Class-A-Foam ist heute in den USA, Kanada und teilweise auch in Australien unumstrittener Stand der Technik [222–244]. Class-A-Foam wird sowohl von den kommunalen Feuerwehren, den Forstverwaltungen und Forstfeuerwehren als auch von den Ökologen akzeptiert (vgl. Kap. 5) und überwiegend für die Bekämpfung bzw. Abriegelung unkontrollierter und kontrollierter Vegetationsbrände eingesetzt [245; 246]. Eine neue Entwicklung, die auch in Nordamerika gerade erst beginnt, ist die Verwendung von Druckluftschaum gegen Flüssigkeitsbrände, es gibt hierzu noch keine Veröffentlichungen über systematische Untersuchungen (Applikationsraten, Schaumqualität, etc.).

Waldbrandbekämpfung in Europa

Auch in Europa – insbesondere nach der Waldbrandkatastrophe in Niedersachsen 1976 – gab es Versuche, die Methoden der Waldbrandbekämpfung zu verbessern, die jedoch zumindest für die Praxis in Deutschland keine Verbesserungen brachten [247; 248; 249; 250]. Die deutschen Aktivitäten beschränkten sich auf einige Symposien, die Entwicklung und den Bau von (mittlerweile wieder verschrotteten)

Löschwasserbehältern für die Transportflugzeuge vom Typ „Transall" der Luftwaffe und die Beschaffung von Außenlastbehältern für Hubschrauber. Die Wasserversorgung in waldbrandgefährdeten Gebieten wurde verbessert, Feuerwehreinsatzkarten wurden herausgegeben und die Feuerwehren in den betroffenen Gebieten flächendeckend mit Funk und geländegängigen Tanklöschfahrzeugen (TLF 8-W) ausgestattet [251; 252; 253; 254]. Zu einer Entwicklung und Anwendung neuer Bekämpfungstechniken kam es jedoch nicht, wenngleich bereits eine einfache Recherche ergeben hätte, dass der Einsatz von Netzmittel und Schaum in der DDR üblich war [255; 256].

**Abb. 44: Legen von Leichtschaumschneisen in der DDR (Quelle: König)**

Mitte der 1990er-Jahre konzentrierte sich das westdeutsche Interesse auf das Sprengschlauch- oder Sprengsackverfahren („2RS"-Verfahren) [257; 258; 259]. Dieses Verfahren erfordert jedoch einen erheblichen logistischen Aufwand (Bunker für Sprengmittel, sichere Transportbehältnisse, Sprengmeister bzw. -berechtigte, etc.) und hat gegenüber Class-A-Foam einen erheblichen Nachteil dergestalt, dass die Feuerwehren in ihrer täglichen Einsatzpraxis (bestehend aus Wohnungs- und Industriebränden) nicht auf dieses Verfahren zurückgreifen können (vgl. [260]). Bis zum Jahr 2008 gab es keine unabhängigen Veröffentlichungen über den erfolgreichen Einsatz dieses Verfahrens. Weitere Aktivitäten auf Bundes- und Landesebene resultierten u.a. in

Versuchen, Hochdruck- und Aerosol-Löschverfahren bei Waldbränden einzusetzen (was bei der erheblichen Thermik, die echten Waldbränden innewohnt, ohnehin scheitern muss) [261].

1993 bis 1994, letztlich verlängert bis 1997, wurde im Auftrag des Bundesministeriums für Bildung, Wissenschaft, Forschung und Technologie (BMBF) der 17 Seiten umfassende Bericht „Waldbrandbekämpfung in Europa – Eine länderübergreifende Aufgabe“ angefertigt: Konkrete Maßnahmen der Verbesserung der Waldbrandbekämpfung werden in diesem Buch nicht skizziert [262; 263; 264], obwohl fast gleichzeitig in den USA die Methoden der Brandbekämpfung bei Waldbränden und Feststoffbränden kommunaler Feuerwehren gerade im Umbruch waren: Die Amerikaner führten Umstrukturierungen in den taktischen Einheiten zur Waldbrandbekämpfung durch, die Führungsstrukturen der kommunalen Feuerwehren und der Forstbehörden wurden einander angeglichen („Incident Command System“ = „ICS“; vgl. [265; 266; 267]) und es kam zur bereits beschriebenen Entwicklung und Einführung von Class-A-Foam.

In den USA werden Class-A-Schaummittel von der Forstbehörde in Boise/ID geprüft und zugelassen. Die angewendete Norm „NFPA 298 – Standard on Fire Fighting Foam Chemicals for Class A Fuels in Rural, Suburban, and Vegetated Areas“ [268] umfasst verschiedene Prüfungen zur Schaumerzeugung, Korrosion, Toxizität und Umweltverhalten. In den USA geprüfte und zugelassene Class-A-Schaummittel sind ausschließlich für die Bekämpfung von Feststoffbränden (Holz, Stroh, Reifen, Kohle) entwickelt worden. Mit einigen Schaummitteln können im Notfall auch Kohlenwasserstoffbrände bekämpft werden, wenn keine anderen Schaummittel zur Verfügung stehen. Class-A-Foam-Schaummittel sind aber in den USA weder für die Bekämpfung von Flüssigkeitsbränden geprüft noch zugelassen. Class-A-Foam war in Deutschland bis 1994 nicht bekannt [269]. In Deutschland müssen Class-A-Schaummittel mangels passender Prüfnormen für Feststoffbrände als Mehrbereich-Schaummittel nach DIN EN 1568 geprüft und zugelassen werden.

Für die Feuerwehrangehörigen, die schon zu Zeiten der DDR aktiv waren, ist dies alles nichts Neues, so sie über (T)LF 16 IFA W 50 L(A) ab Baureihe 1969/1970 mit fest eingebauter automatischer Zumischeinrichtung AZ 2/8 (Zahnradpumpe), Zumischung 1 bis 5 % bis 800 L/min Volumenstrom verfügten: „Class-A-Foam“ ist nichts anderes als „Netzwasser“.

Abb. 45 a und b: (T)LF 16 IFA W 50 L(A) ab Baureihe 1969/1970 mit automatischer Zumischeinrichtung AZ 2/8 (Zahnradpumpe), Zumischung 1 bis 5 % bis 800 L/min Volumenstrom

Abb. 46: Waldbrandbekämpfung – direkter Angriff mit Class-A-Foam (Quelle: Jim Jarvis)

Löschwirkung

Die Löschwirkung von Class-A-Foam ist auf verschiedene Einzelphänomene zurückzuführen. Zunächst verringert die Zumischung von Tensiden die Tropfengröße von Wasser, wenn Wasserstrahlrohre verwendet werden [270]. Dadurch wird der Wärmeübergang vom Brandgut bzw. der Brandraumatmosphäre auf das Löschwasser verbessert. Die Oberflächenspannung des Wassers wird durch die grenzflächenaktiven Stoffe des Schaummittels verringert. Dadurch ist das Wasser in der Lage, poriges Material besser zu durchfeuchten und tief sitzende Glutnester zu löschen [271].

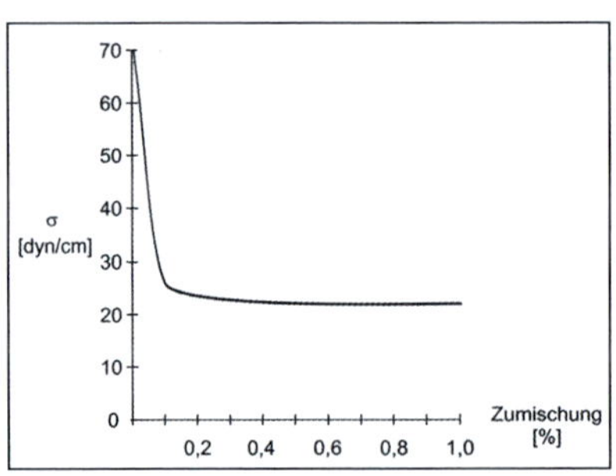


Abb. 47: Die Verringerung der Oberflächenspannung von Wasser durch Zumischung von Class-A-Foam-Schaummittel am Beispiel „Silv-ex“ [271]

Schaum fixiert das Wasser auf dem Brandgut. Das Wasser wird beim Zerfall der Schaumschicht in kleinen Raten abgegeben und kann mehr Wärme absorbieren, als wenn es sofort wieder abfließt. Die Entstehung von Wasserdampf wird unterdrückt bzw. verzögert, sodass die Sichtbehinderung für den Angriffstrupp geringer ist. Schaum bildet eine trennende Schicht auf dem Brandgut. Aus dem Brandgut austretende Pyrolysegase werden teilweise zurückgehalten. Die Schaumschicht trennt das Brandgut vom Luftsauerstoff. Die in den Schaumbläschen enthaltende Luft wirkt isolierend.

**Die aus dem Brandgut aufsteigenden Brandgase können das Wasser-Schaummittel-Gemisch verschäumen und dadurch sogar zur Löschwirkung beitragen. Die Schaumschicht aus Class-A-Foam darf nicht so stabil sein wie eine Schaumschicht über einer brennbaren Flüssigkeit. Es besteht sonst die Gefahr, dass das Feuer überdeckt wird und sich unter der Schaumschicht unbemerkt weiter ausbreitet. Dies ist der Fall, wenn der Schaum so langsam zerfällt, dass nicht genug Wasser zum Kühlen des Brandgutes freigesetzt wird. Es muss immer bedacht werden, dass das Feuer vom Wasser gelöscht wird. Das Schaummittel ist eher als Vehikel zu betrachten.**

Durch seine geringe Zumischrate von weniger als 0,5 % fällt mit der Verwendung von Class-A-Foam auch das erhebliche Nachschubproblem an großen Einsatzstellen weg.

# 2 Feuerlöschkreiselpumpen, Schaummittelzumischung und Druckluftschaumanlagen

## 2.1 Auslegung der Feuerlöschkreiselpumpen

Grundvoraussetzung für die kontinuierliche Brandbekämpfung (und auch den effektiven Lenzeinsatz) ist die Ausstattung der Löschfahrzeuge mit effektiven Feuerlöschkreiselpumpen, entweder als Tragkraftspritze (bei ca. 30 % aller deutschen Feuerwehrfahrzeuge) oder fest eingebaut.

Grundvoraussetzung für kontinuierliche Brandbekämpfung

Die Fahrzeuge, die heute als „LF 10“ (das eigentlich der Nachfolger der LF 8 sein sollte, die weitgehend in der 5,5- bis 7,5-t-Klasse lagen) verkauft werden, tragen wesentliche Merkmale des LF 16 nach alter Norm: „Großes“ Lkw-Fahrgestell jenseits der 10 Tonnen, Löschmittelbehälter zwischen 1.000 und 1.600 Liter (das „alte“ LF 16 hatte 800 L) und umfangreiche Beladung. Die Norm des LF 8 lässt sich bis zum „leichten Löschgruppenfahrzeug“ (LLG) aus den 1930er-Jahren zurückverfolgen: Standardtyp war z.B. der Opel Blitz mit Gruppenkabine, Ausrüstung für eine Löschgruppe und – je nach Modell bzw. Baujahr – eine eingeschobene TS (letztlich nur ein „Gruppen-TSF“), teilweise ergänzt um einen TSA. Die nächste Größe seinerzeit waren das LF 15/SLG bzw. die Fliegerkraftspritze FlKS 15, immerhin mit einer fest eingebauten Feuerlöschkreiselpumpe mit einer Leistung von 1.500 L/min, die z.B. von einem 3,6-Liter-6-Zylinder-4-Takt-Ottomotor mit 75 PS angetrieben wurde. Eine Fahrzeuggröße weiter, beim LF 25/GLF, waren an der 2.500-L/min-Pumpe zwei Saugeingänge A gefordert. Aus dem „mindestens einen A-Eingang“ für die LF 15/ LF

16 und den „zwei A-Eingängen“ des LF 25/LF 24 [272] wurde – nach Recherche in den Archiven des FNFW – in den 1960er-/1970er-Jahren die undifferenzierte Forderung nach nur einem A-110-Eingang für alle deutschen Löschfahrzeuge.

Heute, rund 100 Jahre später, werden in Deutschland Löschfahrzeuge mit Antriebsleistungen mit zwischen 200 bis 300 PS mit einer Pumpe- und Pumpenkonfiguration eines LF 15, Baujahr 1938, ausgestattet. Abb. 48 zeigt die Evolution vom getypten Löschgruppenfahrzeug LF 15 über das zum (Hilfeleistungs-)Löschfahrzeug (H)LF 16(/12) bis

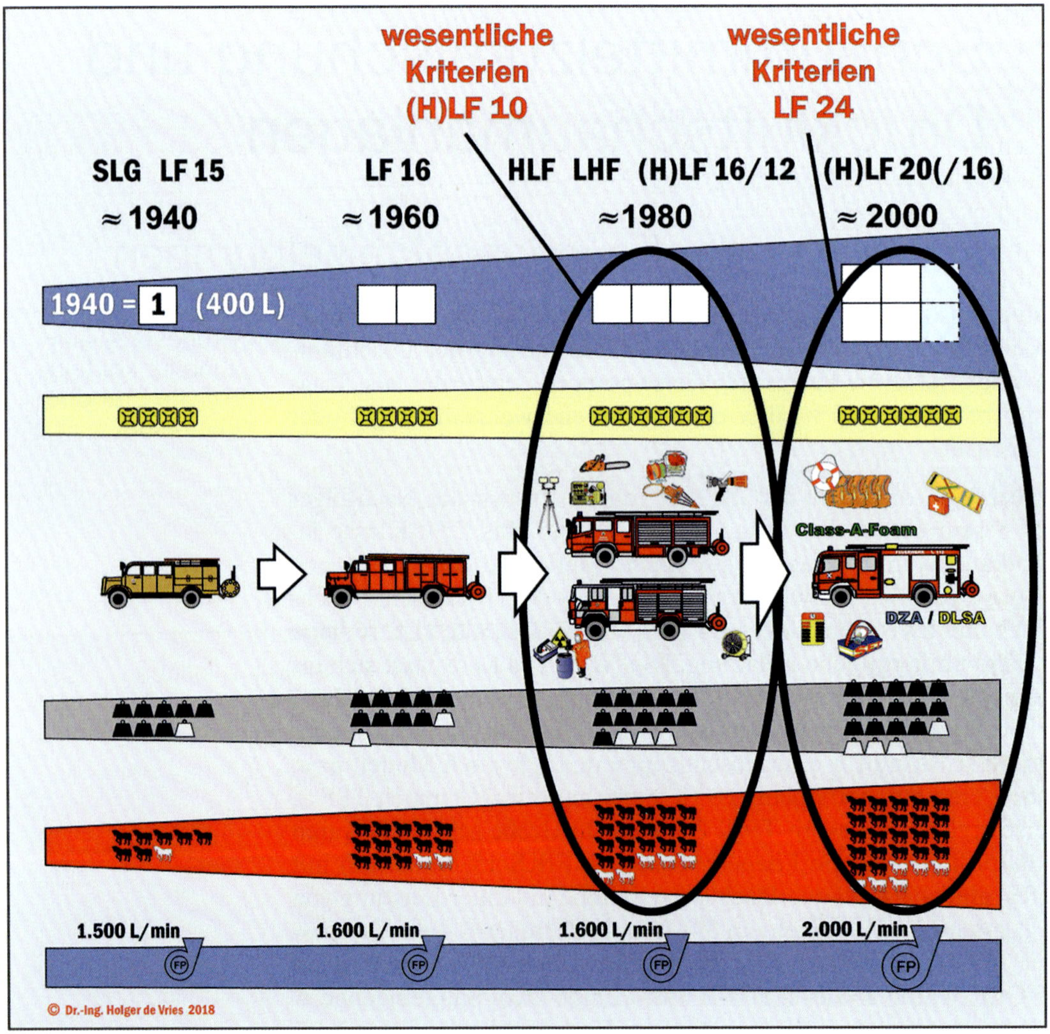


Abb. 48: Die Entwicklung des LF 15 bis zum (H)LF 20

zum HLF 20 der Gegenwart. Die zulässige Gesamtmasse dieses Fahrzeugtyps hat sich mehr als verdoppelt, die mitgeführte Löschwassermenge ist heute mindestens viermal so groß wie 1938. Die Leistung des Antriebsaggregats hat im Vergleich zur zulässigen Gesamtmasse überproportional zugenommen, ohne dass dieses Potenzial für den Betrieb der Pumpe genutzt wird; stattdessen wird das zur Verfügung stehende Drehmoment für Pumpen und Pumpenkonfigurationen in der Größenordnung von nominell nur um die 2.000 L/min (1938: 1.500 L/min) „verschenkt".

Schaut man sich die Fahrzeuge der von den in ganz Europa im größeren Stil über die Grenzen hinweg operierenden Hersteller an, die für den österreichischen und schweizerischen Markt gefertigt werden, dann sieht man – manchmal direkt in der Montagelinie der Hersteller hinter oder nebeneinander stehend – am Pumpenstand direkt den Unterschied zwischen den „deutschen" und den „anderen". Sonst äußerlich kaum zu unterscheidende Fahrzeuge der „anderen" haben als Standard das, was bei uns die „Ausnahme" ist, wie z.B. 2000er-Pumpen mit Storz-125-Eingang oder 3.000er-Pumpen (und größer) mit F-150-Eingang. Dies zeigen die Bilder in Abb. 48 des Rüstlöschfahrzeugs mit Allrad RLF-A 3000/260 der Freiwilligen Feuerwehr Wels, Baujahr 1994, mit Pumpeneingang Storz-125, Saugarmaturen und Saugschläuchen in Storz-25.

**Abb. 49: RLF-A 3000/260 FF Wels (AT), Saugarmaturen und Saugschläuche in Storz-125**

**Defizite der Versorgungsseite**

Betrachtet man die aktuellen Beschaffungen von Tanklöschfahrzeugen und vergleicht die jeweiligen Pumpendaten mit denen der Wasserwerfer und rechnet ggf. noch einen Verteiler hinzu, von dem aus allein nur ein oder zwei Hohlstrahlrohre à 400 L/min betrieben werden sollen, so sind die Defizite auf der Versorgungsseite offensichtlich:

- TLF 4000 mit FPN 10-2000 und Dachwerfer Leader mit 4.000 L/min
- PTLF 4000 mit FPN 10-2000 und Dachwerfer APF 3-C mit max. 3.000 L/min
- TLF 16/24-Tr mit FPN 10-2000 und Dachwerfer 2.400 L/min
- TLF 20/24 CAFS mit FPN 10-2000 und Dachwerfer Alco APF 3-C mit 3.000 L/min und tragbarem Werfer mit 2.400 L/min
- TLF 4000 mit FPN 10-2000 und Dachwerfer Alco mit 4.000 L/min und mobilem Werfer TFT Hazard 30Z mit 400 bis 2.000 L/min

Dass es auch anders geht, zeigen z.B. das HLF der hauptamtlichen Wache der FF Siegen (2010, Magirus auf Iveco), das TLF 4000-St der FF Filderstadt (2014, Walser auf MB Zetros), die GTLF der BF Leipzig mit zwei A-Eingängen (2010, Gimaex auf MAN, Abb. 50), das TLF 5000 der BF Mannheim (2012, Schlingmann auf MAN) und das TLF 4000 der BF Lübeck (2014, BAI auf MAN, Abb. 51), die letztgenannten beiden TLF jeweils sogar mit F150-Pumpeneingängen, um die Kompatibilität mit dem vorhandenen Wasserfördersystem HFS bzw. dem Löschboot herzustellen.

Abb. 50: GTLF 4000 der BF Leipzig

Abb. 51: TLF 4000 der BF Lübeck

Abb. 52: Niederländisches LF aus Geertruidenberg mit Pumpeneingang Storz-125

Abb. 53: Schweizerisches LF aus Birmensdorf-Aesch mit Pumpeneingang Storz-125

Bei diesen Kalibern müssen auch entsprechende Sammelstücke vorgehalten werden, die aufgrund ihrer Größe und ihrer Masse nicht mehr direkt an die Pumpe angekuppelt werden, sondern über einen „Vorlegeschlauch“ betrieben werden sollten. Da die Wasserversorgung die kritische Komponente eines jeden Löschangriffs darstellt, wurde hier auf einen doppelwandigen Schlauch („double jacket hose“) des kanadischen Herstellers NIEDNER mit 5-Zoll-Innendurchmesser zurückgegriffen. Dieser Schlauch vom Typ SUPPLYLINE besteht aus einem innen mit TPU beschichteten Schlauch aus Polyester und einem außenliegenden Schlauch gleicher Bauart, lediglich ohne eigene Innenbeschichtung (Betriebsdruck > 21 bar (300 psi); Prüfdruck 42 bar (600 psi); Berstdruck 63 bar (900 psi); erfüllt die Anforderungen nach ULC-19 und NFPA 1961). Aus eigener praktischer Erfahrung kann gesagt werden, dass diese Schläuche de facto „unkaputtbar“ sind: Mechanische Beschädigung wirkt üblicherweise nur auf den Außenschlauch ein. Daher wurde auch auf Leckageschieber verzichtet. Das größere Schlauchvolumen aufgrund des Durchmessers und der Länge ermöglicht eine noch bessere Pufferung von Druckstößen.

Abb. 54: Links Sammelstück 3B-A mit Vorlegeschlauch A110, Mitte „Old School"-Sammelstück 2B-A direkt an der FP, rechts Sammelstück/Verteiler BBABB-Storz-125 mit Vorlegeschlauch Storz-125

Abb. 55: Sammelstück/Verteiler BBABB-Storz-125 mit Vorlegeschlauch Storz-125

## 2.2 Grundlagen der Schaummittelzumischung

Füllgas Luft

Schaum besteht aus Gasblasen, die in einen Flüssigkeitsfilm eingeschlossen sind [272]. Bei den heute von den Feuerwehren verwendeten Schäumen ist das Füllgas Luft. Die Flüssigkeit ist ein Wasser-Schaummittel-Gemisch. Der erste Schritt zur Erzeugung mechanischen Feuerlöschschaumes ist die Zumischung von Schaummittel zum Löschwasser. Die Schaummittelzumischung liegt heute i.d.R. bei 1, 3 oder 6 %. Dadurch wird ein Wasser-Schaummittel-Gemisch hergestellt. Anschließend wird Luft zu diesem Wasser-Schaummittel-Gemisch zugemischt.

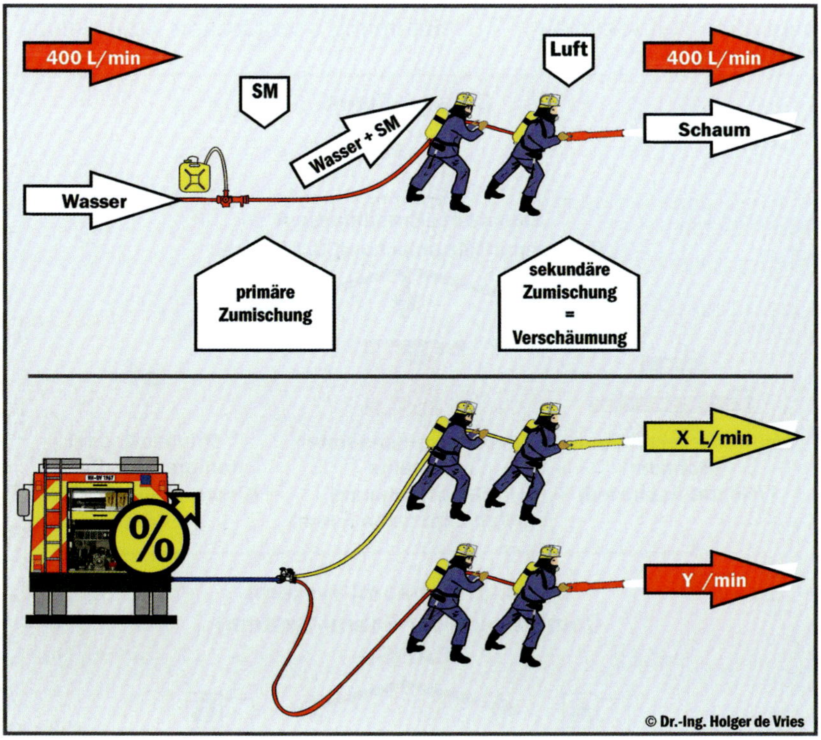


**Abb. 56: Schaumerzeugung durch zweifache Zumischung**

Arten Verschäumung

Die Verschäumung kann auf drei Weisen erfolgen (vgl. Abb. 57):

1. Verschäumung durch besonders gestaltete Strahlrohre (strahlrohrverschäumter Schaum) (Schwerschaum, Mittelschaum)
2. Verschäumung durch Gebläse (Leichtschaum)
3. Verschäumung durch Druckluft, die von einem Kompressor oder aus einer Druckluftflasche (Druckluft- oder Kompressorschaum zugeführt wird, engl. „compressed air foam [system]" = „CAF[S]") (Schwerschaum)

Im englischen Sprachraum wird die Zumischung von Schaummittel zum Wasser primäre Zumischung und die Zumischung von Luft zum Wasser-Schaummittel-Gemisch sekundäre Zumischung genannt. Im deutschen Sprachraum ist es üblich, die sekundäre Zumischung mit Verschäumung zu bezeichnen. Verwendet man kein Schaumrohr, sondern ein Strahlrohr, das selbst keinen Schaum erzeugen kann, so kann durch austretende Brandgase aus festem Brandgut trotzdem eine dünne Schaumschicht erzeugt werden. Je nachdem, ob man sich der deutschen oder der angelsächsischen Nomenklatur anschließt, spricht man dann von sekundärer Verschäumung oder tertiärer Zumischung.

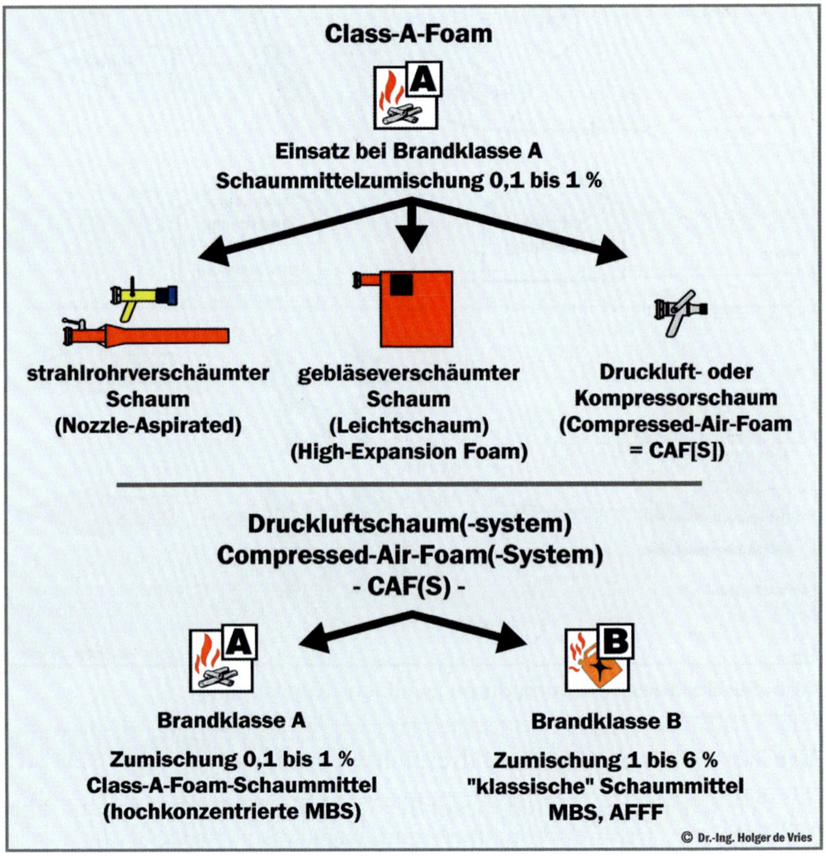


Abb. 57: Zur Definition von Class-A-Foam und CAFS

## 2.2.1 Systematik der Zumischsysteme

Kriterien Zumischsysteme

Im Laufe der letzten 100 Jahre seit Entwicklung des Luftschaums für die Brandbekämpfung ist eine Vielzahl verschiedener Varianten der Zumischung entwickelt worden. Diese technischen Lösungen beruhen jedoch auf recht einfachen physikalischen Grundlagen und können nach vier verschiedenen Kriterien klassifiziert werden:

- Das Schaummittel wird druck- oder saugseitig von der Feuerlöschkreiselpumpe zugemischt.
- Die Steuerung bzw. Regelung der Zumischung bei wechselnden Volumenströmen und Drucken erfolgt manuell oder automatisch.
- Das für die Schaummittelzumischung genutzte Wirkungsprinzip.
- Hilfsenergie ist für die Zumischung erforderlich oder nicht.

Ein Sonderfall ist die Verwendung von Netzmittel-Kartuschen, da es keine direkten Einwirkmöglichkeiten zur Höhe der „Zumischrate“ gibt.

Tab. 6: Klassifizierung von Zumisch-Systemen

| **Klassifizierung von Zumischsystemen** | **Einbauvariante** | | **Zumischort bzw. Verwendung** | | **Regulierung bzw. Steuerung** | | **physikalisches Wirkungsprinzip** | | | **Hilfs-energie** |
|---|---|---|---|---|---|---|---|---|---|---|
| | **zentral** | **dezentral** | **saug-seitig** | **druck-seitig** | **manuell** | **auto-matisch** | **Strahl-pumpe** | **Venturi** | **Pumpe** | |
| **Netzmittelkartusche** | beides möglich | | | X | keine | | konvektive Durchmischung | | | NEIN |
| **Tankvormischung** | X | | X | | X | | | X | | NEIN |
| **Saugzumischer** | X | | X | | X | | | X | | NEIN |
| **Pumpenvormischer** | X | | * | * | * | * | | X | | NEIN |
| **Strahlpumpenzumischer (Z-Zumischer)** | beides möglich | | | X | X | | X | | | NEIN |
| **manuell regulierte Einspeise-Zumischung** [1] | | | | X | X | | | | X | JA |
| **Venturi-Blasentank-Zumischer** | theoretisch beides möglich, aber zu großer Platzbedarf | | | X | | X | | X | | NEIN |
| **Ventilgesteuerter Venturi-Pumpen-Zumischer** [1] | | | | X | | X | | X | X | JA |
| **elektronische Direkteinspeisung** | beides möglich | | | X | | X | | | X | JA |
| **Wassermotor-Zumischung** | beides möglich | | | X | | X | | | X | NEIN |

* Der Pumpenvormischer ist als „Zwitter“ aus druck- und saugseitiger Zumischung zu verstehen.
[1] In Europa nicht relevant.

Druckzumischanlagen (DZA) und Druckluftschaumalagen (DLSA) werden in diesem Werk nur noch bedingt behandelt. Zum einen überschreitet die Hersteller- und Typenvielfalt den hier realisierbaren Umfang. Daher wurden die DZA in ein eigenes Werk ausgesteuert [273]. Für den „ganz normalen Brandeinsatz“ ist eine Netzmittel-Kartusche – möglichst in der Verteilerleitung – völlig ausreichend. Des Weiteren ermöglicht die aktuelle Generation der Z-Zumischer nach Euronorm zuverlässige Zumischraten im Bereich zwischen 0,1 und 6 %. Als Alternative stehen Pumpenvormischer – oft als „veraltet“ angesehen – zur Verfügung. Bei den Zumisch(un)genauigkeiten (Überdosierung im Anlauf, Unterdosierung bei hohen Volumenströmen, sofern nicht weitgehend linear arbeitende Exzenterschneckenpumpen verwendet werden, Abb. 58) [274] und technischen Problemen, die vielen Druckzumischanlagen innewohnen sowie den Korrosionsproblemen der Anlagen selbst und der Aufbauten, sind DZA für die meisten kommunalen Feuerwehren und ihre Fahrzeuge als unwirtschaftlich zu bewerten. [275]

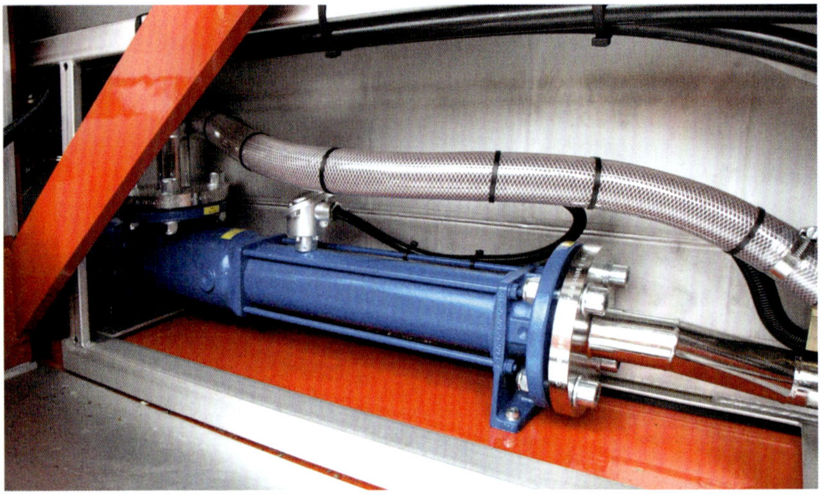

**Abb. 58: Exzenterschneckenpumpe einer Druckzumischanlage, eingebaut in einem Geräteraum, Länge 1,8 m, Masse 50 kg, jeweils ohne Installation [275]**

## 2.2.2 Das Wasserstrahlpumpen-Prinzip

Injektor-Prinzip

Die genormten Schaummittelzumischer („Z-Zumischer" nach DIN 14384 bzw. DIN EN 16712) arbeiten nach dem Prinzip der Wasserstrahlpumpe. Zum Verständnis dieses Wasserstrahlpumpen-Prinzips (Injektor-Prinzip) ist die Kenntnis der Volumenstromgleichung und der Saugwirkung von Strömungen erforderlich.

Es wird zunächst ein verzweigungsfreies Rohr mit konstantem Querschnitt betrachtet. Durch dieses Rohr fließt ein Wasserstrom. Da das Rohr keine Verzweigungen hat, muss der Volumenstrom am Ende des Rohres gleich dem Volumenstrom am Anfang des Rohres sein. Bei dieser Betrachtung wird Wasser als inkompressibel angenommen, es kann nicht verdichtet werden. Der Volumenstrom in Litern pro Minute ist also proportional dem Massenstrom in Kilogramm pro Minute.

Wird das Rohr an einer Stelle verengt, so muss der gleiche Wasserstrom pro Zeiteinheit durch diese Verengungsstelle fließen. Dies ist nur möglich, wenn sich die Strömungsgeschwindigkeit des Wassers an dieser Stelle erhöht. Der Druck einer strömenden Flüssigkeit setzt sich zusammen aus:

- dem am Manometer ablesbaren Betriebsdruck,
- dem von der vertikalen Höhe der Flüssigkeitssäule abhängigen geodätischen Druck
- dem von der Strömungsgeschwindigkeit abhängigen dynamischen Druck

Der Betriebsdruck und der geodätische Druck werden zum statischen Druck zusammengefasst. Bei den weiteren Betrachtungen wird davon ausgegangen, dass ein geringer Höhenunterschied zwischen Strömungseintritts- und -austrittsstelle liegt und er daher vernachlässigt werden kann. Dies ist z.B. der Fall bei einem Z-Zumischer, der auf waagerechtem Boden steht. Da der geodätische Druck vernachlässigt wird, ist der Betriebsdruck oder statische Druck der in einer ruhenden Flüssigkeit herrschende Druck, z.B. der Druck in einem aufgeladenen Schaumfeuerlöscher.

Wird die Flüssigkeit in Bewegung gesetzt, so übt sie auf ihre Umgebung einen dynamischen Druck aus. Bei konstanter Dichte ist der dynamische Druck quadratisch proportional zur Strömungsgeschwindigkeit der Flüssigkeit. Die Summe aus statischem und dynamischem Druck ist immer konstant. Wird nun, wie zuvor beschrieben, ein Flüssigkeitsstrom durch eine Verengungsstelle geleitet, dann erhöht sich seine Strömungsgeschwindigkeit und damit sein dynamischer Druck. Dies ist der Fall bei Düsen und bei Strahlrohren. Wird nach dieser Verengungsstelle der Querschnitt sofort wieder größer, wie z.B. bei Strahlrohren, wenn der Strahl das Mundstück verlässt, ist an dieser Stelle der statische Druck vermindert. Dadurch entsteht ein Unterdruck und ein anderer Stoff, z.B. Luft, kann angesaugt werden. Ohne die Geschwindigkeitserhöhung des ersten Mediums (Treibmedium) und der daraus folgenden Verminderung des statischen Drucks wäre es nicht möglich, ein zweites Medium (Rezipienten) anzusaugen.

## 2.3 Saugseitige Zumischung

### 2.3.1 Tankvormischung (batch mixing)

Die einfachste, aber am wenigsten zu bevorzugende Methode der Mischung von Wasser und Schaummittel ist die Vormischung im Tank eines Fahrzeugs oder in einem anderen Wasserbehälter, aus dem Löschwasser entnommen wird. Die Tankvormischung hat allen anderen Zumischmethoden gegenüber nur zwei scheinbare Vorteile: Sie ist die einfachste Methode und die billigste, weil kein Zumischer verwendet werden muss. Diesen beiden Vorteilen steht aber eine Vielzahl von Nachteilen gegenüber:

Nachteil Tankvormischung

Die Tankvormischung ist nur kurzfristig die billigste Möglichkeit der Zumischung, da die korrodierende Wirkung des Schaummittels beachtet werden muss. Beim Eingießen von Schaummittel in den Tank wird oftmals Schaummittel verschüttet. Schaummittel kann das Material des Tanks und des Fahrzeugaufbaus angreifen und schädigen [276].

Das Wasser-Schaummittel-Gemisch muss aus dem Tank entnommen bzw. mit einer Pumpe aus dem Löschwasserbehälter angesaugt werden. Dabei gelangt das Schaummittel in die Saug- und Druckstufe der Feuerlöschkreiselpumpe. Schaummittel enthalten synthetische Tenside, also prinzipiell die gleichen Stoffe, die in Haushaltsreinigungsmitteln zum Lösen von Fett verwendet werden. Zusätzlich zur Korrosion des Pumpen- und Dichtungsmaterials werden die Schmierfilme der Feuerlöschkreiselpumpe angegriffen, was zum Festfressen der Pumpe führen kann. Schweißnähte werden durch Schaummittellösung besonders schwer geschädigt. Das Schaummittel reduziert die Oberflächenspannung des Wassers, welches dann in spröde Oberflächen eindringen und dort korrodieren kann.

Es kommt zur Schaumbildung im Tank, wenn ein Fahrzeug mit einem Tank voller Wasser-Schaummittel-Gemisch bewegt wird. Dieser Schaum tritt dann durch das Überlaufrohr des Tanks aus. Bei der Tankvormischung kann nicht sichergestellt werden, dass im gesamten Tank eine gleichmäßige Mischung aus Wasser und Schaummittel erzeugt wird. Je nach Lösungsgrad des Schaummittels im Wasser wird also Wasser-Schaummittel-Gemisch mit unterschiedlichen Konzentrationen abgegeben. Dies kann die Wirksamkeit der Löscharbeiten beeinträchtigen. Außerdem kann die Zumischrate nicht den Erfordernissen an der Einsatzstelle angepasst werden. Schaummittel sind biologisch abbaubar. Diese positive Eigenschaft der Schaummittel, die ihren Einsatz aus ökologischer Sicht erst möglich macht, erweist sich hier als Nachteil: Im Tank ist das Wasser-Schaummittel-Gemisch in Kontakt mit Luftsauerstoff. Es sind stets genügend Mikroorganismen im Wasser enthalten, um den Abbauprozess einzuleiten. Daher kann man sich bei einer vor längerer Zeit hergestellten Tankvormischung nicht mehr über die Wirksamkeit des Schaummittels sicher sein. Der Hersteller des Schaummittels kann dann auch keine Gewähr für die Löschwirkung des Schaumes geben. Ein Tank mit teilweise verbrauchtem Wasser-Schaummittel-Gemisch muss ganz entleert und eine Nachfüllung neu angesetzt werden, da es sonst schwierig ist, die richtige Konzentration einzuhalten. Die Tankvormischung hat auch den einsatztaktischen Nachteil, dass von diesem Fahrzeug kein reines Wasser abgegeben werden kann. Class-A-Foam-Schaummittel sind höher konzentriert als übliche synthetische Schaummittel für Flüssigkeitsbrände. Einfach ausgedrückt bedeutet dies, dass sie stärker schäumen. Daher dauert es relativ lange und erfordert viel Wasser, den Tank, die Pumpe und alle Armaturen ausreichend zu spülen.

Die Mehrzahl der hier aufgeführten Nachteile der Tankvormischung gilt auch dann, wenn ein Fahrzeug mit einem Tank für Löschwasser und einem zusätzlichen Tank für Wasser-Schaummittel-Gemisch ausgerüstet ist oder für Ausgleichsbehälter in einer offenen Wasserförderstrecke. Aus diesen Gründen ist von einer Vormischung abzuraten

## 2.3.2 Saugzumischung (suction side proportioning)

Venturi-Rohr

Der Saugzumischer besteht aus einem Venturi-Rohr, das zwischen dem Löschwasserbehälter und der Saugseite der Feuerlöschkreiselpumpe eingebaut ist. Ein Venturi-Rohr ist ein zylindrisches Rohr mit einer konischen Verengung und Erweiterung, wie es in Abb. 59 vereinfacht dargestellt ist. Die Verengung bewirkt eine Erhöhung der Strömungsgeschwindigkeit des Wassers und damit einen Anstieg seines dynamischen Drucks sowie eine Verringerung seines statischen Drucks. Die Verringerung des statischen Druckes entspricht dem Wirken eines Unterdrucks. Durch diesen Unterdruck wird das Schaummittel angesaugt, an der engsten Stelle des Venturi-Rohres zugemischt und vom Wasserstrom mitgerissen. [277]

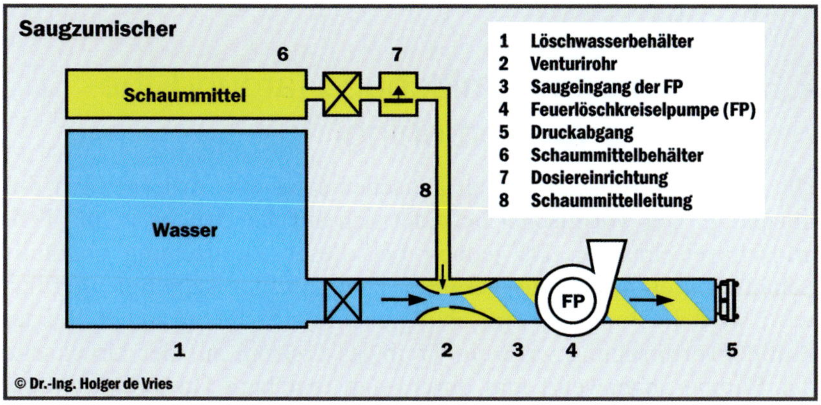


Abb. 59: Saugzumischer [277, verändert]

Die Schaummittelmenge bzw. Zumischrate wird an einem Dosierventil eingestellt. Die Förderung des Schaummittels ist abhängig vom Wasservolumenstrom im Venturi-Element und vom statischen Druck des Schaummittels. Der statische Druck des Wasserstroms und des Schaummittels müssen dem Betrag nach gleich sein. Dies ist durch den Einbau des Schaummittelbehälters oberhalb der Zumischeinrichtung sichergestellt. Statt des Venturi-Elements könnte auch eine elektronische Mess-Regel-Einrichtung mit einer Dosierpumpe verwendet werden. Diese Ausführung ist aber unüblich, da man eine solche technisch höherwertige Lösung nicht mit den Nachteilen einer saugseitigen Zumischung kombinieren würde.

Eigenschaften Saugzumischer

Saugzumischer haben folgende Eigenschaften:

- Saugzumischer sind konstruktiv einfach und sicher im Betrieb. Es ist weder eine Schaummittelpumpe noch Hilfsenergie erforderlich.
- Saugzumischer dosieren bei richtiger Auslegung recht genau über den gesamten Förderbereich der Pumpe.
- Von einem Fahrzeug mit Saugzumischer kann entweder nur Wasser oder nur Schaum abgegeben werden.
- Mit Pumpenvormischern kann kein Schaummittel zugemischt werden, wenn Wasser aus Hydranten oder aus einer anderen Quelle mit zu hohem Vordruck entnommen wird, da die notwendige Druckdifferenz im Venturi-Rohr dann nicht erzeugt werden kann.
- Während des Betriebs von Pumpenvormischern kann kein Wasser aus offenen Wasserstellen entnommen werden.
- Da die Pumpe mit Schaummittel in Berührung kommt, gelten bezüglich Korrosion und Pumpenverschleiß die gleichen Nachteile wie bei der Tankvormischung.

## 2.3.3 Pumpenvormischung (around-the-pump proportioning)

Die Pumpenvormischung liegt zwischen saug- und druckseitiger Zumischung. Der Vormischer befindet sich auf der Druckseite der Feuerlöschkreiselpumpe. Da jedoch bei dieser Zumischung ebenfalls Schaummittel durch die gesamte Feuerlöschkreiselpumpe geführt wird, wird die Pumpenvormischung an dieser Stelle behandelt. Bei der Pumpenvormischung wird ein Treibwasserstrom auf der Druckseite der Pumpe abgezweigt und durch eine regelbare Dosiereinrichtung geführt. Die Dosiereinrichtung funktioniert nach dem Strahlpumpen-prinzip. Durch den Treibwasserstrom wird Schaummittel mitgezogen und auf der Saugseite der Pumpe wieder dem Hauptwasserstrom zugeführt. Unmittelbar nach Inbetriebnahme sind also sowohl der Haupt- und also auch der Treibwasserstrom mit Schaummittel angereichert.

Nebenschlussverfahren

Ähnlich wird beim behelfsmäßigen Nebenschlussverfahren zur Herstellung von Netzmittelwasser verfahren: An einen Druckabgang wird ein Verteiler angeschlossen, von dem eine Leitung zum Löschangriff vorgenommen wird und eine zweite Leitung über einen (Z-)Zumischer zurück zum Eingang der FP geführt wird. Das Gemisch wird also mindestens einmal durch die FP geführt und wieder verdünnt.

Nachregelung während des Einsatzes relevant

Pumpenvormischer müssen während des Einsatzes entsprechend des Wasserdrucks und der Anzahl der Strahlrohre nachgeregelt werden. Bei modernen Pumpenvormischern kann die Dosiereinrichtung mit einer Venturi-Düse und einer Federmechanik gekoppelt sein, die den Schaummittelstrom dem jeweiligen Förderstrom bzw. Förderdruck anpasst.

Eigenschaften

Pumpenvormischer haben folgende Eigenschaften:

- Pumpenvormischer mit mechanisch-automatischer Dosiereinrichtung mischen bei wechselnden Drucken und Förderströmen über einen weiten Bereich Schaummittel genau zu.
- Manuell geregelte Pumpenvormischer erfordern ständige Überwachung und Nachstellung im Einsatz.

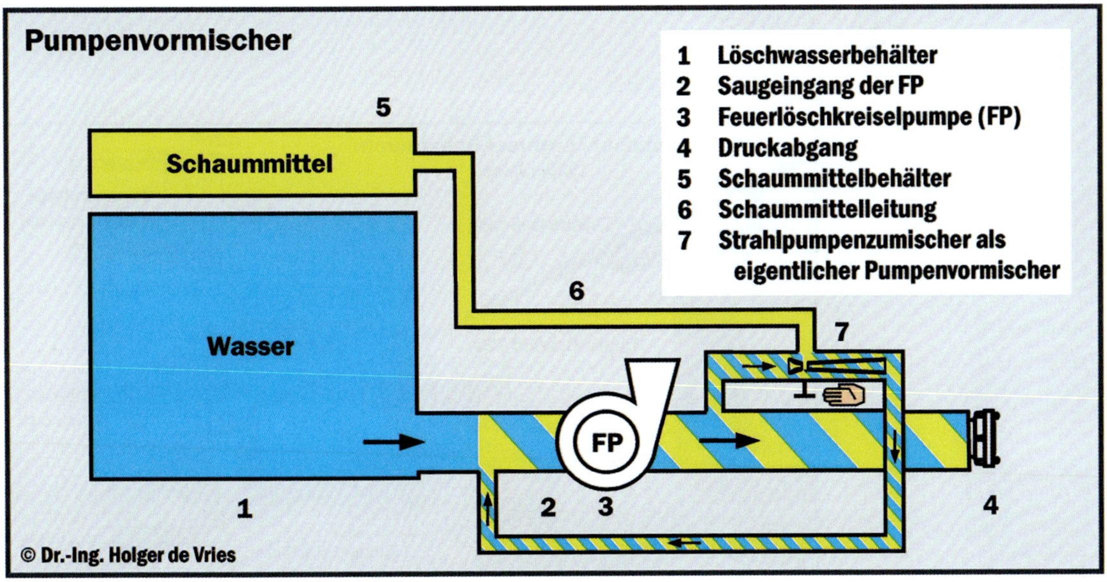


Abb. 60: Pumpenvormischer (Quelle: nach GIHL, verändert)

- Durch den zurückgeleiteten Treibwasserstrom gelangt Schaummittel erst in die Saugseite und danach in die Druckseite der Pumpe. Im Hinblick auf Korrosion und Pumpenverschleiß gelten daher alle Nachteile, die bereits bei der Tankvormischung erläutert worden sind.
- Mit Pumpenvormischern ausgerüstete Fahrzeuge können entweder nur Wasser oder nur Wasser-Schaum abgeben.

Rosenbauer-Tragkraftspritze

Abb. 61 zeigt nicht nur eine Rosenbauer-Tragkraftspritze mit Pumpenvormischer (Nr. 1), sondern weitere feuerwehrtechnische Details: Das Schaumrohr besteht nicht wie das deutsche Komet-Rohr aus der gleichen Epoche aus einem Stück, sondern setzt sich zusammen aus einem Hohlstrahlrohr, dem sog. „Schöne-Mundstück" (Nr. 3), das bereits 1908 im Vertrieb der Fa. Rosenbauer war [278]. Es wird erst zum Schwerschaumrohr in Kombination mit dem entsprechenden Schaumaufsatz (Nr. 4) und ggf. dem Schaumgießrohr (Nr. 5). Die „Erfindung" der Kombination von Hohlstrahlrohr und Schaumaufsatz beanspruchen seit den 1960er-Jahren amerikanische Armaturenhersteller für sich. Zu den vermutlich ersten „genormten" Fahrzeugen, die standardmäßig mit Hohlstrahlrohren – den „METZ-Universaldüsen" – ausgerüstet waren, gehörten die Fliegertankspritzen, im Zulauf an die Fliegerhorstfeuerwehren der Luftwaffe ab den späten 1930er-Jahren [vgl. 279; 280; 281]. Des Weiteren ist die österreichische Einheitskupplung zu erkennen, die symmetrisch ist wie die Storz-Kupplung, allerdings mit nach innen weisenden Knaggen und außenliegender Kuppelleiste. [282]

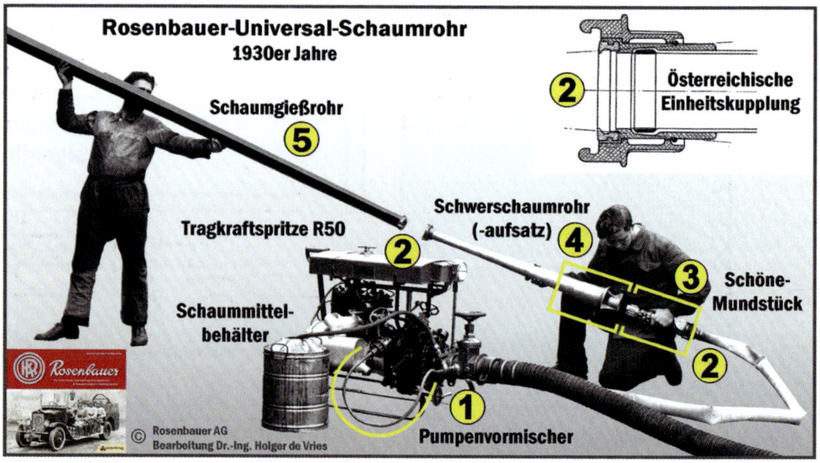


Abb. 61: Rosenbauer-Tragkraftspritze mit Pumpenvormischer [282]

Bei den heutzutage vollverkleideten Pumpenständen sind die Komponenten der Pumpenvormischer oft gar nicht mehr zu erkennen. Offen sichtbar jedoch bei der Fliegerkraftspritze (Abb. 62) (Bj. 1940; Löschgruppenfahrzeug LF 15 der Luftwaffe; Aufbau und Pumpe Klöckner-Deutz, Löschwasserbehälter 200 L mit Pumpenvormischer Typ Komet-Vormischer E Type 334 (Seriennummer 30785, Total KG Foerstner & Co., Apolda-Wien-Berlin), Einstellskala 0 bis 3 %. Je ein A-Eingangsstutzen befindet sich links und rechts unter dem Aufbau (G5 bzw. G6), 2 B-Abgänge sind an jeder Seite, auf dem Pumpendeckel eine Kapselschieber-Entlüftungspumpe.

Auch beim Tanklöschlöschfahrzeug TLF 25/43 (Abb. 63) (die „43" steht hier für das Entwicklungsjahr (vgl. [283]) mit 2.250 Liter Wasser und 200 Liter Schaummittel (Nr. 1) und einer Feuerlöschkreiselpumpe mit einer Leistung von 2.500 L/min ist der Pumpenvormischer deutlich zu erkennen (Nr. 2). Für die Löschmittelabgabe gibt es drei Schnellangriffeinrichtungen mit Schwerschaumrohren (Nr. 3 und 4). Die FP 25 konnte durch zwei A-Stutzen eingespeist werden, während deutsche Fahrzeuge heute üblicherweise nur über einen A-Eingang verfügen und daher unterversorgt sind, sodass die Pumpen nicht ihre volle Leistungsfähigkeit entfalten können. [284; 285]

Abb. 62: Fliegerkraftspritze mit Pumpenvormischer

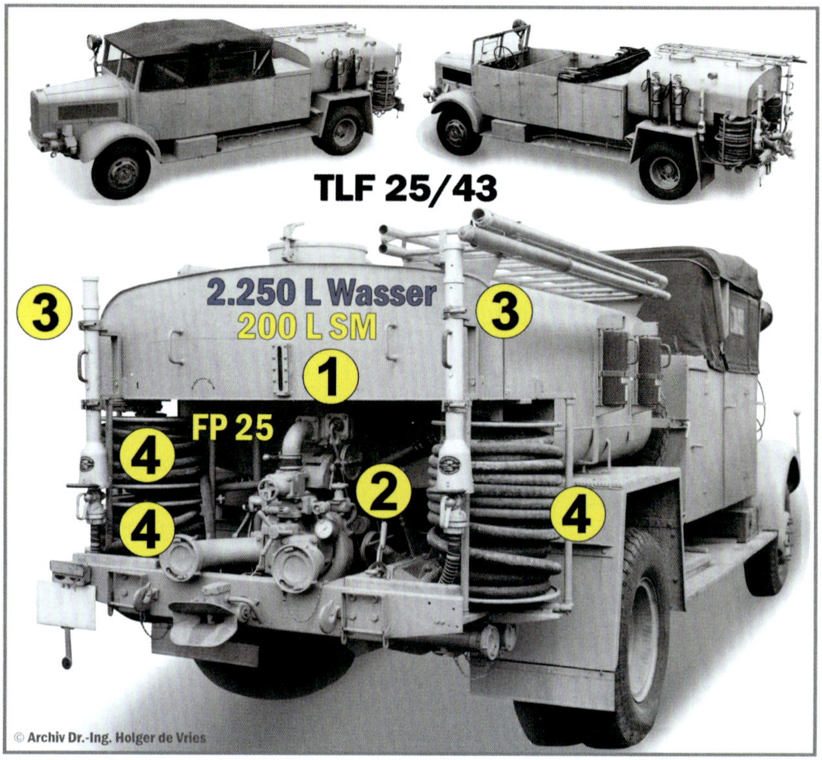


Abb. 63: Tanklöschlöschfahrzeug TLF 25/43

Abb. 64: Pumpenstand eines TLF mit Pumpenvormischer

Abb. 65: Standard-LF der Feuerwehr London mit
① Tankeinspeisung Storz A.
② Bedienelement für den Pumpenvormischer.
③ Pumpeneingang.
④ Schaumeingang für den Zumischer und
⑤ Einspeisung Schaummitteltank (beide Storz C) [285].

Beachte auch das stets angekuppelte Sammelstück bei (1). Dies gilt auch für die Nachfolgegeneration der DPL ab Dezember 2016 (erkennbar am Magirus-TeamCab)

Ausführungsbeispiele sind:

Ausführungsbeispiele

- **Godiva RTP (around the pump)**
  Zumischbereich: 200 bis 4.000 L/min, maximaler Schaummittelvolumenstrom 240 L/min bei 1, 3 oder 6 % Zumischrate.
- **Rosenbauer Fix-Mix**
  Zumischbereich: 400 bis 4.500 L/min, einstufiger Zumischer mit Zumischraten 1, 3 oder 6 %, zweistufiger Zumischer mit 1 oder 3 %, wahlweise 3 oder 6 %, dreistufiger Zumischer mit 1 und 3 und 6 %.
- **Rosenbauer Foamatic**
  Zumischbereich: 400 bis 6.500 L/min, Zumischraten: von 2 bis 8 % wählbar.
- **Schlingmann Automatischer Pumpenvormischer APV 180**
  Zumischbereich: Bis 3.000 L/min Wasser, maximaler Schaummittelvolumenstrom 180 L/min, Zumischrate 0, 3 oder 6 %.
- **Ziegler Schaummittelzumischeinrichtung ZPV**
  Zumischbereich/Typen: 50, 75, 100, 150, 200, 300, 400, 500 und 600, entsprechend Volumenstrom in L/min.
- **Ziegler Schaummittelzumischung ZPV MAD**
  ZPV MAD 30 für Volumenströme von 100 bis 3.000 L/min, ZPV MAD 50 für Volumenströme von 200 bis 5.000 L/min, bei Reduzierung auf 6 % bis 6.000 L/min, Zumischrate kann auf drei Werte zwischen 1 und 8 % eingestellt werden.

- **Ziegler Schaummittelzumischung EAD 80**
  Zumischbereich 100 bis 8.000 L/min, Schaummittelvolumenstrom 1 bis 700 L/min, Einstellbare Zumischraten 1 bis 8 %.
- **Ruberg Foam System RFS 240**
  Zumischbereich 200 bis 4.300 L/min, Schaummittelvolumenstrom bis 240 L/min (Class A/B), Einstellbare Zumischraten 1, 3 und 6 % (Genauigkeit +/-10 %), max. Betriebsdruck 16 bar.

Abb. 66: Pumpenvormischer Ruberg RFS 240 (teilmotiert)

# 2.4 Druckseitige Zumischung

## 2.4.1 Ungeregelte, zentrale und/oder dezentrale Zumischung mit Netzmittel-Kartuschen

Netzmittel-Kartuschen

Verschiedene Hersteller bieten Strahlrohre und/oder Adapter an, die mit Netzmittel-Kartuschen befüllt werden können, um zentral oder dezentral Schaum oder Netzwasser erzeugen zu können.

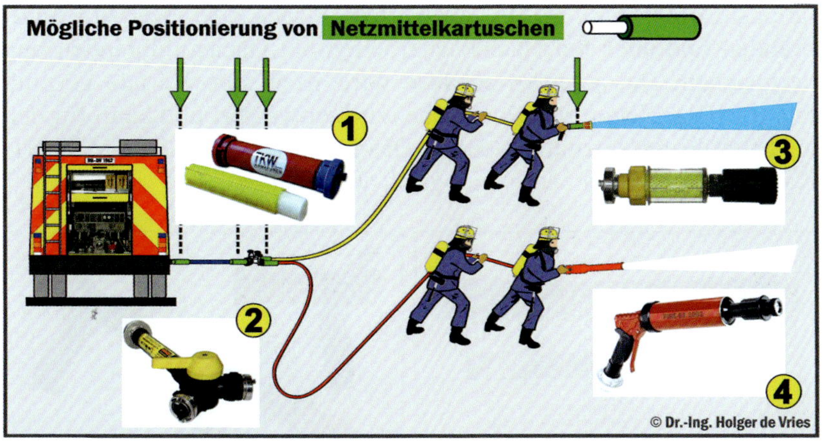


Abb. 67: Mögliche Positionierung von Netzmittel-Kartuschen

Systeme am Markt

Am Markt werden Systeme, z.B. der Firmen AWG, Scotty und TKW, angeboten:
AWG Netzmittelhalter „FIRE-EX" für Strahlrohre, das „FIRE-EX"-Pistolenstrahlrohr Größe C (Abb. 67, Nr. 4) und der Kartuschenhalter C-C

750 g Netzmittel für 3.600 Liter Wasser bei einem Volumenstrom von 75 L/min bei 6 bar Druck (z.B. mit einem Strahlrohr) ergibt eine Nutzungsdauer einer Kartusche von ca. 45 min. Dies entspricht etwa einer Dosierrate von etwa 0,02 %. Der Druckverlust des Kartuschenhalters C-C liegt bei einem Volumenstrom von 500 L/min bei etwa 0,8 bar, bei 1.000 L/min bei etwa 3,5 bar. Das Datenblatt [286] gibt keine Angaben über die angeschlossenen C-Schläuche.

„FOAM FAST"-Produkte der Fa. Scotty

Die Fa. Scotty aus Kanada bietet eine breite Palette vom Netzmittelhalterungen, Zumischern, Verteilern und Strahlrohren vorwiegend aus technischen Kunststoffen ab einem Durchmesser von ¾ bis 1½ Zoll an (vgl. [68]). Die Scotty FOAM-FAST-Zumischer sind Netzmittelzumischer für Scotty-Feststoffkartuschen. Sie werden mit einer 12"-FOAM-FAST-Netzmittel-Kartusche bestückt und liefern Netzwasser für ca. 30 Minuten bei einem Volumenstrom von 50 bis 200 L/min.

Durch die Kombination eines Kartuschenhalters mit einem speziellen Verteiler (Eingang C, Ausgang 2 × D) ist es möglich, einen oder beide D-Abgänge zu beschicken oder „Wasser Halt" zu geben (Abb. 67, Nr. 2).

Der Zumischer kann bis zu einem Druck von maximal 10 bar betrieben werden. Er eignet sich für den Einsatz bei der Wald- und Vegetationsbekämpfung, bei Einsätzen von Stroh- oder Wertstoffmüllbränden und auch bei Nachlöscharbeiten bei Dachstuhlbränden und dergleichen. Das Kunststoffgehäuse wird nach dem Einsatz gespült. Die restliche Netzmittel-Kartusche wird entwässert und kann für den nächsten Einsatz genutzt werden. Das Netzwasser aus FOAM-FAST-Kartuschen ist vollständig biologisch abbaubar.

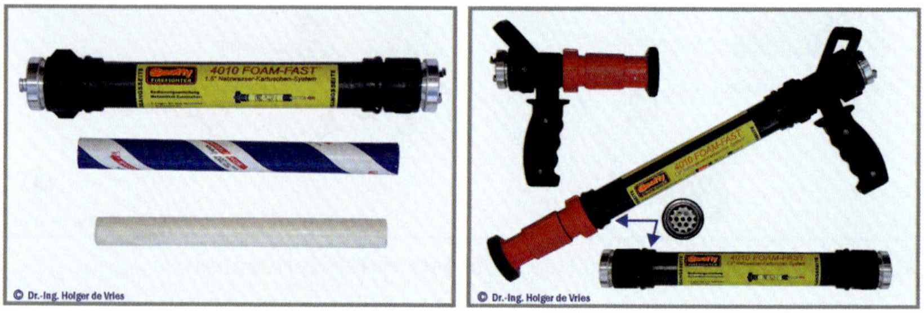


Abb. 68: Netzmittelprodukte der Fa. Scotty

„FIRE-EX"-Produkte der Fa. TKW

Der Netzmittelbehälter der Fa. TKW ist in der Größe C für einen Volumenstrom von maximal 500 L/min, in der Größe B für einen Volumenstrom von maximal 1.500 L/min ausgelegt (siehe Abb. 67, Nr. 1) und (Abb. 69). Eine Kartusche reicht für ca. 3.000 bis 3.500 Liter Wasser. Des Weiteren wird eine Beimischarmatur angeboten, mit der durch einen Hebel die Betriebsart von „Netzwasser" zu „Wasser" umgeschaltet werden kann, beispielsweise um eine neue Netzmittel-Patrone nachzuladen. Des weiteren gibt es entsprechend gestaltete C- und D-Strahlrohre (siehe z.B. Abb. 68, Nr. 3).

Abb. 69: Netzmittel-Kartusche der Fa. TKW in der Größe B

Lösung für Problem des Nachladens

Dem Problem des Nachladens von Netzmittel-Patronen kann auch durch die Verwendung eines BB-Verteilers begegnet werden, wie in Abb. 71 dargestellt. Wenn die Strahlrohrführer ein Nachlassen der Netzmittelzumischung feststellen, wird die Leitung ohne den Netzmittelzumischer unter Druck gesetzt und die Leitung mit dem Netzmittelzumischer druckentlastet, um die Kartusche zu wechseln. Danach wird die erste Leitung wieder in Betrieb genommen. Bei der extensiven Brandbekämpfung gemäß Abb. 98 ist eine kurze Unterbrechung der Netzmittelzumischung unerheblich, da auch aus der Praxis bekannt ist, dass Netz- und Schaummittel noch über einen längeren Zeitraum aus den in Betrieb befindlichen Schläuchen ausgewaschen werden.

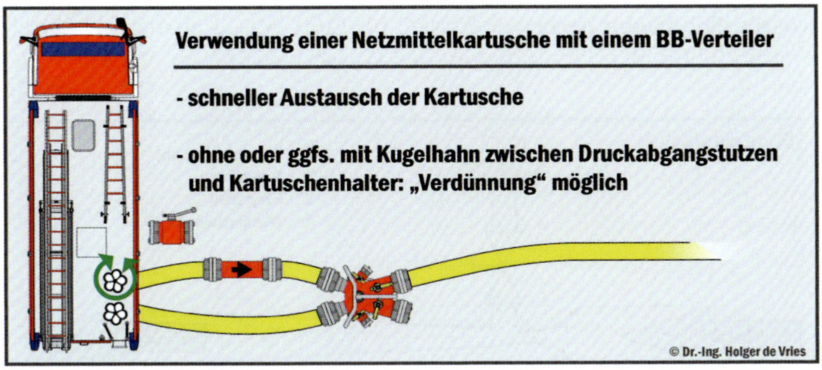


Abb. 70: Verwendung einer Netzmittel-Kartusche mit einem BB-Verteiler

## 2.4.2 Manuell geregelte Zumischung

### 2.4.2.1 Zumischer ohne Umlaufkanal (eductors)

Vorläufer Z-Zumischer

Diese Zumischer sind die Vorläufer der heutigen Z-Zumischer und werden für den mobilen Einsatz in Deutschland und Europa – bis auf den PRO/pak (Abb. 75) – kaum vertrieben. In den USA werden diese Zumischer mit fest eingestellter Zumischrate von 1, 3 oder 6 % oder mit regelbarer Zumischung von 0 bis 3 % oder 0 bis 6 % angeboten und eingesetzt. Sie werden auch in stationäre Löschanlagen eingebaut.

Funktionalität

Ein Zumischer ohne Umlaufkanal besteht aus einer Wasserzuleitung, einer konischen Treibdüse, einer konischen Fangdüse und einem Wasserauslauf. Die Treibdüse wird oft auch als Venturi-Düse bezeichnet. Zwischen Treibdüse und Fangdüse befindet sich der regelbare Zulauf für das Schaummittel. Der Querschnitt der Treibdüse verringert sich bis zu ihrem Ende. Die Fließgeschwindigkeit des Wassers nimmt entsprechend der Querschnittverringerung zu, wenn Wasser durch die Treibdüse gefördert wird. Dadurch steigt der dynamische Druck des Wassers und sein statischer Druck nimmt ab. Im Ansaugraum entsteht ein Unterdruck, durch den das Schaummittel aus dem Schaummittelbehälter angesaugt und dem Wasserstrom zugemischt wird.

Damit der Zumischer funktioniert, muss die Fließgeschwindigkeit des Wassers so hoch sein, dass zwischen Treib- und Fangdüse ein Unterdruck erzeugt wird. Mit zunehmender Höhe, z.B. im Gebirge, sinkt der maximal erreichbare Unterdruck. Wenn der erzeugte Unterdruck genau so groß ist wie der Umgebungsluftdruck, kann das Schaummittel durch einen Ansaugschlauch in die Dosiereinrichtung und in die Fangdüse fließen. Der Unterdruck bewirkt das Gleiche wie das Entlüften einer Saugleitung bei Wasserentnahme aus einem offenen Gewässer. Die Fangdüse erweitert sich bis zum Wasseraustritt. Dadurch nimmt die Fließgeschwindigkeit des Wassers wieder ab.

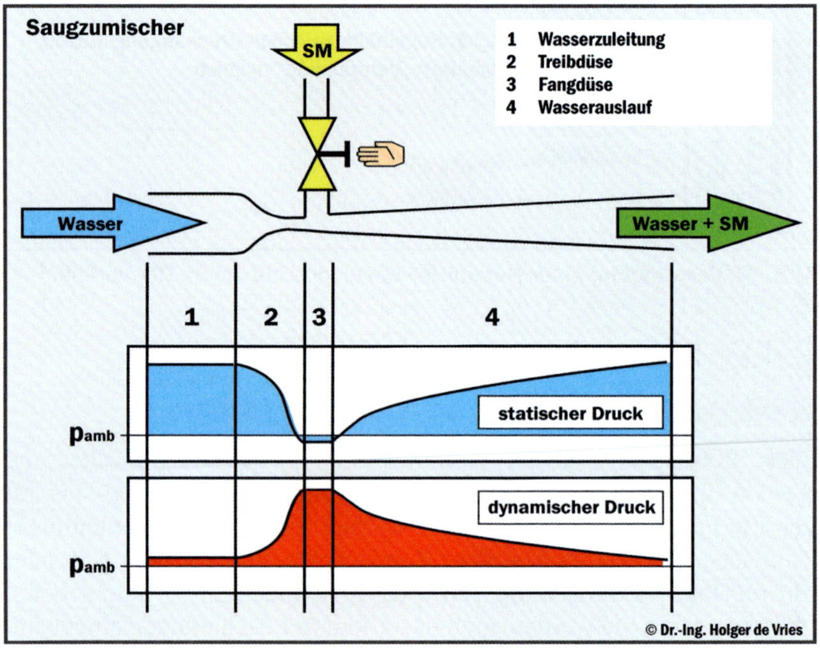


Abb. 71: Druckverhältnisse im Zumischer ohne Umlaufkanal

Abb. 72: Zumischer ohne Umlaufkanal der Fa. Chubb (links) und der Fa. Angus Fire (rechts)

Dieser statische Druck verringert sich entsprechend und der dynamische Druck nimmt zu. Diese Druck- und Strömungsgeschwindigkeiten werden nicht verlustfrei durchlaufen. Bei einem Unterdruck von 1.013,5 mbar (dem mittleren Luftdruck) können nur zwischen 40 und 75 % des Eingangsdruckes erreicht werden.

## Betrieb von D-Leitungen mit Zumischern kleiner als Z2

„Kleinzumischer“ ohne Umlaufkanal

Die Firmen AWG, POK und TIPSA (und vermutlich auch andere) bieten „Kleinzumischer“ ohne Umlaufkanal an, die eigentlich für den Einbau in stationäre Anlagen und Fahrzeuge gedacht sind, aber auch mobil verwendet werden können. Zu Messungen wurde das Hohlstrahlrohr vom Typ „OptraPons 150 R“ mit einer Volumenstromeinstellung von 150 L/min (hydraulisches Äquivalent von zwischen 7 und 10 mm) mit einer Eingangskupplung Größe D nach 50 Meter D-Leitung verwendet. Es wurde bewusst ein nominell leicht „zu großes“ Strahlrohr verwendet, um sicherzustellen, dass der für eine Zumischung erforderliche Mindest-Volumenstrom von 100 L/min erreicht wird. Die Zumischraten wurden volumetrisch für 3 und 6 % Zumischrate überprüft, vgl. [287]. Bei 50 Meter langem D-Schlauch kann mit den verwendeten oder gleichartigen Strahlrohren bei 5 bar Eingangsdruck ein Volumenstrom von 65 bis 92 L/min dargestellt werden, bei 10 bar Eingangsdruck kann ein Volumenstrom von 105 bis 156 L/min dargestellt werden, letzterer entspricht dem Volumenstrom eines C-Rohres nach DIN. Mit Reichweiten von jeweils über 10 Metern ist sichergestellt, dass auch im Innenangriff Räume „üblicher Größe“ bestrichen werden können.

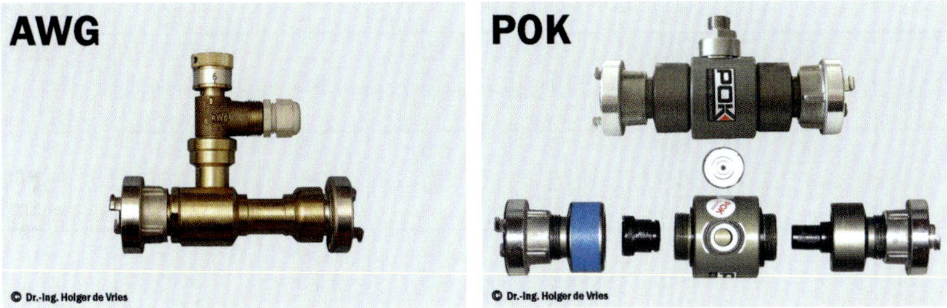


Abb. 73: Zumischer Z1 D-D der Fa. AWG (100 L/min) und Zumischer der Fa. POK, kalibriert auf 120 bzw. 150 L/min

## „AB-Zumischer“ von TFT

Injektor-Zumischer

Der „AB-Zumischer“ ist ein Injektor-Zumischer für Zumischraten von 0,25 bis 6 % mit eingebautem Spülsystem und ist in vier Größen (225 L/min bei 10 bar mit C-Kupplung, 450 L/min bei 10 bar mit B-Kupplung, 1.000 L/min bei 10 bar und 1.500 L/min bei 10 bar mit A-Kupplung) erhältlich. Durch ein integriertes Spülsystems ist es nach Angaben des Herstellers nicht erforderlich, den Zumischerkopf und das Ansaugrohr zu demontieren oder klares Wasser zur Spülung anzusaugen. Über das Betätigen eines Druckknopfes am Kopf des Zumischkopfes kann der Zumischer bei reduziertem Eingangsdruck gespült werden. Die Eingangskupplung des Zumischers ist drehbar, ein Einsatz direkt am B-Druckabgang des Löschfahrzeugs ist ebenso möglich wie der Einsatz in der Löschwasserstrecke. Nach dem Zumischer sollen max. drei Längen Schlauch (45 m) bis zum Schaumrohr verlegt werden. Eine Schaumförderung über eine Drehleiter ist möglich. Der Zumischer besteht bei 1,6 kg Gewicht aus hart anodisiertem

Tab. 7: Einsatzbereiche des TFT-AB-Zumischers

TASK FORCE TIPS
FIRE FIGHTING EQUIPMENT

**MANUAL: IN-LINE FOAM EDUCTOR**

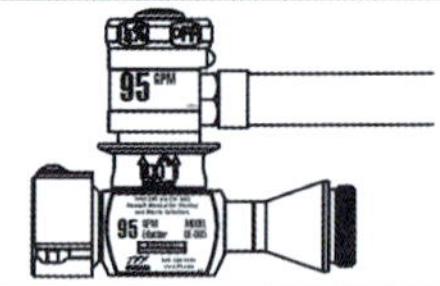

| nomineller Volumenstrom [L/min] | Schlauchdurchmesser [mm] | 3 % bis 6 % Zumischung | | | | bis 1 % Zumischung | | | |
|---|---|---|---|---|---|---|---|---|---|
| | | 7 bar Strahlrohrdruck | | 5 bar Strahlrohrdruck | | 7 bar Strahlrohrdruck | | 5 bar Strahlrohrdruck | |
| | | max. Länge [m] | max. Höhe [m] | max. Länge [m] | max. Höhe [m] | max. Länge [m] | max. Höhe [m] | max. Länge [m] | max. Höhe [m] |
| 230 | 38 | 90 | 3 | 185 | 3 | 140 | 3 | 245 | 3 |
| | | 30 | 15 | 120 | 15 | 75 | 15 | 185 | 15 |
| | | — | — | 45 | 30 | — | — | 90 | 30 |
| | 45 | 140 | 3 | 275 | 3 | 215 | 3 | 365 | 3 |
| | | 45 | 15 | 185 | 15 | 120 | 15 | 275 | 15 |
| | | — | — | 75 | 30 | — | — | 150 | 30 |
| 360 | 38 | 30 | 3 | 60 | 3 | 45 | 3 | 90 | 3 |
| | | — | — | 45 | 15 | 30 | 15 | 60 | 15 |
| | | — | — | — | — | — | — | 30 | 30 |
| | 45 | 60 | 3 | 105 | 3 | 90 | 3 | 140 | 3 |
| | | — | — | 75 | 15 | 45 | 15 | 105 | 15 |
| | | — | — | 30 | 30 | — | — | 60 | 30 |
| 475 | 45 | 30 | 3 | 60 | 3 | 45 | 3 | 75 | 3 |
| | | — | — | 45 | 15 | 30 | 15 | 60 | 15 |
| | | — | — | — | — | — | — | 30 | 30 |
| | 50 | 60 | 3 | 120 | 3 | 105 | 3 | 170 | 3 |
| | | 30 | 15 | 75 | 15 | 60 | 15 | 120 | 15 |
| | | — | — | 30 | 30 | — | — | 75 | 30 |

Aluminium, das Ansaugrohr besteht aus Edelstahl, verbunden mit einem Ansaugschlauch aus Kunststoff. Sechs Einstellpositionen: „OFF“ und fünf Zumischraten: 0,25 – 0,5 – 1 – 3 und 6 %.

**Abb. 74: „AB-Zumischer“ von TFT „Zumischer Feindosierung“ von AWG**

## ■ „Zumischer Feindosierung“ von AWG

Komplett drehbar

Der „Zumischer Feindosierung“ von AWG ist komplett drehbar auf seinem Untergestell gelagert. Er ist in den Größen Z2 und Z4, jeweils mit C- bzw. B-Kupplungen, erhältlich. Folgende Zumischraten sind einstellbar: 0 – 0,1 – 0,2 – 0,5 – 1 – 2 – 3 – 4 – 5 – 6 %.

## ■ Tragbarer Venturi-Zumischer „PRO/pak“

Tragbares Gerät

Der „PRO/pak“-Zumischer der Fa. Task Force Tips ist ein tragbares Gerät und besteht aus einem Venturi-Element (ohne Umlaufkanal), das in einen Schaummittel-Kanister integriert ist (Abb. 75). Er kann mit einem Schultergurt getragen werden und eignet sich insbesondere für Kleinbrände und Nachlöscharbeiten. Bei den von deutschen Feuerwehren üblicherweise verwendeten Förderdrucken von 5 bis 8 bar hat der „PRO/pak“ einen Volumenstrom von ca. 40 bis 50 L/min. Dieser Zumischer ist für Kleinbrände konzipiert, bei denen Ungenauigkeiten in der Schaummittelzumischung im Rahmen seiner begrenzten Anwendungsmöglichkeiten vernachlässigt werden können. Der Zumischer ermöglicht Zumischraten von 0 bis 1, 3 und 6 % bei einem maximalen Volumenstrom von ca. 100 L/min [288].

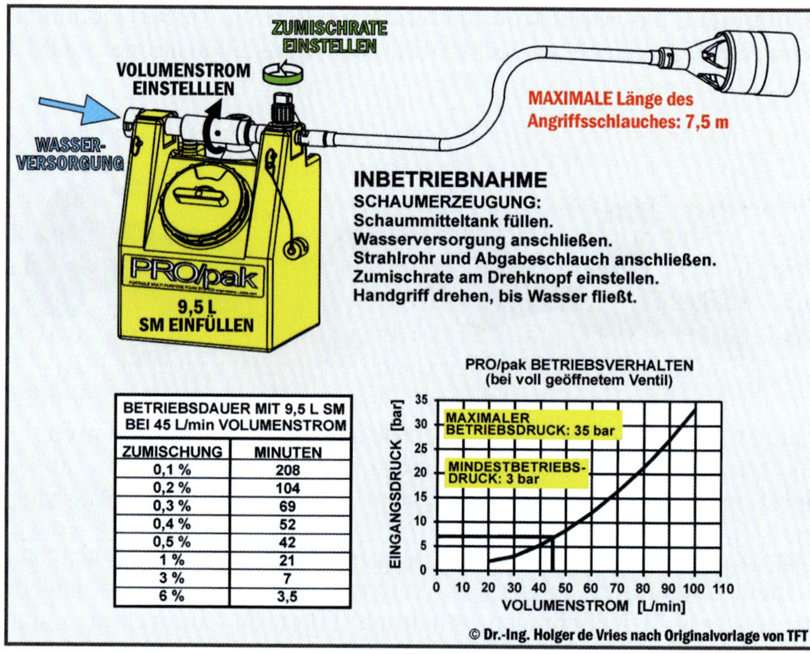


Abb. 75: Tragbarer Venturi-Zumischer „PRO/pak" [288]

## Zumischer „Ruberg Foam Injector 150"

Zumischer ohne Umlaufkanal

Der Zumischer „Foam Injector 150" der schwedischen Fa. Ruberg [289] ist ein Zumischer ohne Umlaufkanal für den festen Einbau in Fahrzeuge und Löschanlagen. Der Zumischer kann nach Kundenwunsch für bestimmte Zumischraten – auch kleiner als 1 % – und Volumenströme kalibriert werden. Es kann aber werksmäßig immer nur ein Volumenstrom eingestellt werden (d.h. der Zumischer dosiert dann nur z.B. bei 200 L/min in der richtigen Konzentration).

Abb. 76: Dänisches LF mit Class-A-Foam und Ruberg-Zumischer. Das Bedienteil des Zumischers ist an der linken Wand des GR zu erkennen

## Selbstansaugende Schaumrohre, insbesondere für Werfer

Selbstansaugende Schaumrohre

Streng genommen gehören hierzu auch die sogenannten „Schaumpistolen“ mit angeschlossenen 1-L- oder 2-L-Schaummittel-Weithalsflaschen aus Kunststoff, die wegen ihres geringen Wirkungsradius hier aber nicht weiter behandelt werden. In selbstansaugende Schaumrohre ist ein Venturi-Element zum Ansaugen des Schaummittels eingebaut. Deshalb ist kein Zumischer für die Schaumerzeugung erforderlich. Die Strahlrohre werden üblicherweise mit Volumenstrommengen ab 1.000 L/min als Schaumwerfer in tragbaren oder fest installierten Ausführungen verwendet. Es gibt auch selbstansaugende Hohlstrahlrohre mit Schaumvorsatz. Der Vorteil dieser Werfer ist: Funktioniert ein Werfer nicht, dann funktioniert eben nur ein Werfer nicht. Funktioniert eine elektronische Druckzumischanlage nicht, dann kann – selbst erlebt – evtl. nicht einmal mehr Wasser von diesem Fahrzeug abgegeben werden. Für die Beschaffungskosten einer DZA kann übrigens eine zweistellige Anzahl von Werfern beschafft werden.

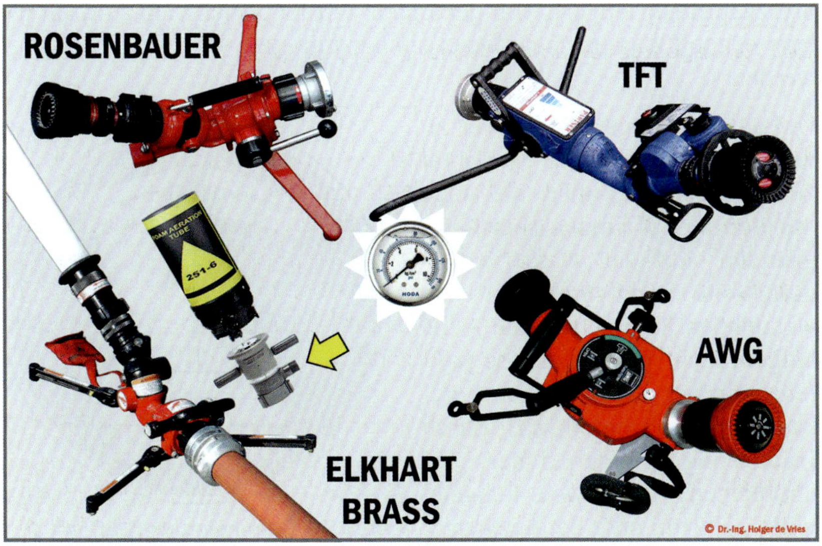


Abb. 77: Einpersonenwerfer verschiedener Hersteller

DIN EN 15767

Ebenso wie die Strahlrohre sind die Wasserwerfer bzw. Monitore seit dem Jahr 2008 europäisch genormt [290; 291; 292]. Die drei Teile von DIN EN 15767 „Tragbare Geräte zum Ausbringen von Löschmitteln, welche mit Feuerlöschpumpen gefördert werden – Tragbare Werfer“ ersetzen die jeweiligen nationalen Normen. Ein Werfer ist eine Zusammenstellung aus einer „Bodengruppe" inkl. des Werfers an sich und einer Düse, wobei es sich um eine Düse für die Abgabe von Wasser mit oder ohne Löschwasserzusätzen oder um eine „echte" Schaumdüse handeln kann. Dementsprechend besteht die Norm aus drei Teilen: Teil 1 enthält allgemeine Anforderungen, Teil 2 Anforderungen an die Düsen (außer reinen Schaumdüsen/Schaumrohren) und Teil 3 Anforderungen an Schaumrohre für Werfer. Teil 1 beinhaltet somit Leistungsanforderungen, Sicherheitsanforderungen und Prüfverfahren, den Inhalt und die Form der Benutzeranweisung einschließlich Instandhaltungsanweisungen, die Klassifizierung und Bezeichnung und die Kennzeichnung. Die allgemeinen Anforderungen gelten auch für Werfer, die zwar üblicherweise am Fahrzeugaufbau befestigt sind, aber auch abgesessen eingesetzt werden können (vgl. auch Abb. 82). Weitere Details siehe in [293].

Einpersonenwerfer (EPW)

Einpersonenwerfer (EPW) können – in Grenzen – den „dritten Trupp" eines mit einer Staffel besetzten Löschgrupppenfahrzeugs (Tagesalarm!) kompensieren. Mit ihnen ist es möglich, vergleichsweise schnell das zu erreichen, wofür früher ein Trupp mit B-Rohr und Stützkrümmer längerfristig gebunden wurde. Gleichwohl sind sie relativ schnell zu versetzen, wenn sie nur mit einer B-Leitung versorgt werden.

Um sie redundant mit Wasser zu versorgen und um ihre Stablilität zu verbessen, können sie auch mit den aus „Trinkwasserschutzgründen" auf der Wasserversorgungsseite nicht mehr zu verwendenden Sammelstücken A-2B aufgebraucht werden. Diese sollten dann verwechslungsicher gekennzeichnet werden, z.B: durch Lackierung in einer „feuerwehrunüblichen" Farbe wie hellgelb, pink, hellgrün oder dergleichen.

Abb. 78: Sammelstück A-2B mit Pendelklappe nach alter Norm

Die dargestellten Werfer können bei einem Volumenstrom von ca. 1.000 L/min entweder zusammen mit einem Zumischer Z8 in der B-Leitung oder mit einem selbstansaugenden Hohl- oder Schaumstrahlrohr bzw. Schaumaufsatz betrieben werden. Für den Einpersonenwerfer „RAM“ der Fa. Elkhart Brass in Abb. 77 unten links sind das selbstansaugende Hohlstrahlrohr und der zugehörige Schaumaufsatz beispielhaft dargestellt. Andere Hersteller bieten entsprechende Produkte an.

Bei einem Volumenstrom des Werfers von 1.000 L/min und einer Zumischrate von 3 % werden 30 L/min Schaummittel entnommen. Bei 1.000 L Schaummittel in einem IBC reicht der Schaummittelvorrat für rund 30 Minuten. Es werden 60.000 L Wasser-Schaummittel-Gemisch erzeugt. Mit einer Verschäumungszahl von 5 ergibt dies 300.000 L bzw. 300 m³ Schwerschaum. Bei einer Schaumhöhe von 5 cm kann somit eine Fläche von A = 300 m³/0,05 m = 6.000 m² bedeckt werden. Die entspricht einer quadratischen Fläche mit einer Kantenlänge von 77 m.

Alternativ zum können Schaummittel-IBC auf dafür speziell gestaltetem Anhänger transportiert werden. Diese sind üblicherweise mit einem entsprechenden Werfer ausgestattet, vgl. Abb. 80 und Abb. 81. Es ist vorteilhaft, wenn die Werfer abgenommen und auch mit Bodenlafetten betrieben werden können. Abb. 82 zeigt ein Ausführungsbeispiel eines Fahrzeugwerfers.

**Abb. 79: Selbstansaugende Schaumrohre (wie auch Z-Zumischer) können durch formstabile Schläuche mit Schaummittel versorgt werden**

**Abb. 80: Anhänger mit einem Schaummittel-IBC und Werfer mit selbstansaugenden Rohren, Beispielausführungen der Fa. Hawkes Fire und CET**

Abb. 81: Anhänger mit zwei Schaummittel-IBC und Werfer mit selbstansaugendem Rohr in Betrieb

Abb. 82: Abnehmbarer Fahrzeugwerfer mit Bodenlafette; Volumenstrom 1.800 L/min bei 8 bar

### 2.4.2.2 Zumischer mit Umlaufkanal – Z-Zumischer (by-pass eductors)

Die Z-Zumischer sind eine Weiterentwicklung der im vorigen Abschnitt beschriebenen Zumischer ohne Umlaufkanal. Nur bis zur Einführung des „Einheitszumischers [19]43“ war der Umlaufkanal an der Form des Gehäuses zu erkennen [BRUNSWIG]. Diese „Komet“-Zumischer verfügten noch nicht über eine Dosiereinrichtung, bei der die Zumischrate wie heute mittels eines Handrades an der Seite des Gehäuses eingestellt wird. Die Zumischrate betrug 1,5 %. Am Eingang des Umlaufkanals ist dazu ein unsymmetrischer Konus angebracht, mit dem der Umlaufkanal geöffnet oder geschlossen wird, wenn der Wahlhebel auf den auf der Skala angegebenen Typen des Schaumrohres eingestellt wird. Das Schaummittel tritt bei diesen Zumischern seitlich in den Ansaugraum ein. Diese Zumischer können Druck- und Strömungsschwankungen in der Löschwasserversorgung innerhalb gewisser Grenzen ausgleichen.

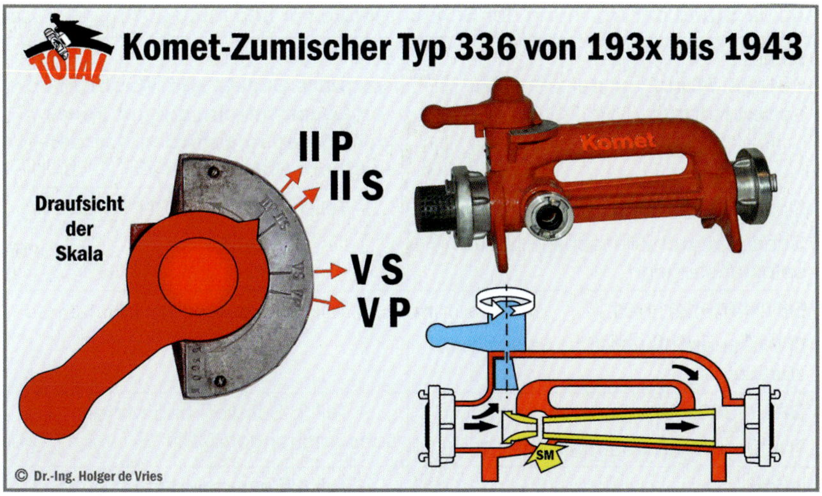


Abb. 83: „Komet"-Zumischer mit Umlaufkanal für 1,5 % Zumischung (historisch)

Seit den ersten „Komet"-Zumischern aus den 1930er-Jahren, den „Einheitszumischern" aus den 1940er-Jahren [294] und den ersten genormten Zumischern nach DIN 14384 [295] (West) oder TGL (Ost) der 1960er sind diese Geräte seit 2015 in den in Tab. 8 angegebenen Größen europäisch genormt. Nicht nur formal, sondern auch technologisch sind heute – je nach Hersteller – Schaumgeräte der 4. bzw. 5. Generation am Markt. Während es früher – auch aufgrund der verwendeten Schaummittel, wie z.B. dickflüssige Proteinschaummittel – häufig zu Problemen mit deren Ansaugung kam, so ist dies mit modernen Z-Zumischern und Mehrbereichschaummitteln kein Problem mehr, auch nicht mit strukturviskosen-fluorfreien Schaummitteln bei niedrigen Temperaturen.

Zur Schaumerzeugung sind deutsche Löschfahrzeuge nach Norm oder als Zusatzbeladung mit Zumischern (Z2 für TSF(-W), Z4 für Löschgruppenfahrzeuge, Z4 und oder Z8 für TLF; je nach Ausgabedatum der Norm) und mit entsprechenden Schwer- und/oder Mittelschaumrohren ausgestattet [296]. Gleichwohl gibt es z.B. auch Feuerwehren, bei denen alle Löschfahrzeuge – also auch die TSF(-W) – einheitlich mit Z4 ausgestattet sind, während auf größeren Fahrzeugen auch zusätzlich Z2 mitgeführt werden, da nicht immer „großes Gedeck" erforderlich ist [297]. Da Schaumgeräte eher zu den selten eingesetzten Geräten gehören und entsprechend wenig Gebrauchsspuren aufweisen, werden sie oft von der einen Fahrzeuggeneration zur nächsten „vererbt". Dagegen ist grundsätzlich nichts einzuwenden – wenn sie denn funktionieren und regelmäßig gewartet werden.

Tab. 8: Stand der Normung der Schaumgeräte vor und nach 2015

| **DIN**<br>**Letzter Stand vor der europäischen Normung bis 2015** | **DIN EN 16712**<br>**Tragbare Geräte zum Ausbringen von Löschmitteln, die mit Feuerlöschpumpen gefördert werden – Tragbare Schaumgeräte ...** |
|---|---|
| DIN 14384:2011-01<br>Schaummittel-Zumischer PN 16, selbstansaugend | ... – Teil 1: Zumischer PN 16 |
| DIN 14819:2011-01<br>D-Ansaugschlauch für Löschmittelzusätze | ... – Teil 2: Ansaugschlauch |
| DIN 14366:2011-01<br>Tragbare Schaumstrahlrohre PN 16 | ... – Teil 3: Schwer- und Mittelschaumstrahlrohre PN 16 |
| keine | ... – Teil 4: Leichtschaumerzeuger |

Normung

Im Zuge der europäischen Normung ist seit 2015 auch die in Tab. 9 dargestellte Kennzeichnung des Volumenstromes der am weitesten verbreiteten Schaumgeräte mit Volumenströmen von 200, 400 bzw. 800 L/min festgelegt worden. Es wird empfohlen, diese Kennzeichnungen auch nachträglich an den jeweiligen Geräten anzubringen. Sofern die Kennzeichnungsfarbe derjenigen der Armatur entsprechen würde (z.B. rote Banderole auf Z4), so kann sie entfallen. In die vorletzte veröffentlichte Fassung von DIN 14384:2011-01 Schaummittel-Zumischer PN 16, selbstansaugend, wurden auf Anwenderwunsch auch Zumischer mit einem Volumenstrom von unter 200 L/min in die Norm aufgenommen. Dies ist in die Euronorm übernommen worden: Das Gesamtspektrum reicht nun vom Z0,5 bis zu Z8 mit Zumischraten im Bereich zwischen 0,1 bis 6 %. Die DIN 14384 wurde 2015 durch die Norm DIN EN 16712-1 ersetzt.

Tab. 9: Genormte Zumischer und deren farbliche Kennzeichnung

| Nomineller Volumenstrom nach EN [L/min] | Anschlusskupplung nach DIN 14384 [bis 2015] | Kennzeichnungsfarbe (Banderole o. Ä.) nach EN |
|---|---|---|
| 200 | C | Gelb |
| 400 | B | Rot |
| 800 | B | Blau |

Löschwasser fließt zuerst in eine Treibdüse

Beim Z-Zumischer fließt das Löschwasser zuerst in eine Treibdüse. Der Querschnitt der Treibdüse verringert sich bis zu ihrem Ende. Die Fließgeschwindigkeit des Wassers nimmt entsprechend der Querschnittverringerung zu. Dadurch steigt der dynamische Druck des Wassers und sein statischer Druck nimmt ab. Zwischen Treibdüse und Fangdüse befindet sich der einstellbare Zulauf für das Schaummittel, der in den Ansaugraum mündet. Damit der Zumischer funktioniert, muss die Fließgeschwindigkeit des Wassers so hoch sein, dass zwischen Treib- und Fangdüse ein Unterdruck erzeugt wird. Das Schaummittel fließt dann durch den Ansaugschlauch, die Dosiereinrichtung und in die Fangdüse. Die Fangdüse erweitert sich bis zum Wasseraustritt. Dadurch nimmt die Fließgeschwindigkeit des Wassers wieder ab. Der statische Druck verringert sich entsprechend und der dynamische Druck nimmt zu. Diese Änderungen des Drucks und der Strömungsgeschwindigkeiten werden nicht verlustfrei durchlaufen, der Druckverlust in einem Z-Zumischer durfte nach DIN bis zu 38 % und nach EN bis zu 35 % betragen. Mit zunehmender barometrischer Höhe, z.B. im Gebirge, sinkt der maximal erreichbare Unterdruck [298].

Die Größe der Öffnung zum Umlaufkanal des Z-Zumischers wird durch ein feder- oder membrangesteuertes Ventil dem schwankenden Wasservolumenstrom oder Förderdruck – innerhalb gewisser Grenzen – angepasst. Das Ventil öffnet oder schließt den Umlaufkanal je nach Druck bzw. Wasservolumenstrom: Bei geringem Eingangsdruck schließt das Ventil, sodass der Wasserstrom durch den Umlaufkanal verringert wird und der Volumenstrom an der Treibdüse ausreicht, um Schaummittel anzusaugen. Wird der Eingangsdruck am Zumischer bei bereits geschlossenem Ventil weiter verringert, kann kein Schaummittel mehr angesaugt werden. Bei erhöhtem Eingangsdruck öffnet sich das Ventil und der Eingang zum Umlaufkanal wird geöffnet. Bei zu hohem Eingangsdruck und vollständig geöffnetem Umlaufkanal kann der überschüssige Wasserstrom nicht mehr zur Treib- und Fangdüse geleitet werden. Dies führt zu überhöhter Fließgeschwindigkeit in der Treibdüse und zu Turbulenzen, sodass kein Schaummittel angesaugt wird. Innerhalb welcher Druck- und Volumenstrombereiche ein Zumischer eingesetzt werden kann und wie genau er innerhalb dieser Bereiche zumischt, ist vom Hersteller und vom Typ abhängig.

Betrachtet man Venturi-Zumischer ohne Umlaufkanal für die Feuerwehren, wie sie z.B. in den USA oder in Großbritannien oder für mehrere tausend Liter pro Minute in stationären Löschanlagen verwendet werden, so sind die Ausgleichsventile in Z-Zumischern eigentlich entbehrlich. Sie verringern im Arbeitspunkt zwar den Druckverlust, tatsächlich können sie aber unbemerkt bei Druckstößen, z.B. beim ruckartigen Öffnen von Ventilen beim Befüllen einer Angriffsleitung, beschädigt werden, sodass der Zumischer dann evtl. überhaupt nicht

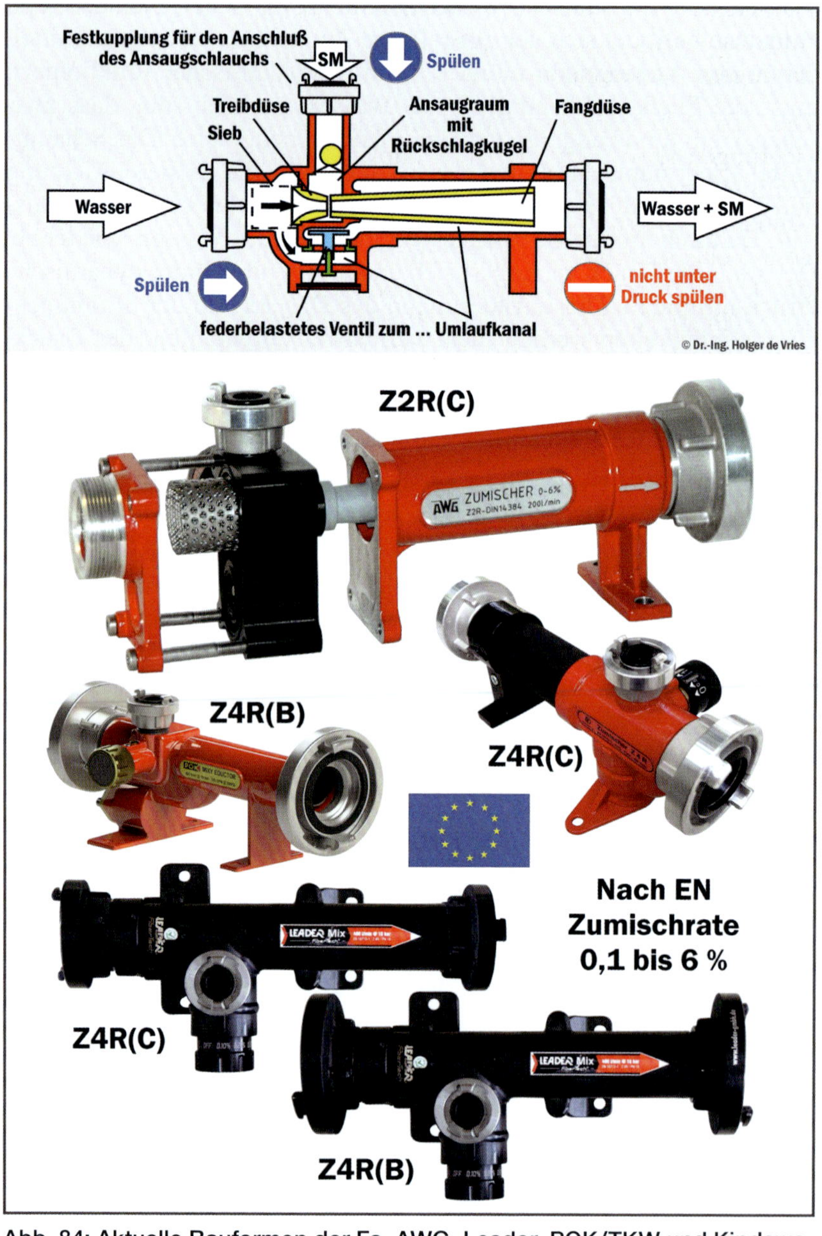


Abb. 84: Aktuelle Bauformen der Fa. AWG, Leader, POK/TKW und Kindswater (nicht maßstäblich)

mehr zumischt. Die Beschädigung ist nur durch Zerlegen des Zumischers zu erkennen – dass Zumischer bei der Jahresprüfung routinemäßig geöffnet werden, ist nach einer nichtrepräsentativen Umfrage des Verfassers bei Gerätewarten nicht üblich. Wieviele „zerschossene“ Zumischer erst im Einsatz (bei Übungen wird selten wirklich Schaummittel angesaugt) als nicht funktionstüchtig „entlarvt“ werden, muss dahingestellt bleiben.

Volumenströme LAV und Zumischer

Der Volumenstrom der angeschlossenen Löschmittelauswurfvorrichtungen (LAV) und der des Zumischers müssen aufeinander abgestimmt werden. Dies gilt auch für automatische Strahlrohre, deren Mündungsöffnung sich zwar dem Wasserförderdruck, nicht jedoch dem Volumenstrom anpasst. Zumischer benötigen einen Eingangsdruck von mindestens 7 bar, Pumpendrucke um 10 bar haben sich in der Praxis bewährt. Ist der Eingangsdruck zu gering, sinkt auch der Volumenstrom im Zumischer. Dadurch wird zwischen Treib- und Fangdüse kein ausreichender Unterdruck erzeugt, um Schaummittel anzusaugen. Das Gleiche tritt auf, wenn der Strahlrohrführer den Volumenstrom des Strahlrohres drosselt. Der Eingangsdruck am Zumischer bleibt zwar konstant, der Volumenstrom reicht jedoch nicht mehr für das Fördern von Schaummittel aus.

Probleme Verwendung Z-Zumischer

Übliche Probleme bei der Verwendung von Z-Zumischern und deren Lösungsmöglichkeiten sind:

- Fremdkörper im Zumischer oder im Schaumrohr: Entfernen.
- Verkleben des Zumischers oder anderer Armaturen: Spülen, ggf. anderes Schaummittel verwenden.
- Falscher (zuviel/zuwenig) Pumpendruck: Einstellen (erhöhen/verringern).
- Volumenstrom von Zumischer und Schaumrohre nicht aufeinander abgestimmt: Prüfen, ggf. anpassen (z.B. zwei Schaumrohre M4 an einem Zumischer Z8).
- Schaummittel wurde in unzulässiger Weise vermischt (kann dann z.B. ausflocken): Austauschen und Spülen.
- Ungeeignetes Schaummittel (z.B. 1 % Zumischung, aber 6 %-iges Schaummittel): Anpassen bzw. Spülen und Austauschen.
- Funktioniert gar nicht: Zerlegen und Ausgleichsventil auf Beschädigung überprüfen.

Z-Zumischer können nur bis zu einem bestimmten Gegendruck arbeiten. Der Druckverlust zwischen Zumischer und Schaumrohr darf nicht mehr als 2 bar betragen.

**Abb. 85: Zumischer Z8 mit B-Kupplung und Zumischer Z4 mit C-Kupplung nach TGL**

Die Idee, einen Angriffstrupp in nur 15 bis 20 Metern vor dem Feuer aufgrund der Positionierung des Zumischers „festzunageln“, kann nur von jemandem stammen, der den Großteil seiner Erfahrung auf üblicherweise kalten Übungsplätzen erworben hat und ist vor allem einsatztaktisch defizitär. Für einen Schaumangriff wird – wie bei jedem anderen Löschangriff – erst einmal Schlauchreserve aufgebaut und sauber ausgelegt, damit der Angriffstrupp, nachdem die Schaumerzeugung sichergestellt ist, ggf. mit Unterstützung Richtung Feuer vorgehen kann. Der Standort bzw. der Wirkungsbereich des Angriffstrupps wird nicht vom Standort des Zumischers, sondern von einsatztaktischen Möglichkeiten und/oder Erfordernissen bestimmt!

**Z4-Zumischer können in der Ebene bei Versorgung des Verteilers über eine 40 m lange B-Leitung und einen B-Vorlegeschlauch zwischen Verteiler und Zumischer mit 60 m langer C38- oder C40-Leitung, 75 bis 90 m langer C42-Leitung und mit mindestens 100 m langer C45- bis C55-Leitung ab Zumischer betrieben werden Details dazu in [299], vgl. auch [300, 301, 302, 303, 304]. In Abb. 89 ist dargestellt, was laut deutscher Ausbildung nicht möglich ist. Vorteil: Der Angriffstrupp ist mit einer C-Leitung und deren Länge (Schlauchreserve!) wesentlich agiler als mit einer B-Leitung.**

Aus den o.g. Werten wurde – vorausgesetzt, dass der Feuerwehrangehörige den Durchmesser und die Länge der verwendeten C-Schläuche kennt, eine einfache Merkregel abgeleitet. Für 15 bis 20 Meter lange C-Schläuche gilt: Die Anzahl der C-Schläuche, die in der Ebene sicher zwischen einem Z4 und der LAV verwendet werden können, ergibt sich aus der ersten Zahl des Schlauchdurchmessers. Das sind z.B.

für den C38 drei Längen und für den C42 vier Längen. Der Vergleich mit den durch Messungen bestimmten Werten in Abb. 86 zeigt, dass bei dieser Merkregel ausreichend Sicherheitsreserven berücksichtigt sind.

Abb. 86: Merkregel für die Anzahl der C-Schlauchlängen zwischen Z4 und LAV

Wegen ihrer Gegendruckempfindlichkeit können Z-Zumischer nur begrenzt eingesetzt werden, um z.B. von Drehleiter-Wenderohren aus Schaum zu geben. In jedem Falle ist der Druckverlust im 35 Meter langen B-Schlauch, der über den Leitersatz verlegt ist, zu berücksichtigen. Die maximale senkrechte Höhe einer Drehleiter vom Typ DLK 23-12 beträgt 30 Me-

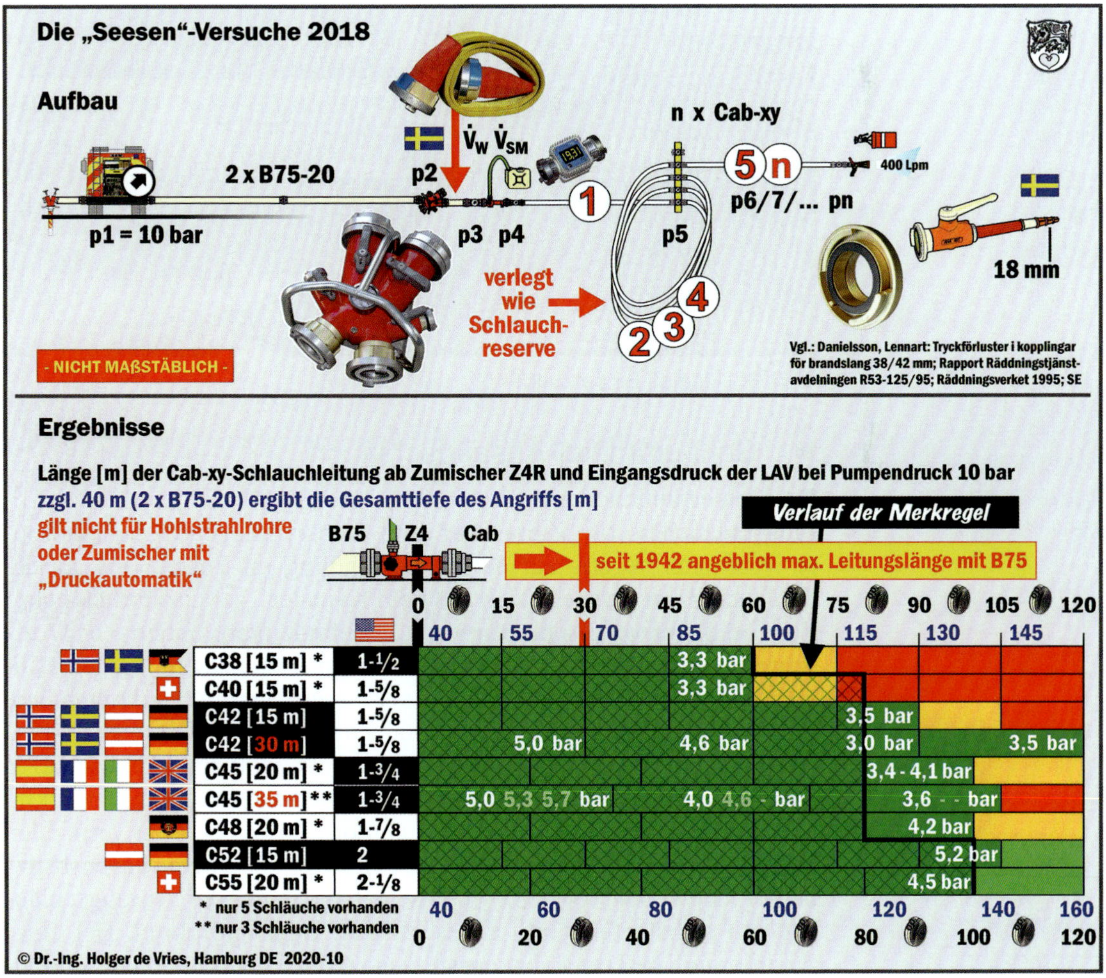


Abb. 87: Aufbau der „Seesen"-Versuche nach de Vries und Struve

ter. Durch diese Höhe entsteht ein geodätischer Druck, der bei voller Aufstellhöhe den größtmöglichen Gegendruck von 2 bar übersteigt [305]. Weitere aktuelle Informationen zum Betrieb von Z-Zumischern allgemein und mit C-Leitungen finden Sie auch in [298].

Abb. 88: Reales Einsatzbild

## ■ Schaummittel-Ansaugschlauch

Lagerung

Die (leider übliche) eng aufgerollte Lagerung von Schaummittel-Ansaugschläuchen für Zumischer und selbstansaugende Schaumrohre wirkt sich negativ auf deren Verwendung im Einsatz aus, da der Schlauch dann versucht, sich aus dem Kanister „herauszuschlängeln". Es wird daher vorgeschlagen – wie in Brandenburg üblich – bei Ausschreibungen und Beschaffungen an entsprechender Stelle den Hinweis „möglichst längliche Lagerung, nicht gerollt" aufzunehmen. Für die Schaummittel-Ansaugschläuche ist nach DIN EN 16712-2 nunmehr ein Steigrohr vorgesehen. Aus Gründen des Unfallschutzes darf das Steigrohrende eines Ansaugschlauches nicht spitzwinklig geschnitten werden, um Verletzungen des Anwenders zu vermeiden (siehe auch DIN EN 16712-2). Die Feuerwehr Wilhelmshaven bspw. behalf sich schon vor der europäischen Normung der Ansaugschläuche mit selbstgefertigten, angeschlitzten Edelstahlrohren. Bei einer Anordnung von Druckabgangsstutzen, Zumischer und Schaummittelbehältern sind fest verkuppelte „Schnellangriff"-Zumischer im Traversenkasten entbehrlich (weil nur einen Handgriff „schneller") und beide B-Abgänge blieben frei (vgl. Abb. 90).

Abb. 89: „Artgerechte" Lagerung eines Schaummittel-Ansaugschlauchs sowie nichtzulässige und zulässige Steigrohrenden für Ansaugschläuche nach DIN EN 16712-2

Abb. 90: Hausinterne Lösung der Feuerwehr Wilhelmshaven

## ■ Dosieraufsätze für Z-Zumischer

Von den Firmen AWG und POK/TKW sind Dosieraufsätze für Zumischraten bis 1 % für die Netzmittelzumischung als Zubehör für Z2- und Z4-Zumischer zum Anschluss an den Saugeingang des Zumischers erhältlich. Es gelten die einsatztaktischen Hinweise wie für Z-Zumischer. Sie sind für Feuerwehren mit wenigen Einsätzen ein guter Einstieg in die Netzmittel- bzw. Class-A-Foam-Technik – nur ein paar hundert Gramm mehr an Ausrüstung können den Einsatzwert eines so ausgestatteten Fahrzeugs beträchtlich steigern. Einstellbare Zumischraten des Dosieraufsatz Z–Select für Zumischer Z2 und Z4 der Fa. AWG sind 0,1, 0,5 und 1 %, dementsprechend gibt es sechs Einstellrasten am Gerät. Es gibt zwei Ausführungen: mit Festkupplung D oder mit Gewinde G1 zum Aufschrauben. Die Ausführung D-G1 kann man fest am Zumischer aufschrauben, dann ist es sinnvoll, die Rückschlagkugel aus dem Zumischer herauszunehmen. Die Gewindeverbindung kann etwas mit Sicherungskleber gesichert werden, damit sie sich nicht aufdreht, wenn man den Z-Select gegen den Uhrzeigersinn in eine andere Rate einstellt. Zur Spülung nach dem Einsatz klares Wasser ansaugen und den Z-Select einmal über alle Einstellrasten durchschalten. Nicht mit der Pumpe in den Saugeingang drücken, sonst kann das Rückschlagventil evtl. Schaden nehmen.

**Abb. 91: Zwei TSF-W mit Z-Zumischern, Vorlegeschläuchen (!) und Dosieraufsatz Z-Select der Fa. AWG**

## HLZ-Zumischer

Die „Hochleistungs-Zumischer" im Vertrieb der Fa. Total Walther wurden in Schweden entwickelt, um bei größeren Gegendrucken als genormte Z-Zumischer arbeiten zu können bzw. um geringere Zumischraten für Netzwasser/Class-A-Foam darstellen zu können. Der HLZ2 (C-Kupplung) und der HLZ4 (B) arbeiten nach Herstellerangaben bei einem Gegendruck von bis zu 5 bar. Er ist geeignet für alle Schaummittel, auch für hochviskose ARC-Schaummittel. Die möglichen Einstellungen sind 0, 3 und 6 %. Für die Anwendung des Schaumkonzentrats Silv-ex oder anderen Class-A-Schaummitteln wurde die Variante HLZ3S (C) für einen Volumenstrom von 200 bis 300 L/min bei max. 9 bar Eingangsdruck und 1 bar Gegendruck entwickelt, die eine Zumischung von Schaummittel unter von 1 % ermöglicht [306]. Dieses Modell ist üblicherweise grün lackiert (vgl. Abb. 93). Die Ansaugung des Schaummittels erfolgt über einen ½-Zoll-Schlauch mit Filter aus einem offenen Schaummittelbehälter. Am Saugende des Schlauchs ist ein Filter montiert, der Unreinheiten aus dem Schaummittelkonzentrat zurückhält. Der Durchmesser des Schlauches darf nach Herstellerangaben dabei nicht wesentlich größer sein, um eine Verminderung der Ansaugleistung durch im Schlauch enthaltene Luft zu vermeiden. [307]

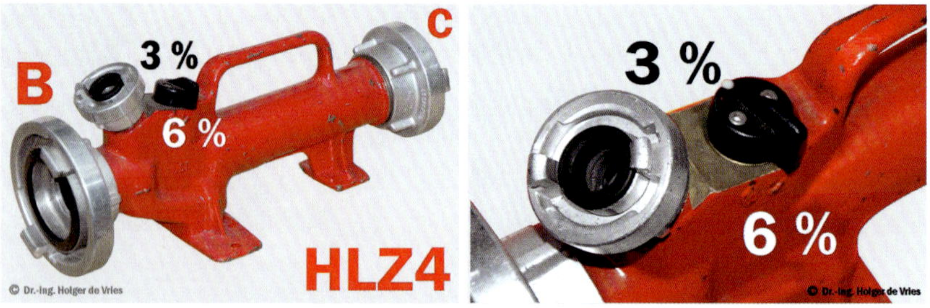


Abb. 92: HLZ4 in einer interessanten Ausführung: Eingangskupplung B, Ausgangskupplung C [307]

Abb. 93: Schwedisches TLF mit HLZ-Schaum-Schnellangriffeinrichtungen im Heck

## Festeingebaute Z-Zumischer als „Schnellangriff“

Die einfachste Variante einer „fest eingebauten Zumischanlage“ in ein Fahrzeug ist es, einen Z-Zumischer in die Zuleitung der (formstabilen) Schnellangriffeinrichtung einzubauen (Abb. 94), ihn fest im Bereich der Pumpe zu verrohren (Abb. 95, siehe auch Abb. 93) oder ihn an einem Druckabgang im Traversenkasten unter einem der hinteren Geräteräume anzubringen (Abb. 96). Diese Varianten wurden und werden bereits bei verschiedenen Feuerwehren realisiert [308; 309]. Ist das wirklich sinnvoll? Zunächst einmal holt man sich permanent eine Schaummittelkontamination in den Aufbau. Dann werden permanent – ob der Zumischer benötigt wird oder nicht – um die 40 % Druckverlust in der betreffenden Leitung verursacht. Bei einigen Lösungen fällt auf, dass die Zumischer nicht in der Lage eingebaut werden, für deren Betrieb sie ausgelegt sind, d.h. dass die Rückschlagkugel im Schaummitteleingang ihre Funktion evtl. nicht verlässlich erfüllen kann. Davon abgesehen handeln einige Feuerwehren konzeptionell inkonsequent, indem sie einen derartigen „Schnellangriff Schaum“ im Traversenkasten haben, das zugehörige Schaumrohr jedoch im Dachkasten lagern. Da erscheint es sinnvoller, Zumischer und

Schaumrohr nahe beieinander zu lagern (Abb. 89), um den Zumischer schnell – mit Hilfe eines Vorlegeschlauchs im Bedarfsfalle – an einen Druckabgangstutzen zu kuppeln. Der Zeitunterschied dürfte bei sinnvoller Lagerung marginal sein. [310; 311]

**Abb. 94: TLF 15 (Bj. 1955, Aufbau Metz mit FP 24/8) mit Z-Zumischer (1) in der Abgangsleitung für den „Schnellangriff" (2) [310; 311]**

**Abb. 95: Z2 und S2 in einem GR bzw. G3**

**Abb. 96: Z-Zumischer in einem G4 bzw. in einem Traversenkasten**

### 2.4.2.3 Groupe Leader Mix 200-1000 V2

Es handelt sich um einen automatischen und autonomen Zumischer für einen Volumenstrombereich von 200 bis 1.050 L/min bei einem Betriebsdruck von 5 bis 16 bar und mit Zumischraten von 0,3, 0,5, 1,

Automatischer und autonomer Zumischer

3 und 6 %. Technisch gesehen handelt es sich bei dem Gerät um eine Kombination aus einem Venturi-Zumischer mit Druckhalteautomatik, ähnlich wie bei automatischen Hohlstrahlrohren. Es gibt eine tragbare Version (I40.90.107) und eine Version für den Einbau in Fahrzeuge (I40.90.102). Die Schaummittelversorgung erfolgt über einen Eingang mit einem Zoll lichter Weite. Die Anschlusskupplungen haben die Größe B. Das tragbare Gerät hat die Maße von 486 × 237 × 274 mm³ bei 14 kg Masse. Die Fahrzeugversion ist ca. 2 cm niedriger.

Als Besonderheit verfügt der Zumischer über eine Bypass-Funktion (Betriebsart „Water“/„keine Zumischung“). Laut Herstellerangaben verursacht das Gerät bei 500 L/min Volumenstrom im Leerlauf einen Druckverlust von 0,8 bar [312]. Es ist mit einer Eingangsdruckanzeige und einer Spülfunktion ausgestattet.

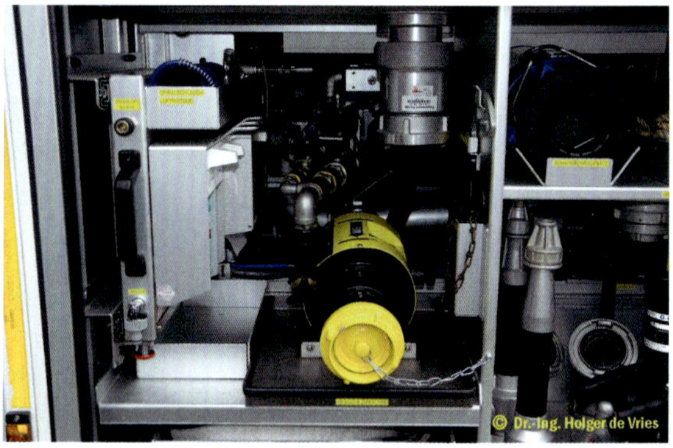


Abb. 97: Leader Mix 200-1000 im G6 eines LF

# 3 Einsatztaktische Aspekte der Schaummittelzumischung

## 3.1 Extensive und intensive Schaummittelversorgung/-abgabe

Grundsätzlich kann bei der Schaummittelzumischung, -versorgung und -abgabe zwischen zwei Szenarien unterschieden werden (vgl. Abb. 98):

Intensive Schaummittelversorgung/-abgabe

**Intensive Schaummittelversorgung/-abgabe,** z.B. beim Flüssigkeitsbrand: Es muss sichergestellt werden, dass zu keinem Zeitpunkt die Schaummittelversorgung derart unterbrochen wird, dass reines Wasser aus den Löschmittelauswurfvorrichtungen abgegeben wird, was die Sicherheit der Einsatzkräfte und den Löscherfolg gefährden kann.

Extensive Schaummittelversorgung/-abgabe

**Extensive Schaummittelversorgung/-abgabe,** z.B. beim Feststoffbrand: Schaummittel wird als Netzmittel und ggf. zur Abdeckung verwendet. Durch kurzfristiges Unterbrechen der Schaummittelversorgung und/oder Unterschreiten der Zumischrate werden weder die Sicherheit der Einsatzkräfte noch der Löscherfolg gefährdet, insbesondere wenn bei langen Schlauchleitungen davon ausgegangen werden kann, dass noch über einen gewissen Zeitraum Schaummittel aus diesen „ausgewaschen“ werden wird.

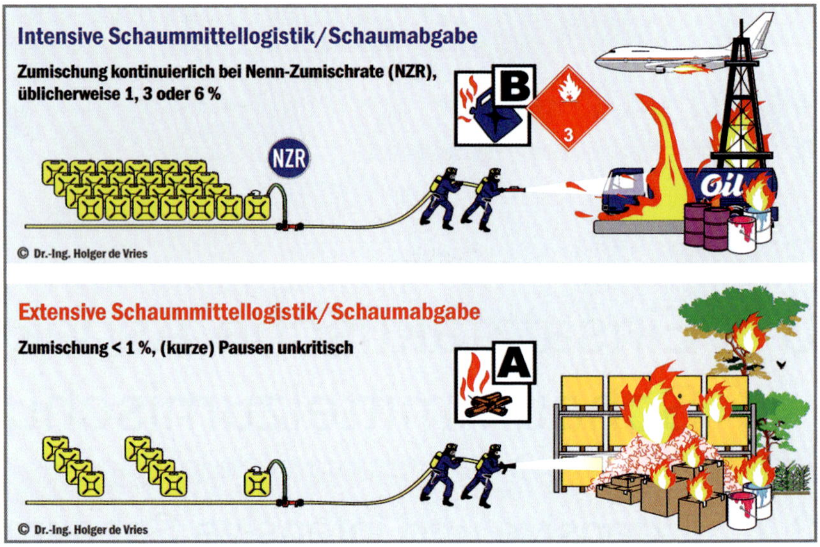


Abb. 98: Zur Definition der intensiven und extensiven Schaummittelversorgung/Schaumaufgabe

Bei der Bekämpfung von Feststoffbränden ist lediglich eine extensive Schaummittelversorgung erforderlich. Es sollte eine „mittlere Zumischrate“ von 0,3 % erreicht werden. Bei fest eingebauten, automatischen, druckseitigen Zumischern entfällt das Instellungbringen von Zumischern nahe an den Strahlrohren und der manuelle Transport von Schaummittel-Kanistern nach vorne. Class-A-Foam-Schaummittel sind höher konzentriert und schäumen deshalb stärker als übliche Mehrbereich-Schaummittel, sodass das Spülen der Anlage und der Schläuche mehr Wasser erfordert. Außerdem kommt mehr Schlauchmaterial mit Schaummittel in Kontakt, da der Zumischer im oder am Fahrzeug betrieben wird. Diese Verringerung bzw. das Abschalten der Zumischung darf jedoch nicht dazu führen, dass aufgebrachte Schaumschichten wieder abgewaschen werden. Der Strahlrohrführer kann leicht überprüfen, ob sich noch Schaummittel im Wasser befindet, in dem er die Fingerspitzen vorsichtig in den Strahl hält: Das Wasser schäumt leicht auf und fühlt sich „ölig“ an.

## 3.2 Befehlsgebung Schaumeinsatz

In der aktuell gültigen FwDV 3 der Projektgruppe Feuerwehr-Dienstvorschriften des Ausschusses für Feuerwehrangelegenheiten, Katastrophenschutz und zivile Verteidigung (AFKzV) der Innenministerkonferenz (IMK) werden dem Schaumeinsatz ganze zehn Wörter gewidmet [313]:

> *„...der Einsatzablauf erfolgt sinngemäß wie bei der Vornahme des B-Rohres...“*

Da verwundert es nicht, wenn Schaumeinsätze nicht erfolgreich abgearbeitet werden. Auch wird suggeriert, es gäbe nur einen (Z-)Zumischertypen, sodass dieser bzw. dessen Größe auch nicht befohlen werden müsse. Ein Zumischer Z2 und ein Schaumrohr der Größe 2 mit C-Kupplungen in eine B-Leitung eingebaut, ist jedenfalls etwas, was man nicht alle Tage sieht. Dazu müsste die Anzahl der BC-Übergangsstücke auf Löschfahrzeugen drastisch erhöht werden. Dass auch Z4-Zumischer selbst mit C38-Leitungen (mit C52 sowieso, siehe Abb. 87) betrieben werden können, findet ebenfalls keine Beachtung. Abb. 100 zeigt einen Anhalt für die (notwendige) Erweiterung des Befehlsschemas für einen Schaumangriff. Dies kann auch als Vorlage für eine

Abb. 99: Erweiterung des Befehlsschemas für einen Schaumangriff

Standardeinsatzregel gelten, in der die örtlich vorhandenen Geräte, Schaummittel und Einsatzverfahren enthalten sind (vgl. auch [314]).

## 3.3 Zeitfaktoren

Bei der Verwendung von Schlauchleitungen zwischen Zumischeinrichtungen und LAV sind zwei sich überlagernde Zeitfaktoren zu berücksichtigen.

### 3.3.1 Transportzeit

Transportzeit

Bei dem einen der Zeitfaktoren handelt es sich um die „Transportzeit", die das Löschmittel braucht, um von der Zumischeinrichtung zur LAV zu fließen. Die Transportzeit ist die kürzeste Zeitspanne, nach deren Ablauf der Strahlrohrführer z.B. eine Veränderung am Löschmittel durch die Veränderung der Zumischrate beobachten könnte, weil sich die Konsistenz des abgegebenen Schaumes ändert. Bei geöffneter LAV lässt sich die Transportzeit in Abhängigkeit von Strömungsgeschwindigkeit, Schlauchdurchmesser und -länge berechnen. Entsprechende Werte sind in Tab. 10 angegeben.

**Tab. 10: Strömungsgeschwindigkeit in Feuerlöschschläuchen**

| Schlauch | Volumenstrom [L/min] | Strömungsgeschwindigkeit [m/s] | Zeit für einen 15 m Schlauch [s] |
|---|---|---|---|
| C 52 | 100 | 0,78 | 19,23 |
| C 52 | 200 | 1,57 | 9,55 |
| C 52 | 300 | 2,34 | 6,41 |
| C 52 | 400 | 3,14 | 4,77 |
| B 75 | 100 | 0,38 | 39,47 |
| B 75 | 400 | 1,51 | 9,93 |
| B 75 | 600 | 2,26 | 6,64 |
| B 75 | 800 | 3.01 | 4,98 |

Bei Verwendung einer C52-Leitung aus vier Längen und einer LAV mit einem Volumenstrom von 200 L/min muss ein Strahlrohrführer also rund 40 Sekunden warten, bis sich die Schaumqualität aufgrund der geänderten Zumischrate etwas ändern kann. 40 Sekunden unter Stress an einer Einsatzstelle können gefühlt eine ziemlich lange Zeit sein; hier gilt es, Ruhe zu bewahren. Wenig sinnvoll wäre es, während des Ablaufs dieser Zeit z.B. eine weitere Erhöhung der Zumischrate zu fordern.

Bei fest eingebauten, automatischen, druckseitigen Zumischeinrichtungen (DZA) ist die Länge der Schlauchleitung – abgesehen von den Reibungsverlusten in den Schläuchen – beliebig lang. Dies bedeutet dann auch eine entsprechend lange Transportzeit. Eine weitere technische Option wäre die Verwendung von Hohlstrahlrohren mit Schaumvorsatz, da bei diesen die Schaumqualität hier durch Verdrehen des Strahlformreglers verändert werden kann.

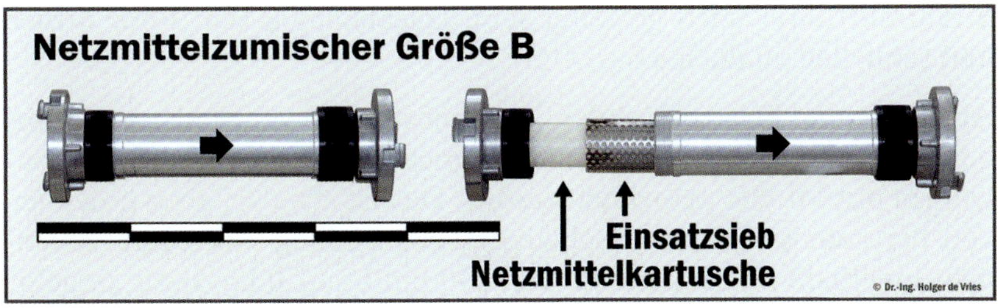


Abb. 100: Netzmittelzumischung

## 3.3.2 Reaktionszeit der Zumischeinrichtung

Reaktionszeit

Bei Druckzumisch- und Druckluftschaumanlagen handelt es sich um komplexe messtechnische und hydraulische Systeme, deren Funktion von einer entsprechenden Mess-Regel-Technik abhängt, die zu jedem Zeitpunkt Volumenströme und/oder Drucke abgreifen muss, um die Schaummittelzumischung und bei DLSA zusätzlich die Leistung des Kompressors entsprechend der Abnahme an Löschmittel entweder direkt oder durch Ventilsteuerung einzuregeln. Als Maß für die Güte einer Regelstrecke wird in der Mess-Regel-Technik u.a. der Begriff Totzeit verwendet. Die Totzeit ist die Zeitspanne, die zwischen einer Änderung am Systemeingang und der entsprechenden Antwort am Systemausgang einer Regelstrecke liegt. Dies dürfte mindestens jedem Autofahrer, der über eine automatische Geschwindigkeitsregelung („Tempomat“, „Cruise Contol“) verfügt, bekannt sein: Wird auf ebener Stecke die Soll-Geschwindigkeit z.B. auf 140 km/h eingestellt und es folgt eine Anhöhe bzw. ein Gefälle, so bleibt die Geschwindigkeit nicht bei „Strich 140“, sondern die Geschwindigkeit fällt zunächst leicht auf z.B. 138 km/h, das System regelt nach, es kommt üblicherweise zu einer „Überschwingung“ auf z.B. 142 km/h, erst nach einiger Zeit liegt wieder eine Geschwindigkeit von exakt 140 km/h an. Wer in seinem Wagen über entsprechende Anzeigeinstrumente verfügt, wird zusätzlich das Wechselspiel von Drehzahl, Kraftstoffverbrauch und Geschwindigkeit verfolgen können. Entscheidend ist: Jede Mess-Regel-Technik braucht Zeit, um sich anzupassen!

Es kann nun darüber gestritten werden, ob die pulsierende Rauchgaskühlung mit Sprühstrahl die richtige Taktik für Druckluftschaum ist und es ist im Hinblick auf Aspekte der Mess-Regel-Technik auch akademisch, darüber zu streiten, wie oft und mit welcher Frequenz ein Strahlrohrführer den Volumenstrom seines Strahlrohres ändert. Laut Herstellerangaben soll Druckluftschaum auch dazu beitragen, einen Wasserschaden zu vermeiden. Wenn dem so ist, dann muss dem Strahlrohrführer auch gestattet sein, lageabhängig sein Rohr öffnen und schließen zu dürfen.

Abb. 101 zeigt beispielhaft den Volumenstrom eines Hohlstrahlrohres bei einem Innenangriff. Es muss durchaus mit mehreren Schaltvorgängen pro Minute gerechnet werden. Das ist etwa so, als würde man von der automatischen Geschwindigkeitsregelung eines Kfz verlangen, innerhalb einer Sekunde von 140 km/h auf 0 km/h zu „regeln" (üblicherweise als Notbremsung bezeichnet) und wieder zurück (dürfte auch ein Sportwagen nicht schaffen).

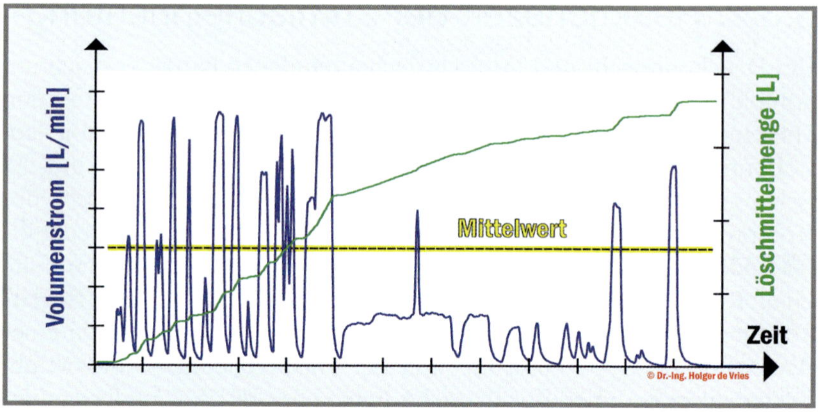


**Abb. 101: Volumenstrom eines Strahlrohres bei einem Innenangriff**

Messungen

Umfangreiche und veröffentlichte Messungen [315; 316; 317] mit Druckluftschaum im Vergleich mit Wasser bestätigen die soeben angestellten Überlegungen über den Betrieb von Druckzumisch- und Druckluftschaumanlagen. In allen Messungen wurde festgestellt, dass die Druckschwankungen eine Schlauchlänge vor der FP/DLSA maximal lediglich +/- 0,5 bar betragen und damit sicherlich zu gering sind, einen Einfluss auf die Mess-Regel-Technik zu haben. Die Druckzumisch- bzw. Druckluftschaumanlage „arbeitet" also weiterhin – rein anlagentechnisch völlig korrekt – mit einem „Mittelwert" der Löschmittelabgabe von 200 L/min bei 5 bar (maximal +/- 0.5 bar, je nach Versuch). Dem könnte entgegnet werden, dass Druckzumisch- und Druckluftschaumanlagen üblicherweise mit Volumenstromsensoren und nicht mit Drucksensoren ausgestattet sind. Auch diese Volumenstromsensoren sind gegenüber den Schaltvorgängen am Strahlrohr jedoch „blind", da es bei schnellen Schaltfolgen zu einer sukzessiven Expansion des Druckluftschaumes kommt, beginnend in den dem Strahlrohr am nächsten gelegenen Schlauchlängen kommt, also vom Strahlrohr aus „rückwärts".

Gleichzeitig war an einem kurzen Stück Klarschlauch direkt am Strahlrohr zu beobachten, dass der Druckluftschaum zerfällt und es zu einer Phasentrennung kommt [vgl. 318; 319; 320; 321; 322]: Im unteren Bereich des Klarschlauches sammelt sich Wasser-Schaummittel-Gemisch, darüber befindet sich Schaum oder Druckluftschaum unbekannter „Qualität". Es kommt zum „Stottern" des Strahlrohrs, es wird kein Druckluftschaum mehr abgegeben, sondern Luft, Wasser-Schaummittel-Gemisch und Druckluftschaum in nicht beeinflußbarer Abfolge (im amerikanischen Sprachgebrauch „sludging" [sludge = Matsch]). Dies kann insbesondere für einen Strahlrohrführer im Innenangriff fatale Folgen haben.

Entsprechendes gilt auch für Druckzumischanlagen: Hier sind die Auswirkungen auf die Praxis der Bekämpfung von Feststoffbränden aber eher zu vernachlässigen, auch für den Fall, dass die Zumischung dadurch relativ „grob" geregelt wird: Auf Grund der Mess-Regel-Technik wird die Zumischanlage bei z.B. eingestellter Zumischrate von 0,3 % Schaummittel real in Konzentrationen von 0 bis mindestens 1 % zumischen, sodass letztlich Netzwasser am Strahlrohr ankommt und der Zweck der Zumischung „im Mittel" erfüllt wird. Bestätigt wird dies u.a. auch von Braun, Leiter der Feuerwehr Ingolstadt. Als erste deutsche Berufsfeuerwehr setzt die Feuerwehr Ingolstadt seit 1997 zwei Löschgruppenfahrzeuge mit (mittlerweile gegen neue Anlagen ausgetauschte) Druckluftschaumanlagen ein. Nach Messungen von Braun beträgt die Zumischung von Schaummittel mit diesem System bei eingestellten 0,5 % real jedoch im Mittel 1,7 %, im Maximum bis zu 4,46 %, also fast dem 10-fachen des eingestellten Wertes [323]. Um diese „Qualität" der Zumischung zu erreichen, müssen nicht EUR 20.000 für eine DZA ausgegeben werden – sie lässt sich auch mit einem Z-Zumischer für EUR 500 erreichen, zumal 90 % aller Brände in Deutschland mit weniger als 1.000 Liter wässrigem Löschmittel gelöscht werden – und vermutlich nur mit einer tatsächlich betriebenen Angriffleitung (vgl. Abb. 2).

Die maximale Abweichung von vorgewählten Zumischraten bei einem Förderdruck des Löschmittels von 4 bar bis 10 bar darf nach DIN 14330 bei bis zu 1 % Zumischrate jedoch nur +/- 20 %, d.h. 0,5 % +/- 0,1 % betragen. Bei Zumischanlagen wirkt sich dies „nur" auf den Schaummittelverbrauch aus, da Schaummittel zugemischt wird, wenn auch überdosiert. Die Technischen Regeln für Druckzumisch- und Druckluftschaumanlagen legen bisher keine zeitlichen Kriterien fest, innerhalb welcher Zeit eine (veränderte) Zumischeinstellung auch tatsächlich erreicht wird.

**Die Digitalanzeige einer Druckzumischanlage zeigt den Sollwert, nicht den Realwert der Zumischrate an. Der Realwert kann aus physischen Gründen (insbesondere beim „pulsierenden" Löschen) ein Vielfaches des Sollwerts betragen. Dies ist bei der Schaummittellogistik zu berücksichtigen.**

Zum Betriebsverhalten auch in Deutschland vertriebener Zumischeinrichtungen auf Basis einer elektrischen oder elektronischen Steuerung wird auf den Bericht „Foam Proportioner Performance Evaluation" des US Department of Agriculture; Forest Service; National Technology & Develepoment Center verwiesen.

Bei den Messungen fiel eine „Nebenerkenntnis" ab: Unerwartet hoch waren die Druckstöße bei den Versuchen mit Wasser im Vergleich zu denen mit Druckluftschaum. Zwar lagen sie bei einem Pumpendruck von 5 bar hier mit max. 9,5 bar bei den in diesen Messungen verwendeten Schlauchdurchmessern und Schlauchlängen deutlich niedriger als der Berstdruck der Schläuche von 25 bar, sie bedeuten jedoch trotzdem eine erhebliche Belastung des verwendeten Materials. Das bei den Versuchen verwendete Druckbegrenzungsventil hat bei den mit Wasser durchgeführten Versuchen bei jedem Schließen des Strahlrohres angesprochen. Schnelle Druckstöße können von einer automatischen Pumpendruckregelung nicht aufgefangen werden. Es wird dringend empfohlen, bei der Anwendung des „indirekten Löschens" bzw. des „Impulslöschverfahrens" ein Druckbegrenzungsventil nahe an den LAV (am besten eine Kombinationen aus Verteiler und Druckbegrenzungsventil) in der Angriffsleitung zu verwenden.

**Bei Anwendung „pulsierender“ Löschverfahren wird die Verwendung eines Druckbegrenzungsventils nahe den Löschmittelauswurfvorrichtungen bzw. dem Verteiler dringend empfohlen.**

## 3.4 Druckluftschaum

Druckluftschaumanlagen/Kompressorschaumanlagen

Bei Druckluftschaumanlagen oder Kompressorschaumanlagen (engl. compressed air foam [systems] = CAF[S]) wird das Wasser-Schaummittel-Gemisch nicht durch ein Strahlrohr, das Umgebungsluft ansaugt, sondern durch Mischung mit Druckluft verschäumt. Abb. 102 zeigt den grundsätzlichen Aufbau einer solchen Anlage. Druckluftschaumanlagen wurden in den 1930er- und 1940er-Jahren, u.a. von der deutschen Firma Flader gebaut, und bei Feuerwehren, auf Lokomotiven und Eisenbahnen eingesetzt. Die „Crash Tenders“ der Royal Air Force hatten jedoch zu keinem Zeitpunkt Druckluftschaumanlagen (vgl. Abb. 31). Die Druckluftschaumanlagen, die die US Navy bis in die 1950er-Jahre erprobte und nicht einführte, hatten den Zweck, Schaum über ein Verfahren, das als „sub-surface injection“ bezeichnet wird, von unten in Lagertanks einzuspeisen – auch diese Anwendung hat mit „kommunaler“ Brandbekämpfung nichts zu tun.

Druckluftschaum wurde in den 1970er- und 1980er-Jahren von den nordamerikanischen Forstbehörden „wiederentdeckt“. Die Verwendung dieser Systeme stammte aus dem Wunsch, Schaumschneisen aus Schaum anlegen zu können. Die Reichweite von Luftschaumrohren (Schwerschaumrohren) reicht dazu oft nicht aus. Daher wurden Druckluftschaumanlagen insbesondere auf schwere, geländegängige Fahrgestelle aufgebaut, von denen der Schaum mit Monitoren über ei-

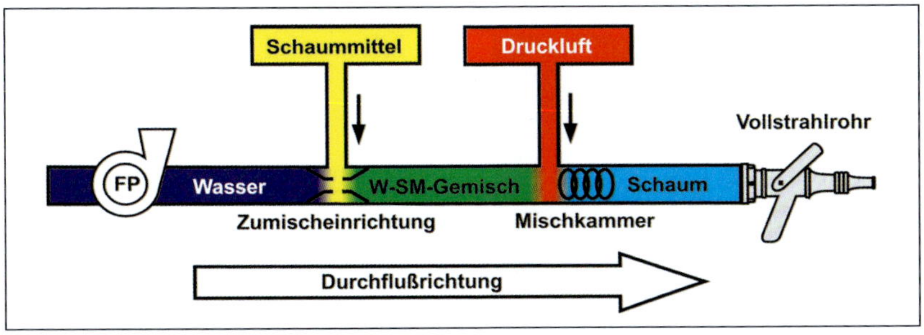


Abb. 102: Grundsätzlicher Aufbau einer Druckluftschaumanlage

nen längeren Zeitraum mit konstanter Drehzahl abgegeben wird. Die heute verwendeten Druckluftschaumanlagen wurden zunächst ausschließlich für die Anwendung mit Class-A-Foam entwickelt. Mit ihnen kann z.Zt. nur Schwerschaum erzeugt werden. Die Gestaltung von Druckluftschaumanlagen für kommunale Feuerwehrfahrzeuge erfolgte erst später. Druckluftschaum ist auch heute in den USA umstritten.

Ablauf Druckluftschaumanlage

Bei einer Druckluftschaumanlage wird zunächst Schaummittel zugemischt und das Wasser-Schaummittel-Gemisch dann mittels Druckluft aus einem Kompressor oder einer Druckluftflasche verschäumt. Für den sicheren Betrieb einer Druckluftschaumanlage ist es von äußerster Bedeutung, dass Druckluft und Wasser-Schaummittel-Gemisch auf gleich hohem Druck gehalten werden. In amerikanischen Versuchen wurde ermittelt, dass das Volumenverhältnis von Luft zu Wasser (bei einer Zumischung von weniger als 1 % kann der Schaummittelanteil vernachlässigt werden) etwa 1 Kubikfuß Luft zu einer Gallone Wasser betragen soll:

$$\frac{\text{Luft}}{\text{Wasser}} = \frac{1\ (\text{Fuß})^3}{1\ \text{Gallone}} = \frac{28{,}3168\ \text{Liter}}{3{,}785\ \text{Liter}} = 7{,}48\ \frac{\text{Liter}}{\text{Liter}} = 0{,}00748\ \frac{\text{m}^3}{\text{Liter}}$$

Das Volumenverhältnis von Luft zu Wasser kann bei heute erhältlichen Druckluftschaumanlagen von etwa 7 Luft/Wasser (nasser Schaum) bis 30 Luft/Wasser (trockener Schaum) verändert werden.

Abb. 103: Druckluftschaumanlage als Slip-On-Unit

Abb. 104: Abgabe von Druckluftschaum – Vollstrahlrohr beachten (Quelle: Dean-Patterson)

Abb. 105: Druckluftschaum „DRY“

Einstellmöglichkeiten

Dem Anwender stehen also zwei Einstellmöglichkeiten zur Verfügung:

1. Wahl der Zumischrate
2. Wahl des Verhältnisses von Luft zu Wasser

Beide Variablen können heute i.d.R. vom Maschinisten an der Druckluftschaumanlage eingestellt werden. Über „optimale" oder „richtige" Einstellungen gibt es bisher weder systematische Untersuchungen noch Veröffentlichungen. Der Benutzer dieser Anlagen ist also einzig und allein auf die Angaben der Hersteller und die (oft nicht überprüfbaren) Nachrichten und Mitteilungen aus dem Internet angewiesen. In einer kritischen Situation kann dies zum Scheitern der Brandbekämpfung führen, insbesondere weil die Brandbekämpfung von Flüssigkeitsbränden mit Druckluftschaum bisher überhaupt nicht erforscht ist!

In Gesprächen mit amerikanischen Forst-Feuerwehrangehörigen wurde der Verfasser darauf hingewiesen, dass es bei Vegetationsbränden extrem gefährlich sein kann, mit zu „trockenem" Schaum zu arbeiten: Der Anwender kann versucht sein, Löscharbeiten mit diesem sehr stabil aussehenden – vertrauenerweckenden – Schaum durchzuführen und glaubt, eine Situation im Griff zu haben. Tatsächlich aber täuscht die stabile Schaumschicht darüber hinweg, dass das Feuer unter dem Schaum hindurchläuft. Dieses Problem kann in gleicher Weise kommunale Feuerwehren bei der Bekämpfung von Raum-, Wohnungs- und anderen Feststoffbränden betreffen.

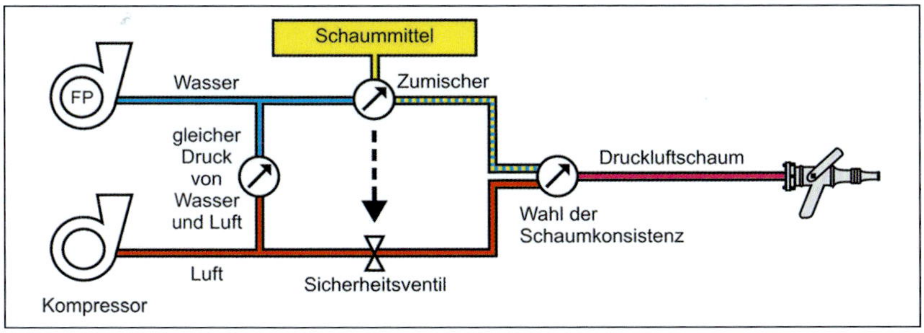


**Abb. 106: Stoffströme in einer Druckluftschaumanlage**

**Notwendige Sicherheitseinrichtungen**

Abb. 106 zeigt die Komponenten und Stoffströme in einer Druckluftschaumanlage. Diese Anlagen müssen mindestens mit folgenden Sicherheitseinrichtungen versehen sein:

1. Die Mischung darf zwingend nur in dieser Reihenfolge durchgeführt werden: Erst Wasser, dann Schaummittel, dann Luft. Wird kein Schaummittel zugemischt (z.B. weil der Schaummittelvorrat aufgebraucht ist), muss die Luftzumischung sofort unterbunden werden. Diese Sicherheitseinrichtung muss selbst wieder überwacht werden oder ausfallsicher sein, z.B. durch Zwangssteuerung, mechanische Kopplung oder eine zweite elektronische Überwachung.
2. Die Druckgleichheit von Wasser und Luft muss jederzeit sichergestellt sein. Die Mess-Regel-Technik für diese Überwachung muss ebenfalls selbst wieder eine Rückfallebene haben. Die Anlage muss dann den Bediener warnen und in einen sicheren Notbetrieb schalten.

Bis zum Jahr 2003 gab es in Europa keinerlei Technische Regeln, die direkt auf Druckluftschaumanlagen angewendet werden konnten. Dies führte zu einem entsprechenden Wildwuchs teilweise abenteuerlicher Konstruktionen. Im Jahr 2003 wurde DIN V 14430 „Druckzumischanlagen und Druckluftschaumanlagen“ zunächst als Vornorm herausgegeben und im Jahr 2008 überarbeitet. Die Forderung nach oben genannten Sicherheitseinrichtungen ergibt sich jedoch zwingend aus dem Verständnis der Funktionsweise dieser Anlagen, sie sind in der Norm berücksichtigt. DIN 14430 war die Grundlage für eine entsprechende Euronorm bzw. ISO-Norm.

Die Zumischeinrichtungen von Druckluftschaumanlagen sollten immer vollautomatisch sein, damit der Maschinist nicht durch zusätzliche Überwachungsaufgaben belastet wird und die gesamte Anlage möglichst störungsfrei arbeitet.

**Beim Betrieb von Druckluftschaumanlagen ist außerdem zu beachten:**

- **Alle Blindkupplungen sind vom System zu entfernen. Bei Feuerlöschkreiselpumpen ohne Druckluftschaum kann es bereits lebensgefährlich sein, wenn eine unter Druck stehende Kupplung sich löst. Bei Druckluftschaumanlagen ist der Energiegehalt, der in den Druckabgangsstutzen anstehen kann, um die Komprimierungsarbeit der Luft höher.**

- Es ist darauf zu achten, dass nur einwandfrei eingebundene Schläuche, unbeschädigte Schläuche und einwandfreie Armaturen verwendet werden.
- Beim Auslegen von Schläuchen ist in besonderem Maße darauf zu achten, dass sie ohne Verdrehungen oder Knoten ausgelegt werden. Beim Innenangriff sind die Schläuche entweder durch das Treppenauge oder im Bogen entlang der Außenwand des Treppenraums zu verlegen.

Unterscheidung Druckluftschaumanlagen

Druckluftschaumanlagen werden unterschieden nach:

1. Kompatibilität
   Eine Druckluftschaumanlage sollte so dimensioniert sein, dass die Leistung der Zumischanlage und die des Kompressors in der Lage sind, der Kennlinie der Feuerlöschkreiselpumpe zu folgen. Diese Forderung sollte Bestandteil eines Pflichtenheftes einer Ausschreibung sein. Zu vermeiden ist es, ein Fahrgestell mit einer FP 16/8 (bzw. jetzt FPN 10-2000) auszurüsten, die Zumischanlage dann jedoch nur 0,5 % Schaummittel bei 200 L/min zumischen kann und der Kompressor nur bis zu einer Leistung entspr. 500 L/min Wasser einsetzbar ist.

**Sollte eine Druckluftschaumanlage nur in bestimmten Grenzen einsetzbar sein, so muss dies Beachtung in der Ausbildung der Feuerwehreinsatzkräfte finden.**

2. Bauart
- ► Druckluftschaummodule
  Antriebsaggregat, Feuerlöschkreiselpumpe, Kompressor, Separatortank, Ölkühler, Mess- und Regeltechnik und Schaummittelbehälter, ggf. auch Wassertank sind in einem Modul zusammengefasst, das en bloc auf oder in einem Fahrzeug verlastet wird.
- ► Integrierte Druckluftschaumanlagen
  Hier werden lediglich die zusätzlichen Komponenten (Kompressor, Separatortank, Ölkühler, Mess- und Regeltechnik, Schaummittelbehälter) in die restliche Fahrzeugtechnik (Fahrgestell mit Aufbau und Feuerlöschkreiselpumpe) integriert.

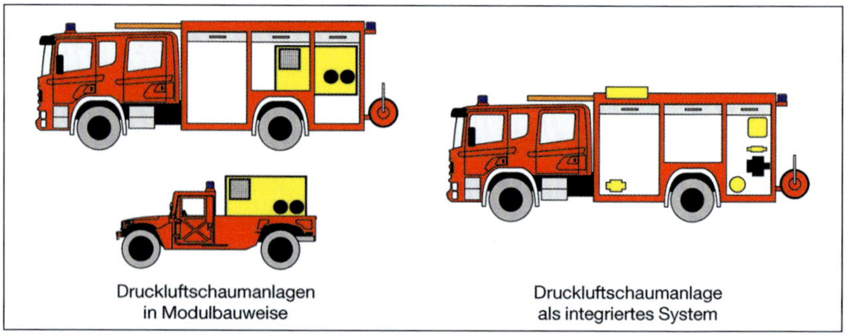


Abb. 107: Bauarten von Druckluftschaumanlagen

**Grundsätzlich ist bei der Planung derartiger Anlagen folgendes zu beachten:**

- **Welche Abgänge sollen GLEICHZEITIG mit „Schaum" (bzw. Netzmittel) versorgt werden können?**
- **Wie hoch ist die maximal geplante Abgabemenge an Löschmittel darüber?**

Abb. 108: Druckluftstrahl verlässt das Strahlrohr (Quelle: Heiner Lahmann)

Noch längst nicht alle Anlagen sind für jede Anwendung geeignet. Es gibt für größere Anlagen oft Probleme bei geringen Volumenströmen (z.B. „C-Rohr" im Innenangriff), ebenso wie es für kleiner dimensionierte Anlagen unmöglich ist, ein zweites C-Rohr, geschweige denn ein TLF 24/50 bzw. TLF 20/40-S mit Werfer und mehreren B-Abgängen voll zu versorgen.

## 3.4.1 Druckluftschaumsysteme mit Kompressoren

„Salem"-Versuche

Immer wieder beziehen sich die Hersteller in ihrer Produktinformation [324] ausdrücklich auf die „Salem"-Versuche. Die „Salem"-Versuche wurden 1992 in einem leerstehenden, zweigeschossigen Wohnhaus in traditioneller amerikanischer Holzbauweise in Salem/ Connecticut durchgeführt. Sie wurden gemeinsam von der International Society of Fire Service Instructors (ISFSI), den Freiwilligen Feuerwehren von Salem Lakes und Gardner (Connecticut/USA) und der

Fa. Hale Fire Pump Co. organisiert. Die Löschwirkung von Wasser, Class-A-Foam und Druckluftschaum sollte quantifiziert werden [34; 325]. Als Versuchsräume dienten nach Größe und Ventilationsbedingungen ähnliche – aber nicht identische – Zimmer mit den Maßen von 3,35 × 3,05 × 2,44 m³, d.h. einem Rauminhalt von 25 m³. Die identische Brandlast bestand aus Strohballen und Holzpaletten.

Bei einem Raumvolumen von 25 m³ beträgt die erforderliche kritische Löschintensität nach damaligem Stand und der der Iowa-Formel [326] 32,5 L/min oder 8,8 GPM, nach heutigem Stand (3,35 × 3,05 × 4) L/min = 41 L/min (vgl. Kap. 1.2). Da nur ein Trupp zur Brandbekämpfung vorging, wurde die Löschintensität aus Sicherheitsgründen auf 75 L/min (20 GPM) erhöht – Dies entspricht einer D-Leitung. Ein 30 m D-Schlauch in guter Qualität kostet ca. EUR 120, die Preise für Druckluftschaumanlagen beginnen bei EUR 20.000.

Der Löschangriff wurde nach folgendem Schema durchgeführt: 60 Sekunden Wasserabgabe gegen die Decke, um die Brandraumatmosphäre abzukühlen (indirekter Angriff) und 60 Sekunden Wasserabgabe auf das Brandgut. Class-A-Foam Schaummittel wurde mit 0,5 % zugemischt. Der Druckluftschaum wurde durch Injektion von Druckluft in das Wasser-Schaummittel-Gemisch erzeugt. Der Druckluftstrom betrug dabei 566,4 L/min (20 CFM = 20 cubic feet per minute).

Ziel der Versuche war nicht die Ermittlung der insgesamt erforderlichen Löschmittelmenge, sondern die Messung der Temperaturänderungen im Raum nach Beginn des Löschangriffs. Daher waren die Brandräume mit Thermoelementen an der Decke und in 1,22 Metern (4 Fuß) Höhe über dem Boden ausgestattet. Die Temperaturänderungen unter der Decke zeigten keine großen Unterschiede zueinander. Die Thermoelemente kühlten bereits zu Beginn der Brandbekämpfung durch direkten Kontakt mit den Löschmitteln schnell ab. Die Temperaturen, die in 1,22 m Höhe über dem Boden abgegriffen wurden, zeigten jedoch deutliche Unterschiede (Abb. 109). Wasser erzielte das schlechteste Ergebnis, bereits Class-A-Foam bewirkte eine doppelt so schnelle Verringerung der Temperaturen im Brandraum. Mit Druckluftschaum wurde die schnellste Abkühlung erzielt. Die exakten Ergebnisse sind in Tab. 11 wiedergegeben.

Während der gesamten zwei Tage, an denen in Salem-Versuche durchgeführt wurden, berichteten die Angriffstrupps, dass die Sichtweite innerhalb des Brandraums bei Verwendung von Druckluftschaum erheblich besser gewesen sei als bei reinem Wasser. Dies kann dadurch begründet sein, dass wegen des geringen Wassergehalts des Druckluftschaumes fast kein Dampf gebildet und die Rauchbildung aus dem Brandgut sehr schnell unterdrückt wurde.

Tab. 11: Die Salem/Connecticut-Versuchsergebnisse

| Löschmittel | Erforderliche Zeit für die Temperaturänderung von 538 °C auf 100 °C | Temperaturänderungsgeschwindigkeit in einer Höhe von 1,22 m über dem Boden | Löschmittelverbrauch |
|---|---|---|---|
| | [sec] | [K/sec] | [L] |
| Wasser | 222,9 | -1,96 | 280 |
| Class-A-Foam | 102,9 | -4,26 | 129 |
| Druckluftschaum | 38,5 | -11,38 | 49 |

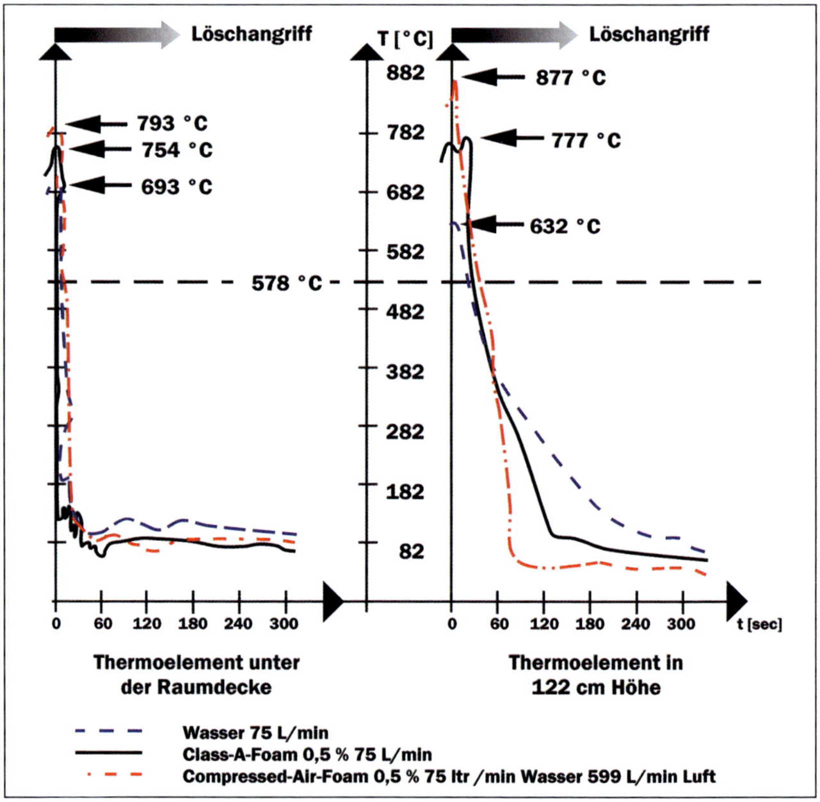


Abb. 109: Messwerte von Thermoelementen der „Salem"-Versuche

Die Ergebnisse der „Salem"-Versuche lassen sich folgendermaßen zusammenfassen:

- Größter Löschwasserverbrauch bei Verwendung reinen Wassers, mittlerer Löschwasserverbrauch bei Class-A-Foam, geringster Wasserverbrauch bei CAFS.
- Schnellere Abkühlung der Brandraumatmosphäre durch Class-A-Foam, insbesondere durch CAFS.
- Geringere Sichtbehinderung durch Wasserdampf bei der Verwendung von CAFS.
- Die insgesamt benötigte Löschmittelmenge und die Löschdauer wurden nicht gemessen.

In deutschen Veröffentlichungen [335] werden u.a. folgende Aussagen gemacht:

> *„Diesen Testreihen liegen drei identische Feststoffbrände zugrunde, welche wissenschaftlich überwacht und ausgewertet wurden."*

Tatsache ist, dass es keine „Testreihen" gab, sondern genau drei Brand- und Löschversuche. Diese wurden weder wissenschaftlich überwacht, noch wissenschaftlich ausgewertet. Die Auswertung wurde von Mitarbeitern einer anderen Druckluftschaumanlagen-Herstellerfirma (namentlich: HALE) ausgewertet. Die Messprotokolle der Brand- und Löschversuche sind bisher nicht offengelegt worden (im Gegensatz zu allen anderen im Anhang genannten) und nach Auskunft der Fa. HALE mittlerweile verschollen.

> *„ ... Beim dritten Versuch wurde ein One Seven System ... eingesetzt."*

Die Brand- und Löschversuche wurden 1992, als es noch keine „Snuffer" und keine Systeme der Fa. Schmitz gab, mit einer Druckluftschaumanlage der Fa. HALE durchgeführt. Letzteres ist ein eher technisches Detail, kritischer ist aber die folgende Aussage zu werten:

> *„Wie Sie den Diagrammen entnehmen können, wurde der Brand mit dem Schmitz One Seven System nicht nur fünfmal (!) schneller gelöscht ... ."*

Tatsache ist, dass die Löschdauer in diesen Versuchen gar nicht gemessen wurde. Tatsache ist lediglich, dass bei EINEM Versuch an EINEM Thermoelement ein ca. fünf- bis sechsmal stärkerer Temperaturabfall gemessen wurde. Diese Messung ist also in keinster Weise statistisch abgesichert. Des weiteren ist es äußerst umstritten, ob Temperaturmessungen überhaupt zur Bewertung eines Löscherfolgs herangezo-

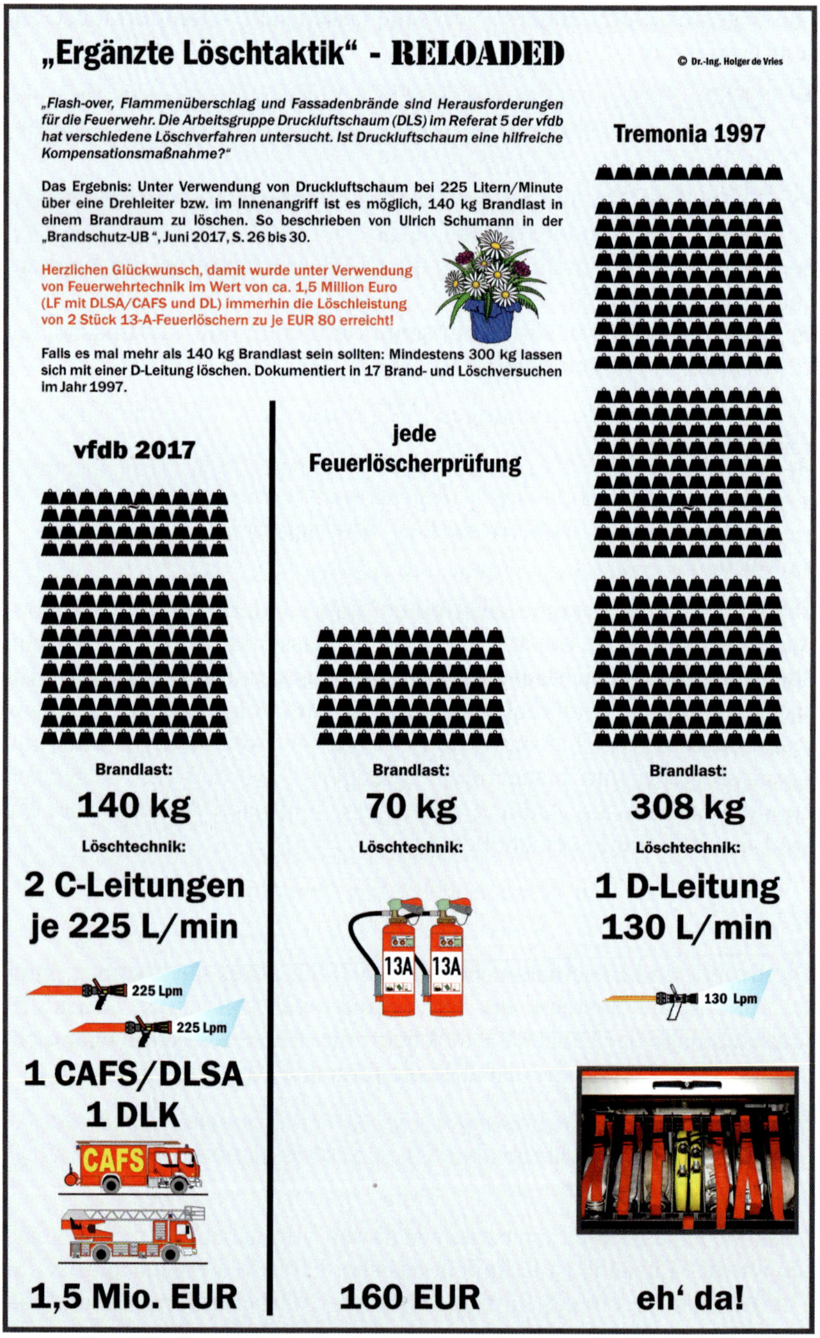


Abb. 110: Einordnung von DLS-/CAFS-Löschversuchen

gen werden dürfen. Dieses Phänomen des raschen Temperaturabfalls wurde außer in diesem einen Versuch bei keinem anderen Versuch mit Class-A-Foam oder CAFS gemessen oder bestätigt. Der Verfasser hält o.g. Darstellung von Versuchsergebnissen zum Zwecke der einseitigen Produktwerbung für unlauter, insbesondere wenn diese auf so „wackeligen Beinen“ stehen wie bei den „Salem“-Versuchen.

Seit Druckluftschaumanlagen den europäischen Markt betreten haben, versuchen deren Hersteller, die Überlegenheit dieser Technik zu „beweisen“ – leider meist nur in Einzelversuchen und nicht in Versuchsreihen, die statistisch belastbar wären. Zwischen den Jahren 2000 und 2010 wurden immer wieder „bahnbrechende“ Erkenntnisse aus einem „Promesis“ benannten Projekt angekündigt. Eine vollständige Dokumentation ist bis 2021 nicht veröffentlicht. Der Technische Bericht „Druckluftschaum“ der vfdb von 2010, der auf etwa der Hälfte seiner 44 Textseiten die Dissertation des Verfassers (es fehlt ein entsprechender Quellenhinweis) aus dem Jahr 2000 zusammenfasst, hat insbesondere seit der europäischen Normung der Z-Zumischer nur noch historischen Wert.

Im November 2016 wurde unter der Flagge des Referats 5 der vfdb ein „Leistungsbuch Druckluftschaum“ von Dipl.-Ing. (FH) Ulrich Braun (Berufsfeuerwehr Ingolstadt), Dipl.-Ing. Lutz Orlik (Berliner Feuerwehr) und Ulrich Schumann (Vertrieb für die Fa. HALE) herausgegeben. Allein durch diese personelle Besetzung ist eine neutrale Darstellung anzuzweifeln: So wurde zum Vergleich der Wurfhöhe wurde leider kein C-Strahlrohr mit Wasser neben das C-Rohr mit Druckluftschaum gestellt. Beim Vergleich der Wurfweite führt die Verwendung von jeweils 38-mm-Mundstücken nur zu einer scheinbar objektiven Betrachtung, denn der mit Wasser betriebene Dachwerfer erreicht kaum die Wurfweite eines CM-Rohres. Bei Verwendung eines dem Wasservolumenstrom angemessenen Mundstücks wäre eine Vergleichbarkeit gegeben. Zudem fehlt ein dem Veröffentlichungsjahr angemessener Warnhinweis hinsichtlich der Verwendung von fluorhaltigem AFFF.

Als besonderes Highlight stellen sich Brand- und Löschversuche aus dem Jahr 2017 dar, in denen es gelang, unter Einsatz von Löschtechnik im Wert EUR 1,5 Mio. (LF mit DLS-/CAFS-Anlage und DLK) mit Druckluftschaum die gleiche Löschwirkung zu erzielen, die der von zwei 13-A-Feuerlöschern im Wert von EUR 80 entspricht. Mehr als die doppelte Brandlast wurde bereits 1997 während der „Tremonia“-Versuche mehrfach mit jeweils einer D-Leitung, Hohlstrahlrohr und Netzwasser gelöscht. Physikalisch betrachtet stellt dies keine Überraschung dar, denn der Wassergehalt einer D-Leitung entspricht etwa dem einer C42-Leitung mit Druckluftschaum bei 5 bar Druck (vgl. vfdb TB DLS, Tab. 5; S. 55) – nur dass die Kühlleistung einer D-Leitung mit einem Hohlstrahlrohr offensichtlich doppelt so wirksam ist (DLS: 140 kg Brandlast – D-Leitung: 308 kg Brandlast) [451].

## 3.4.2 Druckluftschaum und die Realität

### 3.4.2.1 Hohlstrahlrohre und DLS/CAFS

Amerikanische Quellen nennen für die Verwendung mit Druckluftschaum eindeutig Vollstrahlrohre bzw. teilweise nur Kugelhähne als optimal. Dennoch werden in Deutschland fast ausschließlich DLSA mit Hohlstrahlrohren verwendet. Es wird also zunächst Schwerschaum erzeugt, dann durch einen Schlauch und ein Hohlstrahlrohr (das wie ein Sieb wirkt) gedrückt, um dann durch die Turbulenzen am Strahlrohrmundstück wieder verschäumt zu werden (Hohlstrahlrohre können nasse Schäume bis etwa VZ 5 erzeugen). Sicherlich hat dieser Schaum keine der Eigenschaften mehr, die der Maschinist an der DLSA eingestellt hat. Die Fa. Akron Brass hat im Sommer 2001 ein Strahlrohr unter dem Namen „Saberjet“ auf den Markt gebracht, das sowohl die Abgabe von Vollstrahl wie Sprühstrahl (auch gleichzeitig, vgl. CMM-Rohr) ermöglicht. Strahlrohre mit diesen Eigenschaften finden sich auch bei anderen Herstellern bereits im Programm oder in der Entwicklung. Den bisher humorvollsten Beitrag zu diesem Thema leistete bisher die Fa. Elkhart Brass, die auf der FDIC 2008 in Indianapolis ihr Strahlrohr „Flex Attack“ mit dem Slogan „CAF to $H_2O$“ vorstellte und nunmehr die schaumzerstörende Wirkung von Hohlstrahlrohren u.a. als „Fähigkeit, durch das Verstellen des Strahlrohres, Nassschaum zu erzeugen zu können“, vermarktet.

Abb. 111: Strahlrohr „SaberJet“ von Akron Brass

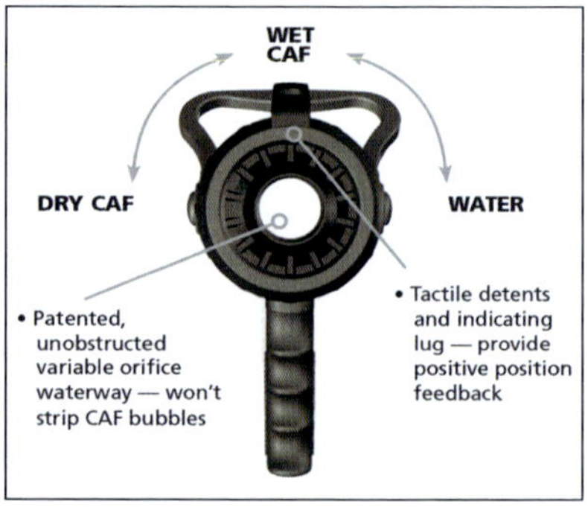


Abb. 112: Strahlrohr „Flex Attack“ der Fa. Elkhart Brass

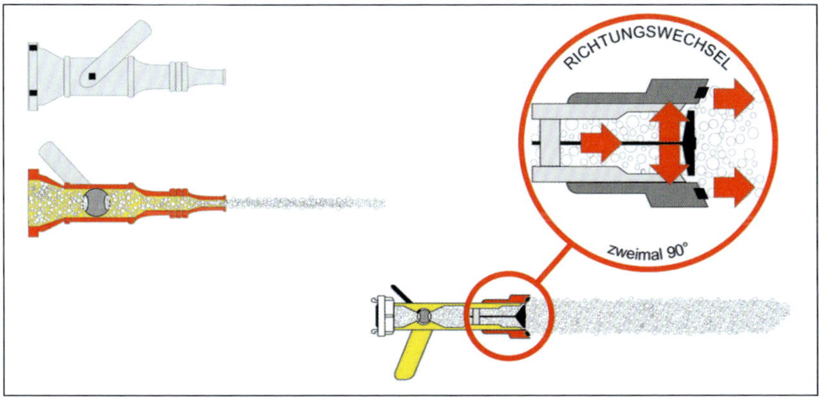


Abb. 113: Druckluftschaum in Strahlrohren

Abb. 114: Hohlstrahlrohre und CAFS/DLS

TKW GmbH
ARMATUREN
SELBSTANSAUGENDE
MITTELSCHAUMPISTOLE
M0,75 - 75 l/ min
MITTELSCHAUMPISTOLE
M0,4 - 40 l/ min
SELBSTANSAUGENDE
NETZMITTELPISTOLE
N0,75 - 75 l/min

### 3.4.2.2 Die Hydraulik des Löschangriffs vs. die Mess-Regel-Technik einer Druckluftschaumanlage

Bei Druckzumisch- und Druckluftschaumanlagen handelt es sich um komplexe messtechnische und hydraulische Systeme, deren Funktion von einer entsprechenden Mess-Regel-Technik abhängt, die zu jedem Zeitpunkt Volumenströme und/oder Drucke abgreifen muss, um die Schaummittelzumischung und bei DLSA zusätzlich die Leistung des Kompressors entsprechend der Abnahme an Löschmittel entweder direkt oder durch Ventilsteuerung einzuregeln. Als Maß für die Güte einer Regelstrecke wird in der Mess-Regel-Technik u.a. der Begriff Totzeit verwendet. Die Totzeit ist die Zeitspanne, die zwischen einer Änderung am Systemeingang und der entsprechenden Antwort am Systemausgang einer Regelstrecke liegt. Dies dürfte mindestens jedem Autofahrer, der über eine automatische Geschwindigkeitsregelung („Tempomat", „Cruise Contol") verfügt, bekannt sein: Wird auf ebener Stecke die Soll-Geschwindigkeit z.B. auf 140 km/h eingestellt und es folgt eine Anhöhe ein Gefälle, so bleibt die Geschwindigkeit nicht bei „Strich 140", sondern die Geschwindigkeit fällt zunächst leicht auf z.B. 138 km/h, das System regelt nach, es kommt üblicherweise zu einer „Überschwingung" auf z.B. 142 km/h, erst nach einiger Zeit liegt wieder eine Geschwindigkeit von exakt 140 km/h an. Wer in seinem Wagen über entsprechende Anzeigeinstrumente verfügt, wird zusätzlich das Wechselspiel von Drehzahl, Kraftstoffverbrauch und Geschwindigkeit verfolgen können. Entscheidend ist: Jede Mess-Regel-Technik braucht Zeit, um sich anzupassen!

Es kann nun darüber gestritten werden, ob die pulsierende Rauchgaskühlung mit Sprühstrahl die richtige Taktik für Druckluftschaum ist und es ist im Hinblick auf Aspekte der Mess-Regel-Technik auch akademisch, darüber zu streiten, wie oft und mit welcher Frequenz ein Strahlrohrführer den Volumenstrom seines Strahlrohres ändert. Laut Herstellerangaben soll Druckluftschaum auch dazu beitragen, Wasserschaden zu vermeiden. Wenn dem so ist, dann muss dem Strahlrohrführer auch gestattet sein, lageabhängig sein Rohr öffnen und schließen zu dürfen. Es muss durchaus mit mehreren Schaltvorgängen pro Minute gerechnet werden. Das ist etwa so, als würde man von der automatischen Geschwindigkeitsregelung eines Kfz verlangen, innerhalb von 30 sec von 140 km/h auf 0 km/h zu „regeln" (üblicherweise als Notbremsung bezeichnet) und wieder zurück (dürfte ein Sportwagen schaffen), vgl. Tab. 10.

Aufbau Löschangriff

Der Löschangriff sei folgendermaßen aufgebaut: eine B-Länge à 20 m, Verteiler, drei C-Längen à 15 Meter, macht mithin also 65 Meter Entfernung des Strahlrohrs vom Fahrzeug. Für eine 65 m lange

Schlauchleitung bei rund 2 m/s Strömungsgeschwindigkeit dauert es also ca. 30 Sekunden, bis vom „Wasser Halt“ des Strahlrohrführers irgendetwas an der Pumpe bzw. an der Mess-Regel-Technik der CAFS-Anlage ankommt. Es gibt aber zwei kleine Haken: Erstens wartet der Strahlrohrführer nicht 30 Sekunden (oder wie lange auch immer ...), sondern er hat im Brandraum noch ein paar andere Aufgaben, z.B. Brandbekämpfung. Zweitens gelten o.g. Werte für Wasser – Wasser, das als ideal und inkompressibel angenommen wird sowie für „starre“ Schläuche mit konstanten, druckunabhängigen Volumina, die es so nicht gibt [327]. Hier wird jedoch Druckluftschaum gefördert. Es dauert also nicht nur mindestens 30 Sekunden bis von einer veränderten Strahlrohreinstellung ein „Signal“ an der CAFS-Anlage (oder umgekehrt ankommt), nein – es kommt auch noch ein beliebig verstümmeltes Signal an. Die CAFS-Anlage versucht also ständig auf einen schon nicht mehr aktuellen Strahlrohrzustand einzuregeln, oder klarer ausgedrückt: Die Mess-Regel-Technik läuft ständig asynchron zum Strahlrohr. Dies ist physikalisch bedingt und bedarf keiner Diskussion. Entsprechendes gilt auch für Druckzumischanlagen, hier sind die Auswirkungen auf die Praxis aber zu vernachlässigen, auch wenn die Zumischung dadurch relativ „grob“ geregelt wird: Aufgrund der Mess-Regel-Technik wird die Zumischanlage bei z.B. eingestellter Zumischrate von 0,3 % Schaummittel real in Konzentrationen von 0 bis 1 % zumischen, sodass letztlich Netzwasser am Strahlrohr ankommt und der Zweck der Zumischung „im Mittel“ erfüllt wird.

#### 3.4.2.3 Messung des Druckverlaufs an mit Wasser oder Druckluftschaum gefüllten Schlauchleitungen während des Betriebs

Zur effektiven und erfolgreichen Anwendung von Löschanlagen ist die Kenntnis über ihr Betriebsverhalten unter Berücksichtigung der anzuwendenden Löschtaktik wichtig. Bei Druckzumisch- und Druckluftschaumanlagen (DZA, DLSA) handelt es sich um messtechnische und hydraulisch/pneumatische Systeme, deren Funktion von einer entsprechenden Mess-Regel-Technik abhängt, die zu jedem Zeitpunkt Volumenströme und/oder Drucke abgreifen muss, um die Schaummittelzumischung und bei DLSA zusätzlich die Leistung des Kompressors entsprechend der Abnahme an Löschmittel entweder direkt oder durch Ventilsteuerung einzuregeln. Daher dienen diese Messungen der Beschreibung des dynamischen Zusammenwirkens zwischen der Druckzumisch- bzw. Druckschaumanlage und der angeschlossenen Schläuche und wasserführenden Armaturen. [328; 329]

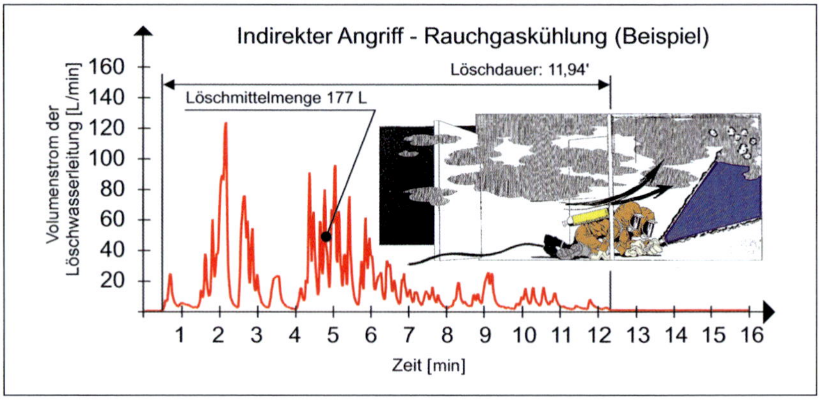


**Abb. 115: Gemessener Volumenstrom einer Angriffleitung [329]**

Brandbekämpfung in geschlossenen Räumen

Bei der Brandbekämpfung in geschlossenen Räumen kann nicht davon ausgegangen werden, dass über einen längeren Zeitraum ein konstanter Volumenstrom abgenommen wird. Abb. 115 zeigt beispielhaft den Wasservolumenstrom eines Strahlrohres, gemessen an einer stationären Leitung (Rohr) bei einem Innenangriff. Es muss mit mehreren Schaltvorgängen pro Minute gerechnet werden. Ein Löschangriff sei beispielhaft folgendermaßen aufgebaut: eine B-Länge à 20 m, Verteiler, drei C-Längen à 15 Meter, mithin 65 Meter Entfernung des Strahlrohrs vom Fahrzeug. Für eine 65 m lange Schlauchleitung bei rund 2 m/s Strömungsgeschwindigkeit [330] beträgt die Zeit für das Zurücklegen des Wegs von der Pumpe bzw. Druckzumisch- oder Druckluftschaumanlage zum Strahlrohr ca. 30 Sekunden, in der bereits wieder mehrere Schaltvorgänge am Strahlrohr erfolgt sein können.

Es ist zwischen zwei Sachverhalten zu differenzieren:

1. Zeitlicher Verlauf von Druck und Volumenstrom in der Schlauchleitung in Abhängigkeit von den Einstellungen und dem Gebrauch des Strahlrohres und deren Einfluss auf die Mess-Regel-Technik.
2. Reaktion der Mess-Regel-Technik der DZA/DLSA auf sich teilweise schnell verändernde Eingangsgrößen.

In diesen Messungen [331] wird nur der erste der beiden o.g. Sachverhalte untersucht und beschrieben. Wendet man Begrifflichkeiten aus Nachrichtentechnik an, so kann das Strahlrohr als Sender betrachtet werden, das ein Signal s(t) an die Feuerlöschkreiselpumpe/Druckzumisch- oder Druckluftschaumanlage sendet. Der Übertragungsweg ist dabei das Medium in der Schlauchleitung. Ein einzelner Impuls, wie z.B. „Wasser halt“ kann für den Maschinisten entweder an einem Anstieg des Drucks auf der Pumpenausgangsseite erkennbar sein oder führt bei Pumpen mit einer automatischen Pumpendruckregelung (APDR) zu einer Reduzierung der (Pumpen-) Drehzahl und damit des Pumpendrucks. Die Veränderung des Pumpenausgangsdrucks ihrerseits stellt ein Antwortsignal a(t) dar, das von der Feuerlöschkreiselpumpe/ Druckzumisch- oder Druckluftschaumanlage in Richtung Strahlrohr läuft. Bei schneller Abfolge der Signale s(t) und a(t) werden sich diese in der Schlauchleitung überlagern. Gleichzeitig kann nicht davon ausgegangen werden, dass das Signal s(t) verlustfrei an der Feuerlöschkreiselpumpe/ Druckzumisch- oder Druckluftschaumanlage, sondern als verändertes Signal s'(t) ankommt. Ursache dafür sind z.B. Veränderungen in der Schlauchleitung während des Betriebs (z.B. Umwandlung in kinetische Energie, sodass die Schlauchleitung sich bewegt oder Querschnittvergrößerung und Schlauchverlängerung durch Druckbeaufschlagung) oder des Mediums (z.B. lokale Kompression des Druckluftschaumes). Gleiches gilt für das Antwortsignal a(t) bzw. a'(t). Dieser Sachverhalt wird in der Nachrichtentechnik durch die Dämpfung [332] (in dB = Dezibel) ausgedrückt.

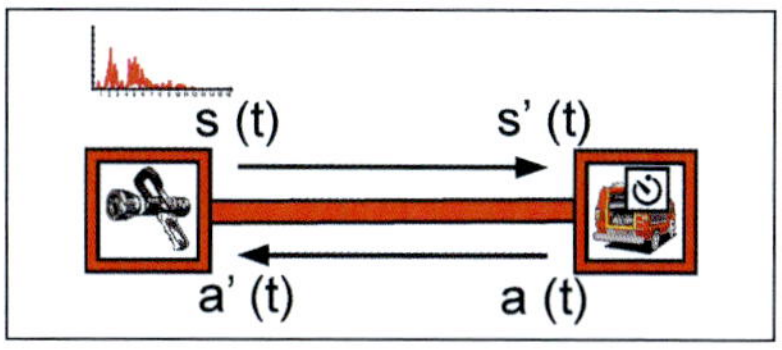


**Abb. 116: Modellvorstellung: Strahlrohr und Feuerlöschkreiselpumpe bzw. Druckluftschaumanlage als Sender und Empfänger**

Hinsichtlich der Reaktion der Mess-Regel-Technik der DZA/DLSA auf sich teilweise schnell verändernde Eingangsgrößen sei hier nur darauf verwiesen, dass als Maß für die Güte einer Regelstrecke in der Mess-Regel-Technik u.a. der Begriff Totzeit verwendet wird. Die Totzeit ist die Zeitspanne, die zwischen einer Änderung am Systemeingang und der entsprechenden Antwort am Systemausgang einer Regelstrecke liegt. Jede Mess-Regel-Technik braucht Zeit, um sich anzupassen.

## Messaufbau und Messdurchführung

Messdurchführung

Beim Betrieb von Druckzumischanlagen und insbesondere bei Druckluftschaumanlagen wurde wiederholt beobachtet, dass der Zustand des abgegebenen Schaumes stark variiert, wenn am Strahlrohr schnell nacheinander mehrere Schaltvorgänge („Wasser Halt"/„Wasser Marsch") durchgeführt werden. Daher steht bei diesen Messungen die Dynamik der Zustandsgröße Druck entlang der Schlauchleitung im Vordergrund, zumal der Volumenstrom von Schaum mit vertretbarem Aufwand nicht messbar ist, ohne den Schaum bei der Messung zu zerstören. Der Messaufbau bestand aus fünf Stück 15 m langer B-Schläuche (75 mm) vom Fahrzeug zum Verteiler und vier Stück 15 m langer C-Schläuche (40 mm bzw. 52 mm) vom Verteiler zum Strahlrohr CMM ohne Mundstück (200 LPM bei 5 bar). Das Volumen der B-Leitung beträgt mit 5 × 66 L insgesamt 330 L, das der C52-Leitung mit 4 × 32 L insgesamt 136 L und das der C40-Leitung mit 4 × 19 L insgesamt 76 L. Das Volumen der Gesamtleitung beträgt somit 406 L bei Verwendung der C40-Leitung und 466 L bei Verwendung der C52-Leitung.

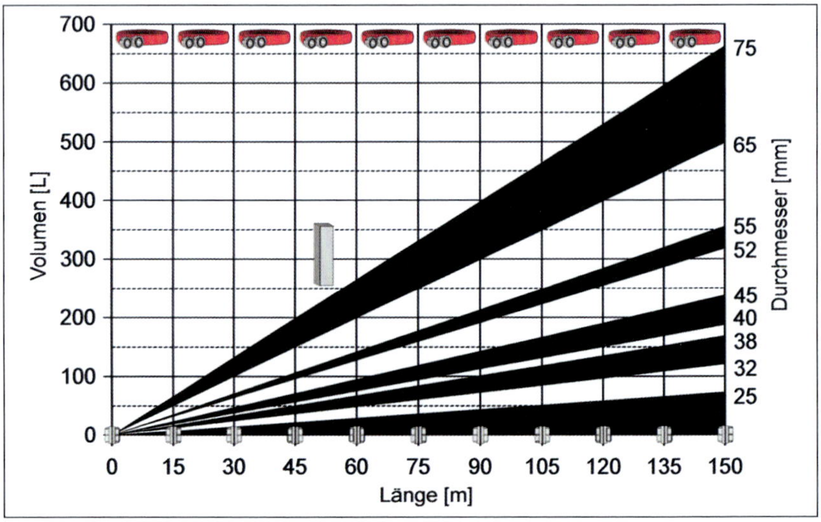


Abb. 117: Volumen von Schlauchleitungen

Zwischen die Schlauch- bzw. Verteilerkupplungen wurden insgesamt zehn Doppelnippel (50 mm bzw. 75 mm), an die jeweils ein ½"-Abgang zur Aufnahme eines CDL-Drucksensors der Fa. Sensus geschweißt worden war, eingekuppelt. Die Drucksensoren messen sekündlich mit einem Messbereich von 0 bis 10 bar und einer Genauigkeit von 0,1 bar. Die Messwerte wurden auf Datenloggern des Typs CDL-1U der Fa. Sensus zwischengespeichert. Der Abstand zwischen den Messpunkten betrug jeweils 15 m, außer bei den Messpunkten B5 und C1, die sich direkt am Eingang und Ausgang des Verteilers befanden. Die Messtechnik wurde freundlicherweise von Hamburg Wasser bereitgestellt und von deren fachkundigen Mitarbeitern bedient.

Abgesehen von einer Schauglasarmatur DN 75 vor dem Verteiler und einem 50 cm langen Stück formstabilem Klarschlauch (52 mm mit C-Kupplungen) vor dem Strahlrohr zur visuellen Überwachung wurden nur Feuerwehrarmaturen verwendet. An zwei geöffneten Abgängen des Verteilers wurde ein Druckbegrenzungsventil (DBV) über eine 5 m lange C52-Leitung eingekuppelt und auf 6 bar eingestellt, um die Drucksensoren vor möglichen Druckschlägen zu schützen. Die Ableitung des Ausgangs des Druckbegrenzungsventils erfolgte durch eine C52-Leitung mit freiem Auslauf.

Pumpenausgangsdruck bei allen Messungen war 5 bar. Die Druckluftschaumanlage wurde mit 0,5 % Zumischung des Schaummittels STHAMEX-classA in der Einstellung „Nass“ betrieben. Bei der Druckluftschaumanlage handelt es sich um den Typ „Ziegler Power Foam Pro“, eingebaut in ein Tanklöschfahrzeug TLF 20/40 SL (EZ 20.04.2007) der Freiwilligen Feuerwehr Pinneberg, bedient durch entsprechend ausgebildetes Personal der Feuerwehr Pinneberg. Im Vorgriff auf die später dargestellten Messergebnisse sei darauf hingewiesen, dass Fabrikat und Typ der Druckluftschaumanlage weitgehend irrelevant sind, da das hier untersuchte Problem durch die Dämpfung in der Schlauchleitung begründet ist.

Insgesamt wurden sechs Messungen durchgeführt, davon vier mit Druckluftschaum und zwei mit Wasser. Variiert wurden der Schlauchdurchmesser der C-Leitungen (40 mm und 52 mm) und die Ausführung des Verteilers (B-CBC mit Niederschraubventilen, BB-CBC mit Kugelhähnen; beide Fabrikat AWG). Für die 40 mm C-Schläuche wurde der Typ STOWA-Feuerwehrschlauch SYNTEX (gelb), Prüf-Nr. SFV 237 und für die 52 mm C- und 75 mm B-Schläuche der Typ THÖNI-Feuerwehrschlauch FAVORIT verwendet. Der kleinere Schlauchdurchmesser von 40 mm wurde gewählt, da dieser nach US-amerikanischen Quellen dem Mindestquerschnitt für Druckluftschaum (1½“ = 37,5 mm) am nächsten kommt. Als Strahlrohr wurde ein C-Mehrzweckstrahlrohr ohne Mundstück nach DIN 14565 (Norm 2007 zurückgezogen) verwendet, um bei 5 bar Druck einen Volumenstrom von 200 Litern pro Minute zu erreichen [333].

Der Volumenstrom von 200 L/min im unteren Leistungsbereich einer Druckluftschaumanlage wurde aus fünf Gründen gewählt:

1. Es ist bekannt, dass Druckluftschaumanlagen im mittleren Leistungsbereich bei konstantem Volumenstrom arbeiten können; dies bedarf keiner weiteren Bestätigung.
2. Der Messbereich des Volumenstrommessers der verwendeten DLSA liegt laut Bedienerhandbuch zwischen 90 und 2.400 L/min, somit kann ein Volumenstrom von 200 L/min anlagentechnisch dargestellt werden.
3. Der Volumenstrom von 200 L/min kann im wahrsten Sinne des Wortes als Schwellen-Volumenstrom für den Innenangriff mit handgeführten Strahlrohren bezeichnet werden.

4. Viele bei den Feuerwehren verwendete (Hohl-)Strahlrohre haben einen Volumenstrom im Bereich von 200 L/min, z.B. Tour & Andersson AB „Fogfighter“ 100 und 300 bzw. 175 und 450 L/min bei 6 bar, sowie viele Kategorie-3-Strahlrohre (nach DIN EN 15182-1 Anhang A) unterschiedlicher Hersteller 230 L/min als unterste Einstellmöglichkeit.
5. Der Wasserverbrauch und die Menge des erzeugten Wasser-Schaummittel-Gemisches sollte aus Gründen des Wasserschutzes begrenzt sein.

Varianten Messanordnung

Die Varianten der Messanordnung sind in Tab. 12 und in Abb. 118 dargestellt.

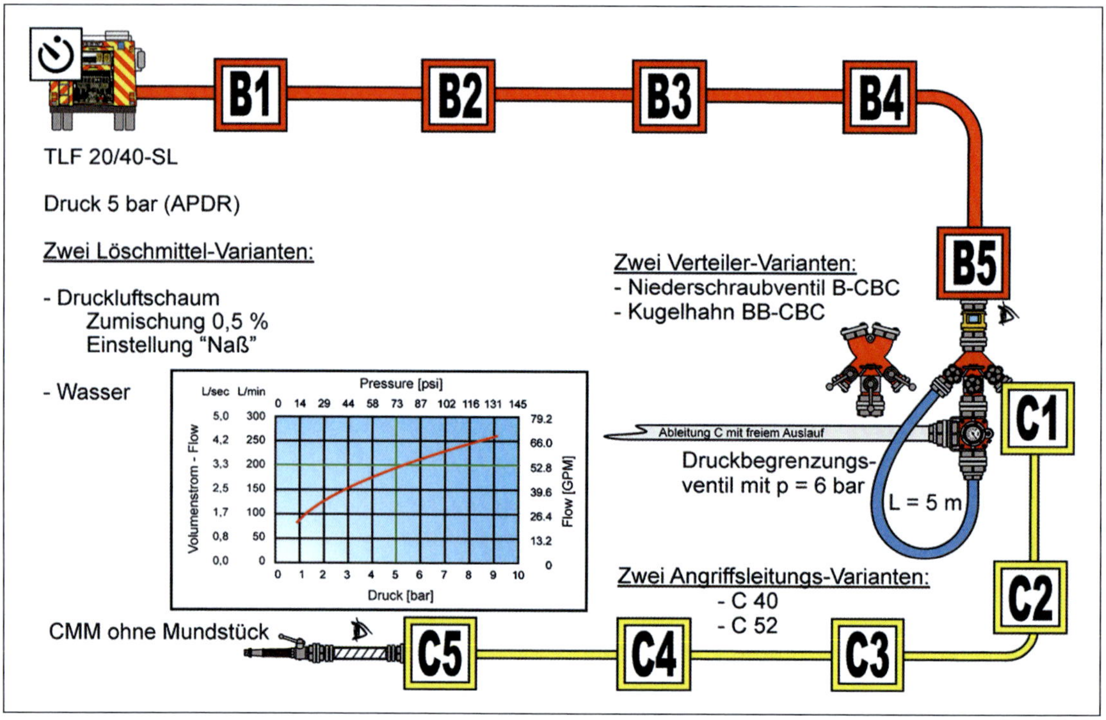


Abb. 118: Messaufbau

Tab. 12: Messaufbau

| Messung | B-Leitung jeweils 5 Längen mit Messstutzen | Verteiler (DBV nachgeschaltet) | C-Leitung jeweils 4 Längen mit Messstutzen | Löschmittel-abgabe |
|---|---|---|---|---|
| **1 CAFS** | Fzg. – 5 x B75-Längen mit Messstutzen – Schauglas | B-CBC<br>Niederschraubventil | C40 | Klarschlauch C – Strahlrohr CMM ohne Mundstück |
| **2 CAFS** | | BB-CBC<br>Kugelhahn | C40 | |
| **3 CAFS** | | BB-CBC<br>Kugelhahn | C52 | |
| **4 CAFS** | | B-CBC<br>Niederschraubventil | C52 | |
| **5 Wasser** | | B-CBC<br>Niederschraubventil | C52 | |
| **6 Wasser** | | B-CBC<br>Niederschraubventil | C40 | |

Als Eingangssignal wurde folgende zehn Minuten dauernde Sequenz von „Wasser Halt"/„Wasser Marsch" festgelegt, die auf den in der Praxis mittlerweile üblichen und nur mehrsekündigen Wasserabgaben zur Brandbekämpfung und Flashover-Unterdrückung beruht, vgl. auch [334]. In der Praxis konnte diese nicht immer exakt eingehalten werden, was das Ergebnis der Messungen jedoch nicht beeinträchtigte.

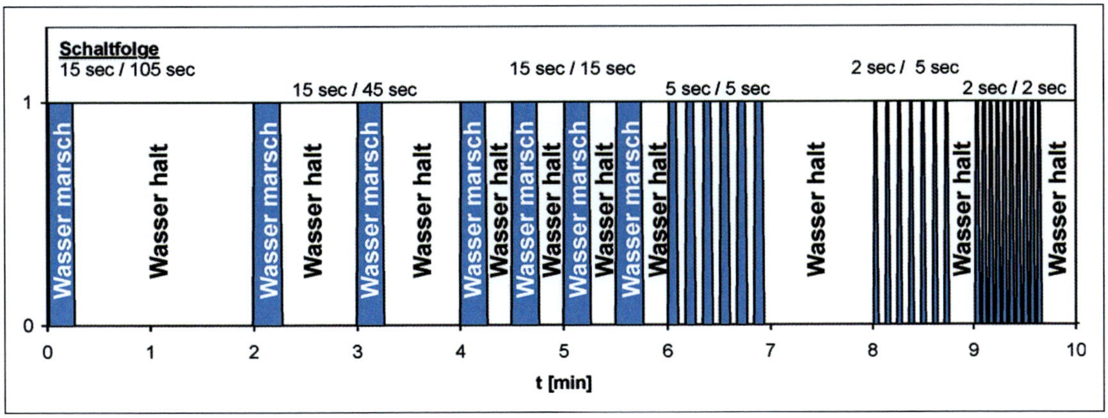


Abb. 119: Sequenz der Wasserabgabe

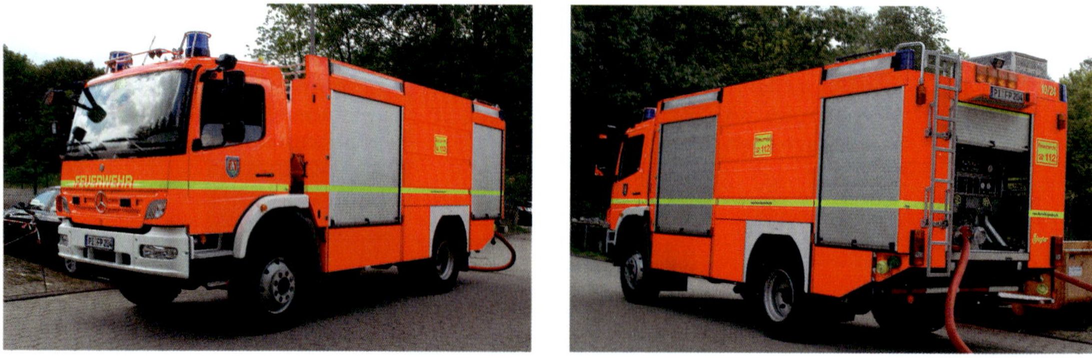


Abb. 120: TLF 20/40 SL der Feuerwehr Pinneberg (Quelle: Heiner Lahmann)

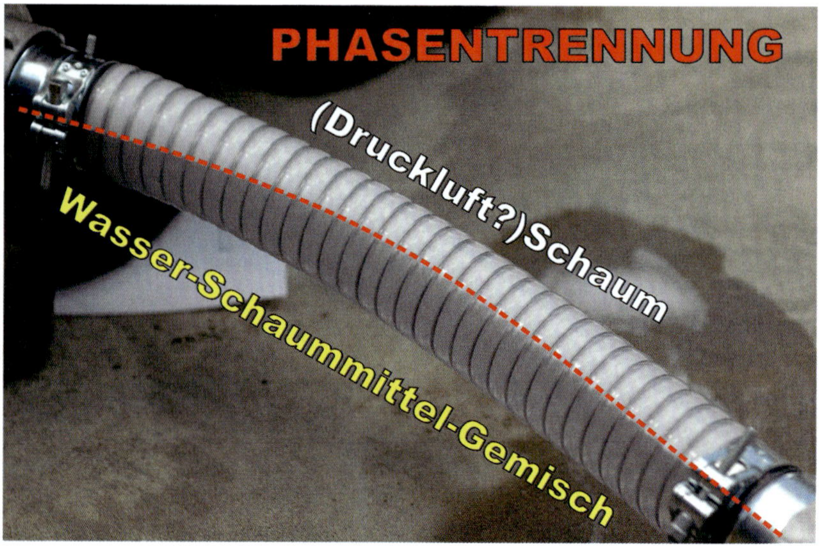


Abb. 121: Klarschlauch direkt vor dem Strahlrohr (Quelle: Heiner Lahmann)

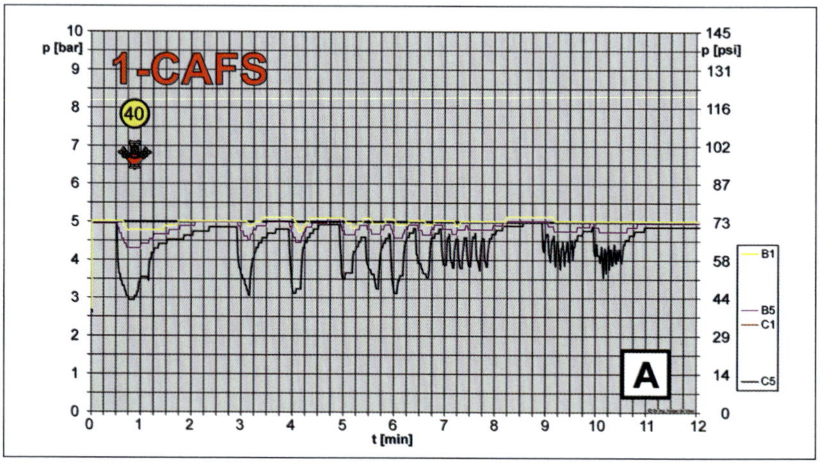


Abb. 122: Messdaten (Auszug) von Messung 1 mit Druckluftschaum

## Ergebnisse und Konsequenzen

Ergebnisse

- Der Messaufbau hat sich grundsätzlich bewährt und ist geeignet, die Sachverhalte quantitativ zu erfassen. Nach Kenntnis des Verfassers sind derartige Messungen zum ersten Mal auf diese Weise durchgeführt worden.
- Die an den Messstellen C1 und B5 direkt vor und hinter dem Verteiler gemessenen Werte sind praktisch identisch. Ein signifikanter Einfluss der Bauart des Verteilers (Kugelhahn vs. Niederschraubventil) konnte nicht ermittelt werden.
- Die Amplitude der Druckschwankungen am Strahlrohr während der Messungen 1 bis 4 mit Druckluftschaum beträgt bei Schaltvorgängen jeweils ca. 1,5 bar nach unten. Nach vier Schlauchlängen (am Verteiler) ist sie bereits auf ca. 0,5 bar gedämpft. Nach weiteren fünf Schlauchlängen ist das Eingangssignal als solches nicht mehr zu erkennen. Interessant ist, dass es bei diesen Messungen mit Druckluftschaum keine Druckstöße oberhalb von 5,5 bis 6 bar gegeben hat. Dies ist ein weiterer Hinweis auf die egalisierende Wirkung von Druckluftschaum in einer elastischen Feuerlöschleitung.

Die Messungen bestätigen die bereits deduktiv hergeleiteten Erkenntnisse über den Betrieb von Druckzumisch- und Druckluftschaumanlagen: In allen Diagrammen des Messpunktes B1 (eine Schlauchlänge vor der FP/DLSA) ist zu erkennen, dass die Druckschwankungen maximal lediglich +/- 0,5 bar betragen und damit sicherlich zu gering sind, um einen Einfluss auf die Mess-Regel-Technik zu haben. Die Druckzumisch- bzw. Druckluftschaumanlage „arbeitet" also weiterhin – rein anlagentechnisch völlig korrekt – mit einem „Mittelwert" der Löschmittelabgabe von 200 L/min bei 5 bar (maximal +/- 0,5 bar, je nach Messung). Dem könnte entgegnet werden, dass Druckzumisch- und Druckluftschaumanlagen üblicherweise mit Volumenstromsensoren und nicht mit Drucksensoren ausgestattet sind. Auch diese Volumenstromsensoren sind gegenüber den Schaltvorgängen am Strahlrohr jedoch „blind", da es bei schnellen Schaltfolgen zu einer sukzessiven Expansion, beginnend in den dem Strahlrohr am nächsten Schlauchlängen kommt. Wie bereits dargestellt, befinden sich bei diesem Messaufbau insgesamt 406 bzw. 466 Liter Druckluftschaum in der Schlauchleitung, der auf 5 bar komprimiert ist. 5 bzw. 10 Sekunden Druckluftschaumabgabe entsprechen ca. 15 L bzw. 30 L Druckluftschaumabgabe (weniger als 10 % der Schlauchinhalte). Wie am Schauglas am Verteiler beobachtet wurde, wird dies nicht durch Förderung von Schaum durch die gesamte Leitung bestritten, sondern durch sukzessive Expansion des Druckluftschaumes, der sich bereits in den Schlauchlängen zwischen Verteiler und Strahlrohr befindet. Gleichzeitig war am Klarschlauch hinter dem Strahlrohr zu beobachten, dass der Druckluftschaum zerfällt und es zu einer Phasentrennung kommt (vgl. [335]): In unteren Bereich des Klarschlauches sammelt sich Wasser-Schaummittel-Gemisch, darüber befindet sich Schaum oder Druckluftschaum unbekannter „Qualität". Es kommt zum „Stottern" des Strahlrohrs, es wird kein Druckluftschaum mehr abgegeben, sondern Luft, Wasser-Schaummittel-Gemisch und Druckluftschaum in nicht beeinflussbarer Abfolge (im amerikanischen Sprachgebrauch „sludging" [sludge = Matsch]). Dies kann insbesondere für einen Strahlrohrführer im Innenangriff fatale Folgen haben. Abb. 123 zeigt eine Modellvorstellung zur sukzessiven Expansion von Druckluftschaum bei schnellen Schaltfolgen des Strahlrohres.

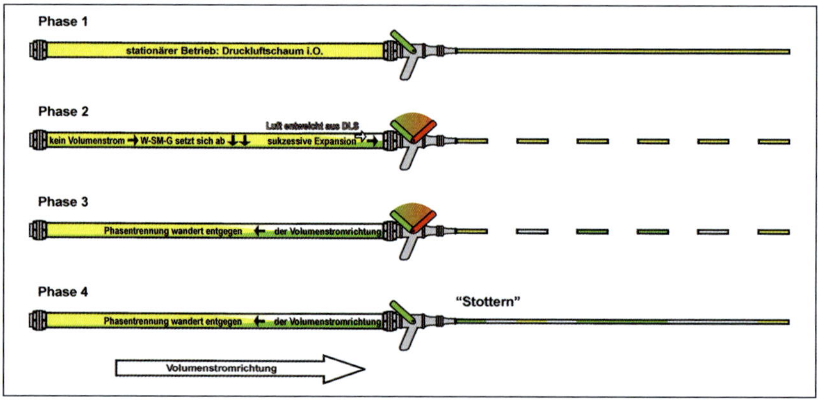


**Abb. 123: Modellvorstellung zur sukzessiven Expansion von Druckluftschaum bei schnellen Schaltfolgen des Strahlrohres**

► Bei schnellen Schaltfolgen ist die Mess-Regel-Technik von Druckluftschaumanlagen deshalb nicht in der Lage, wirksam zu folgen, weil sie kein aussagekräftiges Eingangssignal erhält. Bei den in diesen Messungen verwendeten Schlauchdurchmessern und Schlauchlängen, die einem „durchschnittlichen Löschangriff" entsprechen, lag die „Empfindlichkeit" der in diesen Messungen verwendeten Druckluftschaumanlage bei einer Schaltdauer von zwischen 5 bis 15 Sekunden. Das bedeutet, dass das Impulslöschverfahren und Druckluftschaumanlagen inkompatibel sind, da das Strahlrohr mindestens 5 bis 15 Sekunden in einer Schaltposition (Volumenstrom) betrieben werden muss. Bei längeren Schlauchleitungen ist zu erwarten, dass diese Zeitspanne noch länger sein muss. Es handelt sich dabei nicht um einen Mangel der Druckluftschaumanlagen, sondern um ein systemisches Problem, das durch die Gesamtkonfiguration aus DLSA, Schlauchleitung und Strahlrohr bedingt ist. Bei der Verwendung von Druckluftschaumanlagen sind somit andere Löschtaktiken zu wählen (Löschmittelabgabe von mindestens 5 Sekunden oder länger – „Wände streichen" statt „Wasserstöße in die Rauchschicht"). Dies wird durch Beobachtungen aus der Praxis bestätigt [336].

Entsprechendes gilt auch für Druckzumischanlagen: Hier sind die Auswirkungen auf die Praxis der Bekämpfung von Feststoffbränden aber eher zu vernachlässigen, auch für den Fall, dass die Zumischung dadurch relativ „grob" geregelt wird: Auf Grund der Mess-Regel-Technik wird die Zumischanlage bei z.B. eingestellter Zumischrate von 0,3 % Schaummittel real in Konzentrationen von 0 bis mindestens 1 % zumischen, sodass letztlich Netzwasser am Strahlrohr ankommt und der Zweck der Zumischung „im Mittel" erfüllt wird. Dies bestättigt auch der Leiter der Feuerwehr Ingolstadt, Herr Braun. Ingolstadt ist die erste deutsche Feuerwehr, die seit 1997 zwei Löschgruppenfahrzeuge mit (mittlerweile gegen neue Anlagen ausgetauschte) Druckluftschaumanlagen einsetzt. Nach Messungen von Braun beträgt die Zumischung von Schaummittel mit diesem System bei eingestellten 0,5 % real jedoch im Mittel 1,7 %, im Maximum bis zu 4,46 %, also fast dem 10-fachen des eingestellten Wertes [337]. Die maximale Abweichung von vorgewählten Zumischraten bei einem Förderdruck des Löschmittels von 4 bar bis 10 bar darf nach DIN 14330 bei bis zu 1 % Zumischrate jedoch nur +/- 20 %, d.h. 0,5 % +/- 0,1 % betragen. Bei Zumischanlagen wirkt sich dies „nur" auf den Schaummittelverbrauch aus, da Schaummittel zugemischt wird, wenn auch überdosiert. Die Technischen Regeln für Druckzumisch- und Druckluftschaumanlagen legen bisher keine zeitlichen Kriterien fest, innerhalb welcher Zeit eine (veränderte) Zumischeinstellung auch tatsächlich erreicht wird.

- Es konnte beobachtet werden, dass die Schaumqualität während der Sequenzen zwischen „wässriger Lösung" und „Rasierschaum" schwankte, ohne dass Einstellungen an der Druckluftschaumanlage verändert wurden. Druckluftschaumanlagen sind also nicht für Löschverfahren mit schnellen Schaltfolgen geeignet.
- Unerwartet hoch fielen die Druckstöße bei den Messungen mit Wasser im Vergleich zu denen in Messungen mit Druckluftschaum aus. Zwar liegen sie bei einem Eingangsdruck von 5 bar hier mit max. 9,5 bar bei den in diesen Messungen verwendeten Schlauchdurchmessern und Schlauchlängen deutlich niedriger als

der Berstdruck der Schläuche von 25 bar, sie bedeuten jedoch trotzdem eine erhebliche Belastung des verwendeten Materials. Das Druckbegrenzungsventil hat bei den mit Wasser durchgeführten Messungen bei jedem Schließen des Strahlrohres angesprochen. Schnelle Druckstöße können von einer automatischen Pumpendruckregelung wohl nicht aufgefangen werden. Es wird dringend empfohlen, bei der Anwendung des „indirekten Löschens“ bzw. des „Impulslöschverfahrens“ ein Druckbegrenzungsventil in der Angriffsleitung zu verwenden.

- ► Eine exakte mathematische Beschreibung der Dämpfung ist noch nicht möglich, da diese als Voraussetzung die sekundengenaue Zuordnung jeder einzelnen Druckmessung an den einzelnen Messstellen erfordert.

Die Messungen bestätigen die Notwendigkeit systematischer Untersuchungen, bevor Löschsysteme und Löschverfahren auf weitgehend ungeregelte Weise beschafft und verwendet werden und ohne dass die Grundlagen und Faktoren ihrer Wechselwirkungen untereinander ermittelt wurden. Bezogen auf Druckluftschaum sei darauf verwiesen, dass in Deutschland bis heute insgesamt nur zwei neutrale Messungen existieren! (Universität Wuppertal 1997, Forschungsstelle Karlsruhe 2000 [338; 339]). Grundlage für Beschaffungsentscheidungen sind üblicherweise „Vorführungen“ unter nicht reproduzierbaren Bedingungen (vgl. auch [340]).

- ► Die hier dargestellten Sachverhalte sollten einerseits als Grundlage für eine kritische Überarbeitung, z.B. der Minimalforderungen in den Technischen Regeln für Druckzumisch- und Druckluftschaumanlagen sowie andererseits als Anlass für die Erarbeitung abgesicherter Handlungsempfehlungen unter Berücksichtigung des dynamischen Verhaltens von Löschsystemen genommen werden.

Druckluftschaum wurde in den 1970er- und 1980-Jahren von den nordamerikanischen Forstbehörden „wiederentdeckt“. Die Verwendung dieser Systeme stammte aus dem Wunsch, Schaumschneisen aus Schaum anlegen zu können. Die Reichweite von Luftschaumrohren (Schwerschaumrohren) reicht dazu oft nicht aus. Daher wurden Druckluftschaumanlagen insbesondere auf schwere, geländegängige Fahrgestelle aufgebaut, von denen der Schaum mit Monitoren abgegeben wird. Also: Kurze Leitungslängen zum Wenderohr (1 bis 4 m) und stationärer Betrieb.

**Abb. 124: Wofür CAFS eigentlich entwickelt wurde: Für Tanklöschfahrzeuge, die mit Wenderohren bei konstanter Pumpendrehzahl Schaumschneisen im Wald legen und nicht für Angriffstrupps, die sich mit Schläuchen ihren Weg durch verwinkelte Treppenräume suchen (Bureau of Land Management (BLM) Fire and Aviation Image Library])**

Hinsichtlich der Verwendung von Druckluftschaum (CAFS bzw. DLS) ist jedoch – angesichts des Platz- und Gewichtsbedarfs sowie des zusätzlichen Gewichts der Aggregate im Fahrzeug (insbesondere Kompressor, Separatortank und Ölkühler) und der Kosten für diese Systeme – der Grenznutzen kritisch zu hinterfragen. Letztlich handelt es sich bei den heute angebotenen Druckluftschaumanlagen um relativ komplexe messtechnische und hydraulische Systeme, die in ihrer Verfügbarkeit (MTTF, MTTR [341]) und in ihrer Instandsetzbarkeit durch Feuerwehrpersonal hinter mechanischen Systemen zurückstehen müssen.

### 3.4.2.4 Der „Tübinger Unfall" und seine (vorübergehenden) Folgen

Bei einem Gebäudebrand am 17.12.2005 sind zwei Feuerwehrmänner der Freiwilligen Feuerwehr Tübingen im Einsatz ums Leben gekommen. Es handelte sich um ein unbewohntes Fachwerkhaus, in dem sich Werk- und Lagerstätten sowie Ateliers befanden. Das Feuer wurde kurz vor drei Uhr von einem Autofahrer gemeldet. Beim Eintreffen der Polizei wenige Minuten später quoll bereits dichter Rauch aus dem Gebäude. Als die Feuerwehr mit dem ersten Löschfahrzeug sechs Minuten nach Alarmierung am Brandort eintraf, hatte sich das Feuer bereits auf mehrere Räumlichkeiten des überwiegend in Holzbauweise erstellten Gebäudes ausgedehnt. Der erste Löschtrupp, bestehend aus den beiden Feuerwehrmännern, war mit Löscharbeiten unter Atemschutz im Innenangriff im Gebäude beauftragt und ging über den Treppenraum bis ins Dachgeschoß vor. Während der Löscharbeiten platzte der Schlauch im Bereich des ersten Obergeschosses. Die Ursache hierfür ist nach wie vor nicht eineindeutig geklärt.

Auf den Notruf der beiden Feuerwehrmänner hin wurden Sicherheitstrupps zur Hilfeleistung eingesetzt, die sich zunächst den Weg ins Dachgeschoß durch umfangreiche Löscharbeiten freimachen mussten, ehe sie die beiden Feuerwehrmänner bergen konnten. Die beiden Männer waren zu diesem Zeitpunkt bereits bewusstlos. Mehrere Notarztteams konnten den beiden Feuerwehrangehörigen trotz Reanimation nicht mehr helfen. Der 24-jährige ledige Oberfeuerwehrmann trat 1997 in die Jugendfeuerwehr ein und war seit 1999 im aktiven Feuerwehrdienst. Der 35-jährige Oberlöschmeister trat 1987 in die Feuerwehr ein, war auch als Ausbilder tätig und wurde 1997 zum Gruppenführer in der Landesfeuerwehrschule ausgebildet. Er hinterlässt Frau und zwei Kinder. Durch den intensiven Brand kam es zum Durchbrand von Erd- bis Dachgeschoß. Über 80 Feuerwehrangehörige in 18 Einsatzfahrzeugen bekämpften den Brand von außen über die Drehleiter und mit mehreren Rohren. Nach ersten Schätzungen entstand ein Sachschaden von rund EUR 500.000.

Hinweise für den Einsatz von Druckluftschaum bei der Brandbekämpfung

Bereits am 16.01.2006 sah sich der Landesbranddirektor Baden-Württembergs als nach Kenntnis des Verfassers erste Landesdienststelle in Deutschland motiviert, „Hinweise für den Einsatz von Druckluftschaum bei der Brandbekämpfung“ herauszugeben.

Aus Sicht des Verfassers sind folgende Passagen hervorzuheben [342]:

> *„Im praktischen Versuch versagten mit Wasser gefüllte Druckschläuche unter Beflammung durch brennende Holzstücke – vergleichbar einer Temperaturbelastung durch Brandschutt oder durch herab fallendes Brandgut – selbst nach mehreren Minuten nicht, während der mit Druckluftschaum gefüllte Schlauch bei vergleichbarer Temperaturbeaufschlagung nach kurzer Zeit (innerhalb einer Minute) zerplatzte.“*

> *„Den Feuerwehren mit Druckluftschaumanlagen* [343] *wird empfohlen, beim Löscheinsatz auf die Förderung von Druckluftschaum in Druckschläuchen dann zu verzichten bzw. dem Wasser-/Schaummittel-Gemisch keine Druckluft zuzuführen, wenn die Möglichkeit einer Wärmebeaufschlagung der Druckschläuche bspw. durch glühende, brennende oder anderweitig*

> *erwärmte Teile besteht. Dies gilt insbesondere, wenn dabei die Angriffstrupps in den Innenangriff vorgehen."*
>
> *„Gegen die Förderung eines Wasser-/Schaummittel-Gemischs* [344] *bestehen keine Bedenken."*

Die o.g. Hinweise sind eineindeutig und bedürfen keiner weiteren Erläuterung.

> *„In der praktischen Umsetzung bedeutet dies bspw., dass beim Löschen eines Zimmerbrandes in einem in Massivbauweise erstellten Gebäude Druckluftschaum eingesetzt werden kann. Bei einem Wohnungsbrand hingegen, bei dem der Angriffstrupp über abgelöschte Bereiche – wie z.B. den Flur – in weitere Räume vorgeht, sollte kein Druckluftschaum mehr verwendet werden. Gleichwohl kann dem Löschwasser dann das Schaummittel weiterhin zugeführt werden, was ebenfalls zu einer verbesserten Löschwirkung beiträgt." [345].*

Hier wird die stringente Argumentation aus unerfindlichen Gründen wieder verlassen: Beim Innenangriff ist regelmäßig damit zu rechnen, dass der Angriffstrupp und die Angriffsleitung Strahlungswärme, heißen Oberflächen, und heißem Brandgut begegnen und ausgesetzt werden – wenn es nicht brennen würde, dann hätte ja schließlich auch niemand die Feuerwehr gerufen! Diese Situation kann auch bei einer Einsatzlage, die sich **im Nachhinein** „nur" als Zimmerbrand herausstellt, nicht ausgeschlossen werden. Es macht keinen Sinn, dass der Einsatzbefehl aufgrund eines vorgenommenen Erkundungsergebnisses gegeben wird! Somit fällt der Einsatz von Druckluftschaum im Innenangriff als Option aus, da der begründete Verdacht besteht, dass diese Löschtechnik im Einsatz zur einer Gefährdung der Einsatzkräfte führen kann (vgl. auch die Anmerkungen zur Mess-Regel-Technik und der Vergleich mit US-amerikanischen Schläuchen).

**Ein Einsatzleiter, der nach den vorliegenden Erkenntnissen trotzdem den Einsatz von Druckluftschaum in Innenangriff anordnet, verletzt demnach seine Fürsorgepflicht und handelt vorsätzlich.**

Dubioses über Druckluftschaum hört man auch aus dem East Sussex Fire & Rescue Service im Südosten Großbritanniens: Im Dezember 2007 berichtete sogar die lokale Tagespresse über platzende Schläuche und Abbruch von Innenangriffen bei Verwendung von Druckluftschaum [346]. Der East Sussex Fire & Rescue Service verwendet Löschfahrzeuge auf Basis des Volvo FL6-H mit Aufbau der Fa. Dennis und One-Seven-Druckluftschaumanlagen der Fa. Gimaex-Schmitz. Telefonische Nachfragen des Verfassers beim Einsatzpersonal ergaben Berichte über nur teilweise reproduzierbare Fehlfunktionen der One-Seven-Anlagen, Fehlinstallationen, Probleme mit der Mess-Regel-Technik, Probleme mit Keilriemen, Nichterreichen zugesagter Verschäumungszahlen („Wet"/„Dry"), während die Leitung der Feuerwehr (East Sussex Fire Authority) per E-Mail jedwede Probleme dementiert. Auch dieses Phänomen ist des öfteren zu beobachten.

# 4 Löschmittelauswurfvorrichtungen (LAV) und tragbare Schaumgeräte

Löschmittelauswurfvorrichtung (LAV)

„Löschmittelauswurfvorrichtung" (LAV) ist ein Sammelbegriff für Vorrichtungen, mit denen der Volumenstrom, die Richtung und die geometrische Verteilung des Löschmittels bestimmt werden (können) [347]. Eine Untergruppe der LAV sind Strahlrohre, sie machen das Ende einer Schlauchleitung handhabbar und formen einen Strahl. Dabei können je nach Art des Strahlrohres, Strahlrohrdruck, Strahlform, Reichweite, Tröpfchenspektrum und ggf. Verschäumung bei gleichem Förderdruck bzw. Volumenstrom stark unterschiedlich sein. Zu den universellsten Geräten dieser Gattung gehören die Hohlstrahlrohre, die sich sowohl für die Ausbringung von reinem Wasser wie auch von Wasser-Schaummittel-Gemisch eignen. Mit ihnen kann ein Vollstrahl großer Reichweite und Sprühstrahl großer Deckungsbreite erzeugt werden, sodass sie für eine Vielzahl von Brandbekämpfungstaktiken geeignet sind. In Versuchen konnte gezeigt werden, dass ihre richtige Handhabung durch den Strahlrohrführer einen größeren Einfluss auf den Löscherfolg hat als z.B. der Löschwasserdruck [348]. Um sie auch fachgerecht anwenden zu können, ist eine genaue Kenntnis ihrer Funktionsweise erforderlich. Dies wird bei vielen Veröffentlichungen über Brandbekämpfungstaktiken vorausgesetzt.

Strahlrohrtypen

Abb. 125 zeigt die Systematisierung und weitere Aufgliederung in Strahlrohrtypen, sie ist in ähnlicher Form inzwischen Bestandteil der DIN EN 15182. Gegenüber der Darstellung in DIN EN 15182 unterscheidet sich diese Übersicht u.a. durch die neu hinzugekomme-

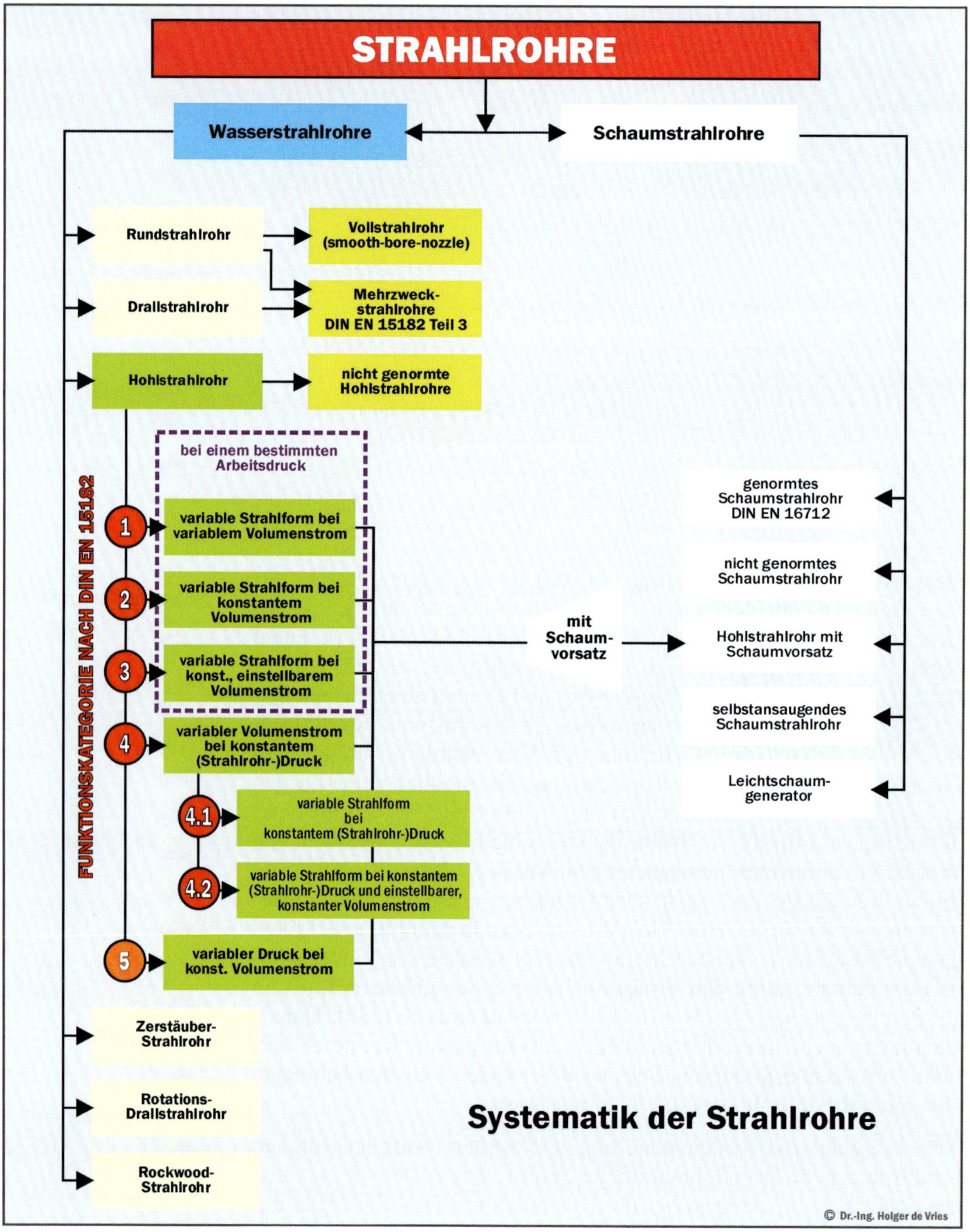


Abb. 125: Systematik der Strahlrohre

ne Funktionskategorie 5 der Hohlstrahlrohre, die in der Norm noch nicht berücksichtigt werden konnte. Die Übersicht ist deshalb erforderlich, da einerseits einige Strahlrohre mehrere der von Herterich verwendeten Prinzipien nutzen. Andererseits gibt es allein von den Hohlstrahlrohren fünf grundsätzlich unterschiedliche Ausführungen. Rotationsdrallstrahlrohre, Rockwood-Strahlrohre (Drallstrahlbündel-Strahlrohre) und Zerstäuberstrahlrohre werden heute gar nicht oder nur sehr selten eingesetzt und daher im weiteren nicht behandelt.

Bestandteile Hohlstrahlrohr

Abb. 126 zeigt die grundsätzlichen Bestandteile eines Hohlstrahlrohres, die in verschiedenen Bauformen verwendet werden. Bestimmte Hohlstrahlrohre bestehen aus weiteren Komponenten, deren Funktion in den jeweiligen nachfolgenden Abschnitten beschrieben wird. Zu drei Komponenten, dem Schaltorgan, dem Zahnkranz und dem Strahlformsteller und -kegel sind an dieser Stelle bereits grundsätzliche Erläuterungen notwendig.

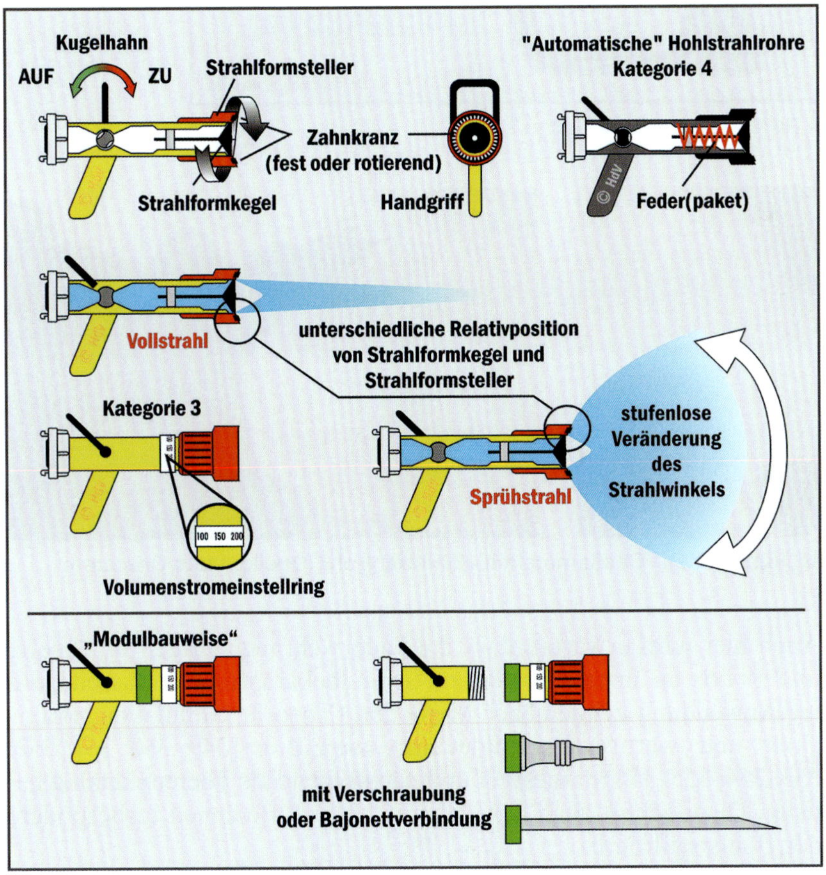


Abb. 126: Grundsätzlicher Aufbau und Funktionsweise von Hohlstrahlrohren

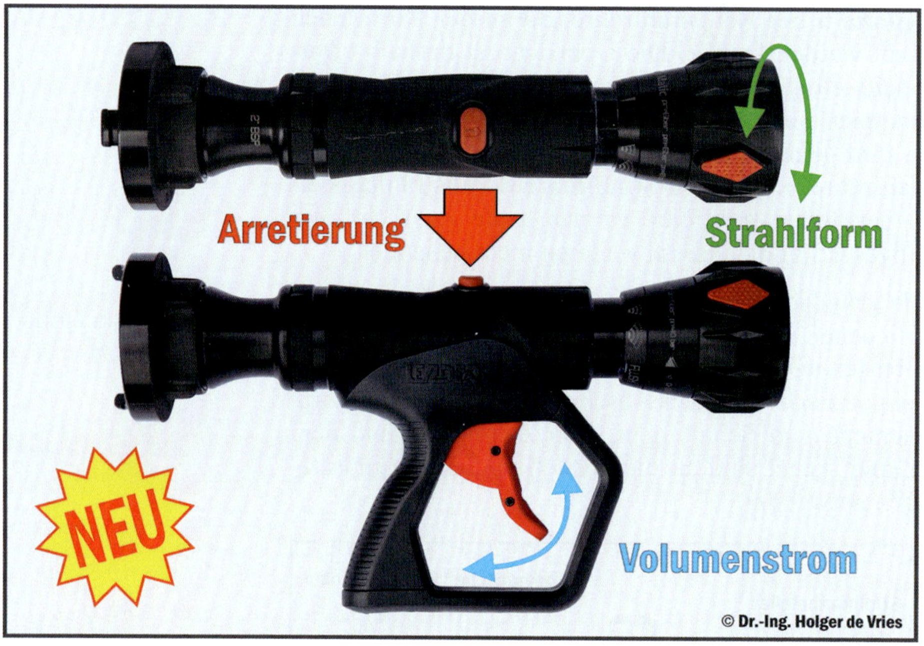


Abb. 127: Hohlstrahlrohr der Fa. Leader mit „Trigger“

Abb. 128: „Abdrängen“ einer „künstlichen“ Gasflamme mit Hohlstrahlrohr (Quelle: Mats Grimsæth Forsvaret Mediarkiv)

Auch hier wird erwartet, dass die Feuerwehrangehörigen in Theorie und Praxis an ihren Geräten zur Brandbekämpfung umfassend unter Anwendung zeitgemäßer Methoden (Theorie, Simulation, Praxis „kalt“ und „warm“) ausgebildet sind, wie z.B. in [349; 350; 351; 352; 353; 354; 355, 356] dargestellt und nachfolgend als Themenkatalog gelistet. Dazu gehört auch das sichere „blinde“ Bedienen insbesondere der Hohlstrahlrohre.

**Strahlrohre für die Brandbekämpfung**

- Hydraulische Grundlagen
- Normung:
  - DIN EN 15182 Teil 1 – Allgemeine Anforderungen
  - DIN EN 15182 Teil 2 – Hohlstrahlrohre
  - DIN EN 15182 Teil 3 – Strahlrohre mit Vollstrahl und/oder einem unveränderlichen Sprühstrahlwinkel PN 16
  - DIN EN 15182 Teil 4 – Hochdruckstrahlrohre PN40
- Technik der Hohlstrahlrohre
- Aufbau und Funktionsweise von Hohlstrahlrohren
- Volumenstromeinstellung bei Hohlstrahlrohren
- Zahnkranz
- Strahlformkegel und Strahlformsteller
- Hohlstrahlrohre der fünf Funktionskategorien
- Kennlinien
- Besonderheiten „Automatischer" Strahlrohre
- Wenn erforderlich: Hohlstrahlrohre und CAFS

**Tragbare Schaumgeräte**

- Sofern erforderlich: Schaumgeräte nach TGL (bis 1990)
- Normung:
  - DIN 14384:2011-01 Schaummittel-Zumischer PN 16, selbstansaugend (bis 2015)
  - DIN 14819:2011-01 D-Ansaugschlauch für Löschmittelzusätze (bis 2015)
  - DIN 14366:2011-01 Tragbare Schaumstrahlrohre PN 16 (bis 2015)
  - DIN EN 16712-1:2015-XX Tragbare Geräte zum Ausbringen von Löschmitteln, die mit Feuerlöschpumpen gefördert werden – Tragbare Schaumgeräte
    Teil 1: Zumischer PN 16; Deutsche Fassung prEN 16712-1:2015
    Teil 2: Ansaugschlauch; Deutsche Fassung prEN 16712-2:2015
    Teil 3: Schwer- und Mittelschaumstrahlrohre PN 16; Deutsche Fassung prEN 16712-3:2015
    Teil 4: Leichtschaumerzeuger
- Sofern erforderlich:
- Nicht genormte Schaumstrahlrohre
- Selbstansaugende Schaumstrahlrohre
- Mittelschaumpistole Größe D und C

**Wasserwerfer, Monitore und Drehleiter-Wenderohre**

- Normung und Grundlagen: DIN EN 15767:
- Technik, Bedienung, Sicherheitshinweise

Entscheidend für den Einsatzerfolg

Entscheidend für den Einsatzerfolg sind immer die Erprobung des Geräts und der Verfahren vor und nach der Beschaffung sowie danach deren konsequente Beübung. Zunächst muss festgelegt werden, welche Strahlrohre wie an welchen Leitungen verwendet werden sollen (vgl. Kap. 4.1). Die Ausbildung beginnt dann mit dem Vermitteln der hydraulischen Eigenschaften des Strahlrohrs bzw. der Strahlrohre, seiner Funktion, seinen Bedienelementen und deren Wirkung. In der ersten Stufe ist dies „trocken" und in Form des Frontalunterrichts möglich. Später sollte dies „nass" mit einem mit einer, zwei und drei Leitungen bestückten Verteiler erfolgen, um demonstrieren zu können, welche Auswirkungen es hat, wenn welche Strahlrohre auf welche Weise von einem Verteiler gespeist und verwendet werden, ggf. auch mit Höhenunterschieden an einem Schlauchtrocken-/Übungsturm. Bei Strahlrohren mit Bedienelementen wie Strahlformsteller, Volumenstromstellring etc. ist es wichtig, vor Beginn der heißen Ausbildung diese Bedienelemente „blind" zu beherrschen: Bei der Waffenausbildung der Bundeswehr ist es üblich, in unterschiedlichen Körperlagen (stehend, kniend, liegend) mit angelegter ABC-Schutzmaske bzw. über den Kopf gezogenen Stiefelbeutel (hier bieten sich auch die „Einkaufs-Jutesäcke" an) zu arbeiten. In der letzten Stufe der Ausbildung sollen heiße Übungen in Wärmegewöhnungsanlagen und Übungshäusern stehen. Zum Zwecke der „Ausbildung" reicht es jedoch nicht, einmal einen „spektakulären Durchgang" zu machen. Es müssen mehrere, möglichst gleich gestaltete Durchgänge gemacht werden, damit die Auszubildenden – nachdem sie ihre erste Aufregung und die neue Körpererfahrung hinter sich haben – echte Erfahrungen machen können und lernen „mit dem Feuer zu spielen". Fachliteratur aus anderen „Branchen", in denen es ebenfalls um Leben und Tod geht, ist in ihren Aussagen noch viel konkreter [357; 358]:

> *„... Kompetentes, regelmäßiges und realistisches Training und die richtige Einsatzstrategie verbessern die Effektivität ebenso, wie die Einfachheit der Einsatzmittel. Es geht immer darum, den einfachsten und damit risikoärmsten Weg für die Bewältigung der anstehenden Aufgaben zu wählen. [368, S. 23] ..."*

> *„... Je mehr Entscheidungsmöglichkeiten ein Individuum hat, desto langsamer wird seine Reaktionszeit. Nach dem Hicks'schen Gesetz benötigt die Auswahl aus zwei Einsatzmitteln anstatt nur einem eine zusätzliche Reaktionszeit von mindestens 150 Millisekunden."*

*„Sie sollten also in erster Linie Wert darauf legen, mit einem Einsatzmittel effektiv und sicher umzugehen, bevor Sie weitere in Ihr Training und den Einsatz integrieren.“*

*„Bei der Frage, was wichtiger ist, Mann oder Ausrüstung, ergibt sich die Antwort: Beides, aber in dieser Reihenfolge! Und manchmal ist weniger mehr[...] [368, S. 61]“*

**Abb. 129: Schwedische Heißausbildungsanlage – zum zusätzlichen Schutz insbesondere des Atemschutzgeräts tragen die Auszubildenden schwerentflammbare Hauben über Kopf, Schulter und Rücken. Dies erweist sich letztlich als methodischer Fehler, da die Einsatzkräfte später in Realeinsätzen von ihrer Schutzkleidung zu viel Schutz erwarten und sich dadurch gefährden.**

Abb. 130: Strahlrohrausbildung mit Messtechnik, wie sie z.B. vom Verfasser im Rahmen von Workshops durchgeführt wird

Bestimmung Strahlform

Bei Hohlstrahlrohren wird die Strahlform durch die Relativposition von Strahlformkegel und Strahlformsteller bestimmt. Aus feuerwehrtaktischer Sicht ist es wünschenswert, dass ein Feuerwehrangehöriger mit einer möglichst kurzen Drehbewegung – max. 180° – vom Vollstrahl in den Sprühstrahl und umgekehrt wechseln kann. Das Drehen von Bedienelementen kann bis etwa 180° durchgeführt werden, ohne eine Hand vom Strahlrohr nehmen zu müssen. Aus hydraulischer Sicht ist es wünschenswert, dass möglichst mehrere „Gänge“ erforderlich sind, da so das Strahlbild präziser eingestellt werden kann. Je geringer der erforderliche Drehwinkel, um das Strahlbild zu verändern, desto „unsauberer“ ist das Sprühbild, da „ein Teil des Strahlrohrmundstückes“ noch versucht, einen Vollstrahl zu erzeugen, der „andere Teil des Strahlrohrmundstückes“ jedoch schon einen Sprühstrahl erzeugt, wie in Abb. 131 links überzeichnet dargestellt.

In einer schwedischen Untersuchung [359] wurden Strahlbilder mit einer Messanordnung der schwedischen Strahlrohrnorm „Swedish Standard SS 3500“ aufgenommen. Bei dieser Messanordnung befinden sich Messbecher auf einem Gestell, auf das aus einer Entfernung von 3 m mit einem Strahlrohr gespritzt wird (ähnlich wie beim Sprinklertest nach VdS/CEA, nur eben nicht in der Fläche, sondern vertikal angeordnet). Es wird gemessen, wieviel mm Füllstand in welcher Zeit in welchem Messbecher erreicht werden. Durch diesen Test können Asymmetrien der Strahlbilder vermessen werden, wie das Beispiel in Abb. 131 zeigt. Bei diesem Strahlrohr in der gewählten Einstellung ist zu erkennen, dass der maximale Volumenstrom nicht – wie zu er-

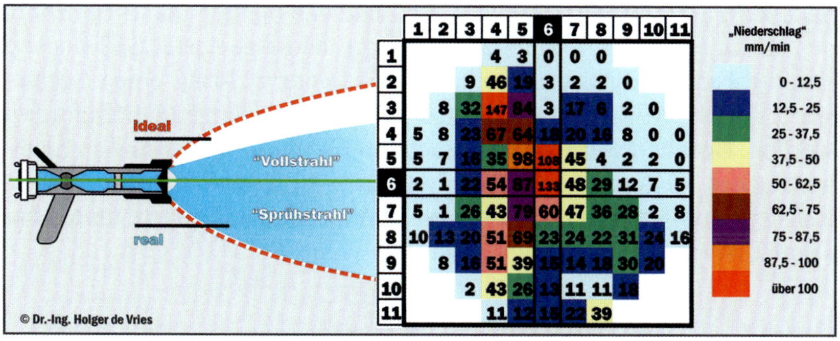


**Abb. 131: Ideales und reales Sprühbild eines Hohlstrahlrohres (überzeichnet) und schwed. Messanordung nach SS 3500 (schematisch) mit Werten aus HANDELL (Quelle: Lund, 2000, graphisch neu dargestellt)**

warten gewesen wäre – im Zentrum des Strahls, sondern mit 147 mm/min nahe dem Zentrum des linken oberen Quadranten erreicht wird. Eigentlich müssten die Sprühbilder bei allen möglichen Strahleinstellungen, z.B. in Schritten von fünf Grad, gemessen werden, da die Asymmetrie bei unterschiedlichen Einstellungen entlang des Umfangs „wandert". Des Weiteren handelt es sich bei dem dargestellten Beispiel um eine Einzelmessung: Für statistisch abgesicherte Werte müssten mehrere Messungen unter identischen Bedingungen durchgeführt werden. In Abhängigkeit von den Fertigungstoleranzen können außerdem die Werte von baugleichen Strahlrohren variieren. Dieses Beispiel wurde willkürlich gewählt und beinhaltet keine Wertung – alle Hohlstrahlrohre haben asymmetrische Sprühbilder. Über die praktische Bedeutung der Asymmetrie bzw. einen direkten Zusammenhang zur Effizienz bei der Brandbekämpfung gibt es (noch) keine gesicherten Erkenntnisse.

Fazit

Aus praktischer Erfahrung des Verfassers und aus vielen Gesprächen mit Anwendern verschiedener Strahlrohre im In- und Ausland scheint es letztlich egal, welcher spezielle Typ oder welche Bauart eines Hohlstrahlrohres eingesetzt wird. Vorteile eines Typs oder einer Bauart werden immer durch bestimmte Nachteile „erkauft". Wahr bleibt aber immer die Erkenntnis, dass das teuerste Strahlrohr wertlos ist in der Hand des ungeübten Anwenders. Die Beschaffung und Verwendung von Strahlrohren sollte daher einheitlich erfolgen und der Umgang mit ihnen muss ausgebildet werden. Ein erfahrener Strahlrohrführer mit einem „einfachen" Strahlrohr wird einem ungeübtem, der nicht einmal weiß, wofür die vielen Ringe und Hebel an seinem Strahlrohr eigentlich gut sind, immer überlegen sein. Der Verfasser empfiehlt außerdem, bei der Beschaffung von Hohlstrahlrohren zunächst im unteren Mittelfeld der Preisskala zu bleiben und Strahlrohre auszuwählen, die ggf. auch am Standort selbst gewartet und instand gesetzt werden können. Eine kostenlose Unterweisung eines Gerätewartes in der Wartung der Strahlrohre sollte in jedem Fall eingefordert werden. Beachtet werden sollte auch, ob für die Strahlrohre ggf. nichtmetrisches Werkzeug erforderlich ist und ob dieses Werkzeug kostengünstig durch den Strahlrohrhersteller oder seinen Repräsentanten beschafft werden kann.

## 4.1 Volumenstrom, Leitungslänge, Leitungsdurchmesser und Auswahl von (Hohl-)Strahlrohren

In den 1980er-Jahren galten den Strahlrohren in Katalogen der Feuerwehrausrüster weniger als zehn Seiten, heute haben Kataloge der Strahlrohrhersteller alleine schon teilweise über 50 Seiten. Zu den eigentlichen (Grund-)Modellen kommen noch weitere Gestaltungsmöglichkeiten hinzu: mit oder ohne Pistolengriff, drehender, fester oder verdeckter Zahnkranz, Kugelhähne mit „klassischem" Bügelgriff oder mit „Trigger", Farben der Kunststoffteile wie Strahlformsteller oder Griffschalen etc. Auch das Inhaltsverzeichnis der Euronorm für Strahlrohre zeigt, dass nach DIN EN 15182 [360; 361; 362; 363] die Auswahl, Beschaffung von und die Ausbildung an Hohlstrahlrohren höhere Anforderungen stellt als an die von Mehrzweckstrahlrohren nach der 2007 zurückgezogenen Norm DIN 14365. Hier werden die wesentlichen Parameter handgeführter Strahlrohre und Angriffsleitungen bis ca. 100 m Länge dargestellt, womit der weit überwiegende Anteil der Brandeinsätze abgedeckt ist. Ausgehend von einer Übersicht der möglichen Leitungs- und Strahlrohrkombinationen, auch aus dem Ausland, wird dargestellt, welche Strahlrohrgrößen (in L/min) aus einsatztaktischer und hydraulischer Sicht sinnvoll sind.

Die Ausgangslage ist in den Spalten 1 bis 11 von Abb. 132 dargestellt. Die y-Achse zeigt den Volumenstrom von 0 bis 1.000 L/min. In den Spalten sind Strahlrohrtypen, Düsen- und Mundstückdurchmesser und die zugehörigen Volumenströme bzw. Volumenstrombereiche angeführt. In den Spalten 5, 7, 10 und 11 sind erklärungsbedürftige Bereiche mit Fragezeichen gekennzeichnet. Im Folgenden werden zunächst die Inhalte der elf Spalten beschrieben. In den beiden Diagrammblöcken rechts von Spalte 8 werden die wesentlichen Ergebnisse zusammengefasst und am Ende des Kapitels erläutert.

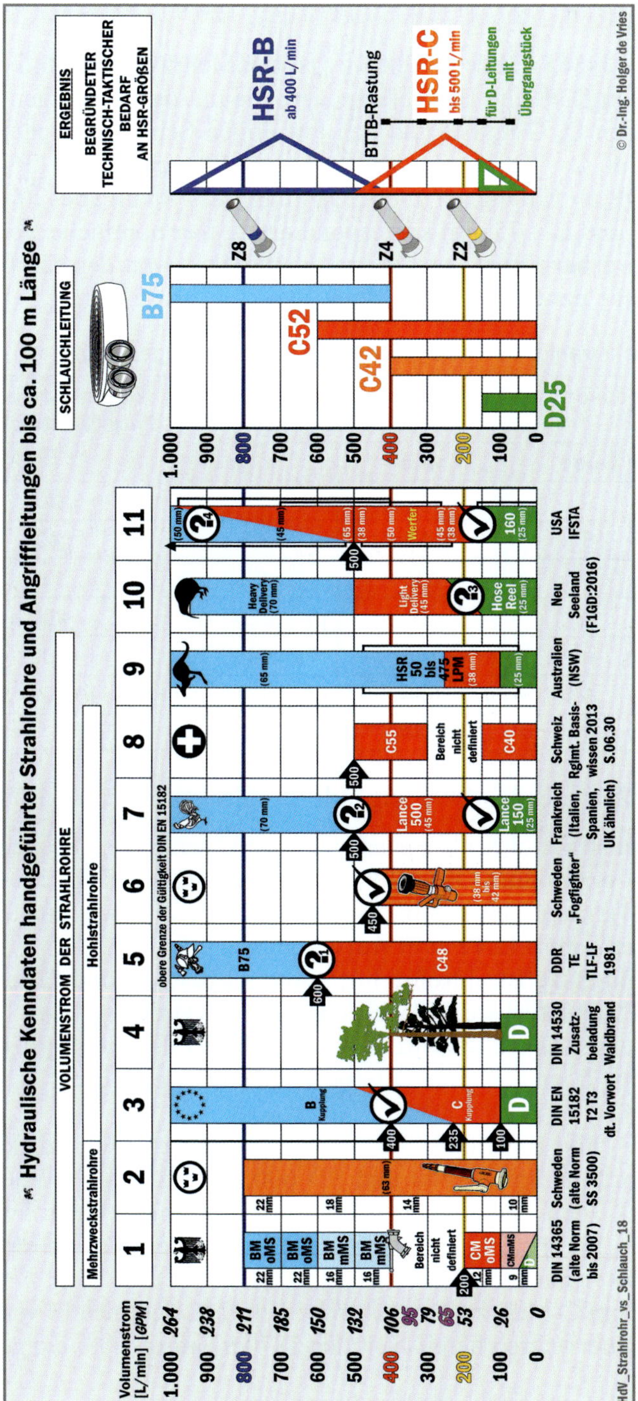


Abb. 132: Volumenströme, Leitungsquerschnitte und Strahlrohrzuordnungen in verschiedenen Ländern

## Spalte 1

DIN 14365 (alte Norm bis 2007)

Nach DIN 14365 wurde bis 2007 zwischen Mehrzweckstrahlrohren in den Größen D, C und B unterschieden, die mit den jeweiligen Kupplungsgrößen D, C und B und den jeweiligen Schlauchdurchmessern D = 25 mm, C = 52 mm (in der BRD ab 1960 auch 42 mm [364; 365] in der DDR ab Anfang der 1980er Jahre mit C = 48 mm bei 20 m Länge [366]) und B = 75 mm korrespondierten. Der nominelle Volumenstrom bei 5 bar Druck betrug in Abhängigkeit von den Größen der Mundstücke bzw. Düsen die in Tab. 13 angeführten Werte.

**Tab. 13: Volumenstrom von Mehrzweckstrahlrohren nach DIN 14365 (zurückgezogen 2007)**

| Strahlrohr Kupplung Schlauch | Innendurchmesser [mm] | | Volumenstrom nach DIN 14365 [L/min] | | Volumenstrom als Faustwert bei 5 bar [L/min] |
|---|---|---|---|---|---|
| | Mundstück | Düse | min | max | |
| DM D 25 | 4 | – | 18 | 28 | 20 |
| | – | 6 | 40 | 65 | 40 |
| CM* C 42, 52 | 9 | – | 105 | 125 | 100 |
| | – | 12 | 170 | 230 | 200 |
| BM B 75 | 16 | – | 335 | 395 | 400 |
| | – | 22 | 565 | 775 | 800 |

* Zzgl. ca. 160 L/min für die voll geöffnete Mannschutzbrause beim CMM-Rohr

In der DDR waren bis 1990 folgende Strahlrohre genormt [367; 368]:

- D-Vollstrahlrohre als Form B ohne und Form A mit Absperrorgan mit 4 bzw. 6 mm Düsen-/Mundstückweite nach TGL 121-365/03 (11/71), dazu gab es eine Sprühdüse MN II sowie ein Schwerschaumrohr 0,12/12 zum Aufschrauben.
- C- und B-Vollstrahlrohre mit 8 und 12 bzw. 16 und 22 mm Düsen-/Mundstückweite nach TGL 121-365 (11/68).
- C-Mehrzweckstrahlrohre Typ I (Leichtmetall) und Typ III (Plaste) mit 8 und 12 mm Düsen-/Mundstückweite nach TGL 121-365/02 (10/72)
- Für C- und B-Strahlrohre mit abschraubbaren Mundstücken gab es Sprühdüsen SD 200 und SD 600, die zwischen 4 und 8 bar Druck „den geschlossenen Löschmittelstrahl in einen kegelförmigen Sprühstrahl mit gleichmäßig verteilten Wassertröpfchen“ auflösten nach TGL 121-365.39 (10/69).
- Mit dem C-Mehrzweckstrahlrohr Typ II (Leichtmetall) verfügten die Feuerwehren bereits seit den 1970er-Jahren über ein genorm-

tes Hohlstrahlrohr mit 8 mm nomineller Düsenweite nach TGL 121-365/02 (10/72).

- Das Mehrzweckstrahlrohr CM-P war ein genormtes Hohlstrahlrohr mit 18 mm nomineller Düsenweite und volumenstrom- und winkelveränderlichem Strahl nach TGL 35803 (12/79), das näher unter „Spalte 5“ beschrieben wird.

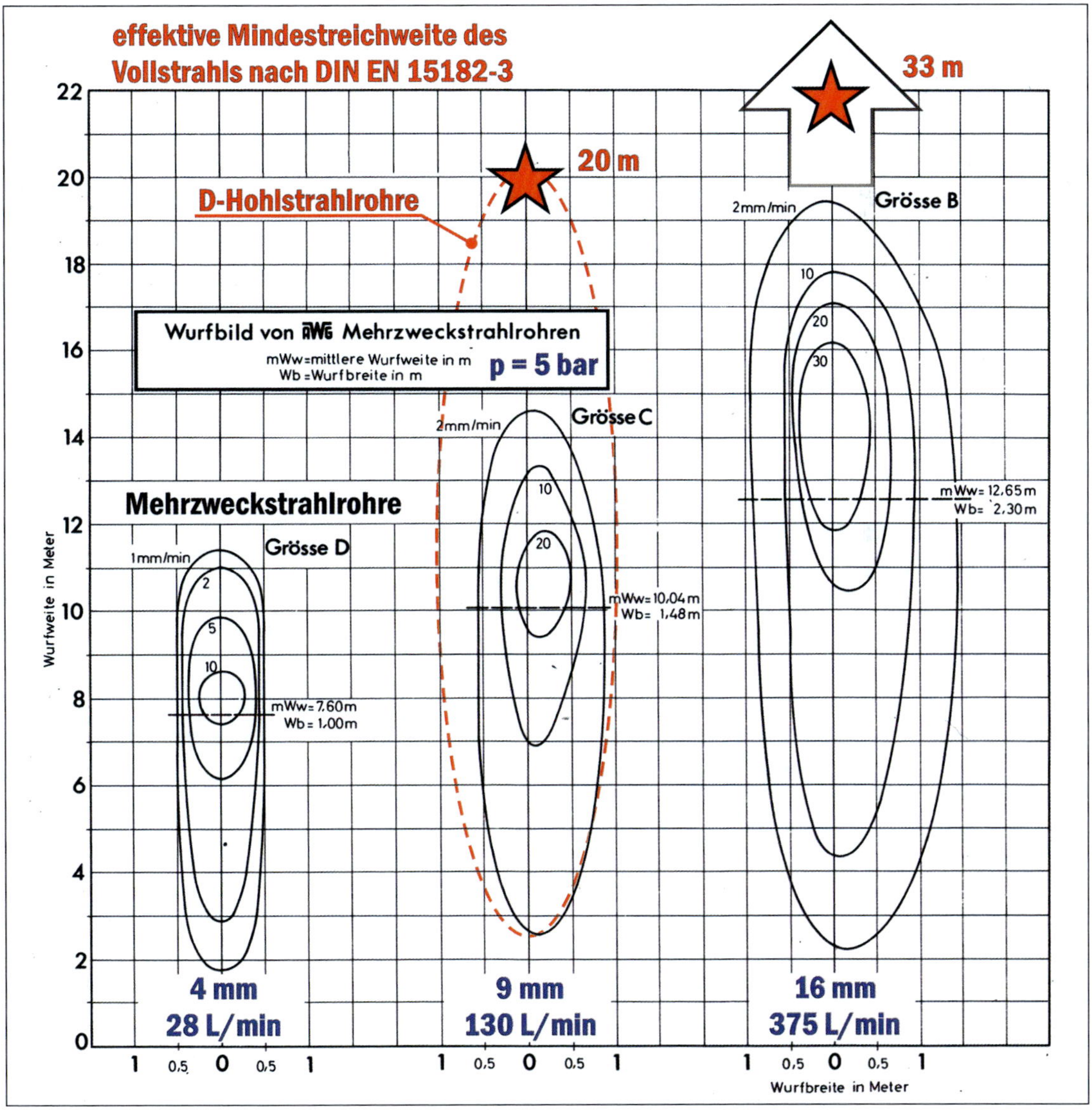


Abb. 133: Reichweiten (genormter) LAV auf Basis einer Darstellung der Fa. AWG (vgl. Abb. 5)

Der hydraulische Hauptunterschied zwischen den Mehrzweckstrahlrohren nach TGL und DIN lag im kleineren Durchmesser von 8 mm (73 L/min bei 5 bar) zu 9 mm bei den C-Rohren. Der Volumenstrombereich zwischen 200 und 400 L/min war in den deutschen Mehrzweckstrahlrohrnormen nach DIN formal nicht definiert. Mit einem CM-Strahlrohr ohne Mundstück konnte bei 12 bar Druck ein Volumenstrom von bis zu 300 L/min und bei 16 bar Druck (liegt jedoch jenseits des Schließdrucks von FP10) rechnerisch von ca. 350 L/min erreicht werden. Der Volumenstrom durch alle Leitungsdurchmesser wird nicht durch deren eigene Größe, sondern durch die Düsen- bzw. Mundstückdurchmesser begrenzt.

Reichweiten

Die Wurfweiten und Auftreffzonen von D-Hohlstrahlrohren liegen bereits im Bereich von CM-Rohren und gehen darüber hinaus: Die Überlagerung der graphischen Darstellung der Wurfbilder (schwarz und blau) von Mehrzweckstrahlrohren nach DIN 14365 (zurückgezogen), den effektiven Mindestreichweiten des Vollstrahls von Hohlstrahlrohren nach DIN EN 15182-3 (rot) und real vermessener Auftreffzonen (rot) von handelsüblichen D-Hohlstrahlrohren in Abb. 133 zeigt, dass diese deutlich im Bereich derer von C-Mehrzweckstrahlrohren liegen [371], mit Werten zwischen 10 und 15 Metern (5 bis 10 bar Druck).

## Spalte 2

Schweden (alte Norm SS 3500)

Mehrzweckstrahlrohre nach schwedischem Standard SS 3500 sind der deutschen Norm konstruktiv weitgehend gleich [369]; 370]. Durch die Verwendung von drei abschraubbaren Mundstücken sind insgesamt vier Düsenweiten darstellbar: 22 mm, 18 mm, 14 mm und 10 mm. Verwendet wird eine 63-mm-Kupplung mit einer lichten Weite von 54 mm. Der Strahlrohrmund verjüngt sich konisch bis zum Küken auf 33 mm. Mit einem Strahlrohrtyp kann der gesamte Volumenstrombereich deutscher C- und B-Rohre abgedeckt werden.

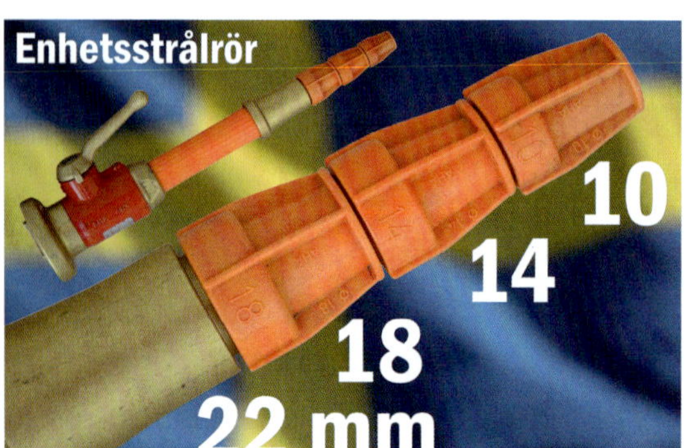


Abb. 134: Schwedisches Enhetsstrålrör Typ 3

In den Jahren 1994 und 1995 hat das schwedische Räddningsverket umfangreiche Messungen zu Druckverlusten an Schlauchleitungskombinationen aus bis zu jeweils fünf Stück 20 m langen 38-mm-Schläuchen und 25 m langen (schwedische Standardlänge) 42-mm-Schläuchen mit modifizierten Dichtungen und modifizierten Kupplungen bei Volumenströmen von 300, 400 und 500 L/min durchgeführt [371; 372]. Diese Messungen sind aus drei

Gründen relevant und übertragbar: Erstens wegen des „feuerwehrtypischen“ Aufbaus mit einer ansaugenden Feuerlöschkreiselpumpe [373; 374] und der Verteiler- und Strahlrohrstrecke und zweitens wegen der Ähnlichkeit der schwedischen Kupplungen Typ 63 [375; 376; 377; 378; 379; 380; 381; 382; 383] mit den deutschen Storz-Kupplungen und drittens wegen der Ähnlichkeit der schwedischen Strahlrohre mit deutschen Mehrzweckstrahlrohren. Die in Anlage 3 des Berichts (Bilaga 3; S. 15) wiedergegebenen Messwerte bei einem Volumenstrom von 400 L/min mit Enhetsstrålrör Typ 3 (Mundstückweite 18 mm) zeigen, dass grundsätzlich der Betrieb von Zumischern Z4 mit 38- und 42-mm-Schlauchleitungen von weniger als 100 m Länge möglich sein müsste, was 2018 durch umfangreiche Messungen des Verfassers mit drei verschiedenen Feuerwehren [384; 385] für alle europäischen Angriffschlauchdurchmesser und 2019/2020 durch die Höhere Fachschule für Rettungsberufe der Stadt Zürich bestätigt wurde. [386]

**Abb. 135: Norwegisches TLF mit Vorbaupumpe und 38-mm-Leitungen (vgl. [386])**

## Spalte 3

Die Norm DIN 14367:2002-07, Feuerwehrwesen – Hohlstrahlrohre PN 16 mit einem maximalen Volumenstrom Qmax von 1.000 L/min bei einem Eingangsdruck von 6 bar war die erste gültige Norm für Hohlstrahlrohre in Deutschland. Hohlstrahlrohre wurden dem Vorschlag des Verfassers folgend in vier Funktionskategorien eingeteilt. Eine elektrische Durchschlagsprüfung war bewusst kein Bestandteil von DIN 14367 [387]. Die deutsche DIN 14367 war neben der französischen (NF) und der US-amerikanischen Strahlrohrnorm (NFPA) eine wichtige Keimzelle für die europäische Normung von Strahlrohren. Erstmals 2004 in der Fahrzeugnorm für das LF 20/16 konnte der Besteller wählen, ob er Mehrzweckstrahlrohre oder statt dessen „offiziell“ Hohlstrahlrohre im Fahrzeug mitführen wollte [388]. Die nationalen deutschen Strahlrohrnormen [389] sind ab 2007 in der europäischen Norm DIN EN 15182:2007-02 [370 ff.] aufgegangen. Sie ersetzt die z.T. seit den 1930er-Jahren und 1940er-Jahren bisher für die Anforderungen und Prüfungen von Mehrzweck- und Hohlstrahlrohren gültigen Deutschen Normen. Die neue Norm gilt nicht für Strahlrohre, die in DIN EN 671 behandelt werden (Strahlrohre in ortsfesten Löschanlagen, z.B. für Wandhydranten), Schaum- oder Pulverstrahl-

DIN EN 15182 T2 T3 dt. Vorwort

rohre bzw. Sonderstrahlrohre mit einem maximalen Betriebsdruck von mehr als 40 bar. Insgesamt besteht DIN EN 15182 aus vier Teilen:

- Teil 1: Allgemeine Anforderungen
- Teil 2: Hohlstrahlrohre PN16 – beschreibt Hohlstrahlrohre
- Teil 3: Strahlrohre mit Vollstrahl und/oder einem unveränderlichen Sprühstrahlwinkel PN16 – beschreibt Mehrzweckstrahlrohre und ist damit de facto Nachfolgenorm für DIN 14365
- Teil 4: Hochdruckstrahlrohre PN 40 (hier nicht weiter betrachtet)

Kupplungsgrößen

Da es sich bei der Strahlrohrnorm nunmehr um eine europäische Norm handelt und nach wie vor in Europa verschiedene Kupplungssysteme verwendet werden, mussten im nationalen Vorwort der Teile 1 bis 3 entsprechende Zuordnungen der („deutschen“) Storz-Kupplungen aufgenommen werden. Generell muss daher zwischen dem Besteller und dem Lieferanten die Kupplung vereinbart werden. Folgende Kupplungsgrößen sind vorgesehen:

a) Festkupplung DIN 14306-D: Volumenstrom bis 100 L/min bei 6 bar Eingangsdruck.
b) Festkupplung DIN 14307-C: Volumenstrom von 100 L/min bis 235 L/min bei 6 bar Eingangsdruck.
c) Festkupplung DIN 14308-B: Volumenstrom von 235 L/min bis 400 L/min bei 6 bar Eingangsdruck (optional zulässig: Festkupplung C).
d) Festkupplung DIN 14308-B: Volumenstrom ab 400 L/min bei 6 bar Eingangsdruck.

Damit bieten sich insbesondere Hohlstrahlrohre nach b) als Ersatz für CM-Strahlrohre an und Hohlstrahlrohre oder Mehrzweckstrahlrohre nach c) oder d) mit Festkupplung DIN 14308-B als Ersatz für BM-Strahlrohre. In Teil 4 für Hochdruckstrahlrohre erfolgt keine Zuordnung einer Kupplung, da es keine genormte Kupplung PN40 gibt. Aus Gründen der Sicherheit werden aber Schraubkupplungen empfohlen.

Die deutsche Zuordnung der Kupplungsgrößen gemäß der vorstehenden Auflistung ist recht konservativ. In der Praxis können Strahlrohre mit einem Volumenstrom von bis zu 400 L/min durchaus mit C-52-Leitungen betrieben werden. In Frankreich werden mit 45-mm-Leitungen Strahlrohre mit bis zu 500 L/min betrieben. Anders als in Deutschland („Hofballett“) gehört in Frankreich allerdings Hydraulik auch zur Feuerwehrausbildung [390; 391].

Abb. 136: Hohlstrahlrohr DeltaFire Attack 500 Pro, Volumenstrom 70-130-230-400 LPM

Abb. 137: Hohlstrahlrohr Tipsa BlueDevil 3015, Volumenstrom 100-210-330-430-525 LPM

## Spalte 4

Für die Abschätzung des Volumenstromes, der mit D-Leitungen erreicht werden kann, gibt es folgende Eckdaten aus dem Gebiet der mobilen Brandbekämpfung der Feuerwehren:

DIN 14530 Zusatzbeladung Waldbrand

- Gemäß LSHD/KatS: DM-Strahlrohr nach DIN 14365 (2007 zurückgezogen), mit 4-mm-Mundstück ca. 20 L/min, mit 6-mm-Düse ca. 40 L/min bei 5 bar [392, 393, 394].
- Nach DIN 14530 sind als Zusatzbeladung für Waldbrände u.a. vier Druckschläuche D 25-15, ein C-D-Übergangsstück, zwei Hohlstrahlrohre mit Festkupplung D mit Volumenstrom von „etwa 100 L/min", ein Verteiler CV oder CK [395] [vgl. auch 396].
- Gemäß Formations Feux de Forêts: Nominell 150 L/min. Feldmessungen mit französischer Technik beim Betrieb von zwei Stück 2 × 20 m langer D-Leitungen (ohnehin sinnvoller als 15 m und nicht ohne Grund Standard in den meisten europäischen Ländern und auch der DDR [397]), über eine 120 m lange 45-mm-Leitung mit Verteiler („Standardformation F5"): Bei einem Pumpendruck von 5 bar wurden ein Stahlrohrdruck von 3 bar und ein Volumenstrom von 90 Litern pro Minute gemessen, bei 10 bar

Pumpendruck waren es 6 bar Strahlrohrdruck und 120 Liter pro Minute Volumenstrom [398; 399; 400; 401].

- Fahrzeugnahes Löschen von Altpapiercontainerbränden mit D-Schläuchen und Löschdüsen bei 5 bar mit bis zu 130 L/min Netzwasser („Wattenscheid"-Versuche 1998).
- Gemäß Dissertation de Vries (Tremonia-Versuche): 100 bis 130 L/min bei 7 bis 8 bar Druck (TFT QuadraFog mit 2 Stück D25-15).
- In Schweden arbeiten einige Feuerwehren mit 25- und 38-mm-Schläuchen ab 35 L/min bei der Vegetationsbrandbekämpfung [402].
- Das System „Fognail" hat bei 6 bzw. 30 bar Druck einen Volumenstrom von ca. 70 bis 80 L/min.
- Bei einem Pumpendruck von 10 bar stehen nach 90 m C52-Leitung und Verteiler an drei D-Leitungen aus jeweils 3 Stück 30-m-D-Schlauch 100 L/min Volumenstrom bei 5 bar Druck zur Verfügung (vgl. Abb. 138).
- Für den hydraulisch optimalen Bereich [403] mit zwischen 2 bis 5 m/s Fließgeschwindigkeit im Schlauch ergibt sich ein Volumenstrom von etwa 70 bis 150 L/min.
- Die Wurfweiten und Auftreffzonen von D-Hohlstrahlrohren liegen im Bereich von CM-Rohren und gehen darüber hinaus. Die erforderlichen Deckungsbreiten gemäß SER Wald- und Flächenbrandbekämpfung werden eingehalten [404].
- Für Hohlstrahlrohre mit einstellbarem Volumenstrom (Kategorie 3 nach DIN EN 15182 Teil 2) werden Strahlrohre mit Rastungen bei ca. 50 bis 70 und bei 150 L/min Volumenstrom von 150 L/min (nominelle Mundstückweite 7 bzw. 10 mm) bei 6 bar empfohlen.

DIN 14811 Ziffer 6.10 geht bei einem Volumenstrom von 130 L/min durch eine 15 Meter lange D-Leitung bei einem Eingangsdruck von 6 bar von einem (maximalen) Druckverlust von 2 bar aus. Für den Druckverlust in D-Leitungen wird in der Literatur ein wesentlich geringerer Faustwert von 4,5 bar auf 100 Metern Länge angegeben [405]. Gemessene Werte wurden graphisch mit Werten für amerikanische 25-mm-Schläuche [406] verglichen und rechnerisch unter Verwendung des Programms Angus Hose Calc [407] verifiziert, wobei sich herausstellte, dass die Werte für Flach- und formstabile Schläuche mit einem Innendurchmesser von 25 mm und den hier betrachteten Schlauchlängen – was die praktische Brandbekämpfung angeht – gleich groß sind.

Abb. 138 a und b: Drei D-Leitungen aus jeweils drei Stück 30 m langen D-Schläuchen (Quelle: Feuerwehr Wangerland)

## Spalte 5

DDR TE TLF-LF 1981

Rund 30 Jahre früher als in der BRD wurde in der DDR erkannt, dass die „FwDV 4“, die dort unter dem Titel „Grundübungen der Gruppe“ (Stand 1970) [408] ausgebildet wurde, überarbeitungswürdig war und es wurde entsprechend gehandelt: Mit der Übungs- und Einsatzvorschrift zur „Taktischen Einheit TLF-LF“ (TE TLF-LF) hatten die Feuerwehren der DDR bereits in den 1980er-Jahren ein Instrument geschaffen, um auch nur mit Mindestbesatzung von insgesamt elf Feuerwehrangehörigen (TLF: 1 + 3 = 4; LF: 1 + 6 = 7) schnell und mit redundanter Wasserversorgung bis zu drei Rohre mit einem Volumenstrom von jeweils bis 600 L/min zum Einsatz zu bringen [409; 410; 411; vgl. 412; 413; 414]. Dazu waren verschiedene technische Voraussetzungen zu schaffen:

- Flächendeckende Ausstattung der Feuerwehren mit TLF 16 und LF16.
- Einführung der BB-CBC-Verteiler nach TGL 121-345 (10/73): Beide angriffseitigen BB-CBC-Verteiler wurden durch einen kurzen B-Schlauch miteinander verbunden [415], ähnliche Verteiler gehören auch in Schweden zur Standardausstattung und -taktik [416].
- Ausstattung der Fahrzeuge bzw. der Feuerwehren mit LAV und Zumischern mit 600 L/min Volumenstrom [417], insbesondere dem Mehrzweckstrahlrohr CM-P.

Das Mehrzweckstrahlrohr CM-P war ein Hohlstrahlrohr mit 18 mm nomineller Düsenweite und volumenstrom- und winkelveränderlichen Strahl nach TGL 35803 (12/79), dessen Betriebsfeld in Abb. 140 in gelb zwischen der roten Vollstrahl- und der hellgrünen Sprühstrahlkennlinie dargestellt ist. Wenngleich die Düsenweite offiziell mit 18 mm angegeben ist, so liegt sie tatsächlich zwischen 13,5 und 16 mm. Damit deckte das Mehrzweckstrahlrohr CM-P einen Volumenstrombereich von ca. 250 bis 500 L/min ab.

Die Feuerwehren in der DDR arbeiteten technisch/formal mit ähnlichen Abstandsregeln wie nach DIN VDE 0132 (immerhin war die Leitfähigkeit des Wassers berücksichtigt!) [418; 419]. Probleme mit der elektrischen Sicherheit des zwischen 450 und 500 L/min leistenden Strahlrohres in der Praxis sind nach zahlreichen und intensiven Gesprächen mit Feuerwehrangehörigen der damaligen DDR nicht bekannt. In der BRD mit „fortschrittlicher westlicher Technologie“ und DIN VDE 0132 hätte das CM-P jedoch nicht eingesetzt werden dürfen.

**Zu Fragezeichen 1:** In der DDR wurde ab Anfang der 1980er-Jahre der C52-Druckschlauch durch den C48-Druckschlauch ersetzt [420]. In Abb. 132 ist bei 600 L/min Volumenstrom ein Fragezeichen gesetzt, da hierfür eine Fließgeschwindigkeit von ca. 6 m/s erforderlich wäre. Bei den „Seesen“-Messungen konnten 400 L/min bei einem Pumpendruck von 10 bar und nach 100 m C48-Leitungslänge ca. 4 bar am Strahlrohr M4 bestätigt werden [395; 396]. Wie in Abb. 140 zu erkennen ist, folgt die Kennlinie des CM-P etwa der 16-mm-Kurve eines B-Strahlrohres, sodass in der Praxis bei 6 bis 8 bar Druck etwa 400 bis 450 L/min (nicht aber 600 L/min) Volumenstrom erreicht wurden.

Offensichtlich wurde aber auch in der DDR schon in den 1980er-Jahren erkannt, dass Volumenströme um die 400 L/min mit C-Leitungen hydraulisch möglich und einsatztaktisch erforderlich sein können. Dies besonders als Hinweis an die Unfallversicherer: Es handelte sich

Abb. 139: Strahlrohr CM-P

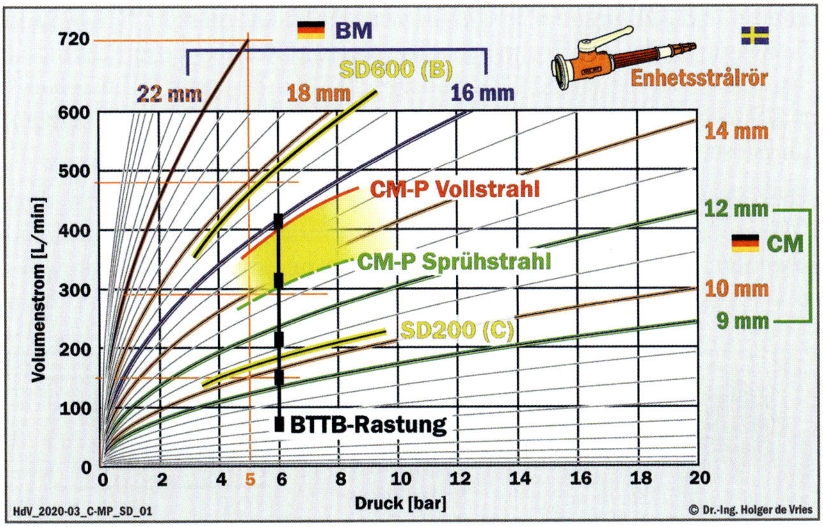


Abb. 140: Strahlrohrkennlinien

um dienstlich verfügte und eingeführte Einsatzverfahren mit entsprechend gestaltetem und zentral beschafftem Gerät.

## Spalte 6

Schweden „Fogfighter“

Vier Faktoren hatten einen größeren Einfluss auf das deutsche Feuerwehrwesen als alle Aktionen aller Feuerwehrverbände oder Erlasse und Weisungen der Ministerien zusammen: Erstens Besuche deutscher Feuerwehrangehöriger in Schweden in den 1980er- und 1990er-Jahren, zweitens die Premiere der Feuerwehr-Soap „Backdraft“ im Jahr 1991, drittens der Aufbau und Zugang zum Internet für Jedermann in den 1990er-Jahren und damit das Ende der „Informations- und Nachrichtenhoheit“ von Verlagen, Behörden und Verbänden sowie viertens schwere und tödliche Dienstunfälle bei Bränden in Gebäuden, u.a. in Marburg, Laatzen, Aachen, Höxter und Köln. Diese Gemengelage führte in den 1990er-Jahren zum „wilden“ (oft privaten) Ankauf höherwertiger Schutzkleidung aus Skandinavien (während deutsche Länder-Innenministerien versuchten, der EN 469 eine Gültigkeit für die deutschen Feuerwehren abzusprechen) und neben Saab-Cabrios und dem Ivar-Regal zu einem weiteren schwedischen Exportschlager: Dem „Fogfighter“-Hohlstrahlrohr der Fa. Tour & Andersson AB. Zwar gab es schon deutsche und auch amerikanische Hohlstrahlrohre auf dem deutschen Markt, aber der orange Fogfighter kam eben nicht nur als Produkt, das irgendwo auf einem Messestand herumlag, sondern er kam zusammen mit dem rostigen Container, in dem mit wenigen

Paletten ein Höllenfeuer inszeniert werden kann, das den Schweiß in die Maske treibt, den Helm schwärzt und die Reflexstreifen der Jacke ansengt – Der deutsche „Floriansjünger“ wurde zum „Firefighter“, tauschte bereitwillig seine „Mütze, Schirm, Sattelform, dunkelblau, mit Biese, rot, karmesin“ gegen eine Flammschutzhaube. [421]

Allerdings kam von der gesamten schwedischen Taktik, also dem Aufbau des Löschangriffs, des Personaleinsatzes und der Funktionsbesetzung, der Vorgehensweise etc. eben nur dieses Strahlrohr hier in Deutschland an. Wesentliche Merkmale des schwedischen Lösch-

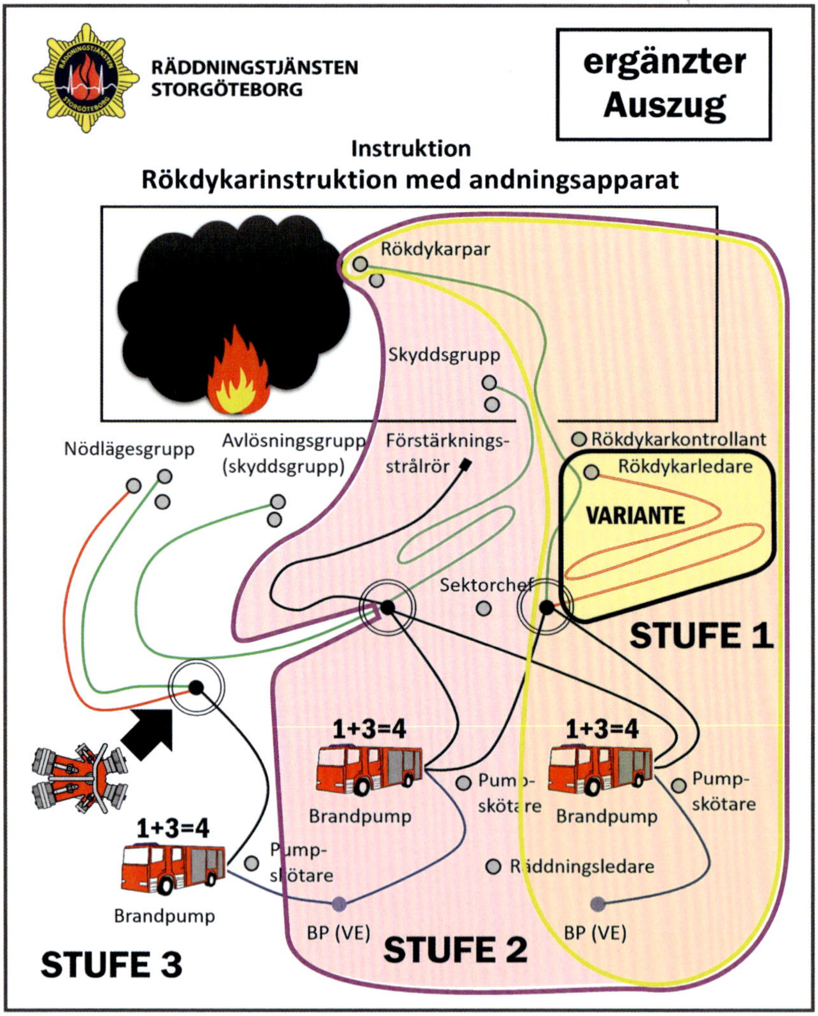


Abb. 141: Aufbau eines schwedischen Löschangriffs, Beispiel Göteborg (2018)

Abb. 142: Schwedischer Angriffskorb mit zwei 25 m langen 38-mm-Schläuchen und HSR (vgl. [421])

Abb. 143: Schwedischer BB-Verteiler (hier mit Storz-Kupplungen)

Abb. 144 a und b: A propos „Schnellangriff"-Verteiler: Die übliche 20-m-Länge von B-Schläuchen ist im urbanen Umfeld schlicht zu lang

angriffs sind die Verwendung „verflochtener" BB-Verteiler und 25 m langer Angriffschläuche mit 38 oder 42 mm Durchmesser. Die Unterschiede in der Vorgehensweise nach FwDV 3 bzw. 4 und Abb. 142 sind offensichtlich.

Für maximale Flexibilität beim Aufbau von Wasserversorgungen bei kleinen wie auch bei Großeinsätzen bietet sich der Austausch der bei deutschen Feuerwehren üblichen Verteiler B/CBC (bisher nach DIN 14345) gegen Verteiler BB/CBC (bisher nach DIN 14345 und DIN 14355, seit 2019 nach DIN EN 17407 Sammelstücke und Verteiler) an. Verteiler mit zwei angeschlossenen B-Leitungen bieten den Angriffstrupps eine höhere Sicherheit beim Ausfall einer Pumpe oder eines Teils der Wasserversorgung. Der Vorteil dieser Verteiler BB/DBBD ist zudem, dass es möglich ist, beim Ändern der Wasserversorgung, beim Umkuppeln von Leitungen usw., wobei es immer wieder Kommunikationsprobleme zwischen den Trupps und dem Feuerwehrangehörigen am Verteiler gibt, Angriffsleitungen schnell über die D-Abgänge druckzuentlasten. Die Anwendung der BB-CBC-Verteiler sowie das taktische Vorgehen im Löschangriff von Staffel bis zum Zug ist den entsprechenden Broschüren der Buchreihe „Standardeinsatzregel" beschrieben.

Der Fogfighter wird nicht mehr produziert und auch in Schweden mittlerweile durch andere Hohlstrahlrohre ersetzt. Er wird hier aufgrund seiner seinerzeit weiten Verbreitung und seiner historischen Bedeutung berücksichtigt. Die beiden Ausführungen der Fogfighter haben je zwei Bohrungen und zwei Stellungen des Schaltorgans für unterschiedlichen Volumenstrom (100 L/min oder 300 L/min sowie 175 L/min oder 450 L/min, jeweils bei 6 bar). Es handelt sich um „automatische" Strahlrohre. Der Fogfighter ist ein Zwitter zwischen automatischen Strahlrohren und den Strahlrohren mit einstellbarem

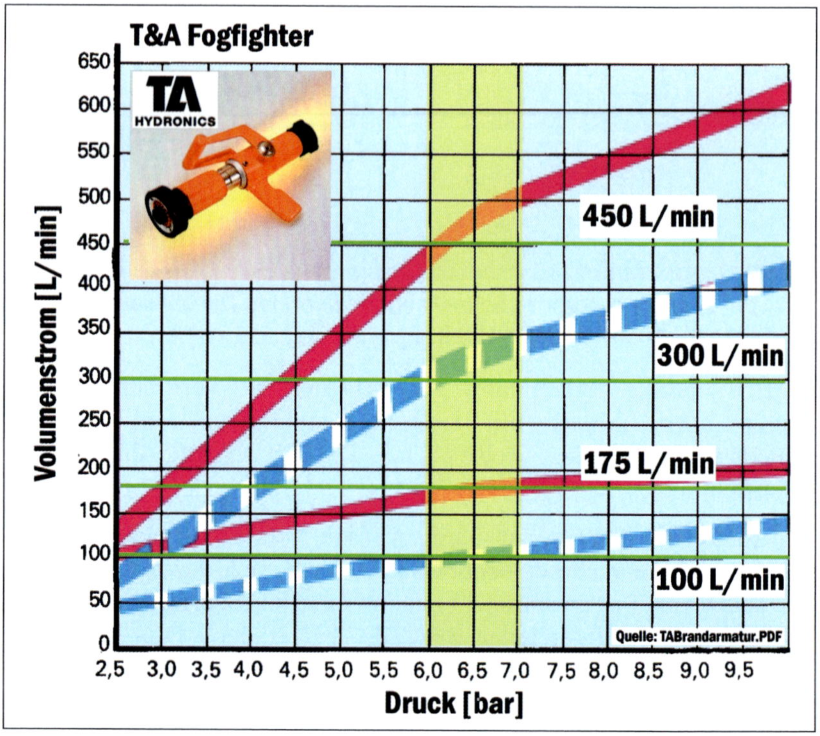


Abb. 145: Kennlinien des Strahlrohres TA-Fogfighter

Volumenstrom des vorigen Abschnitts, da über die Stellungen seines Schaltorgans zwei verschiedene Volumenströme eingestellt werden können. Die Ausbildung an den Fogfightern in Deutschland war allerdings schlecht: Obwohl schon damals die Kennlinien des Strahlrohrs im Katalog des Herstellers enthalten waren, wurden diese üblicherweise nicht als Ausbildungsmittel bemüht. Die Funktion der „Druckhalteautomatik" im Bereich um 6 bar wurde kaum bis gar nicht erläutert. Dies gilt leider bis heute für die meisten „automatischen" Strahlrohre: Es wird ein bißchen bei nur irgendeinem Druck mit ihnen „herumgespielt", dann geht es in den Container.

Obwohl nicht explizit genannt, ist es an den Volumenströmen, den Leitungsdurchmessern und -längen sowie am Zeitpunkt der Veröffentlichung (1995) der bereits zu Spalte 2 zitierten schwedischen Messungen [382 ff.] zu erkennen, dass diese nicht der Verwendung von Vollstrahlrohren, sondern der des Fogfighters galten (Abb. 145) [422; 423].

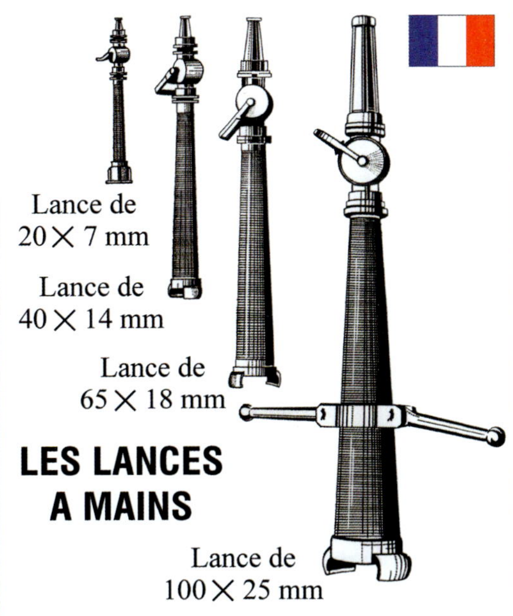


Quelle: Bénard, Patrice: Saint-Malo au péril de l'eau et du feu - Les sapeurs-pompiers au cœur de l'histoire; Éditions Christel; Saint-Malo; 2020; ISBN 978-2844211699; p. 162

**Abb. 146: Traditionelle französische Strahlrohre [428]**

## Spalte 7

Frankreich (Italien, Spanien UK ähnlich)

Die Standardschlauchdurchmesser in Frankreich (wie auch in Spanien [424]) sind 25, 45 und 70 mm. Diesen Durchmessern werden folgende Volumenströme zugeordnet [425; 426; 427; 428]:

- Durchmesser 25 mm 20 bis 150 L/min
- Durchmesser 45 mm 100 bis 475 L/min
- Durchmesser 70 mm 285 bis 950 L/min

Bis 1934 war der 45-mm-Schlauch – anders als beim C42 oder C48 – mit eigener Storz-Kupplungsgröße nach FEN 109 auch in Deutschland weit verbreitet (z.B. Berlin, Württemberg [429], Altona und Wandsbek sowie später Hamburg [430]) und wurde erst nach einigem Widerstand aus der Normreihe entfernt [431].

Für 25-mm-Leitungen gelten die gleichen Aussagen wie zu Spalte 4. Ein Volumenstrom von 150 L/min ist eine sinnvolle Obergrenze für diese Schlauchgröße. Für 45-mm-Leitungen werden häufig z.B. die Strahlrohrmodelle Quadrafog 500, die Ultimatic 500 und G-Force

500, in den Jahren 2000 bis 2010 auch MidForce und MidMatic (beide bis 600 L/min) des Herstellers TFT verwendet. Bis zur europäischen Normung 2015 wurden Zumischer nach französischer Norm bis zu einem Nennvolumenstrom von 400 L/min mit Kupplungen DN40 ausgestattet und mit 45-mm-Schläuchen betrieben. In den Seesen-Messungen mit Z4-Zumischern konnten mit 45-mm-Schläuchen Leitungslängen bis 100 Meter zwischen Zumischer und Schaumrohr realisiert werden [395; 396].

**Zu Fragezeichen 2:** Bereits 500 L/min Volumenstrom erfordern 6 m/s Strömungsgeschwindigkeit, bei 600 L/min sind es 7 m/s. Diese beiden Werte bedingen hohe Strömungsverluste und erlauben nur kurze Leitungslängen. Wenngleich die frz. Systematik von 150-500-1.000 L/min grundsätzlich sinnvoll ist, so scheint der mittlere Wert von 500 L/min etwas hoch gegriffen. [432]

Abb. 147: HSR „Lance 500“ mit Schaummittelzumischung in der 45-mm-Leitung [432]

## Spalte 8

Schweiz Rglmt. Basis-Wissen 2013 S. 06.30

In der Schweiz werden – teilweise auf einem Fahrzeug – mit 40 und 55 mm zwei unterschiedliche C-Schlauchweiten verwendet. Daneben gibt es auch Feuerwehren, die C-Schläuche mit 42 bzw. 52 mm Durchmesser verwenden. Die Standardschlauchlänge beträgt 20 Meter. Gemäß dem schweizerischen Reglement Basiswissen von 2013, Kap. S. 06.30 sind C40-Leitungen bis 200 L/min und C55-Leitungen von 300 bis 500 L/min Volumenstrom vorgesehen. Der Bereich von 200 bis 300 L/min ist nicht definiert.

## Spalte 9

Australien (NSW)

In Australien treffen traditionell britische Feuerwehrtechnik (früher als Komplett-Import von Fahrzeug und Beladung), kontinental-europäische Technik (metrisches System, Storz-Kupplungen), asiatische Einflüsse (Fahrgestelle) und US-amerikanische Armaturen aufeinander. Australien ist stark bundesstaatlich organisiert. Die hier angegebenen Werte stammen aus dem „Firefighters Pocket Book“ des New South Wales (NSW) Rural Fire Service von 2004, Kap. „Hoses and Pressures 1“ (S. 58):

- 25-mm-Schläuche bis 100 L/min
- 38-mm-Schläuche bis 250 L/min
- 65-mm-Schläuche bis 1.000 L/min

Für Hohlstrahlrohre im Bereich von 50 bis 475 L/min Volumenstrom (schwarze Klammer in Abb. 132) wird als optimaler Druck 700 kPa angegeben – dies entspricht dem Referenzdruck von 100 psi = 6,9 bar gemäß US-amerikanischer NFPA-Norm. Für den Betrieb mit drei 30 m langen 38-mm-Schläuchen werden 100 kPa = 1 bar pro Länge, in Summe 3 bar angenommen, sodass ein Pumpendruck von 10 bar empfohlen wird. Der Wert von 250 L/min für C38-Leitungen ist recht konservativ, bei den „Seesen“-Messungen wurden mit C38-Leitungen Volumenströme gemessen, mit denen Z-Zumischer Z4 betrieben werden konnten.

**Abb. 148: Australisches HLF, beachte die Storz-Kupplungen und die teilgeöffneten Schlauchfächer am Heck**

## Spalte 10

Neuseeland (FIGD:2016)

Ähnlich wie in Australien gibt es auch in Neuseeland ein typisches „Mix-and-Match" unterschiedlicher Feuerwehr-Traditionen und -Techniken. Die in Abb. 132 angegebenen Werte sind dem „NZFS National Operations: F1 GD Fire Suppression Guide September 2016" entnommen. Aufgrund der Verwendung von 45-mm-Angriffleitungen ergibt sich hier eine starke Ähnlichkeit mit Spalte 7.

**Zu Fragezeichen 3:** Der Volumenstrom für formstabile 25-mm-Schläuche wird mit bis zu 250 L/min angegeben. Tatsächlich konnten bei 10 bar Eingangsdruck mit einem 50 Meter langem aufgerollten formstabilen Schlauch und modifiziertem D-Mehrzweckstrahlrohr (14 mm Mundstückweite aufgebohrt) 244 L/min Volumenstrom bei 3,5 bar Druck bei eigenen Messungen dargestellt werden.

Tab. 14: Druckverluste und Volumenströme an modifizierten D-Mehrzweckstrahlrohren

| Mundstückweite | Druck P1 | Druck P2 | Druckverlust (P2-P1) | Volumenstrom | Reichweite | Druck P1 | Druck P2 | Druckverlust (P2-P1) | Volumenstrom | Reichweite |
|---|---|---|---|---|---|---|---|---|---|---|
| [mm] | [bar] | [bar] | [bar] | [L/min] | [m] | [bar] | [bar] | [bar] | [L/min] | [m] |
| D-Rohr direkt am Druckstutzen | | | | | | | | | | |
| 7 | 5 | 5 | 0 | 73 | 17 | 10 | 10 | 0 | 103 | 21 |
| 10 | 5 | 5 | 0 | 149 | 15 | 10 | 10 | 0 | 211 | 19 |
| 14 | 5 | 5 | 0 | 292 | 12 | 10 | 10 | 0 | 413 | 16 |
| D-Rohr nach 50 m D-Schlauch | | | | | | | | | | |
| 7 | 5 | 4 | 1 | 65 | 13 | 10 | 8 | 2 | 92 | 15 |
| 10 | 5 | 2,5 | 2,5 | 105 | 11 | 10 | 5,5 | 4,5 | 156 | 13 |
| 14 | 5 | 1,5 | 3,5 | 160 | 10 | 10 | 3,5 | 6,5 | 244 | 13 |

## Spalte 11

USA IFSTA

In dem in Nordamerika für die Feuerwehr-Grundausbildung maßgeblichen Handbuch „IFSTA Essentials of Firefighting" [433] wird den Kombinationen aus Leitungsdurchmessern, Volumenströmen und Bemessungsszenarien eine eigene Übersicht gewidmet, siehe Tab. 15. Zeile 6 der Originaltabelle behandelt Wasserwerfer und wird aus Inhalts- und Platzgründen hier nicht dargestellt. Interessant ist, dass bereits ab 350 L/min Volumenstrom Wasserwerfer als Option genannt werden.

**Zu Fragezeichen 4:** Wenngleich die Angaben bis zu einem Volumenstrom von 400 L/min plausibel sind, so erscheinen 500 L/min für

38 mm, 700 L/min für 45 mm und 1.000 L/min für 50-mm-Leitungen als unrealistisch.

**Tab. 15: Leitungsquerschnitte und Volumenströme gemäß IFSTA Essentials**

| Leitungs-durch-messer [mm] | Volumen-strom [L/min] | maximale Reichweite [m] | Anzahl der Personen am Strahlrohr | Beweg-lichkeit | Schaden-kontrolle - Schaden-bekämpfung | Richt-steuerung - Richt-genauigkeit | Bemessungsszenarien und Anwendungsbeispiele | Geschätzte effektive Fläche |
|---|---|---|---|---|---|---|---|---|
| 16 bis 25 | 40 bis 160 [Hinweis: Umrechnungs-fehler im Original] | 8 bis 15 | 1 | Ausgezeichnet | Ausgezeichnet | Ausgezeichnet | Kleine Brände im Freien, Kaminbrände, Nachlöscharbeiten | Sehr kleine Brände |
| 38 | 160 bis 500 | 8 bis 15 | 1 oder 2 | Gut | Gut | Ausgezeichnet | Entstehungsbrände, die noch immer klein genug und ausreichend begrenzt sind, um mit einer begrenzten Menge an Wasser gelöscht werden können. Für Schnellangriff(einrichtungen). Für schnell bewegliche Leitungen. Bei begrenzter Personalstärke. Bei relativ geringer Brandlast. Zum Nachbarschaftsschutz. | 1 bis 3 Räume |
| 45 | 160 bis 700 | 8 bis 15 | 2 | Gut bis befriedigend | Gut | Gut | | |
| 50 | 400 bis 1.000 | 12 bis 21 | 2 oder 3 | Befriedigend | Befriedigend | Gut | Wenn Größe und Intensität des Feuers jenseits der Reichweite, des Volumenstroms oder des Eindringens einer 38-mm-Leitung liegen [Hinweis : Hier wäre der Verweis auf eine 45-mm-Leitung logischer]. Wenn Wasserversorgung und Peronalstärke ausreichend sind. Wenn die Sicherheit der Einsatzkräfte es erfordert. Wenn große Mengen oder eine größere Reichweite für den Schutz der Nachbarschaft erforderlich sind. | Ein Geschoss oder mehr in voller Ausdehnung |
| 65 | 500 bis 1.400 | 15 bis 30 | 2 bis 4 | Befriedigend bis ungenügend | Befriedigend | Gut | | |
| Wasserwerfer | 1.400 bis 8.000 | 30 bis 60 | 1 | Ungenügend bis unwirksam (Wenderohre können gute Erfolge erzielen) | Ungenügend | Gut | Wenn Größe und Intensität des Feuers jenseits der Reichweite, des Volumenstroms oder des Eindringens handgeführter Leitungen liegt. Wenn Wasser ausreichend vorhanden, aber die Personalstärke begrezt ist. Wenn die Sicherheit der Einsatzkräfte es erfordert. Wenn große Mengen oder eine größere Reichweite für den Schutz der Nachbarschaft erforderlich sind. Wenn eine ausreichende Pumpenleistung vorhanden ist. Wenn abfließendes Löschwasser in großen Mengen toleriert werden kann. Wenn der Innenangriff nicht mehr aufrecht erhalten werden kann. | große Strukturen [= Gebäude] oder große Flächen in voller Ausdehnung |

© IFSTA „ESSENTIALS“
Ü&B: HdV, SL 2020

## Fazit

Fazit

Aus Gründen der Beschaffung und der einheitlichen Ausbildung macht eine Differenzierung von „D-Strahlrohren“ und „C-Strahlrohren“ keinen Sinn mehr. Der „Grenzwert“ von 235 L/min bei 6 bar ist willkürlich gewählt. Es ist kein „Mindestdruck für die Brandbekämpfung“ oder dergleichen (außer bei „Automatik“-HSR, wenn sie unterhalb 6 bar Druck „zu machen“ – aber dieses Problem schaffen sich die Feuerwehren durch deren Beschaffung selbst). Er dient lediglich der Vergleichbarkeit der Strahlrohre und ihrer Leistungsdaten untereinander. Auch impliziert der Wert „235 L/min“ nicht, dass dieser Volumenstrom mindestens erforderlich sei, um z.B. eine Brandbekämpfung im Innenangriff zu beginnen [434; 411]. Der Wert von 235 L/min bei 6 bar entspricht zwar etwa 200 L/min bei 5 bar – der in Deutschland traditionellen „magischen“ (aber hydraulisch nicht begründbaren) Grenze zwischen C- und B-Leitung, wobei in der deutschen Normung und UVV bis heute übersehen wird, dass es zwischen 200 (bzw. 235) und 400 L/min einen nicht beschriebenen Volumenstrombereich gibt, der von den Mehrzweckstrahlrohren nach DIN 14365 nicht abgedeckt wurde. Tatsächlich kann aber der Volumenstrombereich von 70 bzw. 100 L/min bis etwa 400 L/min und damit für den Bereich von D- und C-Schläuchen heute von einem Strahlrohr mit einstellbarem Volumenstrom abgedeckt werden: Eine Beschaffung, eine Ausbildung, egal für welchen Brandeinsatz – sogar für den Einsatz zusammen mit Zumischern Z4.

Es macht wenig Sinn, wenn nun einzelne Bundesländer eigene „Waldbrandstrahlrohre“ mit Volumenströmen von z.B. 30-60-90 L/min „entwickeln“ lassen: Einerseits ließen derart genaue Volumenströme (beachte die Toleranzen der Norm!) sich nur realisieren, wenn diese HSR mit regelmäßig geeichten Manometern ausgestattet wären und andererseits der mit langen D-Leitungen mögliche Volumenstrom von 150 L/min dann die Verwendung noch eines weiteren HSR erforderlich machen würde. Wenn argumentiert wird, es solle sichergestellt werden, dass ein bestimmtes LF oder TLF eine bestimmte Zeit lang betrieben werden könne, dann darf hinterfragt werden, ob hier die Zielfunktion richtig formuliert wurde. Nach landläufiger Meinung (und der Erwartung des Bürgers) soll ein Brand möglichst schnell und effektiv bekämpft werden und somit kann die „Beschäftigungsdauer“ nicht das Bemessungskriterium sein. Beschafft man Strahlrohre und begründet dies mit unterschiedlichen „Einsatzzwecken“, so endet man schnell bei sieben oder acht Strahlrohren unterschiedlicher Größen und Typen – ein unnötiger Beschaffungs-, Transport- und Ausbildungsaufwand.

Abb. 132 Mitte zeigt die Zuordnung von Volumenströmen zu deutschen Schlauchgrößen. In konsequenter Anwendung der dargestellten Sachverhalte ergibt sich aus hydraulischer Sicht und unter Berücksichtigung des Zumischerbetriebs und der Einsatzszenarien inklusive der Vegetationsbrandbekämpfung für alle Löschfahrzeuge vom TSF [435] bis zum TLF 4000 folgende einheitliche Grundausstattung mit Hohlstrahlrohren mit variabler Strahlform bei konstantem, einstellbarem Volumenstrom gemäß DIN EN 15182 T2 Funktionskategorie 3 – Hohlstrahlrohre:

- 3 Stück HSR-C für bis zu 500 L/min (und Übergangstücke CD) und
- 2 Stück HSR-B für 400 bis 1.000 L/min Volumenstrom

Warum gibt es eine Überlappung zwischen diesen beiden Größen bei 400 und 500 L/min? Weil sichergestellt werden soll, dass ein Betrieb mit Zumischern Z4 möglich ist. Dazu kann es hilfreich sein, wenn der Volumenstrom etwas größer als 400 L/min ist.

BTTB-Rastung

Die BTTB-Rastung ist die Ableitung aus Leitungsdurchmessern, Leitungslängen, deren Manövrierbarkeit, dem möglichen und erforderlichen Volumenstrom sowie Situationsbewertungen verschiedener Einsatzlagen, die den technisch-taktischen Bedarf der Fahrzeugausstattung an (Hohl-)Strahlrohren und ihrer Konfiguration begründet. Somit ist z.B. keine Zusatzbeladung „Waldbrand" erforderlich.

Insgesamt ergeben sich für HSR ein begründeter technisch-taktischer Bedarf (BTTB) an folgenden Rastungen:

| | |
|---|---|
| ca. 50 ... 70 L/min | Klein- und Vegetationsbrand |
| ca. 150 L/min | Schnellangriffeinrichtungen, allg. Brandbekämpfung (incl. Klein- und Vegetationsbrand |
| ca. 200 L/min | allg. Brandbekämpfung und Zumischerbetrieb Z2 |
| ca. 300 L/min | allg. Brandbekämpfung |
| ca. 400 L/min | allg. Brandbekämpfung und Zumischerbetrieb Z4 |

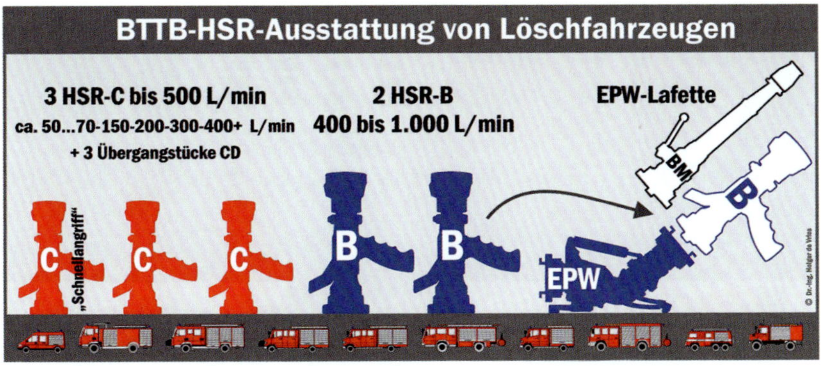


Abb. 149: Vorgeschlagene Ausstattung an LAV für Wasser für alle Löschfahrzeugtpen

Abb. 150: Aus Budgetgründen können EPW auch mit BM-Rohren betrieben werden

Diese Rastung ist als „Boxplot“ in Abb. 132 rechts und Abb. 140 bei 6 bar Druck angetragen. Bei vielfachen praktischen Erprobungen wurde überprüft und dokumentiert, dass auch „große“ Strahlrohre, die bei niedrigen Drucken mit D-Leitungen versorgt werden, gute Wurfbilder und Reichweiten erreichen. Für HSR-B ist eine Rastung bei 800 L/min für den Z8-Zumischerbetrieb vorzusehen. Zusätzlich sollte jedes Fahrzeug eine Lafette für einen Einpersonenwerfer (EPW)mit einer B-Ausgangskupplung mitführen, die z.B. mit einem HSR-B oder mit einem BM-Strahlrohr aus dem Bestand betrieben werden kann. Mit

Abb. 151: „Kleines“ und „großes“ HSR, versorgt über D-Leitungen von einem Verteiler

einer derartigen einheitlichen Ausstattung wären alle Löschfahrzeuge für alle Einsatzszenarien universell bei gleichzeitig überschaubarem Beschaffungs- und Ausbildungsbedarf bestens ausgerüstet.

## 4.2 Applikationsraten für die Brandbekämpfung mit Schaum bei zwei- und dreidimensionalen Bränden

Zweidimensionale Brände

Die Bekämpfung zweidimensionaler Brände („spill fires" und Tankbrände) mit unterschiedlichen Taktiken und/oder Löschmitteln ist relativ gut beschrieben, es gibt verlässliche und erprobte Applikationsraten, die teilweise in Technischen Regeln hinterlegt sind: Nach NFPA 11 [436] liegt die Mindestapplikationsrate (MAR) bei Bränden der Brandklasse B je nach Löschmittelauswurfvorrichtung (LAV) und dem brennenden Produkt zwischen 4,1 und 6,5 L Wasser-Schaummittel-Gemisch (W-SM-G) pro $m^2$ brennender Fläche und Minute (L/min × $m^2$) bei Mindestbeschäumungszeiten zwischen 15 und 30 Minuten, je nach Schaummittel. Diese Werte finden sich auch in DIN 14493 wieder. Die US Navy setzt AFFF [437] gegen zweidimensionale Brände mit zwischen 0,1 bis 0,2 GPM/$ft^2$ Wasser-Schaummittel-Gemisch, also 4 und 8 L/min × $m^2$ (!) ein [438]. Abb. 153 und Abb. 154 zeigen Brandabwehrdienstausbildung und -ausrüstung der US Navy. Nach Recherche des Verfassers werden Mittelschaumrohre bei der US Navy nicht verwendet. In der Literatur fehlen entsprechende Angaben zur Beschäumung („Fluten") von Räumen [439; 440; 441; 442; 443; 444; 445; 446]. Einzig Brunswig gibt 1973 für Leichtschaum – nicht Mittelschaum – zum Fluten einen Wert von 2 L/min × $m^2$ (nicht $m^3$!) an [447]. Unter Ziff. 1.3.3.2 des „Leitfaden für die Ausbildung in der Brandabwehr" der SeeBG [448] werden trotz der Überschrift „Anwendung [des Löschmittels Schaum]" keinerlei konkrete einsatztaktische Hinweise gegeben. Berechnungsansätze fehlen in diesem Werk völlig. In den maßgeblichen Handbüchern der IFSTA [449] „Marine Firefighting" [450] sowie „Marine Firefighting for Land-Based Firefighters" [451] sind ebenfalls keine verwertbaren Hinweise enthalten. Auch Bumiller, 1970, beschränkt sich in seiner Arbeit auf allgemeine Beschreibungen der Eigenschaften von Schaum, einige rudimentäre Versuche mit Leichtschaum (dessen Nichteignung er für den Einsatz auf Containerschiffen feststellt) und den Hinweis, dass es schwierig sei, konkrete Aussagen zu treffen [452].

Einer Veröffentlichung des IdF Heyrothsberge, 1975, ist folgendes zu entnehmen [453]:

> *„Bei Einsatz von Mittelschaumrohren in geschlossenen Räumen ist es unbedingt erforderlich, die Schaumrohre nicht an der höchsten Öffnung des Raumes über dem Brandherd anzuordnen. Bedingt durch die bei Bränden auftretende Wärmeströmung wirkt diese entgegen der Schaumausbreitungsrichtung, übt also einen Gegendruck aus. Dieser auftretende Gegendruck führt zu einer Herabsetzung des Schaumdurchsatzes, weil, bedingt durch den Gegendruck des Wärmestromes, die Injektorwirkung des Schaumrohres gemindert wird. ... Ergänzt werden muss, dass bei der Brandbekämpfung in geschlossenen Räumen zur Verhinderung eines Luftpolsters im oberen Bereich der Räume, an der der Schaumaufbringung gegenüberliegenden Seite, eine Öffnung zwecks Entweichen der vorhandenen Luft geschaffen werden muss. ... Es muss damit gerechnet werden, dass, bedingt durch den Abbrand, die mehrfache Schaummenge des Raumvolumens erzeugt werden muss. Aus der Literatur der UdSSR geht hervor, dass entsprechend der Situation das drei- bis zehnfache Schaumvolumen des Raumes eingesetzt werden müsste.“*

Nach Pleß und Lubosch [454], 1991, bedingt eine Verdopplung der Schaumhöhe eine Verdopplung sowohl der prozentualen Wasserabgabe wie auch der Geschwindigkeit der Wasserabgabe aus dem Schaum, wobei von den Autoren „nur“ Schaumhöhen von 15,9 bis 128,2 cm untersucht wurden.

> *„Dabei zeigt sich, dass die in Abhängigkeit von der Zeit gebildete Schaummenge nach anfänglich linearem Anstieg mit zunehmender Zeit einem maximal erreichbaren Wert zustrebt, bei dem die pro Zeiteinheit erzeugte und zerfallende Schaummenge im Gleichgewicht sein muss (Einfluß des Flüssigkeitsaustritts aus dem Schaum). ... Für filmbildende Schaummittel (FBS) [also AFFF455] zeigt das Ergebnis der Rechnungen, dass nach einer Zeit von 10 Minuten die Schaumbildungsrate abnimmt. [...]. Hieraus folgt, dass im Einzelfall die pro Zeiteinheit erzeugte Schaummenge so auf das zu flutende Raumvolumen abgestimmt sein muss, dass die Flutung [bei einer max. Raumhöhe von 10 m] nach ca. 20 Minuten bei [Verwendung von] FBS [...] abgeschlossen ist.“*

Zur Ermittlung von Kenndaten zur Raumflutung mit AFFF als Mittelschaum wurden vom Verfasser Messungen von Verschäumungszahlen durchgeführt. Es wurden 10 × 10 Blecheimer mit einem Volumen [456] von jeweils 30,3 L im Quadrat und manuell mit Schaumrohren unter Verwendung eines Zumischers Z4 und AFFF-3 % der Fa. Tyco,

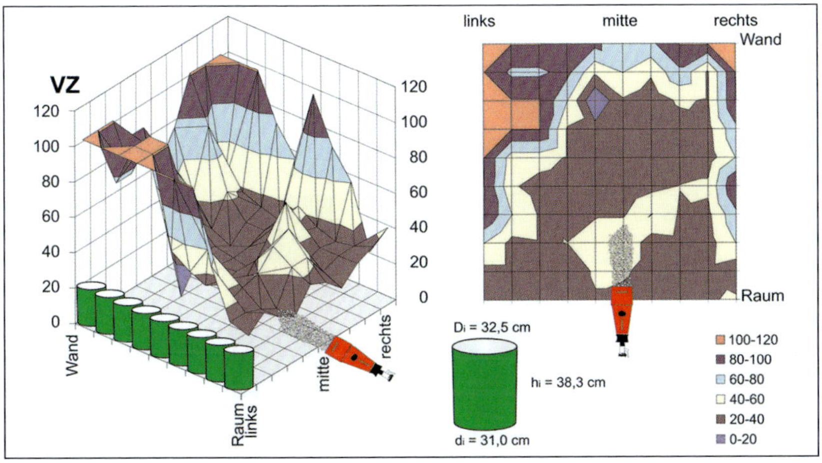


Abb. 152: Bestimmung von Verschäumungszahlen: Versuchsanordnung und Beispieldaten

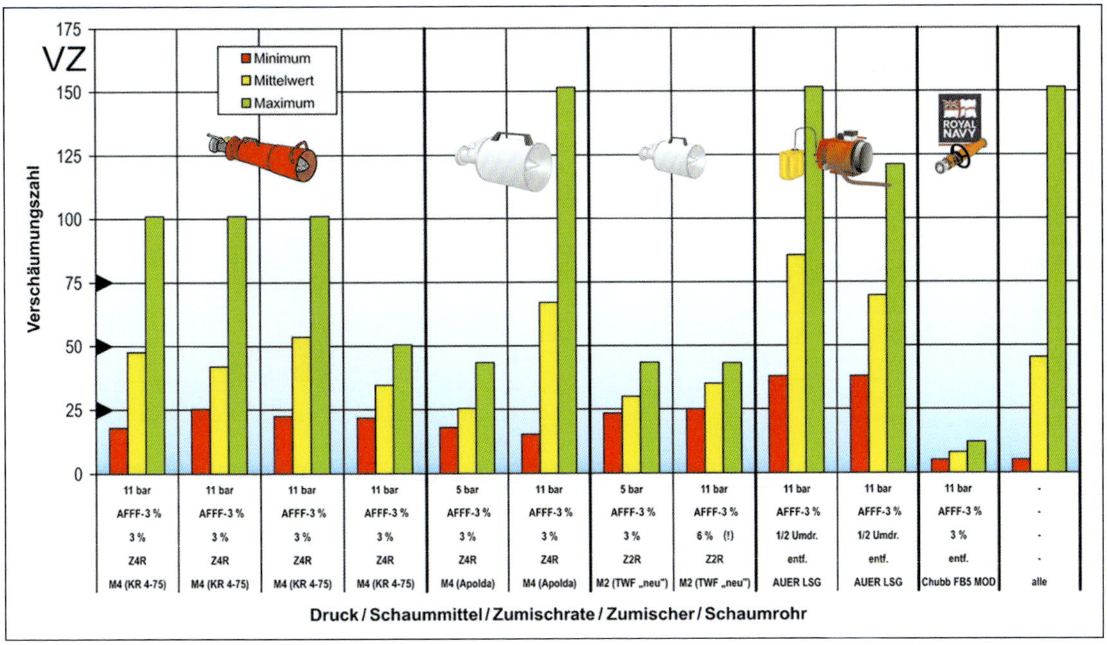


Abb. 153: Verschäumungszahl-Messungen Ergebnisse

eingeschäumt (vgl. Abb. 152), in der auch zu erkennen ist, dass es sich bei Verschäumungszahlen in der Realität immer um Mittelwerte handelt: Die Spannweite der Messungen beträgt im abgebildeten Beispiel 18 bis 101 bei einem Mittelwert von 48 und ist auch von der Aufbringung abhängig. Die Einzelergebnisse aller Messungen sind in Tab. 16 und 17 zusammengefasst dargestellt.

Tab. 16: Messungsergebnisse der Verschäumungszahl-Messungen bei allen Rohren (vgl. Abb. 153)

| Schaumrohr | Zumischer | Zumischrate | Schaummittel | Ausgangsdruck | VZ Anzahl Werte | VZ Minimum | VZ Mittelwert | VZ Maximum | VZ Standardabweichung |
|---|---|---|---|---|---|---|---|---|---|
| M4 (KR 4-75) | Z4R | 3 % | AFFF-3 % | 11 bar | 99 | 18 | 48 | 101 | 21 |
| M4 (KR 4-75) | Z4R | 3 % | AFFF-3 % | 11 bar | 99 | 25 | 42 | 101 | 13 |
| M4 (KR 4-75) | Z4R | 3 % | AFFF-3 % | 11 bar | 99 | 22 | 54 | 101 | 28 |
| M4 (KR 4-75) | Z4R | 3 % | AFFF-3 % | 11 bar | 99 | 22 | 35 | 51 | 6 |
| M4 (Apolda) | Z4R | 3 % | AFFF-3 % | 5 bar | 100 | 18 | 25 | 43 | 5 |
| M4 (Apolda) | Z4R | 3 % | AFFF-3 % | 11 bar | 100 | 15 | 67 | 152 | 38 |
| M2 (TWF „neu“) | Z2R | 3 % | AFFF-3 % | 5 bar | 87 | 23 | 30 | 43 | 5 |
| M2 (TWF „neu“) | Z2R | 6 % ! | AFFF-3 % | 11 bar | 100 | 25 | 35 | 43 | 5 |
| AUER LSG | entf. | 1/2 Umdr. | AFFF-3 % | 11 bar | 100 | 38 | 86 | 152 | 25 |
| AUER LSG | entf. | 1/2 Umdr. | AFFF-3 % | 11 bar | 99 | 38 | 70 | 121 | 15 |
| Chubb FB5 MOD | entf. | 3 % | AFFF-3 % | 11 bar | 40 | 5 | 8 | 12 | 1 |
| alle | – | – | – | – | – | 5 | 45 | 152 | – |

Tab. 17: Ergebnisse der Verschäumungszahl-Messungen – Mittelschaumrohr KR 4-75

| KR 4-75 | VZ |
|---|---|
| Minimum | 18 |
| Mittelwert | 44 |
| Maximum | 101 |

Bei der Bewertung der Ergebnisse ist zu berücksichtigen, dass im Vergleich zu einem einzigen, großen Probenbehälter der Größe von rd. $3 \times 3\ m^2$ wegen der Wandeffekte in den Behältern relativ geringere Verschäumungszahlen bestimmt wurden. Gleichzeitig scheint dieser Effekt aber unter dem Gesichtspunkt von Einbauten (Regale und dergleichen im zu flutenden Raum) nicht unrealistisch. Somit ist für die „kalte" Berechnung des Schaummittelbedarfs eine mittlere Verschäumungszahl von 50 für Mittelschaum auf Basis von AFFF-3 % anzusetzen. Interessanterweise ist die VZ 50 auch genau die, die heute für Mittelschaumrohre der relevanten (westlichen) Hersteller (recherchiert: Angus Fire, ANSUL, AWG, Chubb, Kidde, Total Walther, Tyco) angegeben wird [457] – vermutlich ist die VZ älterer Mittelschaumrohre mit dem Wert 75 ohnehin zu „optimistisch" angesetzt worden bzw. gilt (nur) für Mehrbereichsschaummittel, nicht aber für AFFF-Schaummittel. Die Schaumrohre vom Typ KR 4-75 haben sich als optimal erwiesen. Ein Wechsel zu einem kleineres Schaumrohr von Typ „M 2" hätte zwar die zwei Vorteile, dass diese Rohre zum einen handlicher sind und dass die Feuerlöschleitung für Schaum wie die für Emulsion mit Hohlstrahlrohr nur mit 200 L/min beschickt werden müsste. Dieses Schaumrohr erreichte jedoch bei keiner der Messungen mit AFFF-Schaummittel Einzelwerte der Verschäumungszahl von über 43, gleichzeitig beträgt die Schaumbildung naturgemäß die Hälfte dessen eines Schaumrohres mit doppeltem Volumenstrom. Aus der Feuerwehrpraxis ist gleichzeitig bekannt, dass diese „modernen" Schaumrohre aufgrund der Verwendung von Kunststoffen (!) nicht nur für die Haltegriffe, sondern auch bei struktur- und funktionsrelevanten Bauteilen nicht die Haltbarkeit der „alten" Schaumrohre von Typ KR 4-75 erreichen. Eine der Schaumeinbringungsstelle gegenüber liegende Entlüftungsöffnung ist zur Verhinderung eines Luftpolsters zu schaffen. Dies kann auch eine Öffnung sein, die (gleichzeitig) als Angriffsweg für ein zweites Mittelschaumrohr dient. Mittelschaumrohre sind nicht an der höchsten Öffnung des Raumes über dem Brandherd anzuordnen – oberhalb des Mittelschaumrohres müssen heiße Rauchgase abziehen können. Mit AFFF-Schaummittel und einem Leichtschaumgenerator kann Schaum erzeugt werden. Es wurden Verschäumungszahlen von 121 und 152 gemessen – somit handelt es sich bei dem erzeugten Schaum nicht um Leicht-, sondern um Mittelschaum. Der erzeugte „leichte Mittelschaum" dürfte nach Einschätzung des Verfassers in seiner Löschwirksamkeit eher dem mit Mittelschaum entsprechen, der mit Mittelschaumrohren aus AFFF erzeugt werden kann, als Leichtschaum aus Mehrbereichschaummitteln. Gegenüber dem mit Mittelschaumrohren KR 4-75 erzeugten Mittelschaum hat der mit dem Axiallüfter erzeugte Schaum jedoch durch seine höhere Verschäumungszahl einen Volumen- bzw. Flutungsvorteil von im Mittel ca. 20 %. [458; 459; 460]

Abb. 154: BAD ([458]-Ausbildung bei der USN [459], vgl. [460]) (Quelle: USN)

Abb. 155: BAD-Ausrüstung der USN (Quelle: USN)

## 4.3 Einsatz von Wasserwerfern, Monitoren und Wenderohren

Einsatzgrundsatz

Wasserwerfer und Drehleiter-Wenderohre dürfen erst dann eingesetzt werden, wenn sich keine Menschen mehr in dem betreffenden Gebäude befinden. In sehr seltenen Fällen können Wasserwerfer im Innenangriff, z.B. in sehr großen Lagerhallen, eingesetzt werden. I.d.R. geht der Einsatz von Wasserwerfern und/oder Wenderohren jedoch mit dem Totalverlust zumindest eines Gebäudeabschnitts (bis zur Brand(bekämpfungs)abschnitts- oder Komplextrennung) einher. Somit ist der Einsatz von Wasserwerfern und Wenderohren ein Kennzeichen für defensive Taktik.

Abb. 156: Schöner Werfer, aber sinnlose Verwendung, beachte das wieder herausfließende Wasser – Werfer müssen besetzt und überwacht werden!

Wasserwerfer

Die Aufstellung von Wasserwerfern muss besonders sorgfältig überdacht werden, da ein Stellungswechsel schwierig und arbeitsintensiv ist. Verwechseln Sie Brandbekämpfung nicht mit Fassadenwäsche. Zum Nachbarschaftsschutz verzichten Sie auf unwirksame Hydro-Schilde, die die Wasserversorgung nur unnötig belasten. Lassen Sie statt dessen Wasser auf gefährdete Bereiche „abregnen“ und dort verdampfen.

Abb. 157: Schaum-/Wasserwerfer auf einem TLF 16/25 HANSA, Volumenstrom 1.800 L/min bei 8 bar

Wasserwerfer können erst eingesetzt werden, wenn eine leistungsfähige Wasserversorgung aufgebaut ist. Verschaffen Sie sich im Vorfeld einen Überblick über die Daten Ihrer eigenen Wasserwerfer und der Ihrer Nachbarfeuerwehren, erstellen Sie eine entsprechende Tabelle und überlegen Sie sich, wo Sie das erforderliche Wasser her bekommen und wie viele Löschfahrzeuge Sie zur Wasserversorgung bzw. Druckerhöhung brauchen werden. Eine heiße Einsatzstelle ist ein schlechter Ort für Nebenrechnungen!

Drehleiter-Wenderohre

Drehleiter-Wenderohre (die eigentlich meistens „Neigerohre“ heißen müssen, weil sie nicht „gewendet“, sondern nur geneigt werden können) können besonders hilfreich sein, wenn z.B. die Dachhaut von Hallen bereits durchbrochen ist, teilweise kann man es auch schaffen, mit dem Strahl der Wenderohre Oberlichter oder Flachdachfenster einzudrücken.

Bei der Verwendung von Wenderohren sollte ein Verteiler direkt am Hubrettungsgerät und **verkehrt herum** in die Leitung gekuppelt werden, sodass für einen erforderlichen Stellungswechsel ggf. die Steigleitung schnell entwässert werden kann. Wird ein Wenderohr verwendet, das am Korb angebracht ist, so muss sichergestellt sein, dass der Feuerwehrangehörige im Korb mit Atemschutz ausgerüstet ist!

Abb. 158: Wenderohreinsatz

Abb. 159: Nicht nur bei Löschbooten hängt die Effizienz von Wasserwerfern/Monitoren entscheidend von der Windrichtung bzw. der Positionierung ab

Die Wirkung von Wenderohren und Monitoren/Wasserwerfer wird nach Meinung des Verfassers häufig überschätzt. Es sieht zwar imposant aus, wenn ein Dachstuhlbrand mit sieben Drehleitern und ihren Wenderohren eingekesselt wird, jedoch sind Dächer dafür gebaut worden, dass sie Wasser abhalten. Dass Flammen und Rauch wieder in das Gebäude hineingedrückt werden, bedeutet ja nicht, dass das Feuer bekämpft wird. Bei halbwegs intakter Dachhaut wird immer nur ein Bruchteil des Brandgutes erreicht werden – es gibt viele „tote Winkel" und verdeckte Brandherde. Es sollte immer versucht werden, insbesondere Dachstuhlbrände so lange wie möglich durch Innenangriff „zu knacken".

Achtung bei Industriehallen und Verbrauchermärkten mit Nagelplattenbinderkonstruktionen

Bei Industriehallen, insbesondere mit ungeschützten Stahlkonstruktionen sowie bei Verbrauchermärkten mit Nagelplattenbinderkonstruktionen, ist dies jedoch lebensgefährlich, wenn das Tragwerk länger als 30 Minuten einem Vollbrand ausgesetzt war. Entweder man verfügt dann über das richtige Gerät (Gelenkmast, Kran oder eine [zivile] Betonpumpe, mit der man allerdings schon ein paar Mal vorher kalt geübt haben sollte [461; 462]) oder es muss gewartet werden, bis die Dachhaut nach und nach durchbrennt. Ansonsten kann mit hoher Wahrscheinlichkeit auf imposante Wasserspiele verzichtet werden, wie Abb. 160 zeigt. Auch dies sind an sich keine neuen Erkenntnisse: Ein Fahrzeugtyp, der in den USA teilweise bis in die 1960er- und 1970er-Jahre (jeweils auf neue Chassis bzw. Zugmaschinen gesetzt) Verwendung fand, war der „Water Tower" (Abb. 160) (vgl. [463]). Shepperd machte in seinen Veröffentlichungen ganz klare Aussagen zum effektiven Einsatz der Water Towers und erläuterte diese mit ent-

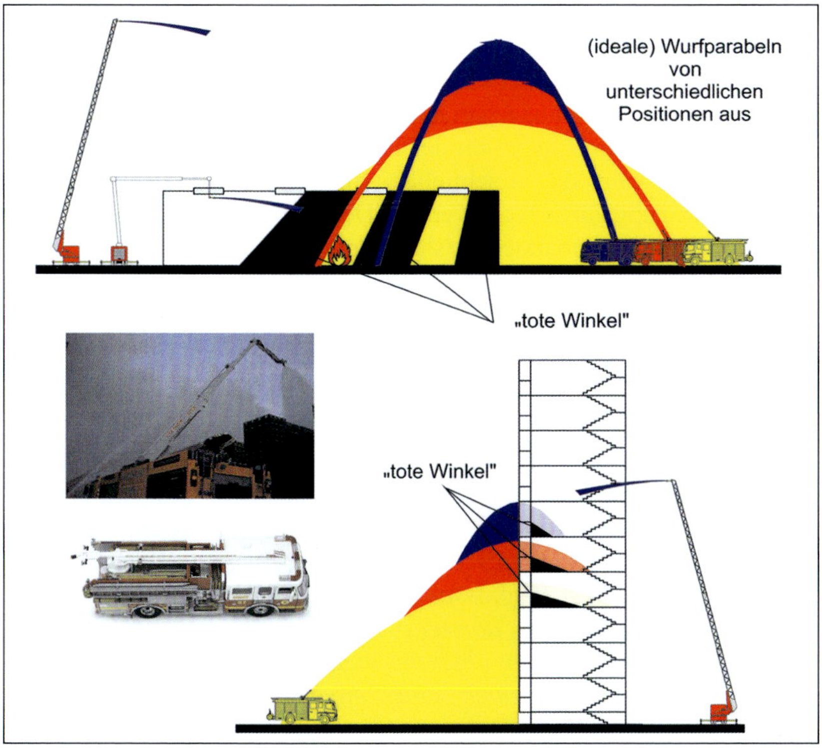


Abb. 160: Grenzen der Wirksamkeit von Wasserwerfern und Wenderohren

Abb. 161: Pump Rescue Water Tower (John Dennis Coachbuilders auf MAN-Chassis) des West Midlands Fire Service mit hydraulischen 30-m-Löscharm, beachte die zwei (!) fernsteuerbaren Werfer am Kopf (Volumenstrom 4.500 L/min bzw. 4.800 L/min bei 5,5 bar, zgM des Fzgs. 18,6 t), beachte auch die fluoreszierende und reflektierende Heckbestreifung des Fahrzeugs.

sprechenden Diagrammen [464]. Des Weiteren muss ganz klar folgendes gesagt werden: Hauptaufgabe der Feuerwehr ist das Retten von Menschenleben. Selbst bei einem Brand in einem Verbrauchermarkt tagsüber kann davon ausgegangen werden, dass die Kunden und Beschäftigten bis zum Eintreffen der Feuerwehr diesen verlassen haben werden. Dies kann durch schnelles Absuchen durch zwei oder drei Atemschutztrupps überprüft werden. Der Sachschaden, der durch das Abbrennen eines Gebäudes entsteht, dessen strukturelle Sicherheit – sprich: Standfestigkeit – nicht mehr gewährleistet ist und dadurch das Gebäude im Innenangriff nicht mehr angegangen werden kann, ist ein zivilrechtliches Problem zwischen dem Eigentümer und seinem Versicherer – nicht das der Feuerwehr! An dieser Stelle sei aus einem der Urteile zum „Tübinger Unfall“ zitiert [465]:

> „*Die Grenze der Zurechnung* [eines Körperschadens der Einsatzkräfte auf den ursprünglichen Verursacher des Brandes; Anm. des Verfassers] *ist erreicht, wenn sich der Rettungsversuch von vornherein als sinnlos oder mit offensichtlich unverhältnismäßigen Wagnissen verbunden und damit als offensichtlich unvernünftig darstellt. Dies ist der Fall, wenn die Risikofaktoren in einer objektivierten ex-ante-Betrachtung so gewichtig sind, dass auch unter angemessener Berücksichtigung der psychischen Drucksituation der Rettungskräfte deutlich ist, dass die (weitere) Durchführung der Rettungsaktion zu einem gänzlich unvertretbaren Risiko für Leib und Leben der Retter führt.*“

Abb. 162: Water Tower des Milwaukee Fire Department

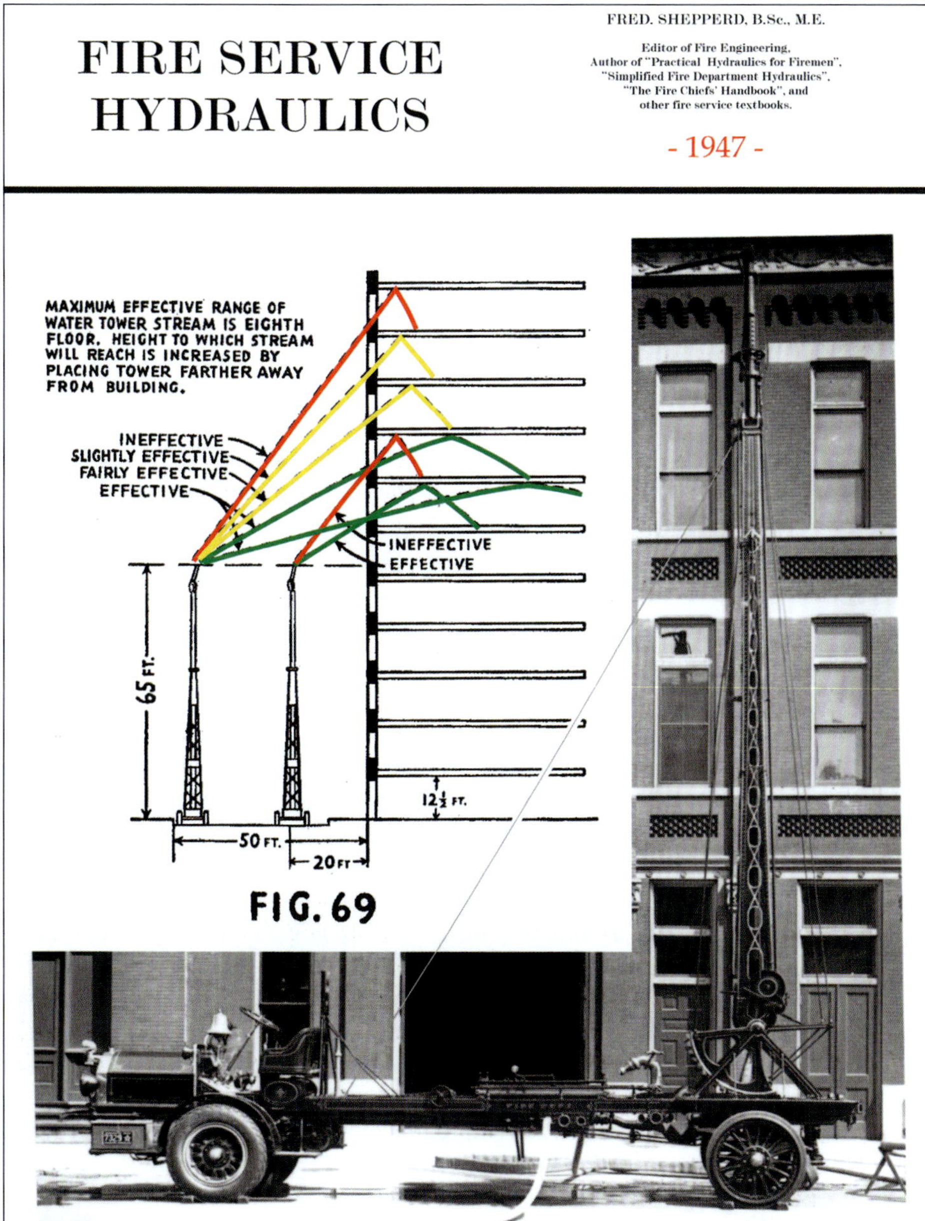


Abb. 163: Zur Effizienz des Einsatzes von „Water Towers“

Einsatztaktische Regeln

Beachten Sie folgende einsatztaktischen Regeln zum Wenderohreinsatz:

| | **Einsatz von Wenderohren** | |
|---|---|---|
| | Zum Ablöschen gestapelten Guts<br>Zum Schutz gefährdeter Objekte („Abregnen lassen“ oder unter Ausnutzung der Reichwege benässen bzw. einschäumen)<br>Eingeschränkt und nur, wenn der Nutzen klar ist:<br>Anwendung durch Fenster<br>Anwendung durch (teil-)zerstörte Dächer | |
| | kein Einsatz, wenn noch Menschen im Wirkbereich des Werfers sind<br>keine Anwendung in Entrauchungsöffnungen<br>keine Wasserschleier oder Wasserwände („Luftwäsche“)<br>kein Einsatz bei unzureichender Wasserversorgung! | |

## 4.4 Werfer mit Automatikdüsen und oszillierende Werfer

Druckhalteautomatik

Es werden heute für Werfer verschiedene technische Ausführungen angeboten. Eine Ausführung ist die mit einer „automatischen Druckhaltedüse“. Die grundsätzliche Funktionsweise ist im Kap. „Strahlrohre“ beschrieben. Zwar bewirkt diese „Druckhalteautomatik“ grundsätzlich eine „reichweitenoptimierte Mündungsöffnung“, gleichzeitig wird durch den Staudruck des Wassers gegen das Federpaket auch kinetische Energie des Wassers vernichtet. Im Klartext: Eine Rundstrahldüse hat bei ausreichendem Druck und gleichem Volumenstrom eine größere Reichweite als eine automatische Düse. Ähnliches gilt für Oszillationseinrichtungen an Monitoren: Diese ist wasserbetrieben und verwendet einen Teil der kinetischen Energie des hindurchfließenden Wassers für die Erzeugung der Pendelbewegung. Auch dies führt zu einem Verlust an Wurfweite. In Abb. 164 sind zwei Wasserwerfer nominell gleicher Leistung zu erkennen, die von der gleichen Pumpe mit dem gleichen Volumenstrom bei gleichem Druck versorgt werden: Beide haben Hohlstrahldüsen, der hintere jedoch eine Automatikdüse und eine Pendeleinrichtung, die für das Bild festgesetzt war. Die Wasserwerfer an sich sind in dem Bild maskiert, da diese Betrachtungen herstellerunabhängig sind.

Abb. 164: Direkter Vergleich (von gleicher FP gespeist) zweier Monitore nominell gleicher Leistung

## 4.5 Lösch- und Schutzdüsen an Fahrzeugen

Löschdüsen

Löschdüsen dienen dazu, einen relativ großen Löschmittelausstoß zu ermöglichen, um z.B. sich einen Fahrweg zu schaffen. Dies ist typisch z.B. für Flughafenlöschfahrzeuge. Sie sind v.a. an der Frontstoßstange oder darunter befestigt. Die Austrittsmenge beträgt hier i.d.R. mehr als 100 L/min. Die Austrittsform ist meist fächerartig. Schutzdüsen dienen im Unterschied zu den Löschdüsen nicht primär dem Ablöschen eines Feuers, sondern dem Eigenschutz des Fahrzeugs bzw. dessen Reifen [466]. Die austretende Löschmittelmenge ist i.d.R. deutlich geringer als bei Löschdüsen. Ein echter Löscherfolg ist damit nicht möglich, weil dafür die Literleistung und Eindringtiefe (Achtung bei Bränden in Wald- oder Buschgelände!) nicht reicht. An Industrielöschfahrzeugen werden diese Düsen teilweise auch eingesetzt, um brennbare Gase oder Dämpfe am Entzünden – z.B. an heißen Fahrzeugteilen – zu hindern. Zu näheren Details siehe z.B. [467; 468] und Cimolino et al. „Fahrzeugtechnik“, Band 1 und 2.

Abb. 165: Schutzdüsen und ummantelte Leitungen am Fahrgestell eines niederländischen Waldbrand-TLF

## 4.6 Unfallverhütung und Ergonomie

UVV Feuerwehr

Die UVV Feuerwehr besagt in § 19: „Strahlrohre, Schläuche und Verteiler sind so zu benutzen, dass Feuerwehrangehörige beim Umgang mit diesen Geräten sowie durch den Wasserstrahl nicht gefährdet werden“ [469]. Dies wird in der Durchführungsanweisung zu § 19 folgendermaßen erläutert [471]:

Diese Forderung ist z.B. erfüllt, wenn

- *Schläuche beim Ausrollen unmittelbar an den Kupplungen festgehalten werden,*
- *schlagartiges Öffnen oder Schließen von Verteiler und Strahlrohr vermieden wird (möglichst keine Kugelhahnverteiler verwenden),*
- *nur absperrbare Strahlrohre verwendet werden,*
- *ein schlagendes Strahlrohr nicht aufgehoben wird,*
- *ein B-Strahlrohr von mindestens drei Personen gehalten wird bzw. bei Verwendung eines Stützkrümmers von mindestens zwei Personen,*

- *ein Schlauch nicht am Körper befestigt wird,*
- *beim Besteigen einer Leiter der Schlauch über der Schulter getragen und das Strahlrohr nicht zwischen den Feuerwehr-Haltegurt und den Körper gesteckt wird,*
- *beim Einsatz von Hochdrucklöschgeräten den besonderen Gefahren durch den Hochdruckstrahl Rechnung getragen wird (vgl. UVV „Arbeiten mit Flüssigkeitsstrahlern“* [GUV-V D 15, bisher GUV 3.9]) [470; 471]
- *beim Löschen die mögliche Wasserdampfbildung berücksichtigt wird.*

Stützkrümmer

Zu berücksichtigen ist hier die Übertragung der Ausführungsbestimmungen auf Hohlstrahlrohre: Für den Volumenstrom eines B-Strahlrohres werden mithin 400 L/min angesetzt. Dementsprechend müssen Hohlstrahlrohre bei einem Volumenstrom ab 400 L/min ebenfalls von drei Feuerwehrangehörigen bzw. von zwei Feuerwehrangehörigen unter Zuhilfenahme eines Stützkrümmers gehalten werden (vgl. Abb. 167). Inwieweit Stützkrümmer im Innenangriff sinnvoll sind, sei dahingestellt.

**Abb. 166: Abgesehen davon, dass ein C-Rohr von zwei Feuerwehrangehörigen gehalten werden soll, ist diese „Reichweitenverlängerung“ in der Praxis leider sehr oft zu beobachten – Was passiert bei einer Druckschwankung? (Quelle: Heiner Lahmann)**

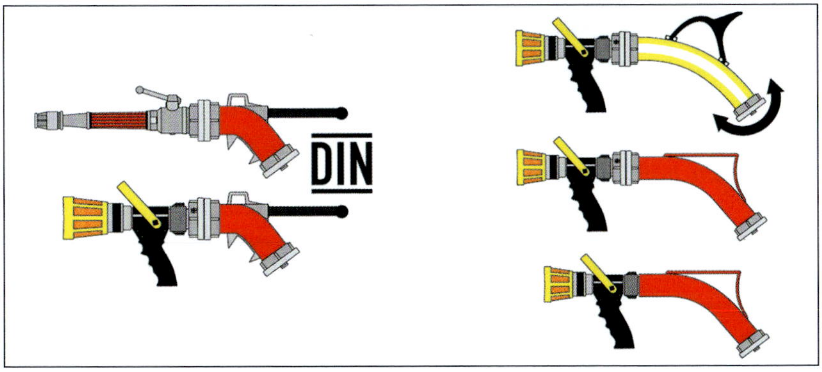


**Abb. 167: Stützkrümmer nach DIN für B-Rohre und nicht genormte Stückkrümmer (Ausführungsbeispiele)**

Außen- und Innenangriff niemals gleichzeitig

Die o.g. Durchführungsanweisungen können noch um die taktische Regel ergänzt werden, dass Außen- und Innenangriffe niemals gleichzeitig durchgeführt werden dürfen, insbesondere nicht in der Kombination „Angriffstrupps drinnen – Wasserwerfer draußen". [472]

Abb. 168: Innen- und Außenangriff dürfen nicht miteinander kombiniert werden [472]

An der Universität Gießen wurde im Jahre 1999 ein „Forschungsbericht über die Evaluierung der ergonomischen Qualität von Strahlrohren zur Brandbekämpfung mittels elektromyographischer und subjektiver Methoden" erstellt [473]. Es war besonders der rel. hohe Kraftaufwand im Arm-/Schulterbereich auffällig, der erforderlich ist, um CM-Strahlrohre nach DIN zu halten, weil bei diesen fast nur reib- aber kaum formschlüssiges Halten (wie bei Strahlrohren mit „Pistolengriff") möglich ist. Unter „Ausblick auf die Gestaltung von Strahlrohren" fassen die Autoren zusammen [475]:

> *„Experten der Brandschutztechnik diskutieren schon lange kontrovers über das „richtige" Prinzip der Brandbekämpfung, viel Wasser bei niedrigem Druck oder weniger Wasser mit wesentlich höherem Druck. Die Antwort auf diese Frage beeinflusst natürlich die Strahlrohrgestaltung allein durch die Dimensionierung der Zuleitung immens. Geht man jedoch von der heutigen Löschtechnik und den damit verbundenen Kennzahlen aus – also einem Druck von ca. 5 bar am Strahlrohr, einer Fördermenge von 100 bis 800 L/min und den entsprechend genormten Schlauchleitungen – so lassen sich aus dieser Studie eindeutige Gestaltungshinweise ableiten. Um den Einsatzkräf-*

*ten ein möglichst optimales Strahlrohr als Arbeitsmittel in die Hand geben zu können, können daher folgende Maßnahmen empfohlen werden:*

- *Trennung von Absperrorgan und Schaltorgan*
- *Pistolengriffe für das Halten des Strahlrohres*
- *Integrierte Stützkrümmer zur Reduzierung der entstehenden Kräfte und Drehmomente* [Anm. des Verfassers: Bei Bewertung dieser Aussage ist zu berücksichtigen, dass die Versuche und Messungen in Gießen ausschließlich im Stehen gemacht wurden.]
- *Drehbare Schaltorgane nahe am Wasseraustritt*
- *Absperrorgane in „Bügelform"*

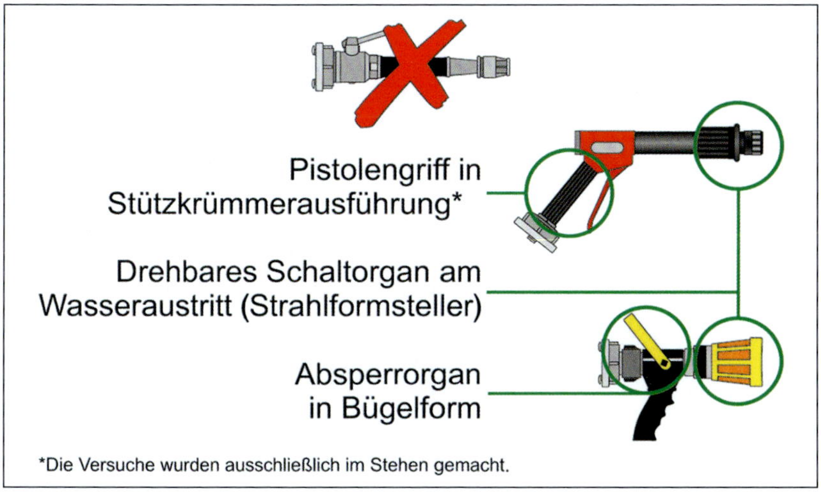


**Abb. 169: Empfehlungen zur Strahlrohrgestaltung (Quelle: Abb. nach [484])**

Schnellangriffsmonitore

Wenn es darum geht, Riegelstellungen aufzubauen, bei denen üblicherweise Trupps über sehr lange Zeit mit B-Strahlrohren fast statisch arbeiten müssen, dann empfiehlt sich alternativ die Verwendung von „Quick Attack Monitors", die den Vorteil haben, dass sie auch schon von einem schwach besetzten LF oder TLF aus schnell in Stellung gebracht werden können. Diese Schnellangriffsmonitore werden mittlerweile von fast allen namhaften Herstellern angeboten.

Abb. 170: „Quick Attack Monitor“ der Fa. Task Force Tips, rechts das Pendant der Fa. Elkhart Brass

# 5 Toxikologische Bewertung des Einsatzes von Schaum

## 5.1 Trinkwasserhygiene

Schaummittel darf nicht ins Trinkwasser gelangen

Bei der Verwendung von Schaummittel zur Brandbekämpfung ist grundsätzlich dafür zu sorgen, dass dieses nicht in das Trinkwasser gelangen kann. Dies ist z.B. möglich, wenn versehentlich an einer unübersichtlichen Einsatzstelle eine B-Leitung von der Druckausgangsseite eines Fahrzeugs mit Zumischanlage an ein Standrohr oder einen Hydranten angekuppelt wird. Des Weiteren kann es trotz federbelasteter Niederschraubventile an den Standrohren und den Feuerlöschkreiselpumpen unter bestimmten Druckverhältnissen (kurze Hydrantenstrecke, Zumischer nah am Fahrzeug, gleichzeitig lange Schlauchstrecke zu den Rohren, möglicherweise bergauf) zu Ventilschlupf bzw. Druck- und damit ggf. auch Wasserrückschlägen kommen.

## 5.2 Schaum(mittel) in abfließendem Löschwasser

Schäden durch kontaminiertes Löschwasser

Seit dem Brand der Schweizerhalle der Fa. Sandoz 1986 sind die Schäden, die durch von einer Einsatzstelle ablaufendes, kontaminiertes Löschwasser verursacht werden können, in das Blickfeld der Öffentlichkeit gerückt [474; 475]. In der Folgezeit haben Behörden und Versicherer Vorschriften und Regeln zur Löschwasserrückhaltung erlassen [476; 477; 478; 479; 480; 481; 482; 483]. Die aktuelle deutsche Vorschriftenlage wird eingehend von Wieneke beschrieben [484]. Ein Großteil bestehender Gewerbebetriebe, Speditionen und Wohngebäude werden jedoch z.Zt. von den Auflagen zur Löschwasserrückhaltung nicht erfasst. Grundsätzlich muss davon ausgegangen werden, dass von jeder Brandstelle kontaminiertes Löschwasser abfließen kann.

Folgen durch kontaminiertes Löschwasser

Dabei kann es zu verschiedenen Folgen kommen:

- Wasserschaden in (Wohn-)Gebäuden, der zur Kontamination der Bausubstanz und der Einrichtung führt.
- Eintrag von Löschwasser in die Umwelt, insbesondere in das Erdreich, in die Vegetation, in Oberflächengewässer und letztlich in das Grundwasser.
- Schadstoffeintrag in die Schutzkleidung und auf ungeschützte Körperpartien der Feuerwehrangehörigen sowie Gefahr der Kontaminationsverschleppung.

Werden dem Löschwasser Tenside zugesetzt und Netzwasser und/oder Schaum verwendet, so erhöht sich die Schadstofffracht im abfließenden Löschwasser [485; 486; 487; 488; 489; 490; 491]:

- Tenside sind aquatoxische Substanzen.
- Tenside können die Auswaschung von Toxinen aus dem Brandgut erhöhen.

Es gibt zwei unterschiedliche Ansätze, um die toxikologischen Folgen von Netzwasser/Schaum zu quantifizieren (vgl. [492]):

- Untersuchungen über das Gefährdungspotenzial (biologisch-chemische Analytik).
- Untersuchungen über die Wirkung (Bioindikation).

Parallel zur Entwicklung von Schaummitteln und Zumischanlagen für Class-A-Foam wurden seit Mitte der 1980er-Jahre von den amerikanischen Forstbehörden umfangreiche Untersuchungen zur Toxizität durchgeführt. Die Bedeutung dieser Untersuchungen wird klar, wenn man bedenkt, dass alleine die kanadischen Forstbehörden pro Jahr ca. 300.000 US Gallonen (ca. 1,13 Mio. Liter) Class-A-Foam-Schaummittel vorwiegend durch Löschmittelabwurf aus Flugzeugen vom Typ Canadair CL-215 oder CL-415 ausbringen [493; 494; 495].

In den USA und Kanada wurden arbeitsmedizinische Aspekte der Flugzeugbesatzungen, Lademeister und Feuerwehrangehörigen und im Rahmen von Labor- und Freilandversuchen die toxikologische Wirkung auf Vegetation, Algen, Wirbellose, Fische, Vögel und Säugetiere untersucht. Bei einigen dieser Untersuchungen wurden sowohl

Schaummittel als auch Retarder berücksichtigt. Die Ergebnisse einzelner Studien [496; 497; vgl. 498; 499; 500; 501; 502; 503] sind in [451] zusammengefasst dargestellt.

Beurteilung Gefährdungspotenzial

Ein Teil der Beurteilung des Gefährdungspotenzials von Schaummitteln bzw. Schäumen wird in Deutschland bereits im Rahmen der Zulassung von Schaummitteln durch die brand- und abwasserhygienischen Untersuchungen, z.B. im Hygieneinstitut des Ruhrgebiets, Gelsenkirchen, abgedeckt. Bei diesen Untersuchungen werden jedoch nur reine Schaummittel-Wasser-Lösungen (bei Class-A-Foam 0,5 % oder 1 % Lösungen) untersucht [504; 505]. Die Ergebnisse dieser Untersuchungen werden den Herstellern der Schaummittel mitgeteilt und können von diesen angefordert werden. Einige der Angaben sind auch Bestandteil der zu den Schaummitteln gehörenden Sicherheitsdatenblätter.

In der Realität dagegen sind die abfließenden Löschwässer bereits durch Auswaschungen aus dem Brandgut (Ruß und weitere Verbrennungsprodukte) kontaminiert. Wieneke hat im Rahmen seiner Dissertation 1997 insgesamt 35 reale Löschwasserproben untersucht. Im Rahmen dieser Untersuchungen wurden die in der Abwassertechnik üblichen Einzel- und Summenparameter der Proben bestimmt und dadurch das Gefährdungspotenzial der Löschwässer beschrieben. Durch Fortführung der Probennahme bei Brandversuchen und realen Bränden war die Zahl von Wienekes Daten auf 56 angewachsen. Es bot sich an, Wienekes Methodik folgend, weitere Löschwasserproben von Versuchen, in denen reines Wasser mit Class-A-Foam verglichen wurde, zu nehmen und zu untersuchen. Insgesamt standen nun 86 Proben zur Verfügung. Folgende Einzel- und Summenparameter wurden bestimmt:

- pH-Wert
- Leitfähigkeit [µS/cm]
- Chemischer Sauerstoffbedarf CSB [mg $O_2$/Liter]
- Spektraler Absorptionskoeffizient SAK bei 254 nm
- Verdünnung bei 10 % Hemmung bzw. Hemmung in % (Leuchtbakterientest)

Die Bestimmungsmethodik und die Bedeutung der Summenparameter sind ausführlich von Wieneke et al. beschrieben, sodass hier auf eine Darstellung verzichtet wird [495; 506; 507]. Die Messdaten aller Löschwasserproben sind in der Dissertation von de Vries veröffentlicht [508].

Die absoluten Werte der Messungen zeigten große Streuungen. Auf ein Herausfiltern der Ausreißer wurde bewusst verzichtet, um zu zeigen, dass einzelne Werte in der Realität um Zehnerpotenzen größer sein können als andere. Ein Filtern der Ausreißer hätte die Datengüte auch nur bedingt verbessert, da die Proben aus völlig unterschiedlichen Brandszenarien stammten und sie auch nicht unter standardisierten Bedingungen genommen werden konnten. Der Vergleich der absoluten Werte zeigte, dass sie nicht mit den verwendeten Löschmitteln korrelieren. Aufgrund der ermittelten Summenparameter kann also nicht auf die Verwendung von Wasser oder Schaum bei der betreffenden Probe geschlossen werden. Somit sind die Schadstofffrachten in abfließendem Löschwasser primär von dem aus dem Brandgut und nicht aus dem Löschmittel stammenden Stoffen bestimmt.

Zur genaueren Betrachtung bietet sich eine Datenreduktion auf die Proben der „Tremonia“-Versuche an (siehe Anhang „Brand- und Löschversuche mit Class-A-Foam). Diese Brandversuche wurden unter jeweils vergleichbaren Bedingungen (Brandraum, Brandlast, Zündung, Ventilation usw.) durchgeführt. Auch hier zeigte der Vergleich der absoluten Werte von pH, Leitfähigkeit, CSB und Hemmung bis auf die Ausreißer keine statistischen Auffälligkeiten untereinander. Lediglich die CSB-Werte der Proben waren teilweise höher als die der Wasserproben, was auf den Tensidgehalt der Wasserproben zurückzuführen war. Interessanterweise lag der höchste bei Verwendung von Class-A-Foam bestimmte CSB-Wert mit 5.578 mg/L unter dem des vom Hygiene-Institut Gelsenkirchen gemessenen Wert von 5.950 mg/L einer reinen 0,5 % Gebrauchslösung des gleichen Schaummittels. Es ist bekannt, dass sich höhermolekulare Tenside bereits oberhalb von 130 °C zu kürzerkettigen homologen Abbauprodukten zersetzen [509], sodass vermutlich der Abbau der Tenside bereits während des Löschens einsetzt. Wasser-Schaummittel-Gemische verdampfen bei einem Löschangriff ebenso wie reines Wasser, sodass die Tenside mindestens Temperaturen von 100 °C, bei Flammenkontakt und im Brandgut auch höheren Temperaturen ausgesetzt werden. Dies ist ein Ansatzpunkt für weitere Untersuchungen über das Abbauverhalten von Schaummitteln unter erhöhten Temperaturen.

Die ermittelten CSB-Werte lagen im mittleren Bereich von Wienekes Bewertungssystem. Auch hier ist die Toxizität der untersuchten Proben nicht vom Löschwasser/-mittel dominiert. Wenngleich der Eintrag von Toxinen in die Umwelt nur schwer relativiert werden kann [510], ist die Verwendung von Class-A-Foam zum Erreichen eines schnellen und nachhaltigen Löscherfolgs und zur Reduktion der Gesamtschadwassermenge gerechtfertigt. Dies trifft insbesondere zu, wenn Class-A-Foam statt AFFF gegen Feststoffbrände eingesetzt wird.

**Die toxikologischen Aspekte von Class-A-Foam unter Berücksichtigung der jeweiligen Einsatzszenarien können folgendermaßen bewertet werden: Die Toxizität des abfließenden Löschwassers wird von den aus dem Brandgut ausgewaschenen Stoffen und – bei sachgerechtem Einsatz – nicht durch die in geringen Zumischungen eingesetzten Schaummittel bestimmt.**

AFFF enthalten oleophobe Fluorcarbontenside, die zur Bildung einer Grenzschicht zwischen dem Schaum und den Kohlenwasserstoffen einer brennenden Flüssigkeit erforderlich sind. Die Bildung dieser Grenzschicht ist bei Feststoffbränden nicht erforderlich.

## 5.3 Zur Problematik der Fluorcarbontenside: Richtlinie 2006/122/EG

Abbau Fluorcarbontenside in Abwässern in kommunalen Kläranlagen nicht möglich

Die Aquatoxizität von Fluorcarbontensiden ist zwar mit der von Sulfoncarbontensiden vergleichbar, das Problem der Fluorcarbontenside ergibt sich aber aus ihrer Persistenz in der Umwelt [511]. Fluorcarbontenside in Abwässern können in kommunalen Kläranlagen nicht abgebaut werden [512; 513]. Da Fluorcarbontenside weitgehend inert sind [514], ist unklar, welche Metaboliten mit welchen Toxizitäten im Nährstoffhaushalt von Organismen aus ihnen langfristig gebildet werden können. In einer im Auftrag eines Schaumherstellers angefertigten Studie wurde bisher lediglich dargelegt, dass diese Metaboliten nicht während der Klärung erzeugt werden [515].

Die Bundesanstalt für Gewässerkunde fasst den Stand der Erkenntnisse in einer „Stellungnahme zum Abbau und Umweltverhalten von Fluortensiden" 1999 bereits folgendermaßen zusammen [516]:

> „... *Die untersuchten Fluortenside entsprechen in ihren toxischen Wirkungen den strukturell vergleichbaren nichtfluorierten Tensiden. In Kläranlagen erfolgt weder auf aerobem noch auf anaerobem Wege ein biologischer Abbau. Eine Elimination durch Adsorption ist auch beim Einsatz spezieller Chemikalien*

> *nur für die anionischen Tenside teilweise möglich. Die Fluortenside zeichnen sich damit durch eine große Persistenz aus und stellen ein erhöhtes Risiko für die Umwelt dar ... .“*

Aufgrund ihrer hohen Löschwirkung bei Feststoffbränden ist die Verwendung von Netzwasser oder Class-A-Foam als Standardlöschmittel bei allen Feststoffbränden (inklusive Wohnungsbränden) aus toxikologischer Sicht gerechtfertigt. Schaummittel mit Fluorcarbontensiden (AFFF) sollten nur gegen Flüssigkeitsbrände eingesetzt werden. Die Verwendung von AFFF gegen besondere Feststoffbrände (KLT-Brände, DSD-Brände) sind wegen der widersprüchlichen Aussagen über die Löscheffektivität der verschiedenen Schaumtypen und der erhöhten Umwelttoxizität nur in besonderen Lagen gerechtfertigt).

Grundsätzlich gilt:

Ab dem 27.08.2008 dürfen PFOS-haltige Feuerwehrschäume nur noch in einer Konzentration von unter 0,005 % verwendet werden.

Alle vor dem 27.12.2006 gekauften Schäume durften noch bis zum 27.06.2011 verwendet werden – allerdings nur, wenn die Einsatzlage dies tatsächlich erfordert hätte (Flüssigkeitsbrand, ggf. Menschenleben in Gefahr) und sichergestellt war, dass kein Schaummittel in Boden und Wasser gelangt, auch nicht als Bestandteil des abfließenden Löschwassers.

Bis spätestens 30.08.2008 waren die vorhandenen Bestände von PFOS-haltigen Schaummittel zu melden, an wen und wie, ist – logischerweise! – nach Bundesland unterschiedlich geregelt.

- ► Beim Stand der Entwicklung fluorfreier Schaummittel gibt es nicht einmal für „Herborn“-Szenarien (Tanklastzug in Fußgängerzone [517]) für kommunale Feuerwehren einen Grund, fluortensidhaltige Schaummittel vorzuhalten oder einzusetzen.

# 6 Praktische Umsetzung

Die Einführung von Class-A-Foam, Hohlstrahlrohren oder jedem anderen Hilfsmittel oder Werkzeug zur Brandbekämpfung oder Technischen Hilfeleistung erfordert mehr, als nur die Beschaffung neuer Geräte und einer kurzen Einweisung in deren Bedienung. Feuerwehren haben immer wieder versucht, neue Techniken oder Verfahren einzuführen und sind ganz oder teilweise gescheitert, weil sie es versäumt haben, ihre Einsatztaktik entsprechend anzupassen. In den USA ist dies auch mit Class-A-Foam vorgekommen.

Gründe für Scheitern neuer Techniken

Das Scheitern der Einführung neuer Techniken kann verschiedene Gründe haben. Zum einen kann sich in der Praxis herausstellen, dass die beschaffte Technik nicht so gut ist, wie es der Hersteller der Feuerwehr glauben gemacht hat. Dies lässt vermuten, dass es die entsprechende Feuerwehr nicht geschafft hat, die Vor- und Nachteile des Systems herauszufinden und das System ausreichend in der Praxis zu testen, bevor sie es beschafft hat.

Ein anderer Grund ist das Risiko, das mit der Einführung jeder Neuerung verbunden ist. Oft wird für ein bestimmtes Produkt sehr viel Werbung gemacht, ohne dass objektive Informationen über die Leistungsfähigkeit des Systems vorliegen. Auch die Vorführungen von Herstellern sind oft bezüglich Brennstoff, Vorbrennzeit usw. so inszeniert, dass nur die Stärken eines Systems herausgestellt werden. In der Folge solcher Vorführungen kommt es jedoch oft zu Einzelbeschaffungen. Sinnvoller wäre es, wenn sich mehrere Feuerwehren untereinander absprechen und gemeinsam an einem längeren Feldversuch teilnehmen und im Rahmen dieser Erprobung versuchen, die Vor- und Nachteile eines Systems aus verschiedenen Blickwinkeln herauszufinden. Entsprechende Versuche, ihre Bedingungen und Ergebnisse, sollten veröffentlicht werden, um Doppelarbeiten an anderer Stelle zu vermeiden.

**Innerhalb größerer Feuerwehren – bzw. natürlich auch beim gemeinsamen Einsatz verschiedener Feuerwehren! – muss außerdem darauf geachtet werden, dass weitgehend einheitliche Einsatzverfahren verwendet werden.**

Gerade bei Class-A-Foam macht es keinen Sinn, dass ein Löschzug, der nicht mit Class-A-Foam ausgerüstet ist, den Schaumteppich, den ein anderer Zug gerade gelegt hat, mit Wasser wegspült und somit den gesamten Löscherfolg gefährdet.

Neue Technik muss mit Plan eingeführt werden

Zur Einführung eines neuen Verfahrens oder einer neuen Technik ist also planvolles Vorgehen erforderlich. Abb. 171 gibt beispielhaft einen Überblick über die Schritte eines solchen Planungsprozesses und gibt einige zu berücksichtigende Umstände wieder. Dieses Kap. kann nur Anregungen geben, ihre „Hausaufgaben" müssen die Feuerwehren jeweils am eigenen Standort selber machen.

Es ist sicherlich richtig, dass eine Feuerwehr z.B. Class-A-Foam zunächst in kleinem Rahmen testet und dann ggf. die einzelnen Fahrzeuge nach und nach mit der erforderlichen Ausrüstung beschafft. Die Einsatz- bzw. Abschnittsleiter müssen dann aber auf die notwendige Abstimmung achten.

Ohne gut ausgebildete und motivierte Einsatzkräfte haben neue Techniken keine Chance

Wenn Class-A-Foam innerhalb einer Feuerwehr probeweise eingesetzt wird, muss darauf geachtet werden, dass Ablehnung auf der mittleren und unteren Führungsebene das Projekt nicht zum Scheitern bringen, wenn z.B. Zugführer schlichtweg ablehnen, Schaum bei allen geeigneten Bränden zu verwenden. Neue Methoden und Techniken können nur erfolgreich eingesetzt werden, wenn das Einsatzpersonal entsprechend ausgebildet und motiviert ist.

Wenn einem neuen Einsatzverfahren zum Durchbruch verholfen werden soll, dann muss dies seinen Niederschlag in Ausbildungsplänen, Dienstanweisungen und Einsatzleiter-Handbüchern (hiermit sind die auf die örtlichen Belange abgestimmten und ergänzten ELH gemeint) finden. Dabei muss das System an sich, seine Anwendung, seine Vor- und Nachteile und seine Grenzen klar niederlegt sein. Die Dienstanweisungen und Einsatzleiter-Handbücher sollten alles enthalten, was zum Verständnis des Schaumeinsatzes wichtig ist – Schaum zu verwenden, ohne zu wissen, welche Eigenschaften und Wirkungen er hat, ist eine Verschwendung von Zeit und Geld und kann dazu führen, dass Einsatzkräfte akut gefährdenden Situationen ausgesetzt werden.

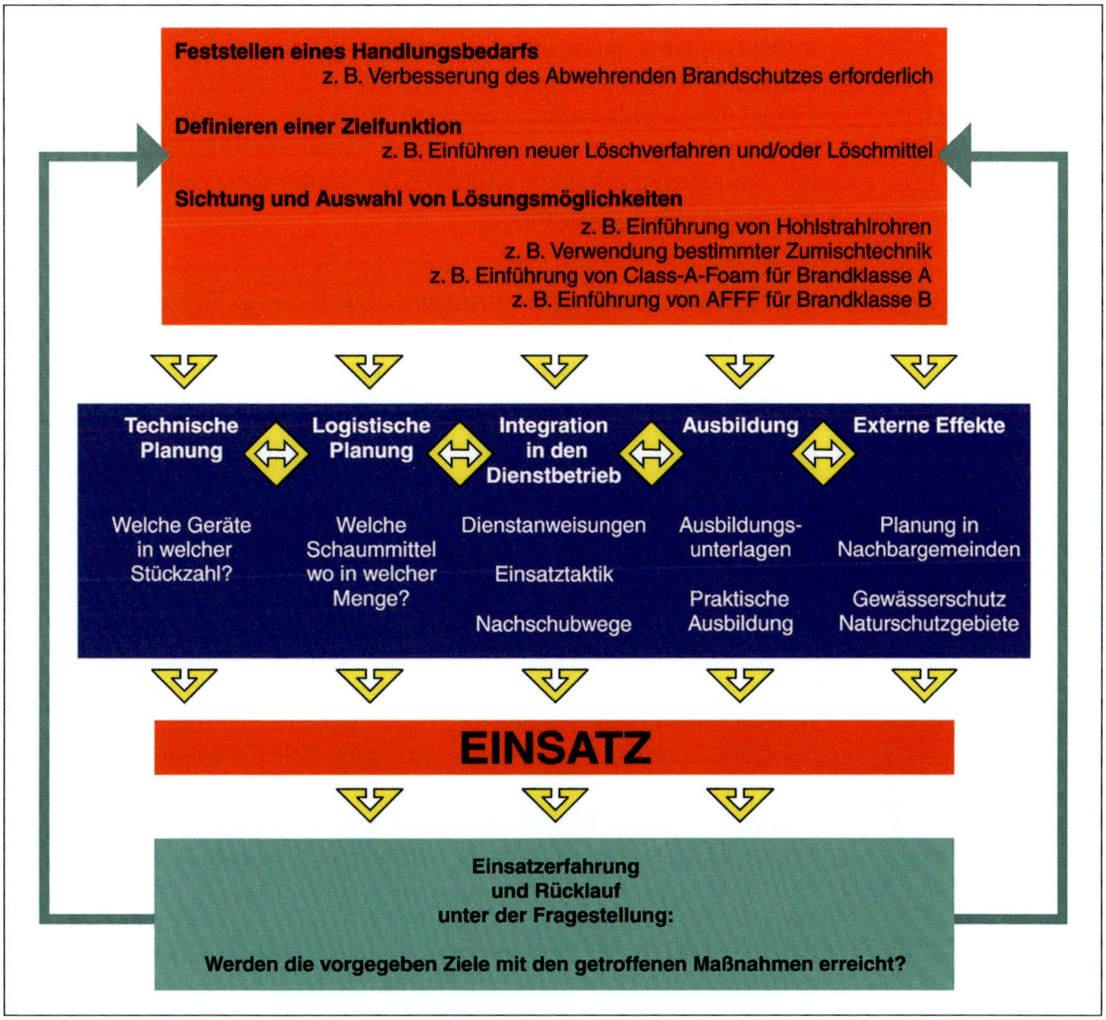


**Abb. 171: Notwendige Schritte bei der Einführung neuer Einsatzverfahren**

Selbst gute technische Konzepte scheitern gerade bei den Feuerwehren oft an unzureichender innerbetrieblicher Organisation und Ausbildung. Die „Überdruckbelüftung" ist ein gutes Beispiel dafür: Viele Feuerwehren haben in den 80er-Jahren Überdrucklüfter beschafft, weil sie von dieser amerikanischen Einsatztaktik begeistert waren. Da es aber an der entsprechend Ausbildung gemangelt hat, gelang es den meisten Feuerwehren zunächst nur, den Brandrauch gleichmäßig im Gebäude zu verteilen, statt es rauchfrei zu machen. Es gibt aber bis heute in Deutschland kein einziges Lehrbuch, in dem die Taktische Ventilation – die deutlich mehr umfasst, als nur das Aufstellen eines

Überdrucklüfters vor der Eingangstür! – umfassend erläutert, geschweige denn beschrieben, wird. Die Feuerwehrdienstvorschriften, die eigentlich Grundzüge der Ausbildung enthalten sollen, hinken in Deutschland leider schon lange der Wirklichkeit hinterher bzw. entwickeln sich immer stärker zu sehr allgemeinen Rahmenvorschriften, die dann wieder lokal mit Regeln (z.B. Standard-Einsatz-Regeln, SER) geregelt werden müssen.

**Der Wechsel zu einem neuen Lösch- oder Schaummittelkonzept kann nicht nur von der Technischen Abteilung einer Feuerwehr durchgeführt werden. Es bedarf der Beteiligung der gesamten Feuerwehr, solch ein Konzept im Alltag umzusetzen.**

Alle Ebenen der Feuerwehr müssen beteiligt werden.

Daher sind frühzeitig Arbeitsgruppen einzurichten. Es ist notwendig, alle Ebenen der Feuerwehr an der Planung, an der Umsetzung und an der Überwachung der neuen Strategie zu beteiligen. Dies kann auf regelmäßiger Basis, z.B. in Arbeitsgruppen erfolgen, oder nach Bedarf, durch Eingabe von Verbesserungsvorschlägen. Die Arbeitsgruppen sollten aus denen bestehen, die direkt für die Umsetzung verantwortlich sind, also nicht nur aus Vertretern der Einsatz-, der Technik- und der Logistikabteilung und sollte auf jeden Fall für andere kompetente oder interessierte Teilnehmer offen sein, quer durch die Dienstgradgruppen. Bei der Einführung einer neuen Strategie muss von dem Konzept Abschied genommen werden, dass Führungsverantwortung nur in der obersten Ebene wahrgenommen wird. Jeder Einzelne in einer Feuerwehr übernimmt bei der Einführung einer neuen Strategie für sich selbst und sein Umfeld ein kleines Stück der Gesamtverantwortung wahr.

Soweit es möglich ist, sollten bei einem Grundkonzept auch zukünftige Entwicklungen berücksichtigt werden. Als Beispiele können hier sich ausbreitende Recycling-Zwischenlager mit Kunststoffen und Papier in großen Mengen und die zunehmende Beliebtheit von Wohnhäusern in Holzbauweise („ökologisches Bauen") dienen. Diese Entwicklungen könnten für die Feuerwehren einen Anstieg an Brandeinsätzen bedeuten. Während sowie nach der Umsetzung des Planes steht die Frage im Vordergrund, ob der eingeschlagene Weg auch tatsächlich zum gewünschten Ziel führt. Abweichungen vom gewünschten Ergebnis können zur Folge haben, dass entweder der Weg oder das angestrebte Ziel geändert werden muss. Für die Einführung von Class-A-Foam kann dies z.B. die Wahl eines anderen Schaummittels, einer anderen

Zumischeinrichtung oder anderer Schaummittelmengen auf den Fahrzeugen bedeuten. Es muss auch ein Rücklaufweg geschaffen werden, der vom Einsatzpersonal in die Führungsebene läuft, und es ermöglicht, neue Erfahrungen aus der Praxis gegebenenfalls in Änderungen der Strategie umzusetzen. Eine Strategie muss immer auf ihre Auswirkungen hin überprüft und gegebenenfalls angepasst werden.

## 6.1 Ein neues Löschmittelkonzept

Es wurde dargestellt, warum reines Wasser kein besonders effektives Löschmittel bei Feststoffbränden ist. Am Ende der Überlegung stand die Aussage, dass die Verwendung von Tensid-Schaummitteln mit niedriger Zumischrate (speziell: Class-A-Foam) eine deutliche Verbesserung der Löschwirkung des Wassers für Feststoffbrände bewirkt.

Einsatz von Class-A-Foam

Da Class-A-Foam nicht oder nur typbedingt zum Einsatz gegen Flüssigkeitsbrände geeignet ist, bedeutet seine Verwendung gleichzeitig, dass noch ein zweites Schaummittel für Flüssigkeitsbrände auf den Fahrzeugen mitgeführt werden muss. Dies scheint ein Rückschritt zu sein, statt des z.Zt. bei vielen Feuerwehren mitgeführten und universell eingesetzten Mehrbereich-Schaummittels nun zwei verschiedene Schaummittel mitzuführen. Das Gegenteil ist der Fall: Wie im folgenden erläutert wird, bietet sich der Feuerwehr die Möglichkeit, verschiedene Brände mit den optimalen Löschmitteln zu bekämpfen und dadurch ihre Schlagkraft zu verbessern.

Es sind also zwei Veränderungen erforderlich:

1. Verwendung von Netzwasser oder Class-A-Foam statt Wasser bei fast allen Bränden fester Stoffe.
2. Auswahl eines geeigneten zweiten Schaummittels, das nur zur Bekämpfung von Flüssigkeitsbränden vorgehalten und eingesetzt wird.

Unter der Voraussetzung, dass Feststoffbrände von nun an grundsätzlich mit Class-A-Foam bekämpft werden, kann aus den bereits beschriebenen Schaummitteln ein für Flüssigkeitsbrände besonders geeignetes ausgewählt werden. Jede Feuerwehr muss ein solches Lösch- bzw. Schaummittelkonzept für sich selbst erarbeiten und dabei regionale Besonderheiten beachten. Bei der Erstellung eines Schaummittelkonzeptes sind folgende Parameter in jedem Fall zu berücksichtigen.

Die in Abb. 172 dargestellten Parameter werden nun im Einzelnen erläutert. Dabei steht die Suche nach einem für Brandklasse B besonders geeigneten Schaummittel im Vordergrund. Es ist zu beachten, dass die genannten Parameter nicht unabhängig voneinander sind, sondern sich gegenseitig bedingen. Für das Erarbeiten eines eigenen Löschmittelkonzeptes werden die einzelnen Parameter diskutiert und Beispiele gegeben.

Abb. 172: Faktoren zur Auswahl von Löschmitteln und -verfahren (technisch/ideal)

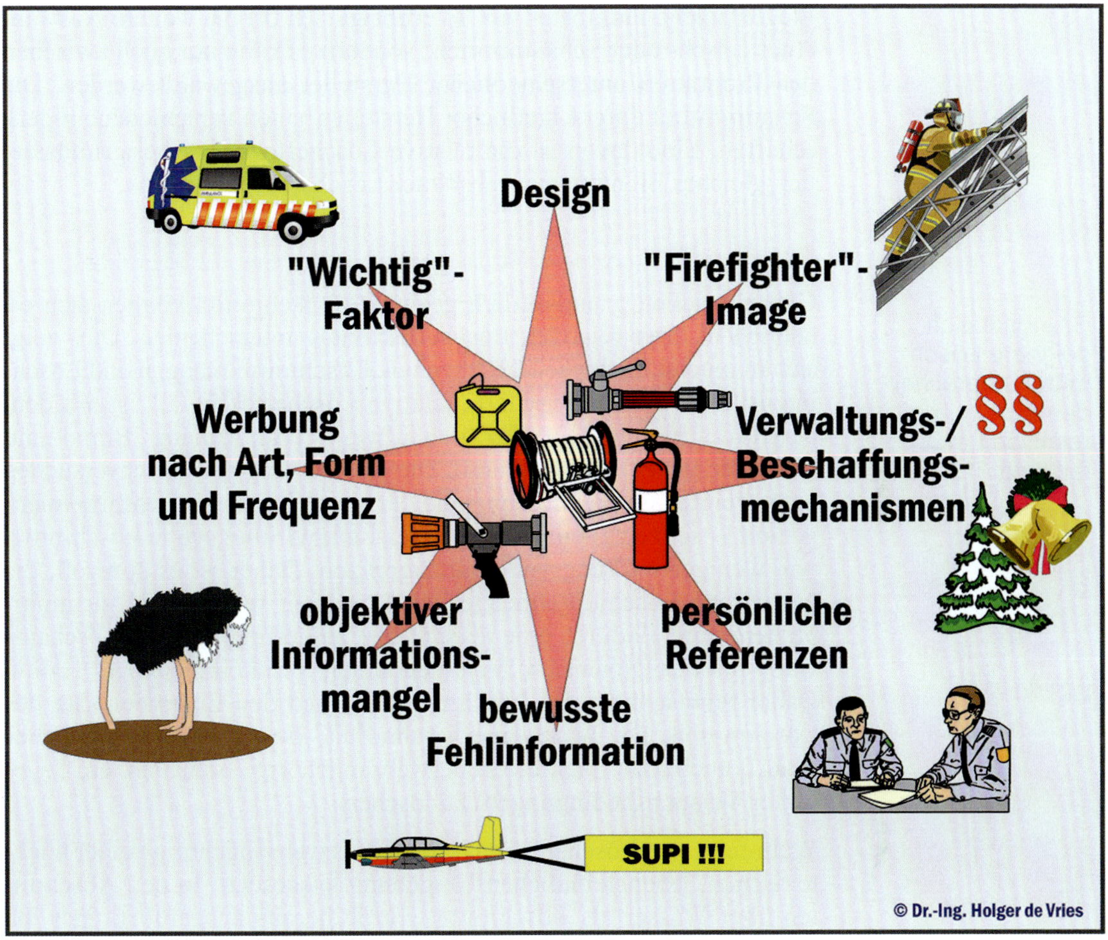


Abb. 173: Faktoren zur Auswahl von Löschmitteln und -verfahren (real?)

## Absolute Löscheffektivität

Parameter Eignung eines Löschmittels

Die absolute Löscheffektivität oder Eignung eines Löschmittels wird von unveränderlichen Parametern bestimmt. Hier können als Beispiel dienen:

- Für die Bekämpfung großer Brände polarer Flüssigkeiten müssen alkoholbeständige Schaummittel vorgehalten werden.
- Sollen Tankbrände mit „sub-surface-injection“ bekämpft werden, müssen Fluorprotein-Schaummittel verwendet werden. Dies betrifft fast ausschließlich Werkfeuerwehren mineralöllagernder Betriebe.

Liegen solche Parameter vor, so erübrigt sich oft die weitere Auswahl eines Lösch- oder Schaummittels, sondern es kann nur noch zwischen den Produkten unterschiedlicher Hersteller ausgewählt werden. Die Schaummittel unterschiedlicher Hersteller haben verschiedene Eigenschaften. Eine davon ist die relative Löscheffektivität bei grundsätzlich gleicher Eignung bzw. absoluter Löscheffektivität.

## Relative Löscheffektivität

Grundsätzlich geignete Löschmittel unterscheiden sich in ihrer relativen Löscheffektivität

Gleichermaßen grundsätzlich geeignete Löschmittel können sich erheblich in ihrer relativen Löscheffektivität unterscheiden. Dies zeigt sich in unterschiedlichen Löschzeiten, Löschmittelmengen und Löschintensitäten. Die Eigenschaft „relative Löscheffektivität" ist mit dem bereits definierten Begriff „Löschaufwand" (vgl. Anhang „Brand- und Löschversuche") eng verknüpft. Die Auswertung von Löschversuchen hat gezeigt, dass die Messung und der Vergleich von Löschmittelmenge und Löschzeit allein nicht ausreicht, um wirkungsvolle Löschmittel von weniger wirkungsvollen abzugrenzen. Daher ist es sinnvoll, die gemessene Löschmittelmenge und Löschzeit miteinander zu multiplizieren und dadurch eine neue Größe zu definieren: Den Löschaufwand mit der Dimension „Volumeneinheit × Zeiteinheit", z.B. L/min. Dabei repräsentiert das Löschmittelvolumen den Energieeinsatz des Löschmittels. Die Löschdauer ist die Zeit, die ein Feuerwehrangehöriger braucht oder mehrere Feuerwehrangehörige brauchen, ein Feuer (unter Versuchsbedingungen) zu löschen.

Während eines Löschangriffs ist der Feuerwehrangehörige einer hochtoxischen, lebensfeindlichen Umgebung ausgesetzt. In den Abschnitten über Wasser als Löschmittel wurde bereits ausgeführt, dass die Erhöhung des Schutzniveaus der Einsatzschutzkleidung nur zur einer Verlagerung des Problems (Herz- und Kreislauferkrankungen statt Verbrühungen und Verbrennungen) führt. Aus arbeitsmedizinischer Sicht ist der Aufenthalt in Brandraumatmosphären zu verkürzen, da es zur Absorption von Konvektions- und Strahlungswärme und toxischer Verbrennungsprodukte kommt. Wirkungsvolle Löschmittel können hierzu einen Beitrag leisten.

Wer die Feuerwehr-Fachpresse in den letzten Jahren verfolgt hat, wird bemerkt haben, dass Einsparungen im Einsatzdienst schon lange realisiert werden. Bei vielen Feuerwehren gehen die Einsparungen mit Auflösung der Zugkonzepte einher. In Abb. 174 ist dargestellt, was aus dem Standardlöschzug der 1960er-Jahre mit 22 Funktionen nach alter FwDV geworden ist. Die ursprünglich 22 Funktionen sind bei vielen Feuerwehren bereits seit den 1970er- und 1980er-Jahren nicht mehr voll besetzt worden, sodass die effektive Löschzugstärke ohnehin nur 12 bis 16 Feuerwehrangehörige betrug. Lösch(„gruppen“) fahrzeuge des ersten Abmarsches bei Berufs- und Freiwilligen Feuerwehren sind heute selten mit mehr als 1 + 3 = 4 oder 1 + 4 = 5 besetzt. Wie bereits im letzten Abschnitt dargestellt wurde, reduziert sich nicht nur das Personal des ersten Abmarsches, sondern die neue Fahrzeugkonzeption bedingt auch eine Verringerung des mitgeführten Löschwassers um rund 1.000 Liter.

Des Weiteren wurde bzw. wird ein Teil der ursprünglichen Zugwachen auf Gruppenwachen reduziert. Dies bedeutet, dass nicht mehr zwei Löschfahrzeuge und eine Drehleiter, sondern nur noch ein Löschfahrzeug und eine Drehleiter vorgehalten werden. Bei Bedarf wird die Gruppe durch ein Löschfahrzeug von einer anderen Wache im Rendezvous-Verfahren verstärkt. Das ist an sich eine gute Idee und wird im Ausland, das „Löschzüge“ ohnehin oft nicht kennt, schon lange so gemacht. Nun ist aber zu bedenken, dass die Anzahl der hauptamtlich besetzten Feuerwachen pro Gesamtgebiet (die „Feuerwachendichte“) in Ländern, die schon immer kleinere Feuerwachen hatten, größer ist als in Deutschland. Bei der gegenwärtigen Finanzlage der Kommunen steht aber kaum zu erwarten, dass neue Gruppenwachen an taktisch günstigen Orten gebaut werden. Es wird also von den alten Wachstandorten mit weniger Personal und weniger Löschtechnik aus-

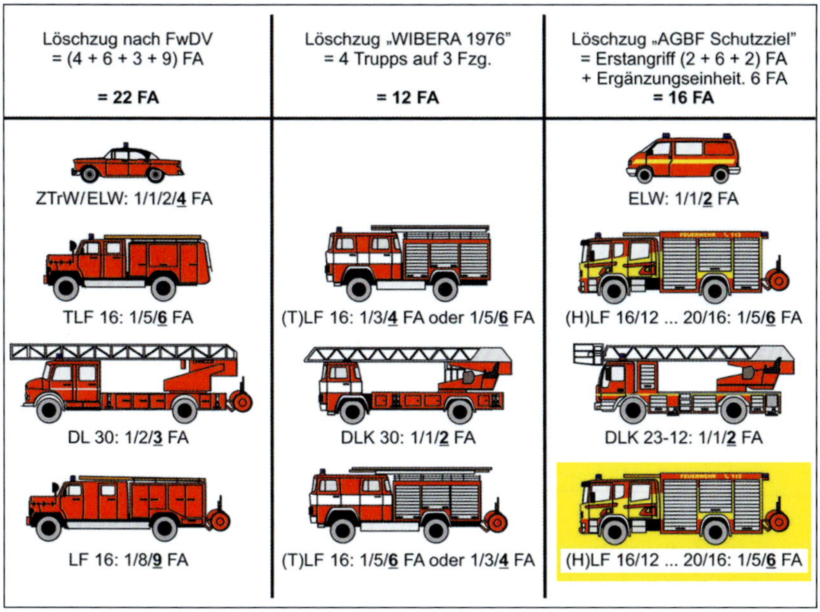


**Abb. 174: Alte und neue Löschzugkonzeption (Beispiel)**

gerückt. Dies bedingt aber i.d.R. ein späteres Eintreffen des zweiten Löschfahrzeuges an der Einsatzstelle.

Was wird in der Industrie gemacht, wenn weniger Personal zur Verfügung steht? Es werden neue, bessere Werkzeuge oder Maschinen gekauft. Das Werkzeug des Feuerwehrangehörigen ist das Löschmittel. Ein gutes Löschmittel kann also helfen, durch Einsparungen verloren gegangene Schlagkraft auszugleichen.

## Sicherheitsreserven bzw. Fehlertoleranz von Löschmitteln

Sicherheitstechnischer Aspekt

Im Zusammenhang mit der relativen Löscheffektivität muss ein sicherheitstechnischer Aspekt berücksichtigt werden: Durchschnittliche Löschmittel bieten den Einsatzkräften geringere Sicherheitsreserven. Gerade in Zeiten, in denen die Mehrzahl deutscher Feuerwehrangehöriger nicht „heiß“ ausgebildet wird, sollte dies bedacht werden. Der Faktor „Fehlertoleranz“ ist also eng mit dem Stand der Ausbildung der Einsatzkräfte verknüpft, der in einem späteren Abschnitt diskutiert wird.

## Wirkung auf die Umwelt

Umweltschutz

Bei der Beurteilung von Schaummitteln wird oft „Schädigung der Umwelt“ als Gesichtspunkt angeführt. Dies ist eine einseitige Betrachtung. Schaummittel schädigen nicht nur die Umwelt. Bei richtiger Anwendung tragen sie erheblich dazu bei, dass Umweltkonsequenzen von Bränden gemildert werden. Der beste Umweltschutz, den die Feuerwehr praktizieren kann, ist ein schnell und fachgerecht gelöschtes Feuer. Im Kap. „Toxikologie“ wurde hergeleitet, dass – bei sachgerechter Anwendung – die Schadstofffracht in abfließendem Löschwasser nicht vom Löschmittel (Wasser, Schaum), sondern vom Brandgut bestimmt wird, sofern nicht fluorhaltige Schaummittel unsachgemäß verwendet werden.

## Logistik

Logistische Kriterien

Bei der Erarbeitung eines neuen Löschmittelkonzeptes müssen logistische Aspekte berücksichtigt werden. Grundsätzlich sollte nur noch Schaummittel für Flüssigkeitsbrände für 1 %, maximal für 3 % Zumischung beschafft werden. Schwachkonzentrierte Schaummittel für 6 % Zumischung erfordern nicht nur mehr Transportvolumen, sondern bieten dem Einsatzpersonal auch keine Sicherheitsreserven. Grundsätzlich kann bei halbem Transportvolumen mit Schaummittel für 3 % Zumischung die gleiche Menge Schaum erzeugt werden wie mit Schaummittel für 6 % Zumischung. Dies ist insbesondere für die Feuerwehren interessant, die jetzt Fahrzeuge der 9-t-Klasse beschaffen statt wie bisher üblich Fahrzeuge der 12-t-Klasse. Die Menge an Class-A-Foam-Schaummittel ist noch geringer, da in der Praxis mit Zumischraten zwischen 0,3 und 0,6 % gearbeitet wird. Es ist zwar sehr schön, dass alle genormten Schaummittelkanister gelb sein müssen. Praktischer ist es jedoch, die Schaummittelkanister farblich so zu kennzeichnen, dass man eine Information über ihren Inhalt bekommt. Nachdem sich die Feuerwehren mittlerweile an die Industriestandards für Logistiksysteme (Gitterboxen, Paletten etc.) gewöhnt haben, wäre es übrigens nur logisch, auch bei den Schaummittelkanistern langfristig auf die teurere „gelbe Feuerwehr-Insellösung" zu verzichten und industrieübliche Gebinde zu verwenden (wie alle anderen Feuerwehren auf dieser Welt).

### Kosten

Alle Kosten berücksichtigen

Letztlich spielen die Kosten eines Schaummittels eine entscheidende Rolle bei der Beschaffung. Hier wird bewusst der Begriff „Kosten"und nicht der Begriff „Preis" verwendet. Die Frage darf nämlich nicht lauten, wieviel ein Liter Schaummittel kostet. Die Frage muss lauten, wieviel Kosten verursacht werden, wenn z.B. nachts ein bestimmtes Volumen Schaum erzeugt und eine Stunde lang aufrecht erhalten werden muss. Es gilt also, die Personal- und Fahrzeugstunden sowie die Investitions- und fiktiven Kosten der Zumischeinrichtungen mit zu berücksichtigen und in Ansatz zu bringen.

## 6.2 Ausbildung und Einsatzerfahrung von Feuerwehrangehörigen in Deutschland

Das Tätigkeitsfeld eines Feuerwehrangehörigen besteht aus teilweise langen „Wartephasen" zwischen Einsätzen (die bei freiwilligen Feuerwehrangehörigen durch ihren Zivilberuf oder Aufenthalt zu Hause, bei Berufsfeuerwehrangehörigen durch Tagesdienst mit Verwaltungs-, Pflege- und Instandhaltungsarbeiten ausgefüllt sind) und Alarmsituationen, die innerhalb sehr kurzer Zeit ein sehr hohes Aktionspotenzial erfordern können. Je nach Alarmstichwort wird bei einem Feuerwehrangehörigen eine unterschiedlich hohe physische Prädisposition (Hormonemission, Erhöhung von Blutdruck, Pulsfrequenz und Muskeltonus) und mentale Erwartungshaltung geschaffen. Diese Anspannung wird während der Alarmfahrt und beim Eintreffen an der Einsatzstelle beibehalten, sofern nicht schon eher eingetroffene Einheiten „entwarnende" Rückmeldungen über Funk abgeben. Da ein Großteil der zu bewältigenden Einsätze wiederum aus Routineaufgaben besteht (Papiercontainer brennt ohne Gefährdung der Umgebung, Person hinter verschlossener Tür ohne Notfallindikation, Essen brennt auf Herd ohne Gefährdung etc.), flaut das Aktionspotenzial der Einsatzkräfte wieder ab, d.h. die biologisch-medizinische Bereitschaft zu physisch und psychisch hoher Leistung wird wieder auf das Normalniveau reduziert [518; 519; 520; 521].

Handelt es sich jedoch um einen „echten" Notfall (Verkehrsunfall mit eingeklemmter Person, Zimmer-/Wohnungsbrand mit Person in Gefahr, Großbrand, unübersichtliche Einsatzstelle) muss der Feuerwehrangehörige – oft nur unter Kenntnis eines Bruchteils der eigentlich für die Ableitung einsatztaktischer Maßnahmen erforderlichen Informationen – schnell, sicher und mit hohem körperlichem und geistigem Einsatz entscheiden und agieren können. Die Wahrnehmung seiner Umgebung wird dabei durch die unter Stress und erhöhten Umgebungstemperaturen (bereits ab 35 °C aufwärts) anders als im Normalfall ablaufenden kognitiven Prozesse und durch seine eigene persönliche Schutzausrüstung (Helm, Atemschutzmaske, Schutzkleidung [522]) und nicht zuletzt durch oftmals unzureichende Kommunikationsmittel (Funk) behindert [523; 524; 525; 526; 527; 528; 529; 530]. Zusätzlich erschwert wird die Situation des Feuerwehrangehörigen dadurch, dass die Zeitpunkte und die Art der Einsätze nicht vorplanbar und damit weder emotional noch sachlich vorbereitbar sind und insbesondere zu Zeiten reduzierter physischer und psychischer Leistungsfähigkeit (nachts) auftreten können [24; 25].

**Die Ausbildung von Feuerwehrangehörigen muss also nach Inhalt (Brandbekämpfung, technische Hilfeleistung, Rettungsdienst, Umweltschutz und A(B)C-Einsatz) und Form (Arbeiten unter Stress, in unbekannten Umgebungen, unter Eigengefährdung) auf die komplexen Parameter des Tätigwerdens des Feuerwehrangehörigen an der Einsatzstelle abgestimmt werden.**

Deutsche Feuerwehrangehörige sollen nach den vom Deutschen Feuerwehrverband herausgegebenen und von den meisten Länder-Innenministerien durch Verordnung in Kraft gesetzten Feuerwehr-

Dienstvorschriften ausgebildet werden. Die Ausbildung zur Brandbekämpfung entsprechend der Feuerwehr-Dienstvorschriften FwDV 3 (alt) und FwDV 4 (alt) „Die Staffel/Die Gruppe im Löscheinsatz“ bzw. FwDV 3 (neu) beschränkt sich i.d.R. auf Aufstellübungen von Mannschaft und Gerät auf einem Übungsplatz (von Kritikern oft als „Feuerwehrballett“ bezeichnet). Häufig wird nicht einmal Druck auf die verlegten Leitungen gegeben, sodass die Feuerwehrangehörige keinen Eindruck von der Kraftanstrengung bekommen, die z.B. erforderlich ist, um eine Angriffsleitung durch eine vertrümmerte Wohnung zu verlegen. In der Praxis hat sich also für die Feuerwehrangehörigen seit der Herausgabe der „Ausbildungsanleitung für den Feuerwehrdienst“ in den 1950er-Jahren [vgl. 531] wenig geändert. Eine „heiße“, realitätsnahe Ausbildung von Feuerwehrangehörigen wird zwar zunehmend durchgeführt, den wenigen Ausbildungsstätten stehen in Deutschland aber 20.000 Feuerwehren mit – nach Aktenlage – 1 Mio. Mitgliedern gegenüber.

Die Mehrzahl der in der Feuerwehr ehrenamtlich oder hauptberuflich Tätigen stammt aus Handwerksberufen [114]. Diese Bevölkerungs- bzw. Berufsgruppe ist von ihrer Ausbildung und Tätigkeit her darauf konditioniert, Sachverhalte und Abläufe körperlich zu „begreifen“ und zu erfahren. Somit ist es besonders schwierig, Taktiken der Brandbekämpfung theoretisch zu vermitteln. Dies zeigt sich insbesondere bei Freiwilligen Feuerwehren an der Unlust zur Teilnahme an theoretischen Unterweisungen und noch viel stärker an der geringen Bereitschaft, Ausbildungsabschnitte für den theoretischen Unterricht vorzubereiten [114]. Die Realität der Ausbildung der Feuerwehrangehörigen entspricht also über weite Strecken nicht dem, was in jedem handwerklichen Lehrberuf Standard ist und steht damit im Gegensatz zu sämtlichen Methoden der zivilen und militärischen Ausbildung [vgl. 116; 532; 533; 534; 535]. Mit diesem Verhalten handeln die Feuerwehren auch entgegen der für sie geltenden Unfallverhütungsvorschrift, in deren § 15 es heißt, dass *„[d]ie Feuerwehrangehörigen ... im Rahmen der Aus- und Fortbildung über die Gefahren der Einsatzstelle im Feuerwehrdienst sowie über die Maßnahmen zur Verhütung von Unfällen zu unterweisen [sind]“* [536]. Die wichtigste Maßnahme zum unfallfreien Handeln ist die gewissenhafte Ausbildung der Einsatzkräfte und nicht die bei den Feuerwehren einmal pro Jahr übliche „Vergatterung“ durch den Sicherheitsbeauftragten [537].

Gleichzeitig werden die Feuerwehren mit steigenden Einsatzzahlen konfrontiert. Zwar sinkt der Anteil der Brandeinsätze am Gesamtaufkommen, ihre absolute Zahl steigt jedoch [538; 539; 540]. Ein Großteil der Brandeinsätze (in Berlin 1996 ca. 88 %) [541] wurde mit einem

C-Rohr oder weniger bekämpft. Diese Kleinbrände bieten den Feuerwehrangehörigen nicht die Möglichkeiten des „training on the job", um ihre Fähigkeiten für größere, zeitkritische Einsätze, z.B. Keller- oder Wohnungsbrände in Gebäuden, u.U. mit Menschenrettungen über Leitern, zu trainieren. Nach Untersuchungen von Blätte, Wuppertal, aus dem Jahr 1992 ist ein „durchschnittlicher Feuerwehrangehöriger bei der Berufsfeuerwehr Wuppertal" sechsmal im Laufe eines Berufsjahres bei einem Einsatz mit Vornahme eines C-Rohres anwesend [542], für Berlin (1996, nur BF) hat der Verfasser für die Zahl einen Wertebereich zwischen 4 und 47 berechnet [552].

Leider wurde es weitgehend versäumt, auf Kreis- und Landesebene rechtzeitig Rücklagen zur Finanzierung von Übungsplätzen und Übungsanlagen zu bilden, die den heutigen Umweltschutzbestimmungen entsprechen, stattdessen aber auf Gemeindeebene immer mehr und teureres Gerät, insbesondere Fahrzeuge, beschafft. Der Mangel an Ausbildung und Erfahrung führt jetzt nicht nur zu Gefahren für Leben und Gesundheit der Feuerwehrangehörigen selbst, sondern vielmehr dazu, dass die Feuerwehren ihren gesetzlichen Auftrag, schnell und wirksam Hilfe bei Bränden und anderen Notlagen zu leisten, oft nicht zufriedenstellend erfüllen können. Es ist also fast unerheblich, wie die Feuerwehren heute technisch ausgerüstet sind, wenn sie nicht so ausgebildet werden, dass sie einzeln und im Verband (Gruppe, Zug, Einsatzabschnitt) taktisch richtig arbeiten können. Werden Übungen geplant und durchgeführt, fehlt es oft an der notwendigen Ernsthaftigkeit der Beteiligten [543].

Qualität der Ausbildung ist von zentraler Bedeutung

**Für Umsetzung der Erkenntnisse und Sachverhalte ist die Qualität der Ausbildung der Feuerwehrangehörigen von zentraler Bedeutung: Feuerwehrangehörige, die die Möglichkeiten unterschiedlicher Löschmittel und Strahlrohre und deren Vor- und Nachteile nicht kennen (bzw. nicht kennen können), werden in ihrem Handeln unter Stress von Angst dominiert werden, und es kann von ihnen nicht verlangt werden, dass sie unter solchen Bedingungen in der Lage wären, so zu arbeiten, dass sie sich selbst und andere nicht gefährden, das Geschehen im Brandraum im Griff haben und Wasserschaden vermeiden [546; 547].**

Das Problem der massiven Ausbildungsdefizite deutscher Feuerwehren ist, wenn auch nur teilweise, von Führungskräften und Feuerwehrgremien erkannt worden [544]. Erst seit ca. Mitte der 1990er-Jahre befinden sich verschiedene (auch private) Ausbildungseinrichtungen im Aufbau [545; 546; 547] und erst nach Veröffentlichung der Bücher aus der Reihe Einsatzpraxis wie Atemschutz (ab 1999) bzw. Brandbekämpfung (ab 2000) und vielen begleitenden Seminaren nahm deren Nutzung und Verbreitung stärker zu. Diese Aktivitäten dürfen jedoch nicht darüber hinwegtäuschen, dass die Kapazitäten der z.Zt. vorhandenen bzw. geplanten Ausbildungseinrichtungen nicht ausreichen werden, die deutschen Feuerwehren durchgängig angemessen praxisgerecht auszubilden. Wenn also von deutschen Feuerwehrangehörigen mehr Fachkompetenz bei der Bekämpfung von Bränden erwartet wird, so sind flächendeckend entsprechende Ausbildungseinrichtungen zu schaffen, um diese Fachkompetenz auch zu vermitteln [vgl. 114; 115]. Gelingt es nicht, die massiven Ausbildungsdefizite der deutschen Feuerwehren schnell, wirksam und dauerhaft auszugleichen, dann wird dem Bürger, der einen Anspruch auf schnelle und qualifizierte Hilfe hat sowie den Trägern des Brandschutzes weiterhin nur durch die moderne technische Ausstattung der Feuerwehren eine Scheinsicherheit vermittelt werden können, die zudem immer häufiger auch von früher alarmsicheren Einheiten mindestens tagsüber auch personell nicht dargestellt werden kann.

**Abb. 175: „Unterbesetzung“ ist ein relativer Begriff, denn in einigen Ländern ist eine Besatzungsstärke von 1+3=4 oder 1+4=5 Standard, vgl. [83] (Quelle: Edouard Rieben)**

## 6.3 Einsatztaktik bei Holz- und Holzmischbauweise

Die Verwendung von Holz und anderem organischen Material (z.B. Kork und Cellulose als Dämmstoff) erfreut sich in Deutschland zunehmender Beliebtheit. Während in der Vergangenheit – je nach Landesbauordnung – die Verwendung auf Gebäude geringer Höhe (z.B. Einfamilienhäuser) beschränkt war, werden nun zunehmend auch Gebäude mittlerer Höhe (z.B. Mehrfamilienhäuser) und Geschäftshäuser ganz oder teilweise aus brennbaren Baustoffen errichtet. Die Verwendung von Holz und anderen organischen Baustoffen im Hausbau stellt an sich keine höhere Brandgefährdung dar, da die Ausführung des Baukörpers nach wie vor den einschlägigen Anforderungen der Bauordnungen genügen muss [vgl. 548]. Die Feuerwehren müssen sich jedoch z.B. darauf einstellen, dass sie ihre Taktiken, insbesondere bei der Nachsuche und Ablöscharbeiten, ändern müssen.

Beim Holzbau werden folgende Bauweisen unterschieden:

- Holzskelettbauweise
- Holzrahmenbauweise
- Blockbauweise (Holzmassivbauweise)
- Holztafelbauweise
- Holzmischbauweise

**Abb. 176: Einfamilienhaus in Holztafelbauweise – bei entsprechender Verkleidung ist die Holzbauweise später zunächst nicht zu erkennen**

Holzskelettbauweise

Die Holzskelettbauweise ist für die Feuerwehr am leichtesten an der sichtbaren tragenden Holzkonstruktion aus Stützen und Trägern zu erkennen. Die Holzkonstruktion wird bei den anderen Bauweisen i.d.R. teilweise bekleidet bzw. beplankt. Werden diese Bekleidungen deckend gestrichen, so kann der Eindruck von Steinwänden entstehen. Bei unklarem Brandverlauf sind die Bewohner über die Bauweise ihres Hauses bzw. ihrer Wohnung zu befragen und Wände sind abzuklopfen. Bei der Suche nach verdeckten Bränden können auch Wärmebildkameras eine große Hilfe sein. Bei den o.g. Bauweisen – außer bei der Blockbauweise – ist mit sich weiterentwickelnden Schwel- oder Glimmbränden in den Wänden und Zwischendecken zu rechnen, auch wenn die Baustoffe schwer entflammbar sind. Decken, Bekleidungen und Ausfachungen sind dann möglichst schnell und ausreichend umfassend zu öffnen oder aufzunehmen. Dies geschieht mit Einreißhaken (am besten kürzer als 2,5 m), Hebeln (z.B. Halligan-Tool), Äxten und mit Ketten- bzw. Rettungssägen. Neben der Verwendung von konventionellen Kettensägen sind möglichst spezielle Rettungssägen mit stabilen Ketten (auch zum Durchtrennen von Nägeln o.Ä.) und mit Schwertaufsätzen zu verwenden, bei denen die Einstichtiefe einstellbar ist (Abb. 177).

**Beim Einsatz von Kettensägen und anderen motorbetriebenen Schneidgeräten ist auf Nagelreihen und andere Verbindungselemente, insbesondere an den Knotenpunkten der Holzkonstruktion (Nagelbinder) zu achten. Bei organischen, brennbaren Baustoffen ist der Einsatz von Netzmitteln (Class-A-Foam) und Löschlanzen (vgl. Anhang „Wattenscheid Versuche“ oder „Fognail“) besonders wirksam.**

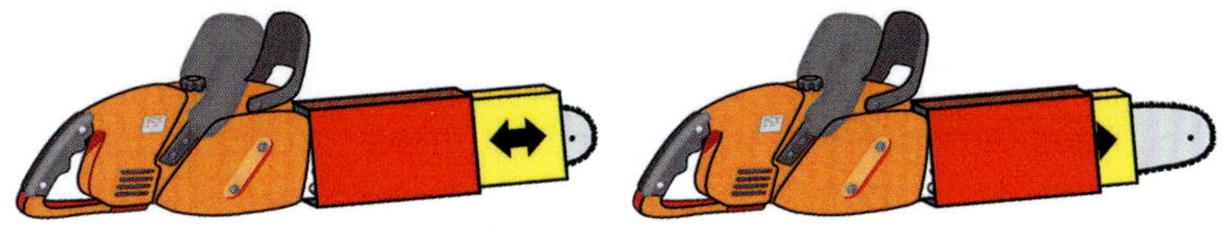

**Abb. 177: Kettensäge mit Schwertaufsatz für einstellbare Einstichtiefe**

Hinsichtlich der Einsturzgefahr ist die Blockbauweise weitgehend unkritisch. Die Schwachpunkte bei den anderen Holzkonstruktionen sind die Knotenpunkte, da, wenn Verbindungselemente aus Metall verwendet werden, diese sehr schnell Wärme aufnehmen und sich „freibrennen“ können, während die hölzerne Konstruktion noch weitgehend intakt ist. Der Einsatzleiter muss allerdings den Wasserverbrauch im Gebäude im Auge behalten, da sich die Konstruktion vollsaugen kann und das erhöhte Gewicht höhergelegener Konstruktionselemente zum Versagen einzelner Bauteile und damit zum Einsturz bringen kann (vgl. Stabilitätsproblem bei Schiffsbränden!). Gleiches gilt bei Lagern mit Schüttgütern, Silos und Müllbunkern.

Natürliche Dämmmaterialien

Zunehmend werden auch natürliche oder recycelte Rohstoffe, oft auf Cellulosebasis, als Dämmmaterialien verbaut. Hier können sich Glutnester bilden, die mit Netzmittel gut gelöscht werden können. Natürliche Rohstoffe (z.B. Schilf) werden u.a. auch für Möbel oder natürlich auch als Dach (Reetdach) verwendet. Schilf (Reet) besitzt ähnlich wie Bambus im Inneren Luftkammern, die das Ablöschen neben der dichten Verbauart sehr problematisch machen. Der Einsatz von Netzmittel erhöht hier zwar die geringen Aussichten auf einen Löscherfolg, letztlich kann dieser aber i.d.R. nur erreicht werden, wenn das brennende Produkt entfernt wird. Eine ausreichende, ggf. mehrfache Brandnachschau nach den eigentlichen Lösch- bzw. Nachlöscharbeiten ist erforderlich. Dazu ist die umfassende Kontrolle der Einsatzstelle mit Wärmebildkameras notwendig.

Da es in Deutschland vorsichtshalber keine aussagekräftige Brandstatistik [549] und auch keine Verzahnung von Brandursachenermittlung und Vorbeugendem Brandschutz (wie in anderen zivilisierten Ländern, vgl. [550]) gibt, ist es schwer abzuschätzen, ob z.B. „Ökohäuser" immer zu einem Totalverlust werden, oder ob nur diese Fälle es in die überregionale Feuerwehrpresse „schaffen". Interessant ist aber, dass sich Redewendungen wie „sehr starke Rauchentwicklung", „Nullsicht" usw. in allen Veröffentlichung wiederfinden. Vielleicht wäre es doch von Vorteil, wenn die deutschen Feuerwehren nicht nur Überdrucklüfter beschaffen und vor die Haustür stellen würden, sondern sich tatsächlich endlich ernsthaft um das Thema **„Ventilationstaktiken"** kümmerten?

Nagelbinderkonstruktionen

Besonders kritisch ist die Situation bei Nagelbinderkonstruktionen mit hochkant verwendeten tragenden Lattungen (großes Flächenträgheitsmoment der Latten, aber hohes Drehmoment auf Verbindungselemente bei Versagen einzelner Bauteile), die in den letzten Jahren v.a. bei Discount- und Fast-Food-Ketten als billige und schnelle Bauvarianten verwendet wurden. Anders als Gebäude, die den „klassischen" Anforderungen der Landesbauordnungen genügen müssen und bei denen man für die Dauer der Brandbekämpfung eine ausreichende strukturelle Stabilität und Standfestigkeit unterstellen kann, kommt bei diesen Objekten üblicherweise die Industriebaurichtlinie zur Anwendung. Die Dachkonstruktion ist üblicherweise in „F0" ausgeführt. Dies bedeutet, das in der Realität zwar Flucht und Rettung von Menschen möglich sein muss, aber nicht zwingend die Brandbekämpfung im Innenangriff – oder im Klartext: Betreiber, Eigentümer und Versicherer haben „beschlossen", dass das Gebäude im Brandfall zum Totalverlust werden wird. Somit wird aus einem technischen Problem für die Feuerwehr ein taktisches, nämlich den Zeitpunkt zu bestimmen, ab dem das Gebäude nicht mehr betreten werden darf und nur noch im defensiven Modus, also im Außenangriff, vorgegangen wird. Dieser Zeitpunkt ist üblicherweise erreicht, wenn das Gebäude geräumt und ggf. noch einmal schnell abgesucht worden ist, eine Angriffsleitung im Innenangriff nicht ausgereicht hat (also kein isolierter und frei zugänglicher Brandherd) und mehr als 15 bis 20 Minuten seit der Brandmeldung verstrichen sind [551].

**Nagelbinderkonstruktionen können beim Brand binnen weniger Minuten und ohne vorherige Warnzeichen einstürzen!**

## 6.4 Einsatztaktik bei Flüssigkeitsbränden

Brände der Brandklasse B

Bei Flüssigkeitsbränden ist ein geeignetes Schaummittel (vgl. Abschnitt 1.8.3) mit einer Zumischrate von 1 %, 3 % oder 6 % einzusetzen. Die häufigste Anwendung von Schaum gegen Brände der Brandklasse B erfolgt bei Pkw-Bränden, Tankzügen oder Kesselwagen nach Havarie.

**Abb. 178: Wünscht man keinem Einsatzleiter: ELW trifft vor dem ersten Löschzug bei havariertem Tankzug ein.**

Taktisches Vorgehen in fünf Phasen

Nachfolgendes taktisches Vorgehen ist auch für ausgedehnte Feststoffbrände (Reifenlager, Recyclinglager, Holzlager) zu empfehlen. Die Darstellungen beschränken sich hier deshalb auf diesen Fall. Die Bekämpfung von Raffinerie- oder Tanklagerbränden übersteigt i.d.R. die Ressourcen und Fähigkeiten kommunaler Feuerwehren. Zur Gefahrenabwehr in petrochemischen Anlagen sind besondere Fachkenntnisse und organisatorische Maßnahmen erforderlich. Bei Schaumangriffen gegen Feuer der Brandklasse B sind fünf Phasen zu unterscheiden, die im folgenden erläutert werden. Nach NFPA 11 [552] liegt die Mindestapplikationsrate (MAR) bei Bränden der Brandklasse B je nach Löschmittelauswurfvorrichtung (LAV) und dem brennenden Produkt zwischen 4,1 und 6,5 L Wasser-Schaummittel-Gemisch (W-SM-G) pro $m^2$ brennender Fläche und Minute (L/min × $m^2$) bei Mindestbeschäumungszeiten zwischen 15 und 30 Minuten, je nach Schaummittel. Diese Werte finden sich auch in DIN 14493 wieder. Die US Navy setzt AFFF [553] gegen zweidimensionale Brände mit zwischen 0,1 bis 0,2 GPM/$ft^2$ Wasser-Schaummittel-Gemisch, also 4 und 8 L/min × $m^2$ (!) an [554], daher der Faktor „10“ in Kap. 1.2.

Phase 1

Der Einsatz wird zunächst als „Feuer“ und/oder „Verkehrsunfall“ bei der Leitstelle auflaufen, woraufhin mindestens ein (T)LF, ein RTW und ggf. ein RW zur Einsatzstelle entsandt werden. An der Einsatzstelle angekommen, werden parallel die Maßnahmen zur Menschenrettung bzw. Technischen Rettung und zur Brandbekämpfung eingeleitet.

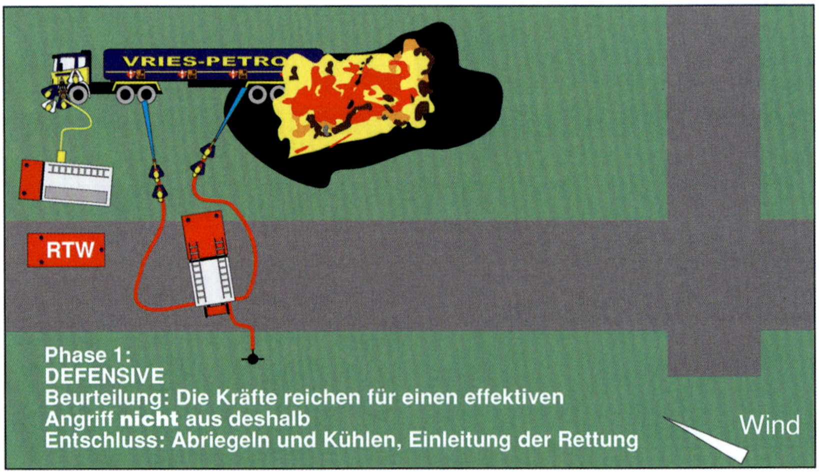


**Abb. 179: Angriff als Riegelstellung zur Menschrettung (LKW-Kabine) bei Feuer der Brandklasse B, mit Schaumzumischung und Hohlstrahlrohren oder Schaumrohren – Phase 1**

Der Einsatzleiter muss abschätzen können, ob er in der Lage ist, mit den ihm zur Verfügung stehenden Mitteln die Brandbekämpfung über alle fünf Phasen hindurch durchführen zu können. Als Hilfsmittel dient ihm dazu die „kritische Löschintensität“: Ein Schaumangriff kann nur dann erfolgreich und nachhaltig sein, wenn es gelingt, die gesamte Oberfläche der brennbaren bzw. brennenden Flüssigkeit in einem Zug abzudecken. Die kritische Löschintensität, also die Rate der notwendigen Schaummenge, ist abhängig von der Art der brennbaren Flüssigkeit, deren Temperatur (und somit von der Vorbrenndauer), dem Schaummittel, der Verschäumung, der Auftragungsart (Schaumrohr, Monitor), der Brandstelle (Geometrie, Temperatur), der Witterung (Wind, Sonneneinstrahlung) und der Geschicklichkeit der Angriffstrupps. Als Faustwert für die kritische Löschintensität gilt: Mindestens vier Liter Wasser-Schaummittel-Gemisch pro Minute und Quadratmeter für eine Dauer von zehn Minuten.

Annahme: Das LF an der Einsatzstelle ist mit 1.600 L Wasser, mit 60 Litern 3-%-Schaummittel und einem Schaumrohr S 4 ausgestattet. Ein Schaumrohr würde also bis zu einer brennenden Fläche von rund 100 $m^2$ wirksam sein, wenn der Schaummittelvorrat reicht. Ein Schaumrohr S 4 bei 400 L/min verbraucht in der Minute zwölf Liter Schaummittel. Der Schaumvorrat des Fahrzeugs wäre also nach fünf Minuten aufgebraucht – das Löschwasser aber bereits nach vier Minuten. Der Einsatzleiter sollte in dieser Situation sofort nach Eintreffen den Entschluss fassen, mindestens drei LF nachzualarmieren und eine defensive Taktik zu wählen: Kühlung des Tanks und Sicherung der Kräfte, die z.B. den eingeklemmten Fahrer des Tankzugs versorgen.

Phase 2

Die nachalarmierten Einsatzkräfte gehen nach Eintreffen zunächst in Stellung und bauen die Schaumtechnik auf (Phase 2). Wie bereits dargelegt, sollten fest eingebaute Zumischeinrichtungen zur Standardausrüstung gehören. Mit nunmehr vier Schaumrohren S 4 wird die kritische Löschintensität überschritten. Sobald alle Rohre in Stellung gegangen sind, ausreichend Schaum- und Wasserversorgung [555] gewährleistet ist, wird von allen Rohren gleichzeitig Schaum auf einen Bereich gegeben, um hier zunächst ein stabiles Schaumsiegel bzw. einen Schaumanker zu erzeugen. Die brennende Flüssigkeit wird in diesem Bereich zunächst lokal unter ihren Flammpunkt gekühlt und gelöscht. Von diesem Bereich aus wird der Schaumteppich dann weiter über die brennende Flüssigkeitsoberfläche geschoben. Durch dieses Schieben ist es auch nicht erforderlich, dass die Angrifftrupps sich so weit bewegen müssen, dass sie in der brennbaren Flüssigkeit stehen. Die Schaumschicht sollte möglichst ruhig und gleichmäßig auf-

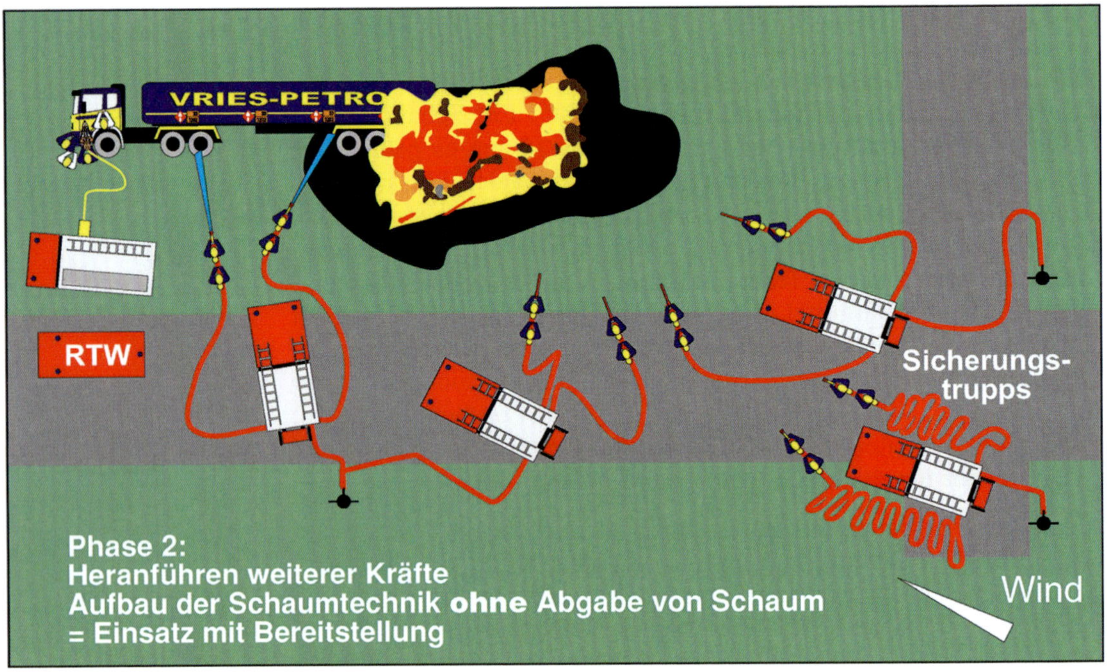


Abb. 180: Schaumangriff bei Feuer der Brandklasse B – Phase 2

getragen werden. Unnötiges „Wedeln" o.Ä. mit den Schaumrohren ist unbedingt zu vermeiden. Der Tank ist weiterhin zu kühlen. In dieser Phase kann es sinnvoll sein, von der Kühlung mit Wasser auf Kühlen mit Schaum zu wechseln, um einerseits die Gesamtmenge an Wasser/Schaum/Flüssigkeitsgemisch, das später zu entsorgen ist, gering zu halten. Andererseits kann das vom Tank ablaufende Wasser den Schaumangriff erheblich stören. Auch hierfür ist es wieder von Vorteil, wenn mit einer festeingebauten Zumischeinrichtung gearbeitet wird, da die Trupps jetzt lediglich ihre Hohlstrahlrohre gegen Schaumrohre austauschen müssen, während der Maschinist den Zumischer zuschaltet. Für die unter Atemschutz vorgehenden Trupps sind Reservetrupps zu stellen. Es bietet sich an, diese Trupps als Sicherungsmannschaft in Bereitstellung an einem Fahrzeug zusammenzufassen.

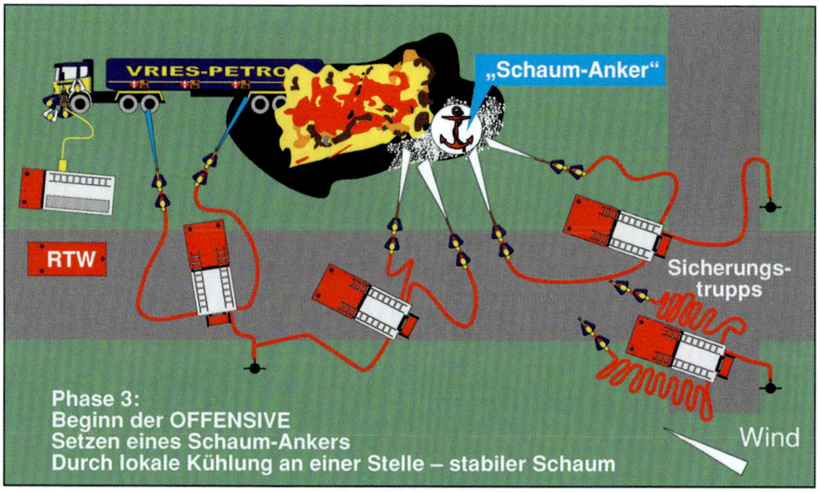


Phase 3

Abb. 181: Schaumangriff bei Feuer der Brandklasse B – Phase 3

Phase 4

Den Trupps wird es so gelingen, die Flüssigkeit mit einer gleichmäßigen Schaumschicht vollständig zu bedecken (Phase 4).

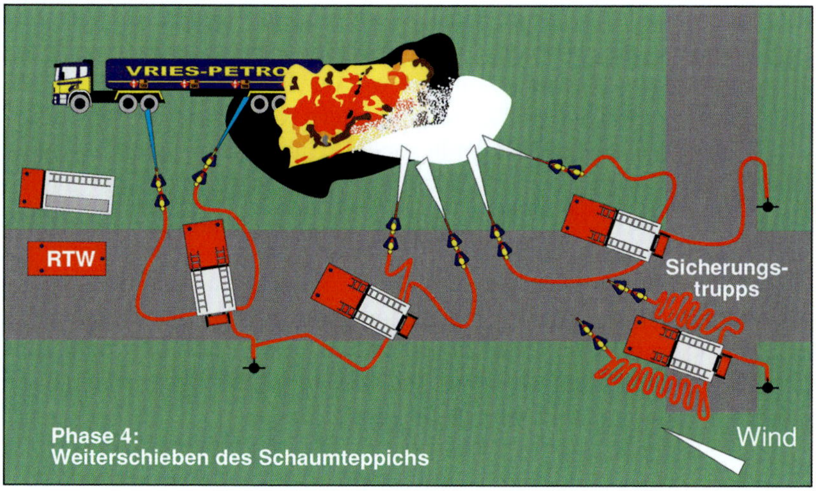


Abb. 182: Schaumangriff bei Feuer der Brandklasse B – Phase 4

Phase 5

Nachdem die Flüssigkeitsoberfläche mit einer Schaumschicht abgedeckt ist, ist diese weiter zu beobachten und ggf. nachzubessern (Phase 5). Der Einsatz wird jetzt zum Gefahrguteinsatz, da die ausgelaufene Flüssigkeit und kontaminiertes Erdreich aufgenommen und entsorgt werden müssen.

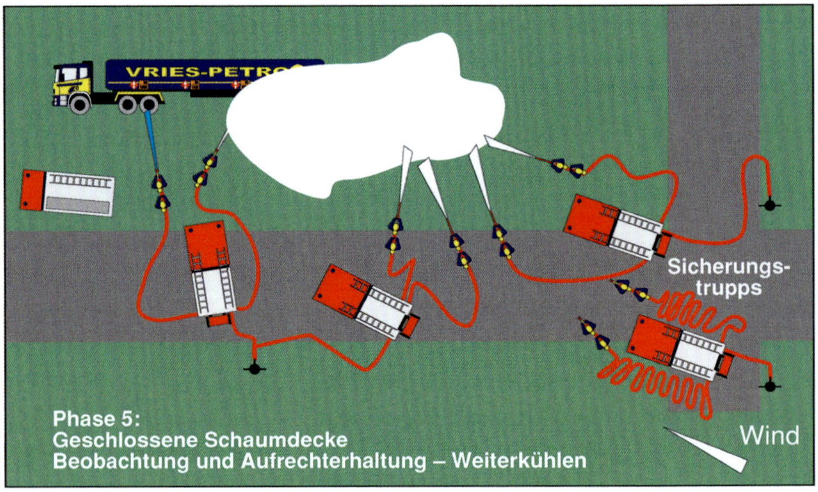


Abb. 183: Schaumangriff bei Feuer der Brandklasse B – Phase 5

In besonderen Situationen kann es sinnvoll sein, die Brandbekämpfung auf Phase 1, also die Defensive (dann allerdings mit massiver Kühlung des Tanks) zu beschränken und das auslaufende Produkt abbrennen zu lassen. Dann muss allerdings eine weitere Gefährdung der Umgebung ausgeschlossen sein. Solche Taktiken können auch nur dann angewendet werden, wenn sie von der Feuerwehr vorher mit ihren Aufsichtsbehörden und anderen Ämtern (Gewässerschutz, Bodenschutz etc.) abgestimmt und für besondere Situationen genehmigt sind. In der Praxis wird es nämlich extrem schwierig sein, einen heißen Tank mit einer darin befindlichen heißen Flüssigkeit wie bei einem „kalten GSG-Einsatz“ abzudichten, da die meisten Ausrüstungen, inklusive der Chemikalienschutzanzüge (CSA), Abdichtmaterialien und Auffangbehältnisse, nicht hitzebeständig sind. Nichts wäre fataler, als eine gelöschte Flüssigkeitslache, in die weiterhin Produkt hineinläuft, das die Schaumschicht unterläuft, sich weiter ausbreitet und sich dann wieder an einer heißen Oberfläche entzündet!

## 6.5 Arbeitsschutz

Die häufigste Antwort, die der Verfasser in Feuerwachen auf die Frage „Was für Schaummittel habt ihr auf den Fahrzeugen?“ bekommen hat, war „Weiß ich nicht genau, das ist in den gelben Kanistern“. Zu solchen Verhältnissen ist einiges zu sagen.

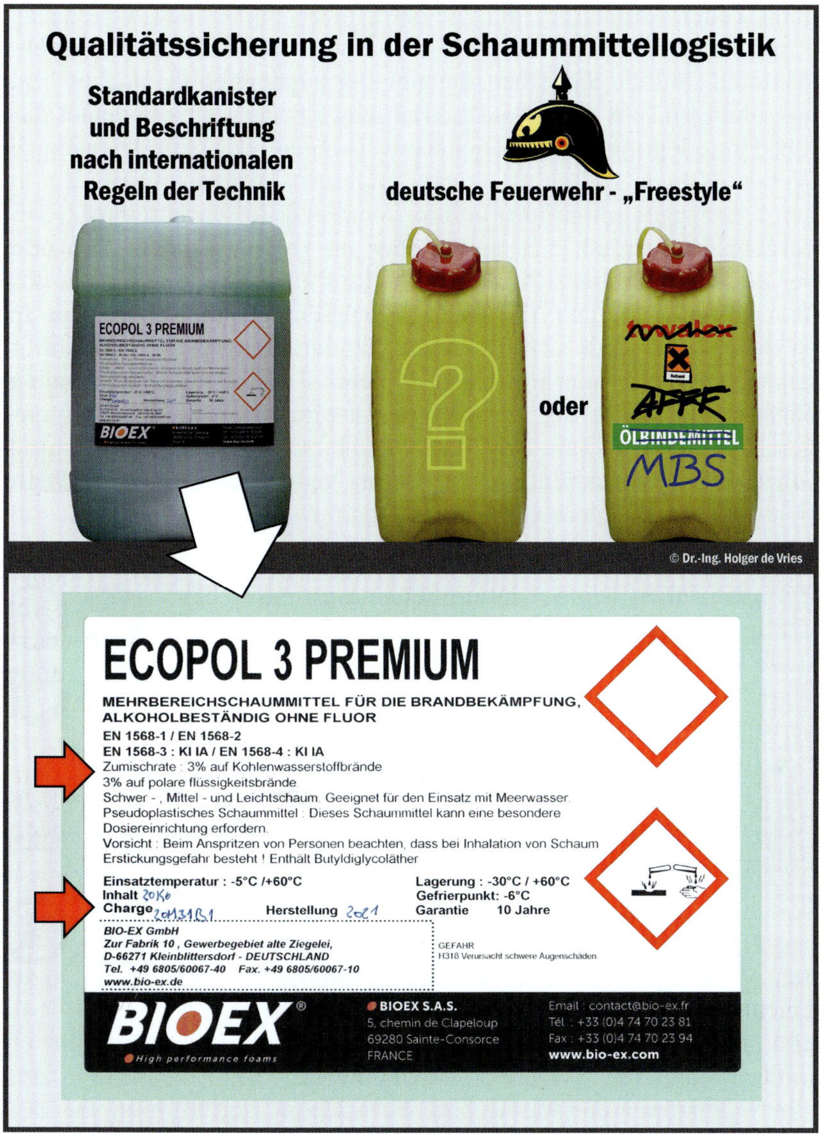


Abb. 184: Gebindekennzeichnung (Beispiel)

Sicherheitsdatenblatt

Für jedes Schaummittel gibt es ein Sicherheitsdatenblatt. Nach den gültigen Arbeitschutzbestimmungen sind Arbeitnehmer (also auch Feuerwehrangehörige) über die Stoffe, mit denen sie an ihren Arbeitsplatz in Kontakt kommen, zu informieren. Die Kenntnis über die Schaummittel und die in den Sicherheitsdatenblättern enthaltenen Hinweise für den Umgang mit Schaummitteln müssen also Teil der Ausbildung (Lehrgang, Feuerwehrschule) und Teil der Einweisung auf den Arbeitsplatz (Dienstantritt auf einer Wache, Einteilung auf Fahrzeuge) sein. Des Weiteren sind die Sicherheitsdatenblätter zugänglich zu machen bzw. auszuhängen. Für den Dienstbetrieb einer Feuerwache bedeutet dies z.B. Hinterlegung bei den Dienstanweisungen oder beim Dienstbuch. Weitere Kopien sollten an jedem „Lagerort“ vorhanden sein, d.h. in den Fahrzeugen mitgeführt und in einem evtl. Löschmittellager [556] vorgehalten werden, z.B. sowie oder im Hydrantenbuch/-plan oder bei den Objektplänen. Außerdem sollte die Leitstelle ebenfalls darüber verfügen können. Die Gebinde müssen gekennzeichnet sein. Es ist dabei egal, ob es sich um einen Standard-Feuerwehr-Schaummittelkanister (gelb) oder um einen größeren Transportbehälter handelt. Nicht nur, dass der Einsatzwert des Schaummittels nicht richtig eingeschätzt werden kann: Das Mischen unterschiedlicher Schaummittel führt i.d.R. zu Ausfällungen und zum Verstopfen von Zumischeinrichtungen, zur Unterbrechung der Schaumversorgung und somit zum Scheitern des Schaumangriffs.

PSA

Beim Umfüllen von Schaummittel sind grundsätzlich Gummihandschuhe und Schutzbrille, an der Einsatzstelle (heruntergeklapptes!) Helmvisier zu tragen. In Werkstätten und bei größeren Mengen bieten sich ferner eine Gummischürze und eine Filterhalbmaske an. Bei (gepflegten!) Lederstiefeln (ohne Membran) hat der Verfasser auch nach mehreren Stunden des Watens in Schaum und Wasser-Schaummittel-Gemisch keine Undichtigkeiten oder andere Probleme feststellen können.

Rutsch- und Stolpergefahr

Waten im Schaum sollte wegen der Rutsch- und Stolpergefahr über verdeckte Hindernisse vermieden werden. Müssen Bereiche oder Räume, die mit Mittel- oder Leichtschaum bis Bauch- oder Brusthöhe geflutet sind und die im Prinzip rauchfrei sind – also per se keinen Atemschutz erfordern – betreten werden, so ist truppweise vorzugehen und es sind alle Maßnahmen der Atemschutzüberwachung durchführen. Bei längerfristigen Einsätzen sind „sichere Gassen“ festzulegen und mit Leinen oder Trassierband zu markieren.

**Werden in solchen Bereichen Atemschutzgeräte getragen, so wird das Warnsignal des Pressluftatmers durch den Schaum gedämmt und u.U. nicht wahrgenommen. Erforderlich ist hier eine häufige Kontrolle des Manometers.**

Bereiche sichern und absperren

Bereiche, die über Bauch- oder Brusthöhe geflutet werden sollen, müssen vorher geräumt werden. Die Flutung ist per Rundspruch mit Quittung (Einsatzstellenkommunikation bzw. Kommunikation im Einsatz, vgl. [557]) anzukündigen, Vollzähligkeit der Mannschaft ist zu überprüfen, die Bereiche sind zu sichern bzw. abzusperren und ihr Betreten muss unterbunden werden.

Hautpflege

Schäume und Schaummittel wirken entfettend auf die Haut. Die betroffene Haut ist gründlich zu spülen und ggf. mit einer handelsüblichen Hautcreme einzureiben. Diese Maßnahme ist keine Einsatzstellen-Kosmetik, sondern praktizierter Arbeitsschutz. Trupps die mit Schaum bedeckt sind, sind zunächst an der Einsatzstelle abzuspülen. Auch bei Einsatzbekleidung mit Membran/Dampfsperre kann daraufhin die Gefahr der Unterkühlung bestehen und es muss Wechselkleidung angeboten werden bzw. das Personal muss ausgetauscht werden.

## 6.6 Fahrzeugtechnische Umsetzung

Ausgehend von den guten Erfahrungen, die während der „Tremonia"-Versuche (bei Wohnungsbrandszenarien mit D-Schläuchen und einem entsprechenden Strahlrohr gemacht wurden und angesichts des geringen Wasserbedarfs bei Kleinbränden und den Nachteilen von Schnellangriffeinrichtungen mit formstabilen Schläuchen hinsichtlich Gewichts- und Platzbedarfs in Feuerwehrfahrzeugen (vgl. [67]) wurde eine Schnellangrifftasche entwickelt, die einen 30 m langen D-Schlauch in Buchten gelegt aufnimmt. Die Tasche ist unten und oben mit Reißverschlüssen versehen. Der Angriffstruppmann hängt sich die Tasche um die Schulter und kann den D-Schlauch nach teilweisem Öffnen des unteren Reißverschlusses leicht verlegen (Abb. 185) [558]. Das Verlegen ist zügig und ohne Verdrehungen des Schlauches auch in Treppenräumen möglich. Das verwendete Hohlstrahlrohr hat eine Leistung von 150 L/min und entspricht somit einem C-Mehrzweckstrahlrohr.

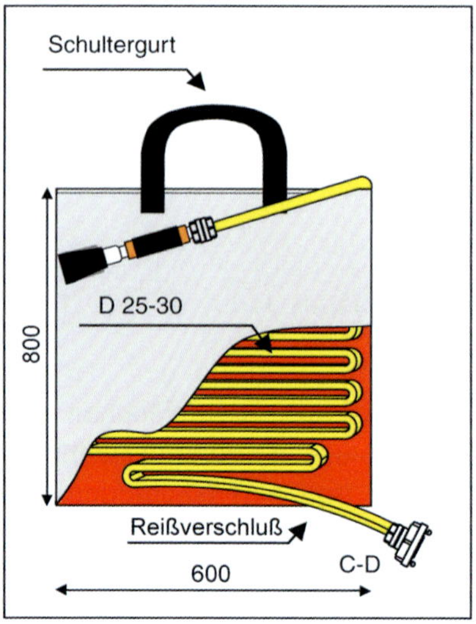


Abb. 185: Schnellangrifftasche D

Die Eignung der D-Leitung gegenüber dem Druckschlauch S wurde vom Verfasser bereits in den 1990er-Jahren in Zusammenarbeit mit den Feuerwehren Ahrensburg, Wuppertal/LE Sonnborn und mit der LFS Hamburg überprüft. Seit 2005 sind umfangreiche Messungen zusammen mit der FF Hooksiel durchgeführt worden. Die D-Leitung war jeweils bedeutend leichter zu handhaben als der Druckschlauch S. Der Druckverlust am Strahlrohr im Vergleich zu den auf den jeweiligen Fahrzeugen installierten Schnellangriffeinrichtungen bei Überwindung eines Höhenunterschiedes entsprechend 2. und 3. Obergeschoß wurde in Parkhäusern gemessen und betrug im Maximum 0,7 bar, ist also für die Praxis vernachlässigbar (ausführliche Darstellung in [559] und [560]).

Einsatzszenarien Einsatz D-Schlauch

Der Einsatz des D-Schlauches ist auf folgende Einsatzszenarien zu begrenzen:

Übersichtliche Einsatzstelle im Freien (Pkw-Brand, Sperrmüll).

Zimmer- oder Wohnungsbrand: Der Angriff mit der D-Leitung ist als Erstmaßnahme des 1. Angriffstrupps zu verstehen, der bei vielen Feuerwehren zur Menschenrettung ohne wasserführende Schlauchleitung vorgeht. Es muss sichergestellt sein, dass ein 2. Angriffstrupp eine eigene C-Leitung, z.B. aus Schlauchtragekörben vornimmt. Die D-Leitung des 1. Angriffstrupps dient diesem als „Kleinlöschgerät" und zum Selbstschutz, ist leichter und schneller zu verlegen als ein Druckschlauch S oder eine C-Leitung und wird in vielen Fällen zur vollständigen Brandbekämpfung bereits ausreichen, zumal bei Verwendung von Netzwasser oder Class-A-Foam.

Das einsatztaktische Vorgehen muss auf die Verwendung der Schnellangrifftasche abgestimmt werden. Der 1. Angriffstrupp setzt einen Schnellangriffverteiler, an dessen linken Abgang ein Übergangsstück

Abb. 186: Platzvergleich: Zwei D 25-30 (gelb) in einem B-Schlauchfach

CD gekuppelt ist, und geht vor. Der 2. Angriffstrupp verlegt seine C-Leitung vom rechten Abgang des Verteilers selbst (vgl. [73; 74]).

Des Weiteren sind D-Schläuche internationaler Standard bei der Vegetationsbrandbekämpfung (vgl. Abb. 196). Hierzu wird die Verwendung von 30 m langen Schläuchen hoher Qualität und C-Hohlstrahlrohren mit Übergangstück gemäß Abb. 159 ff. empfohlen.

Abb. 187: HLF der BF Göteborg mit COBRA-Schneidlöschanlage (in GR) und Ausstattung zur Vegetationsbrandbekämpfung in G1

Eine konsequente Umsetzung der gewonnenen Erkenntnisse erfolgte bei der Realisierung des HLF der FF Hooksiel in den Jahren 2019/2020 [561]. Basis für dieses HLF20 ist die Magirus „EC-Line“ mit neunsitziger „TeamCab“ (2 PA-Plätze) auf EuroCargo FF150 E32WS 150-320 mit 235 kW bei 2.500 U/min (6-Zylinder-Dieselmotor, Euro 6), singlebereift, Allradantrieb und 15 t zgM bei einer Breite von 2.500 mm, Höhe von 3.500 mm, Länge ohne/mit Haspel von 7.685/8.530 mm. Die Singlebereifung bedingt die Größe des Fahrgestells. Der Löschwasserbehälter mit 2.000 L Volumen war keine Zielfunktion, sondern ergab sich als Differenz aus der Tragfähigkeit des Fahrgestells und der Masse des Aufbaus sowie der feuerwehrtechnischen Beladung. Diese ist es, die den Einsatzwert, die Schlagkraft und die Standzeit dieses Fahrzeugs gegenüber anderen HLF aus dem gleichen Beschaffungszeitraum wesentlich erhöht, nicht die Menge des mitgeführten Wassers.

Abb. 188: HLF der FF Hooksiel

Dieses Fahrzeugbeispiel zeigt auch, dass die „Größendifferenzierung“ von (H)LF10 und (H)LF 20 in zwei eigenständigen Normen auf Grundlage der Pumpenleistung technisch sinnlos und bereits seit der Normung des LF 8/6 überholt ist. Sie ist auch unwirtschaftlich, da das Antriebsaggregat eines (H)LF10 nicht mehr ein Opel Blitz Baujahr 1943 ist und die für Brandbekämpfung und Lenzeinsätze wertvolle Pumpenleistung durch Verwendung einer FPN1000-10 nicht ausgenutzt wird. Für den Eigentümer eines vollgelaufenen Kellers bedeuten 3.000 L/min statt 1.000 L/min zu lenzen zwei Drittel weniger Durchfeuchtung des Mauerwerks und für den Träger des Brandschutzes zwei Drittel weniger Verdienstausfallzahlungen.

Auf eine Druckzumisch- oder Druckluftschaumanlage wurde bewusst verzichtet, da die Netzwassererzeugung zur Feststoffbrandbekämpfung (der „99-%-Fall“) technisch und finanziell optimal mit Netzwasserkartuschen sichergestellt werden kann. Auf einen Dachwerfer wurde u.a. deswegen verzichtet, weil dieser entweder fernsteuerbar sein müsste oder eine Person dauernd binden würde, während zwei Bodenwerfer durchaus von einer Person überwacht werden können, um z.B. eine Riegelstellung zu halten.

Das Fahrzeug führt eine um einige Zusatzgeräte erweiterte Beladung zur Technischen Hilfe nach Norm inklusive LED-Lichtmast und Stromerzeuger mit, die hier nicht weiter erläutert wird. Eine THL-Geräteablage- und Bereitstellungsplane wurde selbst angefertigt. Ebenfalls wurde eine druckluftbetriebene „Spüllanze“ für Personen, die aus dem Watt gerettet werden müssen, nach Vorbild des Gerätes der FF Büsum selbst gebaut [562; 563].

Abb. 189: Übersicht der Beladung links und rechts

Der siebenteilige feuerwehrtechnische Aufbau entspricht grundsätzlich dem Magirus-Standard; lediglich dort wo zwischen G1 und G2 bei anderen HLF eine Lkw-Rettungsbühne gelagert werden kann, wurde bei diesem Fahrzeug Platz gelassen für einen 8,5 m langen Saugschlauch LENZMEISTER mit 125-mm-Storz-Kupplungen der Fa. Pumpencenter Nord in Ahrensburg. Die nachfolgend beschriebenen Beladungs- und Ausstattungsoptimierungen zur schnellen, ergonomischen und wirksamen Entfaltung eines Löschangriffs mit minimaler Besatzung wurden bereits seit Jahren mit dem TLF 20/24-Tr erprobt und verfeinert [564; 565]. In den Monaten nach der Beschaffung ist noch mehrmals ein „Fine-Tuning“ der Beladung und ihrer Unterbringung unter Beachtung der Massenverteilung erfolgt. Das Fahrzeug ist so ausgelegt und bestückt, dass es mit Besatzung von 1+5=6 möglich ist, schneller und ergonomischer als mit einer Löschgruppe einen Löschangriff incl. Wasserversorgung aufzubauen.

Feuerlöschkreiselpumpe

**Feuerlöschkreiselpumpe:**

FPN3000-10 mit Pumpeneingang 125-mm-Storz-Kupplung, mit der die Pumpe erst ihre volle Leistung entfalten kann (aus diesem Grund hatte das LF25 auch zwei A-Saugeingänge) [566].

Abb. 190: Betrieb von zwei Werfern mit insgesamt 3.000 L/min bei 7 bar Druck und 7 m Saughöhe, der Garantiepunkt nach Norm liegt bei 7,5 m Saughöhe bei 1.500 L/min

Abb. 191: Betrieb von zwei Werfern und einem B-HSR mit insgesamt 3.000 L/min bei 4 bar Druck und 7 m Saughöhe, der Garantiepunkt nach Norm liegt bei 7,5 m Saughöhe bei 1.500 L/min

Versorgungsseitig

**Versorgungsseitig:**

- Ein 8,5 m langer Saugschlauch 125-mm-LENZMEISTER mit Storz-Kupplungen
- Schwimmsaugkorb KOCHEK 125 mm
- Ein 10 m langer Vorlegeschlauch 125-mm-NIEDNER-SUPPLY-LINE mit Storz-125-Kupplungen
- Sammelstück 3B-Storz 125

Durch die Verwendung des 125-mm-Vorlegeschlauchs bleibt das Bedienfeld der FP so weit wie möglich frei zugänglich. Der große Schlauchdurchmesser kann Druckschwankungen und -schläge aus den Zubringerleitungen ausgleichen. Durch seine zweilagige Ausführung („double jacket"), wie in Nordamerika üblich, ist er quasi „unkaputtbar".

Abb. 192: Versorgung mit drei B-Leitungen in die 125-mm-Leitung

Der 8,5 m lange Saugschlauch 125-mm-LENZMEISTER ersetzt die übliche Normbeladung von 6 × 1,6 m langen Saugschläuchen (9,6 m). Ein FA alleine kann den Saugschlauch aus dem Fahrzeug entnehmen. Versehen mit einem Schwimmsaugkorb wird dieser zusammen mit dem Maschinisten in Stellung gebracht, Abb. 202 bis 205. Der Lagerungsrahmen wurde von Mitgliedern der Ortswehr entworfen und gefertigt.

Abb. 193: Entnahme der Saugleitung durch eine Person

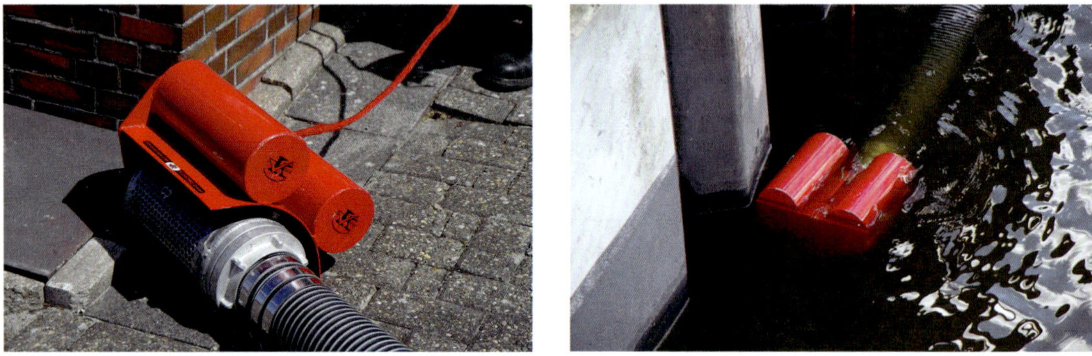

Abb. 194: Schwimmsaugkorb KOCKEK

Abb. 195: Verlegen der Saugleitung durch zwei Personen

Abb. 196: Einrollen der 125-mm-Saugleitung in den Lagerungsrahmen und Verlasten in G1

Angriffseitig

**Angriffseitig:**

- Schnellangriffverteiler BB-DBBD mit Manometer.
- Netzmittel-Kartusche RUHL als Standard (Z4 gehört zur Normbeladung, ergänzt um Z2) [567].
- Zwei Schnellangriffeinrichtungen aus jeweils drei Stück 30 m D25-Schlauch G & H TitanExtreme als Standard in den Traversenkästen.
- Zwei Schnellangrifftaschen „de Vries“ mit je 30 m D-Leitung.
- Zusatzbeladung mit 30 m und 50 m langen Typ-3-D-Schläuchen (TIPSA und ANGUS), insbesondere für Nachlöscharbeiten.
- Eine Schnellangriffeinrichtung mit 35 m C-Schlauch („Drehleiterlänge“) und Hohlstrahlrohr TIPSA BLUE DEVIL bis 525 L/min, ggf. mit Schwerschaumaufsatz.
- STK-C mit mobilem Rauchvorhang.
- Ein Wasserwerfer POKet mit Oszillationseinrichtung, mit Hohlstrahldüse max. 1.600 L/min und 1.500 L/min. selbstansaugende Schwerschaumdüse (15 m³/min).
- Ein Einpersonenwerfer TIPSA QA1 und selbstansaugender Hohlstrahldüse mit 2.000 L/min.

- Beide Werfer können mit formstabilen 25-mm-Schläuchen mit Schaummittel versorgt werden, was bis zu einer Länge von 50 m erprobt wurde, siehe Abb. 200 und Abb. 201 [568].
- Hohlstrahlrohre nur mit C- oder B-Kupplungen, nicht mit D-Kupplungen (siehe auch [569]).

Abb. 197: Netzmittel-Kartuschen-Rohr

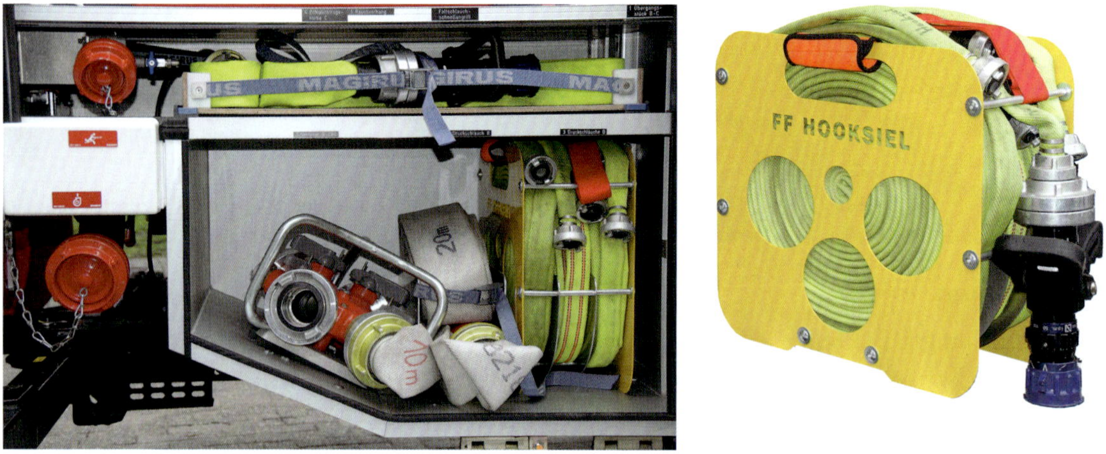


Abb. 198: Schnellangriff C45-35 (oben), Verteiler BB-DBBD. Netzmittel-Kartusche, Schnellangriffkorb mit 3 x 30 m D-Schlauch und C-HSR und Übergangstück CD

Bei Betrieb direkt über den BB-DBBD-Verteiler sind pro 90 m langer D-Leitung zwischen 120 bis 150 L/min Volumenstrom bei 5 bis 7 bar Druck am Strahlrohr verfügbar. Damit wird die Mindestapplikationsrate auch für den Innenangriff erreicht [578]. Zur Vegetationsbrandbekämpfung kann die Eindringtiefe durch Verwendung einer bis zu 90 m langen C-Leitung auf insgesamt 180 m Eindringtiefe in das Gelände erreicht werden: Bei einem Pumpendruck von 10 bar stehen nach 90 m C52-Leitung und Verteiler an drei D-Leitungen aus jeweils 3 Stück 30-m-D-Schlauch 100 L/min Volumenstrom bei 5 bar Druck zur Verfügung (vgl. Abb. 138). Wenn 100 L/min Netzwasser kontinuierlich zur Verfügung stehen, erübrigt sich in der norddeutschen Topographie der Einsatz von Löschrucksäcken.

Abb. 199: Drei D-Leitungen aus jeweils drei Stück 30 m langen D-Schläuchen (Quelle: Feuerwehr Wangerland)

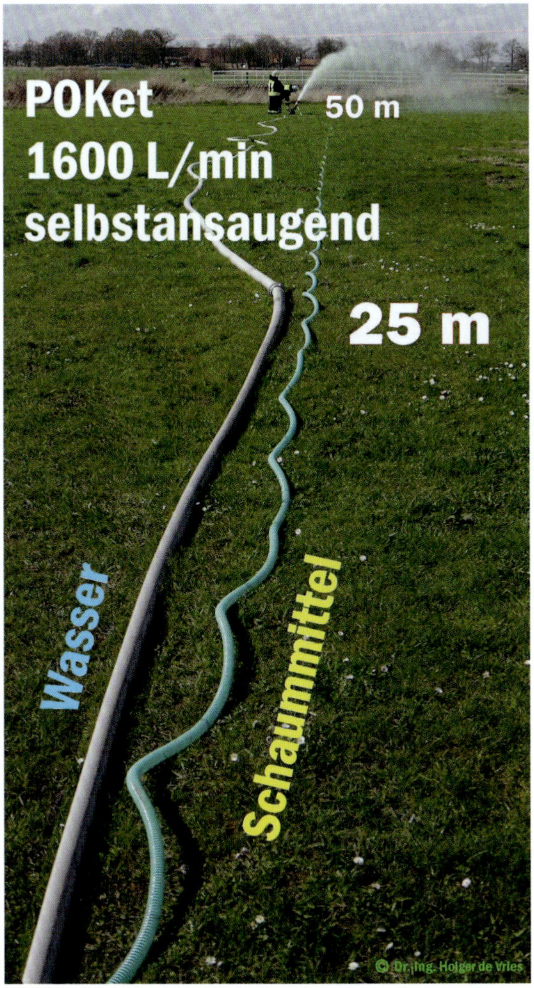


Abb. 200: Schaummittelversorgung von Werfern mit formstabilen Schläuchen

Abb. 201: EPW mit selbstansaugender Hohlstrahldüse

Dieses Ausführungsbeispiel zeigt, wie auf einem Standardfahrgestell mit einem Standardaufbau innerhalb des normativen Rahmens, d.h. ohne „Sonderbauten", und unter Berücksichtigung einer wirtschaftlichen Beschaffung, aber unter konsequenter Anwendung praktischer Erfahrungen und ingenieurmäßiger Kenntnisse für die Brandbekämpfung ein HLF erheblich in seiner Schlagkraft und Ergonomie gesteigert werden kann. Dazu sind selbstverständlich einige „alte Zöpfe" zu kappen: Eine hydraulisch sinnvolle Pumpenkonfiguration, Verwendung moderner Saugleitungstechnik, optimierte Beladung mit Löschmittelauswurfvorrichtungen (D-Leitungen, aber keine D-Rohre, Werfer statt B-Mehrzweckstrahlrohren mit Stützkrümmer) und das Ausnutzen der Kapazität von D-Leitungen bei der Brandbekämpfung – ein Fahrzeug, das in der Lage, ist so wenig wie nötig, aber so viel wie möglich Wasser abzugeben und gleichzeitig das Spektrum der technischen Hilfeleistung im maritimen Umfeld abzudecken.

# 7 Zusammenfassung und Ausblick

Es wurde eine Übersicht über die Entwicklung und den aktuellen Stand der Bekämpfung von Feststoffbränden in Deutschland gegeben. Diese wurde mit denen des westlichen Auslands verglichen. Da die in Deutschland verwendeten Techniken und Taktiken nicht immer den Anforderungen genügen, war es erforderlich darzustellen, welche Alternativen heute zur Verfügung stehen. Anhand einer umfassenden Literaturrecherche und eigener Versuche wurde gezeigt, dass die Verwendung von Netzwasser und Class-A-Foam die Effizienz der Brandbekämpfung erhöht. Daraus wurde abgeleitet, dass weitere Verbesserungen in der Brandbekämpfung durch Verwendung von Hohlstrahlrohren, von Netzwasser und Class-A-Schaum gegen Feststoffbrände und die praxisnahe Ausbildung von Feuerwehrangehörigen notwendig und möglich sind.

Sicherlich sind die Ergebnisse aus Brand- und Löschversuchen mit handgeführten Löschgeräten auch der Subjektivität des Strahlrohrführers unterworfen. Es ist aber auffällig, dass Class-A-Foam in unterschiedlichen Szenarien und unabhängig vom Strahlrohrführer reinem Wasser überlegen ist, sodass sich die unterschiedlichen Versuchsergebnisse gegenseitig bestätigen. Bereits wenige Jahre nach Beginn der Forschungsarbeiten 1993/94 ist es zur Beschaffung oder Erprobung von mit Class-A-Foam ausgerüsteten Feuerwehrfahrzeugen in Tongeren und Brüssel (Belgien), Reutlingen [570; 571; 572; 573; 574], Venne, Ingolstadt [575; 576], Berlin, Bochum, Düsseldorf, Leipzig und bei Falck Redningskorpset/DK gekommen. Leider hinkt der Ausbildungsstand in Taktik und Technik der verfügbaren Technik immer noch zu oft hinterher.

Die effizienzsteigernde Wirkung der Zumischung von Tensiden zum Löschwasser ist seit den 1930er-Jahre bekannt und ist in dieser Arbeit durch viele Quellen belegt. Bereits 1937 hat Harder, Hamburg, seinen Bericht „Luftschaum gegen Dachstuhlbrand – Löschversuch an einem Abbruchgebäude in Hamburg“ veröffentlicht [577]:

> *„Als Ergebnis des Versuches muss festgestellt werden, dass es möglich ist, Dachstuhlbrände mit Luftschaum schnell und erfolgreich abzulöschen, ohne dass Wasserschaden entsteht, der vielfach größer ist als der Brandschaden.“*

Als erste deutsche Berufsfeuerwehr setzt die Feuerwehr Ingolstadt seit 1997 (also 60 Jahre später!) zwei Löschgruppenfahrzeuge mit Druckluftschaumanlagen ein. Ihre erste große Bewährungsprobe hatten diese Anlagen 1998 – ebenfalls bei einem Dachstuhlbrand. Braun, Ingolstadt, berichtet [578]:

> *„Beim Eintreffen der Feuerwehr um 16:35 Uhr schlugen aus einem Dachfenster 3 bis 6 Meter hohe Flammen, Rauch trat aus dem Dachstuhl des Quergebäudes [der Privatklinik] etwa zur Hälfte aus und aus dem des Westtraktes etwa zu einem Drittel. Den oberen Abschluss des in voller Ausdehnung brennenden Aufenthaltraumes bildete das Dach, während sich ansonsten über allen[n] anderen Räumen ein zweites Dachgeschoß befand. Der Raum hatte eine Grundfläche von mehr als 100 m². Die Firsthöhe betrug hier 6,5 m.“*

> *„Die Türe zum Brandraum war einen Spalt geöffnet. Unter diesem Türstock erfolgte die erste Löschmittelabgabe im Innenangriff. Der Angriffstrupp ... richtete den Schaumstrahl gegen den Firstbereich und danach kreisförmig in den Brandraum hinein. Nach ca. 45 Sekunden brach das Feuer zusammen. Zunächst musste dieser Trupp noch einige Brandschwerpunkte im Raum ablöschen. Durch herabfallendes Isoliermaterial kam es immer wieder zum Aufflammen der dahinter befindlichen Holzschalung. Die beteiligten Feuerwehrmänner berichteten übereinstimmend, dass die einmal abgelöschten Flächen nicht wieder aufflammten.“*

> *„Der nachhaltige Löscheffekt ... verhinderte eine ungewöhnlich lange Zeit das [Wiederent]zünden abgelöschter Flächen. ... Der Wasserdampf machte zu keiner Zeit Probleme. Der Trupp bestätigte ungewöhnlich gute Sichtverhältnisse in relativ kurzer Zeit. 15 Minuten nach Eintreffen ... war der Brand im Bereich des Aufenthaltsraumes unter Kontrolle. “*

Bewertend dazu schreibt Raab, Bayer. Versicherungskammer, München [579]:

> *„Bei der Privatklinik entstand im Dachgeschoß durch den Brand ein Millionenschaden, der „übliche“ Löschwasserschaden blieb hier – dank Löschschaumeinsatz – dagegen aus. Nach Schätzung der Versicherung ergeben sich dadurch Einsparungen (je nach Szenario) zwischen 500.000 und 1.000.000 DM. Dabei ist noch nicht die wesentlich verkürzte Betriebsunterbrechung berücksichtigt.“*

Relativierend muss dazu gesagt werden, dass die von einigen Herstellern von Druckluftschaumanlagen progagierte „fünf- bis siebenfache Steigerung der Löscheffizienz“ nach wie vor absolut unbewiesen ist. Die Aussage der Hersteller stützt sich einzig auf den Vergleich von drei gemessenen Temperaturen eines Thermoelements der „Salem“-Versuche (Anhang I: Brand- und Löschversuche) [580; 581], ist also weder valide noch statistisch abgesichert und konnte in keinem der in dieser Arbeit zitierten oder durchgeführten Versuche reproduziert werden.

Der Verfasser teilt außerdem die Auffassung seiner amerikanischen Kollegen aus vielen persönlichen Gesprächen, dass die Einführung von Class-A-Foam nicht zur Reduzierung der Besatzungsstärken der Löschfahrzeuge bzw. -züge führen darf: Durch die bereits erfolgten Einsparungen bei deutschen (Berufs-)Feuerwehren während der letzten 20 Jahre könnte Class-A-Foam bestenfalls einen Teil der verlorenen Schlagkraft kompensieren. Gleiches gilt sinngemäß für tagesalarmschwache Freiwillige Feuerwehren. Des weiteren wird ein Trupp im Innenangriff – egal mit welchem Gerät und Löschmittel er vorgeht – mindestens aus zwei Feuerwehrangehörigen bestehen müssen. Für jeden im Innenangriff arbeitenden Trupp sollte ein Reservetrupp mit ebenfalls mindestens zwei FA außerhalb des Gefahrenbereichs vorgehalten werden. Je Zugang bzw. je nach Gefährlichkeit auch je Trupp muss es voll ausgerüstete Sicherheitstrupps geben.

Einige Aufbauhersteller propagieren Druckluftschaum auch als eine Möglichkeit, die Fahrzeuge zu verkleinern. Bei der Übertragung von Überlegungen aus den USA muss aber unterschieden werden, ob ein Löschfahrzeug mit einem 16-t-Fahrgestell und einer Pumpenleistung von 1.500 Gallonen/min, also 5.600 L/min (amerikanische Standardgröße) durch ein Fahrzeug auf 12-t-Fahrgestell mit einer Pumpenleistung von 1.000 Gallonen/min, also 3.800 L/min, ersetzt wird, oder ob versucht werden soll, deutsche Fahrzeuge mit der üblichen Pumpenleistung von nur 1.600 L/min zu verkleinern.

Bei der Verwendung von Druckluftschaum ist weiterhin folgendes einsatztaktisches Verhalten zu berücksichtigen: Für die einwandfreie Förderung von Druckluftschaum ist es erforderlich, dass die Angriffsschläuche knickfrei verlegt werden, was beim Innenangriff nicht immer gewährleistet werden kann. Knickt der Schlauch, wird der Schaumfluss durch den Schlauch blockiert. Druckluftschaum wurde in den USA zur Abgabe mit großen, auf den Fahrzeugen der Forstfeuerwehren fest montierten Rohren zum Anlegen von Schaumriegeln bei der Waldbrandbekämpfung eingeführt, bei der es erforderlich ist, große Wurfweiten zu erzielen. Bei dieser Anwendung treten Probleme mit Schläuchen offensichtlich nicht auf.

Kostengesichtspunkte können in dieser Arbeit nicht exakt berücksichtigt werden, weil die Preisgestaltung der Anbieter und Fahrzeughersteller stark von der Aussicht auf Folgeaufträge und aktuellen Marketing-Tendenzen geprägt ist. Grundsätzlich kann folgendes gesagt werden: Für einen Kostenvergleich ist es wichtig, dass nur Systeme mit gleichen Kenndaten verglichen werden: Es gibt für Class-A-Foam bzw. Druckluftschaum Systeme, die nur die Vornahme einer Leitung ermöglichen. Es widerspricht jedoch dem Universalitätsprinzip der Feuerwehrausrüstung, einsatztaktischen Erfordernissen und dem Wirtschaftlichkeitsprinzip, wenn eine Schaumlöschanlage nicht im gesamten Betriebsbereich einer Feuerlöschkreiselpumpe eingesetzt werden kann. Der Preis für eine fest im Fahrzeug installierte, kombinierte Anlage für bis zu zwei unterschiedliche Schaummittel (z.B. Druckzumischanlage) beträgt ca. EUR 3.000 bis 10.000, der für eine Druckluftschaumanlage – mit all ihren Unwägbarkeiten – ca. EUR 50.000 bis 80.000. Die Feuerwehren müssen hier eine Grenznutzenabwägung machen.

Mehr Potenzial als den Druckluftschaumanlagen kann sicherlich den Schneidlöschverfahren unterstellt werden. Obwohl bereits seit 20 Jahren am Markt, steckt hier die konzeptionelle Umsetzung in Deutschland – optimistisch formuliert – noch in den Kinderschuhen. Dass selbst die drei größten deutschen Feuerwehren nicht jeweils ein System einsatzbereit haben, ist rational nicht zu begründen.

Obwohl die entsprechende Technik seit den 1940er zur Verfügung steht, hapert es bei den deutschen Feuerwehren auch beim Einsatz ferngesteuerter Systeme. Wie lange wollen wir noch Menschen in den Trümmerschatten von brennenden, in Leichtbauweise errichteten

Industriebauten schicken, um dort konventionelle Wasserwerfer aufzustellen oder prekäre Güter zu bergen? Um uns dann hinterher Gedanken um die Dekontamination ihrer Einsatzbekleidung zu machen? Seinen ersten einsatzbereiten unbemannten „Minilöschpanzer“ durfte der Verfasser 1986 bei der Feuerwehr El Paso in Texas sehen – das ist mittlerweile fast 40 Jahre her.

**Den Feuerwehren stehen eine Vielzahl technischer Hilfsmittel zur Erhöhung ihrer Leistungsfähigkeit im abwehrenden Brandschutz zur Verfügung. Die richtige Anwendung dieser Hilfsmittel – eingebettet in ein tragfähiges strategisches und taktisches Konzept [584; 585; 586] – zur Erfüllung ihres humanitären und gesetzlichen Auftrages obliegt jeder Feuerwehr selbst.**

# Glossar

| | | |
|---|---|---|
| AFFF | aqueous film-forming foam | wasserfilmbildender Schaum |
| bar | | 1 bar = 14,5 psi |
| BF | | Berufsfeuerwehr |
| CAFS | compressed air foam system | Druckluftschaumanlage |
| CAFSM | | Class-A-Foam-Schaummittel |
| CFM | cubic foot/feet per minute | 1 CFM = 0,0283 $m^3$/min |
| DFV | | Deutscher Feuerwehrverband |
| DLS(A) | | Druckluftschaum(anlage) |
| DL | | Drehleiter |
| DZA,<br>DZM(A) | | Druckzumisch(anlage) |
| FA | | Feuerwehrangehörige/r |
| FF | | Freiwillige Feuerwehr |
| FFF | fluoro-free foam | fluorfreier Schaum |
| FFFP | film-forming fluoro-protein foam | wasserfilmbildender Fluorprotein-schaum |
| FP | fluoro-protein (foam) | Fluorproteinschaum |
| ft | foot/feet | 1 ft = 0,3048 m |
| FwDV | | Feuerwehr-Dienstvorschrift |
| GPM | gallons per Minute | 1 GPM = 3,785 L/min |
| HSR | | Hohlstrahlrohr |
| HX | high expansion | hohe Verschäumung (VZ > 200) |
| ICAO | International Civil Aviation Organization, | Internationale Zivilluftfahrt-Organisation |
| L/min | | 1 L/min = 0,264 GPM |

| | | |
|---|---|---|
| LAV | | Löschmittelauswurfvorrichtung |
| LF | | Löschgruppenfahrzeug |
| LX | low expansion | niedrige Verschäumung (VZ < 20) |
| m | Meter | 1 m = 3,281 ft |
| MBS | | Mehrbereich-Schaum (-Mittel) |
| MX | medium expansion | mittlere Verschäumung (VZ 20 bis 200) |
| NFPA | National Fire Protection Association | |
| P | protein (foam) | Proteinschaum |
| psi | pound-force per square inch | 1 psi = 0,06895 bar |
| RAF | Royal Air Force | Brit. Luftwaffe |
| RN | Royal Navy | Brit. Marine |
| TLF | | Tanklöschfahrzeug |
| USCG | United States Coast Guard | US Küstenwache |
| USFS | United States Forest Service | US Bundesforstverwaltung |
| USN | United States Navy | US Marine |
| UVV | | Unfallverhütungsvorschrift |
| VZ | | Verschäumungszahl |
| WHZ | Water half time, 50 % drain time | Wasserhalbzeit |
| WMFS | West Midlands Fire Service (UK) | (Regierungsbezirk um Birmingham) |
| WVZ | Water quarter time, 25 % drain time | Wasserviertelzeit |

# Literatur, Quellen und Erläuterungen


[1] Deutscher Feuerwehrverband (Hrsg.): Jahrbücher DFV 1976-2020; Bonn

[2] Landeshauptstadt Düsseldorf (Hrsg.): 125 Jahre Berufsfeuerwehr Düsseldorf; Düsseldorf 1997; S. 122 ff.

[3] Berliner Feuerwehr: Jahresbericht 1996

[4] Döbbeling, S.: Feuerwehreinsatzstatistik – Welche Erkenntnisse sind aus der Feuerwehreinsatzstatistik für die Brandsicherheit abzuleiten? In: VdS Fachtagung Abwehrender Brandschutz – Feuerwehren (Tagungsband); Köln; 2. März 1999

[5] Hölemann, H.: Vorlesungsfolie 01.02.010, BUGHW FB 14

[6] Anonymus: Nachwuchs ist nicht zu halten In: Weser Kurier vom 03.01.1997; Lokales S. 4; Bremer Tageszeitungen AG; Bremen; 1997

[7] Huhndorf, S.: Engpässe bei den Feuerwehren – Tagsüber können Löschzüge immer schwieriger besetzt werden In: Ahrensburger Zeitung; 1998; Nr. 275; 25.11.98; S. 1

[8] Anonymus: Wohnbau: Mehrgeschossige Holzrahmenbauweise hat sich bewährt – Vom Modellprojekt zum Erfolgsmodell In: VDI Nachrichten; 17.10.97; Nr. 42; S. 25

[9] Anonymus: Wenig Wiederverwertung auf dem Holzweg In: VDI Nachrichten; 10.10.97; Nr. 41; S. 26

[10] Anonymus: Holzbau im Holzhaus In: VDI Nachrichten; 31.10.97; Nr. 44; S. 25

[11] Tödt, T.; Meyer: Brennt Ökohaus In: Feuerwehr Magazin; 1997; 6; Juni; S. 32–35

[12] Der Minister für Natur, Umwelt und Landesentwicklung des Landes Schleswig-Holstein: Ökologisches Bauen – im Einklang mit Mensch und Natur; Kiel; 1992

[13] Der Minister für Natur, Umwelt und Landesentwicklung des Landes Schleswig-Holstein: Ökologisches Bauen in Forschung und Praxis; Kiel; 1990

[14] Herterich, O.: Wasser als Löschmittel; Dr. Alfred Hüthig Verlag GmbH; Heidelberg; 1960

[15] Schleichl, L.: Brandlehre und chemischer Brandschutz; Dr. Alfred Hüthig Verlag GmbH; Heidelberg; 1958

[16] Schreiber, H.; Porst, P.: Löschmittel; Staatsverlag der Deutschen Demokratischen Republik; Berlin; 1972

[17] Rempe, A.: Feuerlöschmittel; Kohlhammer Verlag; Stuttgart; 5. Auflage; 1993

[18] Hamilton, W.: Handbuch für den Feuerwehrmann; Richard Boorberg Verlag; Stuttgart; 18. Auflage; 1995

[19] Rumpf, Hans: Der hochrote Hahn; E. S. Mittler & Sohn GmbH; Darmstadt 1952

[20] DIN EN 2: Brandklassen; Beuth; Berlin 1992

[21] NFPA (Hrsg.): The role of extinguishers in fire protection In: Fire Protection Handbook; National Fire Protection Association; Boston MA/USA; Chapter 16; 16-2 – 16-8

[22] Großkopf, R.: Löschwasserbedarf bei Bränden (diplomarbeit); BUGHW FB 14 Prof. Pohl; Wuppertal; 1988; S. 25

[23] Wibera Wirtschaftsberatung AG: Grundsatzstudie Feuerwehr – Zusammengefasster Ergebnisbericht; Düsseldorf; 1978; S. 48 ff.

[24] Katzmann Th.: Analyse von Bränden mit Personenschäden bei der Feuerwehr Bochum für die Jahre 92 bis 97 (Studienarbeit); BUGHW FB 14 Prof Hölemann; Wuppertal; 1998

[25] Kreft, B.: Die Wahrscheinlichkeit für das Auftreten gleichzeitiger Einsatzereignisse bei der Feuerwehr Bochum (Studienarbeit); BUGHW FB 14 Prof Hölemann; Wuppertal; 1998

[26] Wibera Wirtschaftsberatung AG: Grundsatzstudie Feuerwehr – Zusammengefasster Ergebnisbericht; Düsseldorf; 1978; S. 48 ff.

[27] Särdqvist, Stefan: Vatten och andra släckmedel; Räddningsverket Karlstad/Schweden 2002

[28] Durch die „Typenreduzierung" ab ca. 2002 und die danach folgende neue Normung bzw. Normüberarbeitung (StLF 10/6, (H)LF 10/6. (H)LF 20/16) und die Überlappung der Nutzung von Fahrzeugen bzw. Fahrzeuggenerationen (z.B. werden immer mehr HLF 10/6 mit den echten Eckdaten des LF 16/12 beschafft!) ist es in der Praxis real zu einer Vermehrung der genormten oder einstmals genormter Typen gekommen (vgl. CIMOLINO, 2002; CIMOLINO/ZAWADKE, 2006). Eine Anpassung der Grafik erscheint müßig, denn ihre Grundaussage bleibt bestehen.

[29] Mühlbauer, A.: Technische Wärmelehre – Teil 1: Wärmeübertragung (Vorlesungsskript); Universität Hannover; Institut für Elektrowärme; 1989/90; S. 70-76

[30] Leidenfrost, Johann Gottlob: De aquæ communis nonnullis qualitatibus tractatus, Hermann Ovenius, Duisburg 1756

[31] Walker, Jearl.: Boiling and the Leidenfrost Effect. Phys. Educ. 29.; 1994

[32] Fuchs, P.: Untersuchung der Löschwirkung verschiedener Löschmittel und Löschmethoden bei unterschiedlichen Brandgütern – Teil 1; Forschungsstelle für Brandschutztechnik an der Universität Karlsruhe (TH); Forschungsbericht Nr. 36; Karlsruhe; 1979

[33] Liebson, J.: Making water more efficient In: On Call; 1995; Juni; 42 – 44

[34] Liebson, J.: Implementation and utilization of class A foam technology for the structural fire service (Student Manual); The Alliance for Fire and Emergency Management (ISFSI); Ashland MA/USA; 1. Auflage

[35] Eine weitere und ebenfalls wichtige Einflußgröße auf die Verbesserung des Wärmeübergangs ist natürlich das richtige Aufbringen des Löschmittels durch entsprechend ausgebildete Einsatzkräfte.

[36] D'Ans-Lax: Taschenbuch für Chemiker und Physiker; Band I; Physikalisch-Chemische Daten; Springer Verlag; Berlin 1992 (4. Aufl.); S. 649

[37] de Vries, Holger: Einsatz von D-Leitungen – Ausbildung und Praxis, ecomed, Landsberg, 2016; ISBN 978-3-609-69837-3

[38] Grimwood, Paul: Fire-fighting Flow-rate (Barnett (NZ) – Grimwood (UK) Formulae (PDF); Jan. 2005

[39] de Vries, H.: Das Feuerwehrwesen in Großbritannien – Eine Bestandsaufnahme; brandschutz, Kohlhammer Verlag, Stuttgart; 2015; 6; Juni; pp. 24 – 30

[40] de Vries, H.: Das Feuerwehrwesen in Großbritannien – Update 2017; brandschutz, Kohlhammer Verlag, Stuttgart; 2017; 4; April; pp. 42 – 49

[41] de Vries, H.: Zeit zum Umdenken [Pumpenkonfiguration], Feuerwehr-UB; Huss Medien; Berlin; 06; Juni; 2015; pp. 82 – 85

[42] de Vries, H.: Im neuen Gewand [Wasserversogung in NL]; Feuerwehr-UB; Huss Medien; Berlin; 5; Mai; 2015, pp. 46 – 47

[43] de Vries, H.: Marinestützpunkt Portsmouth – Anhängerpumpen in Bereitstellung; Feuerwehr Magazin, Bremen, 2012, 07, Juli, p. 63

[44] de Vries, H.; Weich, A.; Graeger, A.; Cimolino, U.: Großtanklöschfahrzeuge statt Hydranten? – Diskussion eines alternativen schwedischen Systems für die Wasserversorgung, vfdb-Zeitschrift 2/2005

[45] Sonderdruck aus Nr. 2/85; Zeitschrift für Schadenverhütung und Schadenforschung der öffentlich-rechtlichen Versicherer (Schadenprisma)

[46] „Die durchschnittliche Wohnung in Deutschland ist gut 90 Quadratmeter groß und hat 4,4 Zimmer. Etwas genauer betrachtet haben ein knappes Viertel der Wohnungen zwischen 60 und 80 Quadratmeter, ein weiteres Viertel ist größer als 120 Quadratmeter. Am größten sind die Wohnungen in den Bundesländern Saarland und Rheinland-Pfalz, am kleinsten sind die Wohnungen in Berlin und Hamburg. … Fast 40 Prozent aller Wohnungen in Deutschland haben fünf oder mehr Zimmer." http://www.spiegel.de/wirtschaft/soziales/zensus-2011-ausstattung-eigentum-alter-der-wohnungen-in-deutschland-a-903039.html (02.04.2016)

[47] Braun, Ulrich: Druckluftschaum; Rotes Heft/Ausbildung kompakt 211; Verlag W. Kohlhammer 2009

[48] de Vries, Holger: Messungen des Druckverlaufs an mit Wasser oder Druckluftschaum gefüllten Schlauchleitungen während des Betriebs und deren Konsequenzen für die Brandbekämpfung / Pressure Measurements along Fire Hose Lines operated with Water or Compressed Air Foam and their Consequences for Fire-Fighting Operations; Norderstedt 2009, Libri Books on Demand, ISBN 978-3-00-028890-6

[49] DIN 14 365 T1: Mehrzweckstrahlrohre PN 16: Maße, Werkstoffe, Ausführung, Kennzeichnung; Beuth; Berlin; 1991 [ersetzt durch DIN EN 15182-3:2007

[50] DIN 14 365 T2: Mehrzweckstrahlrohre PN 16: Anforderungen, Prüfung; Beuth; Berlin; 1986

[51] Strahlrohre für die Brandbekämpfung — Teil 1: Allgemeine Anforderungen; Deutsche Fassung EN 15182-1:2007; Beuth; Berlin; 2007

[52] Strahlrohre für die Brandbekämpfung — Teil 2: Hohlstrahlrohre PN 16, Deutsche Fassung EN 15182-2:2007; Beuth; Berlin; 2007

[53] Strahlrohre für die Brandbekämpfung — Teil 3: Strahlrohre mit Vollstrahl und/oder einem unveränderlichen Sprühstrahlwinkel PN 16; Deutsche Fassung EN 15182-3:2007; Beuth; Berlin; 2007 – Hinweis des Verfassers: Dies ist die Ersatznorm DIN 14 365 Mehrzweckstrahlrohre PN 16

[54] Strahlrohre für die Brandbekämpfung — Teil 4: Hochdruckstrahlrohre PN 40; Beuth; Berlin; 2007

[55] Herterich, O.: Wasser als Löschmittel; Dr. Alfred Hüthig Verlag GmbH; Heidelberg; 1960; S 168; S. 179

[56] Herterich, O.: Wasser als Löschmittel; Dr. Alfred Hüthig Verlag GmbH; Heidelberg; 1960; S. 173

[57] Busse Feuer-Arbeits-Umweltschutz (Hrsg.): Der Rote Katalog 1997; D-65462 Ginsheim-Gustavsburg; 1997; sowie: www.unifire.com

[58] Anomymus: Verordnung über Feuerlöschmittel und Feuerlöschgeräte vom 30. September 1980 aus: Brandschutz in Hamburg; Hamburger Feuerkasse; Hamburg; 1992

[59] Für den stationären Brandschutz sind die Grenze zwischen Normal- und Hochdruck folgendermaßen festgelegt: Niederdruckanlagen nach NFPA und prEN 14972 $p < 12{,}5$ bar, nach VdS $p < 16$ bar, Hochdrucklöschanlagen nach NFPA und prEN 14972 $> 35$ bar, nach VdS $> 16$ bar.

[60] Herterich, O.: Wasser als Löschmittel; Dr. Alfred Hüthig Verlag GmbH; Heidelberg; 1960; S. 150-151

[61] Schreiber, H. Martin; Porst, P.: Löschmittel; Staatsverlag der Deutschen Demokratischen Republik; Berlin; 1972; S. 247-248

[62] Johanßen, A.: Hochdruck – Klein aber fein In: UB – Unabhängige Brandschutzzeitschrift; Verlag Technik; Berlin; 1998; 3; März; S. 28-30

[63] Steevens, A.: Wirksam Löschen mit wenig Wasser In: Jeversches Wochenblatt; Mettcker und Söhne; Jever; 07.04.1998; Nr. 82; S. 4

[64] Schmitz GmbH: UDOR – praxiserprobt und anerkannt; Kohlhammer; Stuttgart; 1997; 4; April; 307; 1206

[65] Seegerer, K.: Entwicklungstendenzen von Feuerwehr-Einsatzfahrzeugen In: vfdb-Zeitschrift; Kohlhammer; Stuttgart; 1970; Nr. 3; S. 102-123

[66] Albert Ziegler GmbH & Co. KG: Schnellangriffeinrichtungen, Angebot Nr. 39253 vom 07.07.1998; Giengen

[67] Arco Hose and Ducting: Produktinformation formstabile Druckschläuche für die Feuerwehr Typ Dunlop Gacord; Arco Ltd.; Hull/UK; 1992; S. 30

[68] Maurer, K.: Köln: Analyse eines tödlichen Dienstunfalls In: Brandschutz; Kohlhammer; Stuttgart; 1996; 8; August; S. 560-569

[69] Cimolino, U., de Vries, H., Standardeinsatzregel (SER) – Die Staffel bzw. Gruppe im Einsatz von Löschgeräten, ecomed, Landsberg, 2005

[70] Englmeier, C.; Händler, A.: Versuch: Einsatzmittel HD- oder C-Rohr In: 112-Magazin der Feuerwehr; 1993; 7; Juli; S. 390-394

[71] Cimolino, U.: Zeitkritische Analysen beim standardisierten Löscheinsatz einer Staffel oder Gruppe der Feuerwehr (Diplomarbeit); BUGHW FB 14 Prof. Hölemann; Wuppertal; 1991

[72] Lembeck, T.: Entwicklung eines Modells zur Betrachtung von Feuerwehreinsatzstrategien und -taktiken mit Hilfe der Netzplantechnik (Diplomarbeit); BUGHW FB 14 Prof. Hölemann; Wuppertal; 1991

[73] Schlosser, R.: Erfassung von feuerwehrtechnischem Gerät bei einem Rett-Lösch-Einsatz in den ersten 15 Minuten bei ausgewählten Berufsfeuerwehren (Studienarbeit); BUGHW FB 14 Prof. Hölemann; Wuppertal; 1993

[74] Unterhalt, M.: Schnellangrifftest, eMail vom 28.12.1999

[75] Cimolino, U. et. al: Atemschutz, ecomed Verlag 1999, S. 102 ff.

[76] Björn Lüssenheide: Vorgehen im Innenangriff mit Schläuchen – Verbesserung des Schlauchmanagement mit Schlauchpaketen; 2008

[77] de Vries, H.: Heck-Ansichten, In: 112-Magazin, Stumpf+Kossendey Verlagsgesellschaft mbH; Edewecht,; Nr. 4, Apr.; 2008

[78] Giselson, Krister; Rosander, Mats: Making the best Use of Water for Extinguishing Purposes, Fire Journal (GB), Ausgabe Oktober 1984

[79] Knox, Julie: Fire Service invests to keep residents and firefighters safer, http://www.twfire.gov.uk/news/news/?entryid67=82527, 2015

[80] Fuchs, M.; Lobermann, G.: CCS-COBRA-System, in: Der Feuerwehrmann 3/2004

[81] de Vries, H., Sträng, D.: Schutzzielerfüllung in Schweden – Ein Beitrag zur Diskussion in Deutschland (gekürzte Fassung), brandschutz, Kohlhammer Verlag, Stuttgart; 2006; 12; Dezember; pp. 880 – 889

[82] MSB: Cutting Extinguishung Concept – Practical and Operational Use. 2010

[83] de Vries, H.: Das Feuerwehrwesen in Großbritannien – Eine Bestandsaufnahme; brandschutz, Kohlhammer Verlag, Stuttgart; 2015; 6; Juni; pp. 24 – 30

[84] de Vries, H.: Das Feuerwehrwesen in Großbritannien – Update 2017; brandschutz, Kohlhammer Verlag, Stuttgart; 2017; 4; April; pp. 42 – 49

[85] de Vries, H.: Suisse Public: Fahrzeug-Rapport aus Bern; brandschutz, Kohlhammer Verlag, Stuttgart; 2017; 09; Septmeber; pp

[86] Dehling, Josef: Cold Cut COBRA – Das Lösch-Schneid-System, Praxiserfahrungen der Feuerwehr, Gladbeck, in: Der Feuerwehrmann, 12/2012

[87] MSB: Släcksystem för pölbränder – Alternativ till brandskum; Lunds Universitet; Publikationsnummer MSB1489 – mars 2020; ISBN 978-91-7927-006-3

[88] Rosenbauer International AG: Schneiden und Löschen – RFC CUTTEX, das neue Rosenbauer Schneidlöschsystem für den effizienten; Löschangriff; 28. Oktober 2020; A-4060 Leonding, Austria

[89] Persson, Henry: Silo Fires – Fire extinguishing and preventive and preparatory measures; Swedish Civil Contingencies Agency (MSB); Publication number: MSB586 – July 2013; ISBN 978-91-7383-364-6

[90] Cimolino, U., de Vries, H., Fuchs, M., Lagberg, T., Südmersen, J.: Standard-Einsatz-Regeln (SER) – Brandbekämpfung in besonderen Lagen, ecomed, Landsberg, 2016; ISBN 978-3-609-69797-0

[91] de Vries, H.: Löschsystem Cobra im Projekt FeuerwEhrensache – Nicht mehr wegzudenken; In: Feuerwehr Retten Löschen Bergen; Forum Verlag; Merching; 11. November 2019; pp. 48 – 53

[92] http://feuerwehrensache.nrw.de

[93] http://www.mik.nrw.de/presse-mediathek/aktuelle-meldungen/aktuelles-im-detail/news/freiwillige-feuerwehr-in-nrw-testet-neue-fahrzeugtypen-innenminister-jaeger-mehr-sicherheit-und.html

[94] Innenministerium NRW: Feuerwehrensache – Förderung des Ehrenamtes der Feuerwehren in Nordrhein-Westfalen; nicht datiert; ca. 2018; Dateiname: https://www.im.nrw/sites/default/files/media/document/file/IM_Feuerwehrabschlussbericht_0.pdf

[95] Bergische Universität Wuppertal; Lehrstuhl Methoden der Sicherheitstechnik/Unfallforschung: Zwischenbericht Unterarbeitsgruppe 2C Technik und Taktik;; Fahrzeugtechnik; Berichtszeitraum: 01.09.2014 bis 31.12.2016; Erprobungszeitraum 03.02.2016 – 05.12.2016; Dateiname: Abschlussbericht_Technik(1).pdf

[96] O'Donnell, A.: Choosing a nozzle In: Fire Engineering; Pennwell Publications; Tulsa OK/USA; 1995; 9; September; S. 60

[97] Clark, W. E.: Fighting fire with water In: Fire Engineering; Pennwell Publications; Tulsa OK/USA; 1995; 9; September; S. 33-40

[98] Fredericks, A.: Return of the solid stream In: Fire Engineering; Pennwell Publications; Tulsa OK/USA; 1995; 9; September; S. 44- 56

[99] Royer, K.: Iowa rate of flow formula for fire control In: Fire Engineering; Pennwell Publications; Tulsa OK/USA; 1995; 9; September; S. 40-43

[100] Fa. Viking Corporation: Foam systems engineering and design data [handbook]; Hastings MI/USA; 1998; Section 1 – Seite 4

[101] E-DIN 14 011 T2: Begriffe aus dem Feuerwehrwesen: Abwehrender Brandschutz einschließlich Wasserversorgung; Beuth; Berlin; 1991

[102] Schott, L.; Ritter, .: Feuerwehr Grundlehrgang (FwDV 2/2); Wenzel Verlag; Marburg; 7. Auflage 1991; S. 354 ff.

[103] Layman, L.: Attacking and extinguishing interior fires; National Fire Protection Association; Boston MA/USA; 1952

[104] Fornell, D. P.: Fire Stream Management Handbook; Pennwell Publications; Saddle Brook NJ/USA; 1991 S. 79 ff.

[105] Farley, J. P., Cdr: Fog attack for ship fires In: Fire Engineering; Pennwell Publications; Tulsa OK/USA; 1996; 7; Juli; S. 47-49

[106] Beene, D. E. Jr.: Evaluating commercial nozzles for use on board merchant vessels – Report No. CG-M-6-89 (Final Report Feb. 1988); U. S. Coast Guard Marine Technical & Hazardous Materials Division; Marine Fire and Safety Research Division, Avery Point, Groton CT/USA; 1988

[107] International Association of Firefighters – IAFF (Hrsg.): Project FIRES – Final Report – Revised 1/3/93, Washington DC/USA; 1993

[108] Polthier, K.: Die Wärmestauung – Eine Gefahr für den Feuerwehrmann – In: vfdb-Zeitschrift; Kohlhammer; Stuttgart; 1965; Nr. 1; 1 -5

[109] Wagner, F.: Löschfahrzeug LF 16/LP In: vfdb-Zeitschrift; Kohlhammer; Stuttgart; 1966; Nr. 2; 58-62; 1111

[110] Fa. Tour & Andersson AB: Produktinformation Fogfighter; S-520 30 Ljung; 1996

[111] Cimolino, U.: Persönliche Schutzausrüstung – Feuerwehr quo vadis? In: 112 – Magazin der Feuerwehr; EFB Verlag; Hanau; 1995; 5; Mai; S. 432-436

[112] Landesfeuerwehrverband Schleswig-Holstein (Hrsg): Entwicklung der Feuerwehren in Schleswig-Holstein; Kiel; 1996; S. 98 ff.

[113] Landesfeuerwehrverband Baden-Württemberg (Hrsg.): Feuerwehr: Analysen, Interpretationen, Zielsetzungen, Umfrageergebnisse; LFV BW; Böblingen; 1991

[114] Südmersen, J.: Optimierung der einsatznahen Ausbildung bei Feuerwehren (Studienarbeit); BUGHW FB 14 Prof. Hölemann; Wuppertal; 1995

[115] NFPA 1403-1997; Standard on live fire training evolutions; National Fire Protection Association; Quincy MA/USA; 1997

[116] Coffman, J.; Earl, S.: Do you manage your fire streams? In: The Voice; The Alliance for Fire and Emergency Management; Ashland MA/USA; 1994; 12; Dezember; S. 26-28

[117] Stevens, L. H.: Automatic Nozzles – Part 3: The water supply is never the same In: Fire-Rescue Magazine; Jems Communications; Carlsbad CA/USA; 1997; 5; Mai; S. 57-68

[118] International Society of Fire Service Instructors (ISFSI) (Hrsg.): Straight stream, fog or solid bore nozzle Which is which and what is what In: Instruct-O-Gramm; ISFSI; 1997; Vol. XIV Issue 4; April

[119] Fa. Max Widenmann Armaturenfabrik: Katalog 314; D-89531 Giengen/Brenz; S. 48

[120] Fa. Vogt: Datenblatt 5-11; Vogt Feuerwehrgeräte und Fahrzeugbau; CH-Oberdiessbach

[121] Herterich, O.: Wasser als Löschmittel; Dr. Alfred Hüthig Verlag GmbH; Heidelberg; 1960; S. 164

[122] Elkhart Brass Manufacturing Co.: Catalog A 1995: Watr-R-Wall Nozzles; 1302 West Beardsley Avenue; Elkhart IN/USA; S. 58

[123] Henderson, Ron: Northhumberland Fire & Rescue Service; Tempus Publishing Ltd.; Stroud, Gloucesterhire/UK 2005; p. 78

[124] http://www.iconos-system.com/dusenschlauch.htm vom 01.02.2008

[125] Kreisfeuerwehrverband Stormarn (Hrsg.): Unterlagen zur Truppführer-Ausbildung; 1988

[126] Otto, F.: Unentgeltliche Wasserlieferung für Brandschutz und Straßenreinigung In: Brandschutz; 1998; 12; Dezember; S. 992

[127] BDEW Bundesverband der Energie- und Wasserwirtschaft e.V: Wasserpresie – Fragen und Antworten; http://www.bdew.de vom 14.03.2008

[128] persönliche Mitteilung von: BF Köln, Technische Abteilung, Mai 1996

[129] Fornell, D. P.: Managing the Room and contents syndrome In: Firehouse; PTN Publishing Company; Melville NY/USA; 1997; 6; Juni; S. 80-87

[130] Cimolino, U., de Vries, H., Graeger, A., T. Lembeck: Standardeinsatzregel (SER) – Der Zug im Einsatz von Lösch- und Rettungsgeräten, ecomed, Landsberg, 2005

[131] Rosenbauer International AG: Neue Fahrzeuge für die BF München (Fahrzeugbeschreibung des Aufbauherstellers) In: Brandschutz; Kohlhammer; Stuttgart; 1995; 5; Mai; S. 361

[132] Feuerwehr Frankfurt/Main: Neues Vorauslöschfahrzeug In: 112 – Magazin der Feuerwehr; 1993; 12; Dezember; S. 698 – 699

[133] Stiehl, H.-J.: Neue LHF-Generation für Berlin In: 112 – Magazin der Feuerwehr; 1995; 12; Dezember; S. 712-714

[134] Anonymus: Brandschutzwoche im Wandsbeker Quarree – Die Hauptattraktion: Das neue Löschfahrzeug In: Hamburger Abendblatt; Axel Springer Verlag; Hamburg; 16./17.09.1995; Nr. 217; S. 18

[135] Hölzl, G.: Alte Ideen – neu aufgewärmt? Die neuen HLF der BF München In: Brandschutz; Kohlhammer; Stuttgart; 1996; 6; Juni; S. 412-414

[136] Petrarsch, Joachim: Staffel-Hilfeleistungslöschfahrzeug (S-HLF) In: Brandschutz; Kohlhammer; Stuttgart; 1998; 12; Dezember; S. 957-961

[137] Wobei in den letzten Jahren wieder zu beobachten ist, dass es jetzt wieder „in“ zu sein scheint, 3.000 L Wasser z.B. auf Fahrzeugen spazieren zu fahren, die dann zwar immer noch als „LF 20/xx“ bezeichnet werden, allerdings auf Fahrgestellen der 16- und 18-t-Klasse.

[138] Großkopf, R.: Löschwasserbedarf bei Bränden (Diplomarbeit); BUGHW FB 14 Prof. Pohl; Wuppertal; 1988; S. 37

[139] Schatz, H.: Löscheinsatz bei gelagerten Stoffen – Teil 12: Literaturauswertung, Messung der Wasserbeaufschlagung und -verteilung, Brand- und Löschversuche mit Sprinklern an Regallagern mit und ohne Zusatz von Quellkörpern zum Löschwasser; Arbeitsgemeinschaft der Innenministerien der Bundesländer – Arbeitskreis V – Unterausschuß Feuerwehrangelegenheiten; Brandschutzforschung der Bundesländer; Nr. 97; Karlsruhe 1996; S. 39 ff.

[140] Seeger, P. G.; John, R.: Verringerung des Löschmittelbedarfes durch Zusätze von Quellkörpern zum Löschwasser In: vfdb-Zeitschrift; Stuttgart; 1988; Nr. 4; S. 161-165

[141] Fa. Öko-Tec: Produktinformation Hydrex; D-63576 Freigericht

[142] Sers, G.: Waldbrandbekämpfung mit moderner Technik In: Bevölkerungsschutz-Magazin; Bundesverband für den Selbstschutz; Bonn; 1995; S. 19 – 22

[143] Ministerium des Innern des Landes Brandenburg – Ref. Brand- und Katastrophenschutz (Hrsg.): Waldbrandbekämpfung (Vorführung neuer Verfahren bzw. Technologien zur Waldbrandbekämpfung/Waldbrandnachsorge); 1995

[144] Forschungsstelle für Brandschutztechnik an der Universität Karlsruhe (TH) (Hrsg.): Meßdaten des Zimmerbrandversuchs mit Löscheinsatz Wasser und 2 % Zusatzmittel) vom 16.04.1997; Schreiben an Chem. Fabrik Stockhausen GmbH

[145] Weißhaar, M.: Haigerloch.- Brand auf Brauerei-Geelände In: 112 – Magazin der Feuerwehr; Feb. 2000; S. 77-79

[146] Hardy, C.: Chemicals for forest fire fighting; National Fire Protection Association; Boston MA/USA; 1977

[147] Martin, L. F.: New fire extinguishing compounds; Noyes Data Corporation; Park Ridge NJ/USA; 1972

[148] Yen, T. F.: Chemical principles for environmental processes – Prentice Hall PTR environmental management and engineering series Vol. 4B; Prentice Hall; Upper Saddle River NJ/USA: 1999; S. 1014 ff.

[149] Anonymus: Großbrände (Diskussion) In: Sicherheit, Brand- und Katastrophenbekämpfung, Notfallrettung: Vorträge und Diskussionen (2. Statusseminar des Bundesministers für Forschung und Technologie); Deutscher Gemeindeverlag; Köln; 1982; S. 289-294

[150] Anonymus: Brandbekämpfung aus der Luft (Diskussion) In: Sicherheit, Brand- und Katastrophenbekämpfung, Notfallrettung: Vorträge und Diskussionen (2. Statusseminar des Bundesministers für Forschung und Technologie); Deutscher Gemeindeverlag; Köln; 1982; S. 325 – 330

[151] George, C. W.: State-of-the-Art review of aerial fire control, retardants and foam systems in North America (Document TIM/EFC/WP.1/SEM.44/R.9 – 11 June 1996); Economic Commission for Europe, Food and Agriculture Organisation, International Labor Organisation – Joint Committee on Forest Technology, Management and Training; Conference Paper: Seminar on Forest, Fire and Global Change; Shushenskoye (Russische Föderation); 1996

[152] Magrabi, S. A.; Dlugogorski, B. Z.; Jameson, G. J.: Attenuation of thermal radiation by aqueous foams In: CHEMECA 97 – The 25th Australian and New Zealand Chemical Engineers' Conference and Exhibition (conference proceedings)

[153] Vyas, N. B.; Hill, E. F.: Toxicity of fire retardant chemicals and fire suppressant foams to vertebrate and invertebrate wildlife species In: International Wildland Fire Foam Symposium and Workshops (Proceedings); Natural Resources Canada, Canadian Forest Service, Petawa National Forestry Institute, Information Report PI-X-128; Thunder Bay/Ontario; 1994; S. 128-131

[154] Monsanto Co.: Produktinformation Retardants; Ontario CA/USA; 1999

[155] Ratzner, A.F.: History and development of foam as a fire extinguishing medium In: Industrial and Engineering Chemistry; Easton PA/USA; 1956; Vol. 48 Nr. 11; November; S. 2013-2016

[156] Rivkind, L. E.; Myerson, I.: Foams for industrial fire protection In: Industrial and Engineering Chemistry; Easton PA/USA; 1956; Vol. 48 Nr. 11; November; S. 2017-2020

[157] Tuve, R. L.; Peterson, H. B.: Characterization of foams for fire extinguishment In: Industrial and Engineering Chemistry; Easton PA/USA; 1956; Vol. 48 Nr. 11; November; S. 2024 – 2030

[158] Pachtner, F.: Das chemische und das mechanische Schaumlöschverfahren, seine Grundlagen, seine Technik und Anwendung; Verlag Feuerschutz; Potsdam; 1933; S. 65-88

[159] Brunswig, H.: Schaumrohr Vor! – Eine Dokumentation zur Geschichte des Löschmittels Schaum und des Total-Komet-Luftschaumverfahrens; Total – Foerstner & Co.; Ladenburg; 1973

[160] Anonymus: Schaum bei Feststoffbränden In: UB – Unabhängige Brandschutzzeitschrift; Verlag Technik; Berlin; 1997; 12; Dezember; S. 20

[161] Boer, K. L. de: Als de roode Haan kraait; Wereldbibliothek N. V.; Amsterdam 1941 (trotz des Titels tatsächlich ein Fachbuch!)

[162] Friedrich, K.; Magnus, G.; Bonte, K.: 50 Jahre Total-Komet-Luftschaumverfahren In: vfdb-Zeitschrift; Kohlhammer; Stuttgart; 1983; Nr. 2; S. 50-54

[163] Fa. E. Flader: Bedienungsanweisung für das Flader-Auspuff-Schaumgerät; Jöhstadt/Sachsen; ca. 1935 – 1940

Fa. E. Flader: Wartungs- und Bedienvorschrift zum fahrb. Schaumaggregat 15.000 ltr; Jöhstadt/Sachsen; ca. 1935 – 1941

Fa. E. Flader: Baubeschreibung des stat. Schaumaggregats ZWK 2 G; Jöhstadt/Sachsen; 1936

Fa. E. Flader: Beschreibung der Flader-Preßluft-Schaumkübelspritze SKP III; Jöhstadt/Sachsen; ca. 1935 – 1943

Fa. E. Flader: Bedienungsanweisung für die kombinierte Flader-Motorspritze Type ZW III/K für Wasser und Schaum Modell 1936; Jöhstadt/Sachsen; 1936

Fa. Klöckner-Humboldt-Deutz AG Werk Ulm: Bedienungsvorschrift für Magirus-Tankspritze mit Flader-Vorbaupumpe; Ulm; ca. 1935 – 1940

[164] Fa. E. Flader: Bedienungsanweisung für die Feuerlöschpumpe vor dem Kühler Type 104; Jöhstadt/Sachsen; ca. 1935 – 1944

[165] Gihl, M.: Handbuch der Feuerwehr-Fahrzeugtechnik; Kohlhammer Stuttgart; 1982; S. 69

[166] Fa. E. Flader: Bedienungsvorschrift für Flader-Druckluftschaumaggregat Type Lok; Jöhstadt/Sachsen; ca. 1935 – 1946

[167] Korhammer, H.: Druckluft-Schaumaggregat für Lokomotiven und sonstige Druckluftanlagen In: Zeitung des Vereins Mitteleuropäischer Eisenbahnverwaltungen (Sonderdruck); 1935; Nr. 42

[168] Während die Flugzeugbrandbekämpfung bis in die 1920er und 1930er Jahre aufgrund ihrer geringen Größe und der geringen Menge an mitgeführtem Kraftstoff und mitgeführter Munition noch keine große Herausforderung darstellte, erforderten die Flugzeuge ab den 1930er Jahren eigens dafür entwickelte schnelle Tanklöschfahrzeuge, deren Schaumlöschanlagen schnell betriebsbereit sein mussten und die ausreichend geländegängig waren, um auch jenseits der Pisten eingesetzt werden zu können. Hinzu kam, dass die nun verwendeten Flugzeuge – insbesondere die großen „Standardbomber" der RAF und der USAF, nämlich die Short „Stirling", die Avro 683 „Lancaster", die Handley Page H.P.57 „Halifax" und die Boeing Modell 299 (B-17 „Flying Fortress"), mit jeweils einer Spannweite und einer Rumpflänge von ca. 30 Metern erstens größer als viele Maschinen der 1930er Jahre und zweitens in sehr großen Stückzahlen vorhanden waren: Dies bedeutete, dass die Fliegerhorstfeuerwehren im Havariefalle viel größeren Flugbenzin- und ggfs. Munitionsmengen gegenüberstanden. Die Rettung von Besatzungsangehörigen gestaltete sich durch die zunehmende Höhe der Maschinen und durch ihre im Rumpf teilweise sehr verwinkelte Bauweise (Spanten und Einbauten) mit teilweise nur einem „echten" Ausstieg am Heck schwierig. Oft war an einem Fliegerhorst aber nur ein „echtes" Löschfahrzeug vorhanden, zusätzliche Fahrzeuge wurden aus Jeeps und teilweise aus Flugbenzintankfahrzeugen (!) gestrickt. Eine Einstufung des Bedarfs an Löschfahrzeugen eines Fliegerhorstes/Flughafens, der sich an der Maschinengröße orientiert, so wie es heute z.B. nach ICAO-Kategorien (International Civil Aviation Organization, deutsch: Internationale Zivilluftfahrt-Organisation) erfolgt, gab es noch nicht. Zudem wurde im Jahre 1942 in Großbritannien durchschnittlich jede Woche ein neuer Fliegerhorst in Betrieb genommen!

[169] Vanderveen, Bart H.: The Observer's Fighting Vehicles Directory World War II; Frederick Warne Co. Ltd., London/UK 1969

[170] Robertson, Bruce: Wheels of the RAF; Patrick Stephens Ltd.; Bar Hill, Cambridge/UK 1983

[171] Die Ausbildung und Einsatzverfahren im Sinne einer „FwDV" waren in der A.P. [Air Publication] 957(A) „Handbook for Guidance on Royal Air Force Fire Services (to be read in confunction of A.P. 957 R.A.F. Fire Manual)" niedergelegt. Die „Crossleys" hatten fünf bzw. sechs Mann Besatzung. Während die Aufgabenverteilung detailliert beschrieben wird, fällt auf, dass im Unterschied zu vergleichbaren deutschen Vorschriften kein „Staffel-" oder „Fahrzeugführer" designiert war.

[172] Coates, Robert: Bedford to Berlin and beyond; Fitzjames Press (Motor racing Publications Ltd.), Croydon/UK 1994

[173] Saponin ist eine chemische Verbindung zwischen einem Zucker und einem Steroid, Steroidalkaloid (das ist ein Steroid mit einer Stickstofffunktion) oder Triterpen. Saponine werden so bezeichnet, da sie beim Schütteln mit Wasser einen seifenartigen Schaum ergeben (lat. Sapo = Seife). Demgemäß steht auch eine allgemeine Wirkungsweise dieser Verbindungsklasse im Vordergrund, die mit der Detergenzeigenschaft zusammenhängt. Saponine bilden im Allgemeinen stabile Schäume, haben einen meist bitteren Geschmack und sind piscizid (giftig für Fische). Saponine sind in höheren Pflanzen weit verbreitet, besonders in nährstoffreichem Gewebe, wie Wurzeln, Knollen, Blättern, Blüten und Samen. Man findet sie in Gemüsepflanzen, wie

Sojabohnen, Erbsen, Spinat, Tomaten, Kartoffeln und Knoblauch, und sie sind darüber hinaus wirksame Bestandteile von Kräutern, Tee und Ginseng. In hoher Konzentration treten Saponine in Kastanien und in der Rinde des südamerikanischen Seifenrindenbaumes (Quillaja saponaria) auf, letztere auch Panamarinde genannt. Aus ökologischen Gründen haben die indischen Waschnüsse, deren Waschwirkung auf die hohe Konzentration an Saponinen zurückgeht, in jüngster Zeit ein breiteres Interesse geweckt. Ferner findet man Saponine in marinen Kleinstlebewesen und Seewalzen (Holothurine).

[174] Brunswig, H.: Mineralöl-Tankbrände – Erlebnisse und Erfahrungen – 1. Teil: Das Brandverhalten von Mineralöltanks In: vfdb-Zeitschrift; Kohlhammer; Stuttgart; 1985; Nr. 2; S. 58-67

[175] Brunswig, H.: Mineralöl-Tankbrände – Erlebnisse und Erfahrungen – 2. Teil: Das Löschen von Tankbränden In: vfdb-Zeitschrift; Kohlhammer; Stuttgart; 1988; Nr. 3; S. 106-121

[176] Wackerhahn, J.: Die Bevorratung von Sonderlöschmitteln bei der Berufsfeuerwehr einer deutschen Großstadt am Beispiel Düsseldorf (Studienarbeit); BUGHW FB 14 Prof. Hölemann; Wuppertal; 1995; vgl. vfdb-Zeitschrift 3/96 und 4/96

[177] Rempe, A.: Feuerlöschmittel; Kohlhammer Verlag; Stuttgart; 5. Auflage; 1993

[178] Woodwoth, S. P. und Frank, J. A.: Fighting fires with foam; Van Nostrand Reinhold; New York NY/USA; 1994

[179] Eishold, E. und Meyer, J.: Die Löschmittel; Verlag Simowa AG; Pfäffikon ZH/Schweiz; 3. Auflage; 1993

[180] DIN EN 1568-1 Norm , 2001-03; Feuerlöschmittel – Schaummittel – Teil 1: Anforderungen an Schaummittel zur Erzeugung von Mittelschaum zum Aufgeben auf nicht-polare Flüssigkeiten; Deutsche Fassung EN 1568-1:2000

[181] DIN EN 1568-2; Norm, 2001-03; Feuerlöschmittel – Schaummittel – Teil 2: Anforderungen an Schaummittel zur Erzeugung von Leichtschaum zum Aufgeben auf nicht-polare Flüssigkeiten; Deutsche Fassung EN 1568-2:2000

[182] DIN EN 1568-3; Norm , 2001-03; Feuerlöschmittel – Schaummittel – Teil 3: Anforderungen an Schaummittel zur Erzeugung von Schwerschaum zum Aufgeben auf nicht-polare Flüssigkeiten; Deutsche Fassung EN 1568-3:2000

[183] DIN EN 1568-4; Norm , 2001-03; Feuerlöschmittel – Schaummittel – Teil 4: Anforderungen an Schaummittel zur Erzeugung von Schwerschaum zum Aufgeben auf polare Flüssigkeiten; Deutsche Fassung EN 1568-4:2000

[184] DIN EN 1568-1; Norm-Entwurf , 2005-07; Feuerlöschmittel – Schaummittel – Teil 1: Anforderungen an Schaummittel zur Erzeugung von Mittelschaum zum Aufgeben auf nicht-polare Flüssigkeiten

[185] DIN EN 1568-2; Norm-Entwurf , 2005-07; Feuerlöschmittel – Schaummittel – Teil 2: Anforderungen an Schaummittel zur Erzeugung von Leichtschaum zum Aufgeben auf nicht-polare Flüssigkeiten

[186] DIN EN 1568-3; Norm-Entwurf , 2005-07; Feuerlöschmittel – Schaummittel – Teil 3: Anforderungen an Schaummittel zur Erzeugung von Schwerschaum zum Aufgeben auf nicht-polare Flüssigkeiten

[187] DIN EN 1568-4; Norm-Entwurf , 2005-07; Feuerlöschmittel – Schaummittel – Teil 4: Anforderungen an Schaummittel zur Erzeugung von Schwerschaum zum Aufgeben auf polare Flüssigkeiten

[188] ISO 7203-1; Norm , 1995-12; Löschmittel – Schaummittel – Teil 1: Spezifikation für Schaummittel zum Erzeugen von Schwerschaum

[189] ISO 7203-2; Norm , 1995-12; Löschmittel – Schaummittel – Teil 2: Spezifikation für Schaummittel für Mittelschaum und Leichtschaum

[190] ISO 7203-3;Norm , 1999-03; Feuerlöschmittel – Schaummittel – Teil 3: Anforderungen an Schaummittel zur Erzeugung von Schwerschaum zum Aufgeben auf mit Wasser mischbare Flüssigkeiten

[191] Zudem waren die Flugdecks der ersten Generation der Flugzeugträger aus Holz (!) und sowohl Flug- wie auch Hangardecks hatten keine fest installierten Löschanlagen, sondern waren auf handgeführte Brandbekämpfung angewiesen.

[192] B. P. Johnson: Additives for hosereeel systems: Preliminary triaös on small scale Isopronanol fires; Home Office Scientific Reseach and Development Branch; Publication 22/88; London/ UK; 1988

[193] Quintiere, James G.: Principles of Fire Behaviour; Delmar Publishers; Albany NY/USA; 1998; S. 245-246

[194] Pleß, G.; Seliger, U.: Taktik des mobilen Löscheinsatzes bei Thermoplasten – Teil 1: Beurteilung der Phasengrenzfläche und Löschversuche an ebenen Flächen; Arbeitsgemeinschaft der Innenministerien der Bundesländer – Arbeitskreis V – Unterausschuß Feuerwehrangelegenheiten; Brandschutzforschung der Bundesländer Nr. 90; 1993

[195] Pleß, G.; Seliger, U.: Taktik des mobilen Löscheinsatzes bei Thermoplasten – Teil 2: Bewertung der Löschwirkung bei unterschiedlichen Thermoplasten an ebenen Flächen und geometrischen Körpern; Arbeitsgemeinschaft der Innenministerien der Bundesländer – Arbeitskreis V – Unterausschuß Feuerwehrangelegenheiten Brandschutzforschung der Bundesländer Nr. 92; 1994

[196] Verband der Schadenversicherer (VdS): Brandschutztechnische Richtlinien für die Lagerung von Sekundärrohstoffen aus Kunststoff VdS 2513 06/96 (01); Köln

[197] Georgi, D.: Brandschutz in DSD-Anlagen In: Tagungsband Jahresfachtagung der vfdb 1999; Saarbrücken; S. 307-321

[198] Pflugradt, A.: Brandschadenspotentiale bei der Verarbeitung und beim Umgang mit Kunststoffhohlkörperfraktionen in Recycling- und Produktionsbetrieben In: Tagungsband Jahresfachtagung der vfdb 1999; Saarbrücken; S. 261-267

[199] Donner, H. E.: Großmaßstäbliche Brand- und Löschversuche In: Tagungsband der Jahresfachtagung der vfdb 1999; Saarbrücken; S. 269-305

[200] Total Walther Feuerschutz GmbH: Brand- und Löschversuch im Hochregallager mit Sprinkleranlage und Schaumzumischung Silv-ex G an KLT-Behältern aus Polypropylen nach DIN 30.820 und VDA-Empfehlung 4500 (VF-Bericht Nr. 864); Total Walther Feuerschutz GmbH; Köln; 1996; März

[201] Herterich, O.: Wasser als Löschmittel; Dr. Alfred Hüthig Verlag GmbH; Heidelberg; 1960; S. 184

[202] Schreiber, H.M.; Porst, P.: Löschmittel; Staatsverlag der Deutschen Demokratischen Republik; Berlin; 1972; S. 286-292

[203] Pleß, G.; Lubosch, E.: Löschen mit Schaum; Rudolf Haufe Verlag; Berlin; 1991; S. 47 ff.

[204] Achilles, E.: Erfahrungen bei der Verwendung von Leichtschaum In: vfdb-Zeitschrift; Kohlhammer; Stuttgart; 1966; Nr. 3; S. 77-80

[205] Schweinfurth, E.: Technische Regeln bei der Erzeugung und Anwendung von Leichtschaum In: vfdb-Zeitschrift; Kohlhammer; Stuttgart; 1966; Nr. 3; S. 80-84

[206] Bumiller, G.: Der Einsatz von Leicht- und Mittelschäumen bei der Bekämpfung von Schiffsbränden (Abschnittsarbeit); Feuerwehr Hamburg; 1970

[207] Bilwatsch, M.; Volz, S.: Schaumeinsatz bei Dachstuhlbrand In: Brandschutz; Kohlhammer; Stuttgart; 1982; 12; Dezember; S. 370-371

[208] Cimolino, U.: Größter Schaumeinsatz in der Düsseldorfer Geschichte In: 112 – Magazin für die Feuerwehr; Lothar Haus Druck; Hanau; 1995; 11; November; S. 629

[209] Huhndorf, S.: Großfeuer beim Dualen System In: Ahrensburger Zeitung; Axel Springer Verlag; Hamburg; 31.07.97; Nr. 176; S. 1; 1997

[210] Arbeitsgruppe Einsatzbericht Tela: Großbrand Papierfabrik Tela: 3 Tote, 200 Mio. Fr. Schaden In: Schweizerische Feuerwehrzeitung; Schweizerischer Feuerwehrverband; 1996; 12; Dezember; S. 896-923

[211] E DIN VDE 0132: Brandbekämpfung und Hilfeleistung im Bereich elektrischer Anlagen; Entwurf Januar 2008

[212] Biewald, H.; Meyer, G.: Brandbekämpfung an unter Spannung stehenden Anlagen mit Löschschaum In: VGB Kraftwerkstechnik; VGB; Essen; 1996; Vol. 76 No. 8; S. 621-625

[213] Wuppertaler Stadtwerke – Bergisches Wasser- und Umweltlabor: Analyse des Wuppertaler Trinkwassers 1998 (Jahresmittelwerte)

[214] Leitfähigkeitsmeßgerät LF 196 mit Meßzelle TetraCon 96 A-4; WTW – Wissenschaftlich Technische Werkstätten GmbH; Weilheim

[215] Herterich, O.: Wasser als Löschmittel; Dr. Alfred Hüthig Verlag GmbH; Heidelberg; 1960; S 186

[216] Autorenkollektiv: ABC des Einsatzleiters der Feuerwehr; Staatsverlag der DDR; Berlin; 1988; S. 301-302

[217] Fons, W. L.: Wet water for forest fire suppression In: Forest Research Notes; US Department of Agriculture – Forest Service; Berkeley CA/USA; 1950; 71; Juni; S. 1-5

[218] Hardy, Ch. E.: Chemicals for forest fire fighting; National Fire Protection Association; Boston MA/USA; 1977; S. 7-8

[219] Fornell, D. P.: Fire stream management handbook; Fire Engineering Pennwell Publishing Company; Saddle Brook NJ/USA; 1991; S. 301 ff.

[220] McKenzie, D. W.: Proportioners for use in wildland fire applications; United States Department of Agriculture, Forest Service, Technology and Development Program; San Dimas CA/USA; 1992; September

[221] Fa. Angus Fire: Produktinformation AccuFoam Proportioner; Angus Fire; Angier NC/USA

[222] Anonymus: Basic brushfire training module 5 – Fighting fire with water; Country Fire Authority – Victoria; Victoria/AUS

[223] Vandershall, H.L.: The use of foam in wildland fire fighting from fixed-wing aircraft: A basic primer; The air attack officers symposium, Canadian interagency fire center; Winnipeg, Manitoba/CAN; 1989; Januar

[224] Colletti, D. J.: Class A foam for structure firefighting In: Fire Engineering; Pennwell Publications; Tulsa OK/USA; 1992; 7; Juli; S. 47-57

[225] Lawlor, M.: Class A foam utilization by a career department In: Fire Fighting in Canada; Firefighting in Canada; Ontario/CND; 1994; März; S. 18

[226] Stern, J.; Routley, J. G.: Class A Foam for structural firefighting; Federal Emergency Management Agency: http://www.usfa.fema.gov/nfp/techreps/tr083.htm vom 04.08.1997

[227] Carey, W. M.: National class a foam research project technical report; National Fire Protection Research Foundation; Quincy, Mass./USA; 1994; Dezember

[228] Drysdale, W.: Foam for structural firefighting (File No. 8/30/065 – Project 94046); Metropolitan Fire Brigades Board Reserach and Development; Thornbury, VIC/AUS; ca. 1996

[229] Carothers, Troy: Using foam to reduce heat and smoke In: Fire Fighting in Canada; Firefighting in Canada; Ontario/CND; 1997; Vol. 41 No. 2; März; S. 22

[230] Anonymus: Observations & comments on the Southern California fire storms October – November 1993; International Association of Fire Chiefs; Fairfax VA/USA

[231] Schlobohm, P.: Use of class A foams on structures and wildlands; National Wildfire Co-ordinating Group; Boise ID/USA; 1994

[232] Evans, D.; Madrzykowski, D.: Quantifying the extinguishing effectiveness of wildland fire foams; United States Department of Interior; ca. 1989

[233] Rochna, R.; Schlobohm, P.: Foam as a fire suppressant: An evaluation; Boise ID/USA; 1987

[234] Blankenship, P. L.: Class A foam for 1993 wildland fires In: American Fire Journal; American Fire Journal; Bellflower, CA/USA; 1993; 6; Juni; S. 17-18

[235] Anonymus: Memorandum (92-42): Class A wildland fire fighting foam and wetting agents; Portland Bureau of Fire Rescue & Emergency Services; Portland OR/USA; 1992; Juni

[236] Windisch, F. C.: Nantucket Square Fire In: Fire Engineering; Pennwell Publications; Tulsa OK/USA; 1993; 11; November; S. 10-14

[237] Macey, C. T.: Foam fire suppression system for mobile forestry equipment; Forest Engineering Research Institute of Canada; Quebec; 1991; Technical Note TN-175; Dezember

[238] persönliche Mittelung von: W. Hunter; 03.03.1999

[239] Rochna, R.: Compressed Air Foam: What it is! In: American Fire Journal; American Fire Journal; Bellflower, CA/USA; 1991; August; S. 28-34

[240] Anonymus: Apparatus Inventory: Phoenix Fire Department In: Firehouse; PTN Publishing Company; Melville, NY/USA; 1997; 1; Januar; S. 58-59

[241] Anderson, Brent: CAFS pumpers In: Firefighting in Canada; Firefighting in Canada; Ontario/CDN; 1996; March; S. 12

[242] Anonymus: New deliveries In: Fire Chief Magazine; 1998; 8; August; S. 153-155

[243] Anonymus: Apparatus Deliveries: The California Dept. of Forestry and Fire Protection (CDF) ordered … In: Fire Engineering; Pennwell Publications; Tulsa OK/USA; 1995; 7; Juli; S. 81

[244] Willis, L.; Killen, W.: New Apparatus technology brings triple-agent suppression to first-line fire attack In: Fire Engineering; Pennwell Publications; Tulsa OK/USA; 1994; 10; Oktober; S. 81-84

[245] Dowd, D. M.: Fire, the forest rejuvenator In: Fire Engineering; Pennwell Publications; Tulsa OK/USA; 1996; September; S. 67-69

[246] Parfit, Michael: The essential element of fire In: National Geographic; National Geographic Society; Washington DC/USA; 1996; 3; September; S. 117-139

[247] Goldammer, J. G.: Die Anwendung von Schaumlöschmitteln in der Waldbrandbekämpfung und die Versuchsergebnisse mit EXPYROL W1 In: Allgemeine Forst-Zeitschrift; München; 1982; S. 1077 ff.; S. 1094 ff.

[248] Ingoldby, M. J. R.: Forest fire fighting with foam; Her Majesty‘s Stationary Office – Forestry Commission Leaflet 80; London; 1982

[249] Szoni, S.: Neue Schaumflüssigkeit für die Waldbrandbekämpfung in Frankreich In: Fire International; Unisaf Publications; Redhill, England; 1981; Vol. 6 Nr. 72; September; S. 81

[250] Balatsos, P. C.: Chemicals in forest fire fighting: Characteristics and principles of their use; Secretariat General of Forests and Natural Environment – Directorate of Forest Protection; Athen/GR; ca. 1996

[251] Allgemeine Forstzeitschrift (Hrsg.): Kampf dem Waldbrand (Sonderdruck); BLV Verlagsgesellschaft; München; 1978

[252] Anonymus: Unser Feuer machen wir selber aus In: Der Spiegel; 1975; Nr. 34; S. 17-27

[253] Bundesminister für Forschung und Technologie (Hrsg.): Brand- und Katastrophenbekämpfung aus der Luft; Bernecker; Melsungen; 1980; Juni; S. 196-206

[254] Schmitz-Eggen, L.: Das Brandenburger Konzept gegen Waldbrände – Wo der Wald am häufigsten brennt In: Feuerwehr Magazin; Kortlepel; Bremen; 1995; 7; Juli; S. 48-57

[255] König, H.- Chr.: Intensivierung des Waldbrandschutzes in der DDR durch Einbeziehung neuer aviotechnischer Systeme der INTERFLUG (Dissertation); Akademie der Landwirtschaftswissenschaften der DDR; 1989

[256] Lex, P.: Die Bekämpfung von Wald-, Moor- und Heidebränden; Kohlhammer Verlag; Stuttgart; 1996;

[257] Feuerwehr Frankfurt/M.: Vorstellung Frankfurter Verfahren (2RS); Frankfurt/M.; 1994

[258] Worm, R.: Auf einen Schlag war die Feuerwalze schwarz! In: Feuerwehr-Kurier; 1994; 10; Oktober; S. 17-19

[259] Grabski, R.: Theoretische Grundlagen des Sprenglöschverfahrens In: IdF Jahresbericht 1994; Institut der Feuerwehr Sachsen-Anhalt; Heyrothsberge; 1995; S. 45-52

[260] Pöhland, W.: Verfahren zur Waldbrandbekämpfung (Leserbrief) In: Brandschutz; Kohlhammer; Stuttgart; 1995; 3; März; S. 219

[261] Lubosch, U.: Konferenz Waldbrandschutz im Land Sachsen-Anhalt In: Unabhängige Brandschutzzeitschrift; 1993; 5; Mai; S. 26-31

[262] BMBF – Bundesministerium für Bildung, Wissenschaft, Forschung und Technologie: Bundesbericht Forschung 1993; CD-ROM-Ausgabe; Bonn 1995

[263] Alfert, F.: Waldbrandbekämpfung in Europa – Eine länderübergreifende Aufgabe (Bericht Nr. 172/96); Inburex – Internationales Büro für Explosionsschutz und Anlagensicherheit, 59067 Hamm im Auftrag des BMBF Bundesministerium für Bildung, Wissenschaft, Forschung und Technologie, Bonn; Hamm; 1996

[264] Bernhard, Th.: Der Weltverbesserer; Suhrkamp; 1979; S. 109: Es ist äußerst merkwürdig … ff.

[265] Teie, W.: Firefighter's handbook on wildland firefighting; Dear Valley Press; Rescue CA/USA; 1994

[266] NFPA 295: Wildfire Control; National Fire Protection Association; Quincy MA/USA; 1991

[267] Brunacini, Alan V.: Fire Command; National Fire Protection Association; Quincy/MA USA; 1985

[268] NFPA 298: Standard on fire fighting foam chemicals for class A fuels in rural, sururban, and vegetated areas; National Fire Protection Association; Quincy MA/USA; 1994

[269] de Vries, H. Noje-Knollmann, S.: Praktische Untersuchungen zu Class-A-Foam; Universität Wuppertal FB 14 FG Brand- und Explsionsschutz Prof. Pohl (nicht veröffentlicht); Wuppertal; 1994

[270] Herterich, O.: Wasser als Löschmittel; Dr. Alfred Hüthig Verlag GmbH; Heidelberg; 1960; S. 187

[271] Fa. Ansul Fire Protection: Produktinformation Silv-ex; Marinette WI/USA

[272] Aubert, J. H.; Kraynik, A.M.; Rand, P. B.: Aqueous foams In: Scientific American; 1986; 5; Mai; S. 58-66

[273] de Vries, H.: Schaummittel-Zumischer – Technik und Betrieb; ecomed, Landsberg, 2019;ISBN 978-3-609-69427-6

[274] Crane, William V.: Foam Proportioner Performance Evalutation; U.S. Department of Agriculture; USDA Forest Service; San Dimas Technology & Development Center; San Dimas, CA/USA; August 2011

[275] Allweiler GmbH: Exzenterschneckenpumpen Baureihen AE1N, AE2N; Bauform ID; GE_762_D. PDF vom 17.04.2021

[276] Johnson, B.: The chemical effects of additives on fire appliances and associated equipment. Home Office Fire Research and Development Group, London 1992

[277] Gihl, M.: Handbuch der Feuerwehr-Fahrzeugtechnik. Kohlhammer Verlag, Stuttgart 1982. S. 170 ff.

[278] Feuerwehrgerätefabrik Linz von 1908 Konrad Rosenbauer Katalog; Reprint; EFB Verlag 1984

[279] Bedienungs-Anweisung für die Tankspritze Ts 2,5; o.A., nicht datiert

[280] Jaunitz, Markus: Die Fahrzeuge der Luftschutzeinheiten der Luftwaffe; Waffen-Arsenal Sonderband S-64; Podzun-Pallas-Verlag; 2002.

[281] Foedrowitz, Michael: Feuerwehrfahrzeuge im Einsatz 1939 – 1945; Dörfler Zeitgeschichte; nicht datiert.

[282] Carrington, M.; Reiter, A.: Rosenbauer: Ein Unternehmen schreibt Feuerwehrgeschichte; Lentia-Verlag Linz/AT; 2011; pp. 98 ff.

[283] https://bos-fahrzeuge.info/news/Die-Haubenfahrzeuge-der-Nachkriegszeit-Teil-4-75 am 28.05.2019

[284] de Vries, H.: Zeit zum Umdenken [Pumpenkonfiguration], Feuerwehr-UB; Huss Medien; Berlin; 06; Juni; 2015; pp. 82 – 85

[285] Zwischen 2002 und 2007 wurden insgesamt 216 Fahrzeuge dieser Baureihe auf einem Mercedes-Benz Atego 1325 F Straßenfahrgestell mit Aufbau von TVAC Plastisol bzw. Papworth Plastisol beschafft. Feuerlöschkreiselpumpe Godiva WTA 3010 / FPH 10-3000 (3.000 L/min bei 10 bar bzw. 200 L/min bei 40 bar Pumpenausgangsdruck, maximal 3.910 L/min), Löschwassertank 1.365 L, Schaummitteltank 120 L.

[286] AWG Fire_Ex_Kartuschenhalter C-C.pdf vom 27.07.2019

[287] de Vries, H.: Einsatz von D-Leitungen – Ausbildung und Praxis, ecomed, Landsberg, 2016; ISBN 978-3-609-69837-3; p. 82

[288] Fa. Task Force Tips Inc./KK Products: Bedienungsanweisung PRO/Pak; vom Verfasser übersetzt für den Hersteller

[289] Fa. W. Ruberg AB: Produktinformation Foam Injector 150; W. Ruberg AB, Immeln, S-28063 Sibbult, Schweden; 1999

[290] DIN EN 15767-1: Tragbare Geräte zum Ausbringen von Löschmitteln, welche mit Feuerlosch-pumpen gefördert werden – Tragbare Werfer -Teil 1: Tragbare Werfereinheiten -Allgemeine Anforderungen

[291] DIN EN 15767-2: Tragbare Geräte zum Ausbringen von Löschmitteln, welche mit Feuerlösch-pumpen gefördert werden – Tragbare Werfer -Teil 2: Wasserdüsen

[292] DIN EN 15767-3: Tragbare Geräte zum Ausbringen von Löschmitteln, welche mit Feuerlösch-pumpen gefördert werden – Tragbare Werfer -Teil 3: Schaumdüsen

[293] de Vries, H.: Einsatz von Sonderrohren, ecomed, Landsberg, 2018; ISBN 978-3-609-69401-6

[294] Brunswig, H.: Schaumrohr Vor! – Eine Dokumentation zur Geschichte des Löschmittels Schaum und des Total-Komet-Luftschaumverfahrens; Total – Foerstner & Co.; Ladenburg; 1973

[295] DIN 14.384: Schaummittel-Zumischer, selbstansaugend; Beuth; Berlin; 1984 [zurückgezogen 2015]

[296] Landesfeuerwehrverband Nordrhein-Westfalen e.V. (Hrsg.): Ausbildungsmappe zum Trupp-mann-1- Lehrgang; Ziffer 3.1.2.8 Auszug aus der Beladung von Löschfahrzeugen nach DIN 14.530; LFV NW e.V.; Münster

[297] Auch bei Einbau einer Druckzumischanlage (DZA) oder Druckluftschaumanlage (DLSA) sollte aber in jedem Löschfahrzeug trotzdem ein Z-Zumischer (üblicherweise Z4) inklusive Ansaugschlauch mitgeführt werden und eine Vorrichtung vorhanden sein, mit der auch bei Ausfall der DZA Schaummittel aus einem fest eingebauten Schaummittelbehälter entnommen werden kann, da sonst ein technischer Ausfall der DZA/DLSA zu einem einsatztaktischen Totalausfall des Fahrzeugs führen kann, da gar kein Schaum erzeugt werden kann. In einigen Bundesländern können nach den Förderrichtlinien bei Einbau einer Druckzumischanlage einschließlich Schaummittelbehälter z.B. bei (H)LF 20/16, TLF 20/24-Tr und TLF 20/40 die tragbare Schaummittelkanister und Zumischer nebst Ansaugschlauch entfallen. Bei einer maximalen Masse für einen Zumischer nach DIN 14348 (bis 2015) von 5 kg bzw. nach DIN EN 16712-1 (seit 2015) von nur 3 kg bedeutet dies keinen echten Vorteil durch Ersparnis von Ausrüstung, sondern vielmehr einen unverzeihlichen Verzicht auf Redundanz und die Möglichkeit, auch abgesessen Schaum zu erzeugen.

[298] Liebson, John: Implementation and Utilization of Class A Foam technology for the Structural Fire Service (Student Manual). The Alliance for Fire and Emergency Management (ISFSI), Ashland MA/USA (1. Auflage). S. 72

[299] de Vries, Holger; Struve, Jan: Messungen an Z4-Zumischern (Arbeitstitel, Veröffentlichung in Vorbereitung; 2019)

[300] Danielsson, Lennart: Tryckförluster i kopplingar för brandslang 38/42 mm; Rapport Räddningstjänstavdelningen R53-125/95; Räddningsverket 1995; Schweden

[301] Rosander, Mats und Giselsson, Christer: The book of foam; Räddningsverket Karlstad/Schweden 1994

[302] http://www.feuerwehr-krems.at/ShowArtikel.asp?Artikel=4943; Zugriff 19.03.2018

[303] Woodworth, Steven P.; Frank, John A.: Fighting Fires with Foam; van Nostrand Reinhold NY/NY 1994, p. 139, table 6-1

[304] Diekmann, Norbert: Einsatzgrenzen der Schaumzumischung – Strahlpumpenzumischer [PDF]; https://www.micro-foam-unit.com/app/download/5791403943/Einsatzgrenzen.pdf vom 10.03.2018

[305] Der Gegendruck kann mit der Dichte des Wassers und der Erdbeschleunigung g berechnet werden: pgeod= g h; pgeod=1.000 kg / $m^3$ 9,81 m / $s^2$ 30 m=294.300 Pa 3 bar

[306] Die Ansaugung des Schaummittels erfolgt über einen ½-Zoll-Schlauch mit Filter aus einem offenen Schaummittelbehälter. Am Saugende des Schlauchs ist ein Filter montiert, der Verunreinigungen aus dem Schaummittelkonzentrat zurückhält. Der Durchmesser des Schlauches darf dabei nicht wesentlich größer sein, um eine Verminderung der Ansaugleistung durch im Schlauch enthaltene Luft zu vermeiden.

[307] Nein, den hat der Verfasser nicht selbst umgebaut.

[308] Hagebölling, D.: Schnellangriffseinrichtung Schwerschaum In: Brandschutz; Kohlhammer; Stuttgart; 1985; 11; Nov.; S. 434-437

[309] Zeilmayr, A.: Schnellangriffseinrichtung Schaum In: Brandschutz; Kohlhammer; Stuttgart; 1986; 5; Mai; S. 182-184

[310] http://www.feuerwehr-pfarrkirchen.de/jcms/oldtimer-fahrzeuge/tlf-15/oldtimer/tlf-15.html vom 25.05.2019

[311] https://bos-fahrzeuge.info/einsatzfahrzeuge/2968/Florian_Daimler_Untertuerkheim_aD vom 25.05.2019

[312] Datenblatt FT_LEADERMIX_ZCL05.266.DE.5.pdf; 11.07.2019

[313] Feuerwehrdienstvorschrift FwDV 3 Einheiten im Lösch- und Hilfeleistungseinsatz; August 2008; Ziff. 5.5.5: Einsatz mit Schaumrohr

[314] Cimolino, U.; de Vries, H., Standardeinsatzregel (SER) – Die Staffel bzw. Gruppe im Einsatz von Löschgeräten, ecomed, Landsberg, 2005

[315] de Vries, H.: Messungen des Druckverlaufs an mit Wasser oder Druckluftschaum gefüllten Schlauchleitungen während des Betriebs und deren Konsequenzen für die Brandbekämpfung / Pressure Measurements along Fire Hose Lines operated with Water or Compressed Air Foam and their Consequences for Fire-Fighting Operations; Norderstedt 2009, Libri Books on Demand, ISBN 978-3-00-028890-6

[316] de Vries, H.: Messungen des Druckverlaufs an mit Wasser oder Druckluftschaum gefüllten Schlauchleitungen während des Betriebs; vfdb Zeitschrift; Ebner Verlag, Ulm; 1/2010; pp. 10 – 17

[317] de Vries, H.: Pressure Profile, Fire Risk Management, The Fire Protection Association – The Institution of Fire Engineers, Moreton-in-Marsh/UK; 2010, Oktober, pp- 41 – 44

[318] Ständige Konferenz der Innenminister und -Senatoren der Länder, Arbeitskreis V – Ausschuß für Feuerwehrangelegenheiten, Katastrophenschutz und zivile Verteidigung: Forschungsbericht Nr. 150 – Untersuchung der Haltbarkeit von Druckluftschaum führenden Feuerwehrschläuchen unter Wärmebeaufschlagung im Vergleich zu Wasser führenden; Dipl.-Ing. C. Axel Fohl, Dipl.-Ing. Jochen Schaaf; Forschungsstelle für Brandschutztechnik an der Universität Karlsruhe (TH); Karlsruhe September 2008

[319] Jan Tino Demel: Einsatzmöglichkeiten und –grenzen von in Löschfahrzeugen eingebauten Druckluftschaumanlagen bei Brandeinsätzen unter besonderer Berücksichtigung des Unfallschutzes (Hausarbeit); März 2006

[320] Forschungsstelle für Brandschutztechnik an der Universität Karlsruhe (TH): Brand- und Löschversuch unter Einsatz des Druckluftschaum-Löschverfahrens (DLS); 12. September 2000

[321] Föhl, Axel: Anwendung von Druckluftschaum-Systemen (CAFS) – Untersuchung von physikalischen Eigenschaften und Löscheffizienz: In: Tagungsband vfdb Fachtagung 2003; pp. 481 – 501.

[322] Robert K. Prud'homme: Foams – Theory, Measurements, and Applications (Surfactant Science Series Vol. 57); Marvel Dekker Inc., New York ; Publisher: CRC; 1st Ed. (October 12, 1995); ISBN-10: 0824793951; ISBN-13: 978-0824793951; pp. 470 – 471

[323] Braun, U.: Erfahrungsbericht über die Druckluftschaum-Brandbekämpfung – Tabelle: Auswertung der CAFS-Einsätze 09.1997-09.1998; Berufsfeuerwehr Ingolstadt; 30.09.98

[324] Fa. Schmitz: Vergessen Sie alles, was sie bisher über Schaum gehört haben; Schmitz GmbH; Wilnsdorf; Dokument 03/99 oneseven; Feb. 2000

[325] Colletti, D. J.: Quantifying the effect of class A foam in structure firefighting: The Salem tests In: Fire Engineering; Pennwell Publications; Tulsa OK/USA; 1993; 2; Februar; S. 41-44

[326] Fornell, D. P.: Fire stream management handbook; Fire Engineering Pennwell Publishing Company; Saddle Brook NJ/USA; 1991

[327] Beachten Sie bei einem Löschangriff mit entsprechender Strahlrohrnutzung die Bewegungen der Schläuche!

[328] Der Verfasser bedankt sich ausdrücklich bei folgenden Firmen und Dienststellen, ohne die die Durchführung der Versuche nicht möglich gewesen wäre: Abwasserbetriebe Pinneberg; AWG Max Widenmann KG, D-89531 Giengen/Brenz; Berufsfeuerwehr Essen; Freiwillige Feuerwehr Pinneberg; GLOBALS Tanktechnik GmbH, D-25469 Halstenbek; Hamburg Wasser – Hamburger Wasserwerke, Hamburger Stadtentwässerung; Schlosserei Plutta, D-26441 Jever; Dr. Richard Sthamer GmbH & Co. KG, D-22113 Hamburg; Walter Stocker AG Feuerwehrtechnik-

Schlauchweberei, CH-4852 Rothrist; Kreisfeuerwehrzentrale Stormarn, Travenbrück; Thöni Industriebetriebe GmbH, A-6410 Telfs

[329] Vortragsfolie von: M. Rosander; Helsingborgs Brandförsvar; Schweden; 1996

[330] de Vries, H., Weich, A., W. Freynik, Graeger, A., Cimolino, U.: „Einsatzpraxis: Wasserförderung über lange Wegstrecke – Taktik und Technik", ecomed, Landsberg, 2004, p. 329

[331] de Vries, H.: „Messungen des Druckverlaufs an mit Wasser oder Druckluftschaum gefüllten Schlauchleitungen während des Betriebs und deren Konsequenzen für die Brandbekämpfung / Pressure Measurements along Fire Hose Lines operated with Water or Compressed Air Foam and their Consequences for Fire-Fighting Operations"; Norderstedt 2009, Libri Books on Demand, ISBN 978-3-00-028890-6

[332] Analog zur Dämpfung z.B. von Spannungen gemäß der Gleichung $\alpha = 20 \cdot \lg\left(\frac{U_1}{U_2}\right)$dB kann sie in diesem Falle über die Drücke p und p' berechnet werden.

[333] de Vries, H., O. Preuschoff: „Der Strahlrohrtest", Feuerwehr-Magazin, Bremen, 2003, Nr. 4, April

[334] Fuchs, M; Demant A.; Eriksson, R.: Handhabung von Hohlstrahlrohren bei der Innenbrandbekämpfung; brandschutz, Kohlhammer Verlag, Stuttgart; 2009; 8; Aug.; pp. 616 – 621

[335] Ständige Konferenz der Innenminister und -Senatoren der Länder, Arbeitskreis V – Ausschuß für Feuerwehrangelegenheiten, Katastrophenschutz und zivile Verteidigung: Forschungsbericht Nr. 150 – Untersuchung der Haltbarkeit von Druckluftschaum führenden Feuerwehrschläuchen unter Wärmebeaufschlagung im Vergleich zu Wasser führenden; Dipl.-Ing. C. Axel Fohl, Dipl.-Ing. Jochen Schaaf; Forschungsstelle für Brandschutztechnik an der Universität Karlsruhe (TH); Karlsruhe September 2008

[336] Jan Tino Demel: Einsatzmöglichkeiten und –grenzen von in Löschfahrzeugen eingebauten Druckluftschaumanlagen bei Brandeinsätzen unter besonderer Berücksichtigung des Unfallschutzes (Hausarbeit); März 2006

[337] Braun, U.: Erfahrungsbericht über die Druckluftschaum-Brandbekämpfung – Tabelle: Auswertung der CAFS-Einsätze 09.1997-09.1998; Berufsfeuerwehr Ingolstadt; 30.09.98

[338] Forschungsstelle für Brandschutztechnik an der Universität Karlsruhe (TH): Brand- und Löschversuch unter Einsatz des Druckluftschaum-Löschverfahrens (DLS); 12. September 2000

[339] Föhl, Axel: Anwendung von Druckluftschaum-Systemen (CAFS) – Untersuchung von physikalischen Eigenschaften und Löscheffizienz: In: Tagungsband vfdb Fachtagung 2003; pp. 481 – 501.

[340] Robert K. Prud'homme: Foams – Theory, Measurements, and Applications (Surfactant Science Series Vol. 57); Marvel Dekker Inc., New York ; Publisher: CRC; 1st Ed. (October 12, 1995); ISBN-10: 0824793951; ISBN-13: 978-0824793951; pp. 470 – 471

[341] MTTF=Mean Time to Failure: Die statistisch mittlere Zeit zwischen zwei störungsbedingten Ausfällen
MTTR=Mean Time to Repair: Die statistisch mittlere Zeit, die für eine Reparaur/Instandsetzung erforderlich ist.

[342] Die Unfallkommission „Tübingen" hat am 29.07.2006 den Bericht zum Einsatz „Tübingen – Reutlinger Straße 34/1" veröffentlicht. Der vorliegende Bericht beschreibt den Einsatzablauf und enthält die taktische Analyse des Einsatzes am 17. Dezember 2005 in Tübingen bei dem zwei Feuerwehrangehörige ums Leben kamen. Die Unfallkommission hat den Einsatzablauf – soweit dieser mit dem Unfall in direktem Zusammenhang steht – auf mögliche Ursachen hin untersucht und bewertet. Dieser Unfallbericht ist im Internet als PDF-Dokument verfügbar, z.B. auf www.atemschutzunfaelle.de

[343] CAFS (Anm. Des Verfassers)

[344] Class-A-Foam, Netzwasser (Anm. des Verfassers)

[345] Die Unfallkommission „Tübingen" hat am 29.07.2006 den Bericht zum Einsatz „Tübingen – Reutlinger Straße 34/1" veröffentlicht. Der vorliegende Bericht beschreibt den Einsatzablauf und enthält die taktische Analyse des Einsatzes am 17. Dezember 2005 in Tübingen bei dem zwei Feuerwehrangehörige ums Leben kamen. Die Unfallkommission hat den Einsatzablauf – soweit dieser mit dem Unfall in direktem Zusammenhang steht – auf mögliche Ursachen hin untersucht und bewertet. Dieser Unfallbericht ist im Internet als PDF-Dokument verfügbar, z.B. auf www.atemschutzunfaelle.de

[346] „Firefighters' hoses are failing", 6. Dezember 2007; The Argus/Naomi Loomes

[347] Hähnel, Erich (Hrsg.): Lexikon Brandschutz; Staatsverlag; 1986

[348] Grimwood, Paul T.: Fog Attack. FMJ Publications International Redhill Surrey/UK 1992, S. 71

[349] de Vries, H.: Einsatz von Hohlstrahlrohren, ecomed, Landsberg, 2017; ISBN 978-3-609-69643-0

[350] de Vries, H.: Einsatz von Sonderrohren, ecomed, Landsberg, 2018; ISBN 978-3-609-69401-6

[351] de Vries, H.: Schaummittel-Zumischer – Technik und Betrieb; ecomed, Landsberg, 2019; ISBN 978-3-609-69427-6

[352] de Vries, H.: Einsatz von Schaummitteln – Auswahl und Logistik, ecomed, Landsberg, 2017; ISBN 978-3-609-69628-7

[353] de Vries, H.: 'Verteiler-Stützkrümmer-B-Rohr'-Wasserwerfer ist nicht mehr!; In: Feuerwehr Retten Löschen Bergen; Forum Verlag; Merching; 6. Juni 2019; pp. 34 – 36

[354] de Vries, H., Struve, J.: Z-Zumischer sicher betreiben – Mischen Impossible?; In: Feuerwehr Retten Löschen Bergen; Forum Verlag; Merching; 11, November, 2020; pp. 22 – 29

[355] de Vries, H.: Mischen Impossible? – Z-Zumischer sicher betreiben; In: Feuerwehreinsatz:nrw; 11, 2021, Feuerwehrservice NRW, Wuppertal; pp. 28 – 30

[356] de Vries, H.: Mischen Impossible? – Z-Zumischer sicher betreiben; In: Die Freiwillige Feuerwehr – Südtirols Feuerwehrzeitung; Hrsg. Landesverband der Freiwilligen Feuerwehren Südtirols; I-39018 Vilpian (BZ); pp. 14 – 21

[357] Edelmaier, Johann: Die verlorene Kunst des Spähtruppgehens; Milizverlag Salzburg; 2018; ISBN 3901185682

[358] Weh, Michael: Nachtkampf; Vlg. Blätterdach GmbH; 2018; ISBN 3946429254

[359] Handell, Anders: Utvärdering av dimstrålrörs effektivitet vid brandgaskylning – Evaluation of the efficiency of fire fighting spray nozzles in a smoke gas cooling situation Brandteknik, Lunds tekniska högskola, Lunds universitet, Lund 2000 (Schweden) Report 5065; ISSN: 1402-3504; ISRN: LUTVDG/TVBB–5065–SE

[360] Strahlrohre für die Brandbekämpfung – Teil 1: Allgemeine Anforderungen; Deutsche Fassung EN 15182-1:2007; Beuth; Berlin; 2007

[361] Strahlrohre für die Brandbekämpfung – Teil 2: Hohlstrahlrohre PN 16, Deutsche Fassung EN 15182-2:2007; Beuth; Berlin; 2007

[362] Strahlrohre für die Brandbekämpfung – Teil 3: Strahlrohre mit Vollstrahl und/oder einem unveränderlichen Sprühstrahlwinkel PN 16; Deutsche Fassung EN 15182-3:2007; Beuth; Berlin; 2007 – Hinweis des Verfassers: Dies ist die Ersatznorm für DIN 14 365 Mehrzweckstrahlrohre PN 16

[363] Strahlrohre für die Brandbekämpfung — Teil 4: Hochdruckstrahlrohre PN 40; Beuth; Berlin; 2007

[364] Herterich, O.: Wasser als Löschmittel; Dr. Alfred Hüthig Verlag GmbH; Heidelberg; 1960

[365] Die Recherche wurde freundlicherweise von Herrn Dipl.-Ing. Michael Behrens, DIN-Normenausschuss Feuerwehrwesen (FNFW), Berlin, durchgeführt.

[366] TGL 38172: Feuerlöschwesen Druckschläuche der Feuerwehr – Technische Lieferbedingungen

[367] Staatliches Maschinen-Kontor Berlin (Hrsg.): Feuerwehr-Armaturen, Mai 1980

[368] Kunger, Dietrich: Feuerwehrtechnik; transpress Verlagsgesellschaft Berlin; 1990; p. 93

[369] Swedish Standards Institute: Standard: SS 3500 Brandmateriel – Strålrör; 1987-04-22

[370] Es gibt jedoch eine andere Schaltfolge: hinten: Vollstrahl (dies entspricht der Schaltstellung der Hohlstrahlrohre), quer: Sprühstrahl und vorne: Wasser halt (dies entspricht der Schaltstellung der Hohlstrahlrohre).

[371] Danielsson, Lennart: Tryckförluster i kopplingar för brandslang 38/42 mm; Rapport Räddningstjänstavdelningen R53-125/95; Räddningsverket 1995; Schweden

[372] Ziel der Versuche aus schwedischer Sicht war die Optimierung bzw. Verringerung der Strömungsverluste durch die Gestaltung der Kupplungen und ihrer Dichtungen. Es konnte festgestellt werden, dass der Austausch einer modifizierten Dichtung in vorhandenen Kupplungen eine wirtschaftlich und hydraulisch sinnvolle Lösung darstellt.

[373] Motorspruta Klasse 3 Typ Wilhelm Ruberg WR 27/CFS: Zweistufige FP (auf Einachsanhänger) mit nominell 1.600 L/min bei 12 bar, Garantiepunkte (bei A110 Pumpeneingang): 1800 L/min bei 10 bar und 2,5 m Saughöhe, 1.080 L/min bei 10 bar und 7,0 m Saughöhe, 540 L/min bei 14 bar und 2,5 m Saughöhe.

[374] Instruktionsbok für Motorspruta Klasse 3 Typ Wilhelm Ruberg WR 27/CFS; 1986 Statens Räddningsverk, Karlstad; Tekniska avdelningen; Beställningsnr T1 0-1 09/86; 1986 års utgåva; Dokumentname: T10-109_86_Motorspruta_klass_3_Ruberg_WR_27.pdf

[375] Swedish Standards Institute: Standard: SS 2840 Brandmateriel – Tryckslangar – Dimensioner, fordringar och provning; 1987-09-16

[376] Swedish Standards Institute: Standard: SMS 1150 Brandmateriel – Slangkoppling 63 för tryckslang; 1969-11-01

[377] Swedish Standards Institute: Standard: SMS 1151 Brandmateriel – Slangkoppling 63 för tryckslang. Slangkopplingsdel; 1969-11-01

[378] Swedish Standards Institute: Standard: SMS 1152 Brandmateriel – Slangkoppling 63 för tryckslang. Halsar; 1969-11-01

[379] Swedish Standards Institute: Standard: SMS 1153 Brandmateriel – Slangkoppling 63 och kopplingsdel 63 för tryckslang. Packning; 1969-11-01

[380] Swedish Standards Institute: Standard: SMS 1175 Brandmateriel – Kopplingsdel 63 för tryckslang. Lock; 1969-11-01

[381] Swedish Standards Institute: Standard: SMS 1176 Brandmateriel – Slangkoppling 32 för tryckslang; 1969-11-01

[382] Swedish Standards Institute: Standard: SMS 1182 Brandmateriel – Koppling 32 för tryckslang. Anslutningsmått; 1975-11-15

[383] Swedish Standards Institute: Standard: SMS 1183 Brandmateriel – Slangkoppling 32 och kopplingsdel 32 för tryckslang. Packning; 1969-11-01

[384] de Vries, H., Einsatz von Sonderrohren, ecomed, Landsberg, 2018

[385] de Vries, H., Schaummittel-Zumischer – Technik und Betrieb; ecomed, Landsberg, 2019

[386] Iversen, Iver Aage: Brannbiler i Norge; Oslo; I. Aa. Iversen (Selbstverlag), 2011; ISBN 9788230317723

[387] DIN 14367, Ausgabe:2002-07, Feuerwehrwesen – Hohlstrahlrohre PN 16, Originalsprache, Deutsch

[388] Neue Norm-Fahrzeuge: KLF und LF 20/16; brandschutz 2004; Juni; 6; p. 431.

[389] DIN 14200:1979-06, DIN 14365-1:1991-02, DIN 14365-2:1986-09 und DIN 14367:2002-07

[390] Formation Sapeur-Pompier – Équipes en Binômes: Utilisation des lances à eau à main (2e édition), Icone Graphic, 2007, ISBN-10: 2357381124, ISBN-13: 978-2357381124

[391] Livre Formation Chef d'agres tout engin SPV – Lutte contre les incendies; Module 2; U.V.2.2 – Hydraulique;), Icone Graphic, 2015, ISBN-10: 2357382805; ISBN-13: 978-2357382800

[392] Kupferschmied, Peter: Einsatzfahrzeuge im Luftschutzhilfsdienst 1953 bis 1968, Verlag Klaus Rabe, Band 1

[393] Bundesamt für zivilen Bevölkerungsschutz: LSHD-Dv 111, Ausbildungsvorschrift für die Feuerwehrbereitschaft, Juli 1967

[394] Bundesverband für den Selbstschutz: Brandschutz im Selbstschutz; Köln, Datenblatt Nr. 063025; 2261-022/80; 1. Auflage; siehe auch entsprechende Dienstvorschriften zum ABS-Se-Schutz der Bundeswehr

[395] UVV Feuerwehr (GUV-V C 53) § 19: „Strahlrohre, Schläuche und Verteiler sind so zu benutzen, dass Feuerwehrangehörige beim Umgang mit diesen Geräten sowie durch den Wasserstrahl nicht gefährdet werden. Durchführungsanweisung zu § 19: Diese Forderung ist z.B. erfüllt, wenn … schlagartiges Öffnen oder Schließen von Verteiler und Strahlrohr vermieden wird (möglichst keine Kugelhahnverteiler verwenden), nur absperrbare Strahlrohre verwendet werden, ein schlagendes Strahlrohr nicht aufgehoben wird, … ." Es ist dabei zu beachten, dass sowohl Verteiler mit Niederschraubventilen wie auch Verteiler mit Kugelhähnen sichere (und zugelassene) Armaturen sind und beide gleichermaßen richtig angewendet werden müssen (in der DDR hatten sogar die Standrohre Kugelhähne!). Der Verteiler mit Kugelhähnen hat gegenüber dem Verteiler mit Niederschraubventilen jedoch den Vorteil, dass eine Leitung im Gefahrenfall (Schlauchplatzer, gestolperter FA, schlagendes Strahlrohr, …) SCHNELLER GESCHLOSSEN werden kann!

[396] de Vries, H.: Waldbrand-TLF; In: Feuerwehr Retten Löschen Bergen; Forum Verlag; Merching; 5. Mai 2020; pp.40 – 45

[397] de Vries, Holger: Erweiterung der „Waldbrandergänzung" nach DIN (Vortrag und Skript); Seminar Waldbrandbekämpfung ; Berliner Feuerwehr; Berliner Feuerwehr- und Rettungsakademie; Januar 2020.

[398] „Standardformation F5" aus Kap. 2.6 „SYNTHÈSE DES SIX MANŒUVRES DU CCF": La direction de la défense et de la sécurité civiles; Sous-direction des sapeurs-pompiers et des acteurs du secours Bureau du métier de sapeur-pompier, de la formation et des équipements Section doctrines et techniques professionnelles: Manoevres feux de forêts; Dépôt légal Janvier 2008; ISBN 978-2-11-097790-8

[399] http://bos-fahrzeuge.info/einsatzfahrzeuge/126175/Colmar_-_SDIS_68_-_WTLF_-_CCF

[400] de Vries, H.: Einsatz von D-Leitungen – Ausbildung und Praxis, ecomed, Landsberg, 2016; ISBN 978-3-609-69837-3

[401] de Vries, H.: Französisch-deutsche Ausbildungskooperation in Bad Krozingen; Feuerwehr-UB; Huss Medien; Berlin; 1/2; Januar/Februar; 2016; pp. 62 – 64

[402] Persönliche Mitteilung von: Stefan Gustavsson, Motala

[403] Siehe: Mehrzwecknomogramm für die Wasserförderung (Anhang 2, Ziff. 8.3, S. 329) In: H. de Vries, Weich, A., W. Freynik, Graeger, A., Cimolino, U.: Einsatzpraxis: Wasserförderung über lange Wegstrecke – Taktik und Technik, ecomed, Landsberg, 2004

[404] Ulrich Cimolino, Jan Südmersen, Detlef Maushake, Nicolas Neumann: Standard-Einsatz-Regeln: Wald- und Flächenbrandbekämpfung; Verlag: ecomed Sicherheit; Auflage: 2. Auflage 2013 (22. April 2013); ISBN-10: 3609688025; ISBN-13: 978-3609688022

[405] Bougerel, Robert: Dictionnaire technique du sapeur-pompier; Editions du Papyrus (10. April 2012); 2. Auflage; p. 195

[406] Teie, W.: Firefighter's handbook on wildland firefighting; Dear Valley Press; Rescue CA/USA; 1994

[407] Freie Software: http://www.angusfire.co.uk/products/fire_hose/hosecalc.html

[408] Götteritz, Heinz-Dieter et. al.: Grundübungen der Feuerwehr Übungsvorschrift; Staatsverlag der DDR; Berlin; 1987

[409] Ministerium des Innern [der DDR] – Hauptabteilung Feuerwehr (Hrsg.): Schulungsmaterial Die Taktische Einheit zur Brandbekämpfung, Schulungsmaterial für die Aus- und Weiterbildung der Angehörigen der Feuerwehren; Berlin (Ost) 1981; (Verfasser: Ladewig, P.; Weß, G.; Naumann, H.; Datow, E.; Füssel, J.)

[410] de Vries, Holger (Hrsg.): Taktische Einheit zur Brandbekämpfung – ein Diskussionsvorschlag, FFZ Feuerwehr Fachzeitschrift, 2003, Nr. 12, Dezember, pp. 741 – 746; siehe auch www.einsatzpraxis.org

[411] TLF mit 1+3=4 und LF mit 1+6=7 besetzt. Während sowohl die west- wie die ostdeutschen TLF 15/TLF 16 etwa ab den 1950er Jahren eine Staffelkabine für eine Besatzungsstärke von 1+5=6 hatten, war für die TLF der Feuerwehren der DDR nur eine Sollbesatzung von 1+3=4 vorgesehen (vgl. GRUNDÜBUNGEN, 1987; KUNGER 1990). Eine „Staffel" i.S.d. FwDV 3 („West") hat es in der DDR nie gegeben.

[412] Empfehlungen der Arbeitsgemeinschaft der Leiter der Berufsfeuerwehren für Qualitätskriterien für die Bedarfsplanung von Feuerwehren in Städten vom 16.09.1998

[413] Die Berliner Feuerwehr („West") ging im gleichen Zeitraum noch weiter, verabschiedete sich vom „Dreifahrzeugzug", der „Gruppenbesatzung" und entwickelte das LHF 16 als Universalfahrzeug mit einer Besatzung von 1+5=6 („erstes LHF") bzw. 1+2=3 („zweites LHF") zzgl. einem Zugführer: 1+2+7=10 und zzgl. ggfs. DL mit 1+1 ergibt 1+3+9=13 Funktionen, was drei Funktionen über der aktuellen AGBF-Schutzzielstärke 1 liegt, die erst seit 1998 gilt.

[414] Schreiben des LBD Kurt-Werner Seidel, BF Berlin, an OBD Karl Seegerer, BF München, in seiner Funktion als Vorsitzender des Fachnormenausschusses Feuerwehrwesen (FNFW) im DIN vom 24.06.1983, nebst einer Beschreibung des Lösch- und Hilfeleistungsfahrzeugs LHF 16 der Berliner Feuerwehr [nicht datiert]. Allerdings entwickelte die BF Berlin (West) kein der TE (Ost) entsprechendes Einsatzkonzept. Der Rest Deutschlands musste noch weitere 20 Jahre bis zur Normung eines „HLF 16" warten!

[415] Dessen Verwendung fast 30 Jahre nach der Wiedervereinigung und 10 Jahre nach seiner Übernahme in die DIN 14345:2012-05 (Normergänzung auf Grundlage der TGL 121-345:1982-07) immer noch keine Aufnahme weder in die FwDV 1 noch in die FwDV 3 gefunden hat!

[416] Woran zu erkennen ist, dass die deutschen Feuerwehren ab den 1990er Jahren keine „schwedische Taktik" zur Brandbekämpfung, sondern nur ein „schwedisches Strahlrohr" (Fogfighter) übernommen haben, weil sie wie hypnotisiert nur in Richtung Flash-Over-Container gestarrt und dabei die Welt herum vergessen haben.

[417] In der DDR war 1981 (!) „Netzwasser" – sprich: die Zumischung von Schaummittel in geringen Konzentrationen zur Reduzierung der Oberflächenspannung des Wassers durch festeingebaute Zumischeinrichtungen (AZ 2/8) – integriert in die allgemeine Löschfahrzeugtechnik und ebenso in die Taktik, also bereits damals „Stand der Technik".

[418] Ministerium des Innern [der DDR] – Hauptabteilung Feuerwehr (Hrsg.): Arbeitshinweise Durchführung der Brandbekämpfung; Brandbekämpfung an oder in unter Spannung stehenden elektrotechnischen Anlagen (Blatt 2.5.3.11); Berlin 1976

[419] Staatsverlag der Dt. Demokratischen Republik: ABC des Einsatzleiters der Feuerwehr; Berlin; 1985; p. 81

[420] TGL 38172: Feuerlöschwesen Druckschläuche der Feuerwehr – Technische Lieferbedingungen

[421] Fa. Brissmans Brandredskap AB: Slangkorgar [Typenblatt]; S-30244 Halmstad; 1996

[422] Rosander, Mats; Giselsson, Krister: Skumboken; Statens räddningsverk; Karlstad /SE: Statens räddningsverk, 1993

[423] Rosander, Mats; Giselsson, Christer: The book of foam; Räddningsverket Karlstad/Schweden 1994

[424] Fenandez Lorenzo, Jose Luis; Balbas Madrazo, Jose Felix; Barrios Luengos, Jesus Carlos: Curso de Hidaulica Basica para Bomberos; Junta de Castilla y Léon; Consejería de Fomento y Medio Ambiente; Agencia de Protección Civil; PDF, nicht datiert

[425] https://fr.wikipedia.org/wiki/Lance_d%27incendie am 15.01.2019

[426] Bougerel, Robert: Dictionnaire technique du sapeur-pompier; Editions du Papyrus; Paris/F; Feb. 2012; ISBN-10: 2876032309; ISBN-13: 978-2876032309

[427] Livre Formation d'Intégration et de Professionnalisation Sapeur-Pompier – Equipier; Editions Icone Graphic; Édition : 7ème édition (29 mars 2013); ISBN-10: 2357382155

[428] Bénard, Patrice: Saint-Malo au péril de l'eau et du feu – Les sapeurs-pompiers au cœur de l'histoire; Éditions Christel; Saint-Malo; 2020; ISBN 978-2844211699; p. 162

[429] Jähnig, B.; Biewer, L.; Spieler, S.: Kleiner Atlas zur deutschen Territorialgeschichte; Verlag: Kulturstiftung der dt. Vertriebenen; Auflage: 2., Aufl. (1991); ISBN-13: 978-3885570967

[430] Kuhlmann, Eberhard: Einmal Feuerwehrmann – immer Feuerwehrmann; Lebenserinnerungen von Brandmeister a.D. Otto Nikolaus Schwelm ;Hamburger Feuerkasse VersicherungsAG; 2001; p. 19: „Altona und Wandsbek hatten 45 mm Schläuche. Die bekam Hamburg erst später.“

[431] Mitteilungen der Feuerwehrtechnischen Normenstelle in der Arbeits- und Interessengemeinschaft deutscher Feuerwehrorgane – Fachnormenausschuß im Deutschen Normenausschuß e.V: Hauptversammlung des Fachnormenausschusses für das Feuerwehrwesen (Feuerwehrtechnische Normenstelle) am 29.08.1934 im großen Sitzungszimmer der Hauptfeuerwache Berlin SW 19, Lindenstr. 40/41; TOP 14, p. 86

[432] SDIS 29 – Service Départemental d'Incendie et de Secours du Finistère; 58, avenue de Kéradennec; F-29337 Quimper cedex – CS 54013

[433] International Fire Service Training Association, Stillwater/ OK, USA

[434] Rundschreiben des KBM Wittmund vom 21.11.2019

[435] Gerade kleine Löschfahrzeuge werden im ländlichen Bereich personell durch MTF oder FA mit Privat-Pkw ergänzt.

[436] National Fire Protection Association: NFPA 11 – Standard for Low-, Medium and High-Expansion Foam; 2005 Edition; Quincy MA/USA 2005

[437] Aquaous Film Forming Foam; wasserfilmbildender Schaum

[438] US Navy Salvage Manual: Chapter 3 – Salvage Firefighting Principles; Dokument Nr. S0300-A6-MAN-030, pp. 3-35 ff.

[439] de Vries, Holger: Brandbekämpfung mit Wasser und Schaum – Technik und Taktik, ecomed, Landsberg, 2000 (300 Seiten, 187 Abbildung; 42 Tab.)

[440] de Vries, Holger: Untersuchungen zur Optimierung der Bekämpfung von Feststoffbränden mit Wasser und Schaum im mobilen Einsatz der Feuerwehren, Libri Books on Demand Norderstedt; Zugl.: Wuppertal, Univ., Diss., 2000, ISBN 3-8311-0448-4

[441] Eishold, E. und Meyer, J.: Die Löschmittel; Verlag Simowa AG Pfäffikon ZH/Schweiz; 3. Auflage 1993

[442] Särdqvist, Stefan: Vatten och andra släckmedel; Räddningsverket Karlstad/Schweden 2002

[443] Woodwoth, Steven P. und Frank, John A.: Fighting fires with foam; Van Nostrand Reinhold New York NY/USA 1994

[444] Rosander, Mats und Giselsson, Christer: The book of foam; Räddningsverket Karlstad/Schweden 1994

[445] Fornell, David P.: Fire stream management handbook; Fire Engineering Pennwell Publishing Company Saddle Brook NJ/USA 1991

[446] de Vries, Holger; Dietrich, Matthias: Untersuchungen zur Dimensionierung von Löschanlagen zur Behälterschäumung, vfdb-Zeitschrift, 2003, Nr. 4, pp. 163 – 169

[447] Brunswig, Hans: Schaumrohr vor! Fa. Total Foerstner & Co. Ladenburg (Eigenverlag), 1973, p. 136

[448] SeeBG: Leitfaden für die Ausbildung in der Brandabwehr, Hamburg, 1982, pp. 34 ff.

[449] International Fire Service Training Association, Stillwater Oklahoma/USA

[450] IFSTA: Marine Fire Fighting. IFSTA 36352 (2000), ISBN 0-87939-177-4, Fire Protection Publications; Headquarters for the International Fire Service Training Association; 930 N. Willis; Stillwater, Oklahoma 74078 USA

[451] IFSTA: Marine Fire Fighting for Land-Based Firefighters, IFSTA 36476 (2001), ISBN 0-87939-195-2, Fire Protection Publications; Headquarters for the International Fire Service Training Association; 930 N. Willis; Stillwater, Oklahoma 74078 USA

[452] Bumiller, Günter: Der Einsatz von Leicht- und Mittelschäumen bei der Bekämpfung von Schiffsbränden; (Abschnittsarbeit); Feuerwehr Hamburg 1970

[453] Institut der Feuerwehr: Einsatz von Schaum für die Brandbekämpfung, Ministerium des Innern [der DDR], Berlin 1975

[454] Pleß, Georg; Lubosch, Eberhard: Löschen mit Schaum; Rudolf Haufe Verlag; 1.A. Berlin; 1991

[455] Anm. des Verfassers

[456] Höhe innen 38,3 cm, Innendurchmesser unten 31 cm und oben 32,5 cm.

[457] Tatsächlich sind viele Schaumrohre sich derart ähnlich, dass man versucht ist zu glauben, sie würden alle von einem Hersteller gefertigt werden und kämen nur mit unterschiedlichen Etiketten in den Markt.

[458] Brandabwehrdienst

[459] Die unzureichende Persönliche Schutzausrüstung ist – auch wenn es sich hier nur um eine Einweisung in das Gerät zu handeln scheint – zu bemängeln. Insbesondere ist ein Helm zu tragen, vgl. UVV Feuerwehr, § 19: „Strahlrohre, Schläuche und Verteiler sind so zu benutzen, dass Feuerwehrangehörige beim Umgang mit diesen Geräten sowie durch den Wasserstrahl nicht gefährdet werden".

[460] Unfallverhütungsvorschrift Feuerwehren vom Mai 1989, in der Fassung vom Januar 1997 mit Durchführungsanweisungen vom Juli 2003; Gesetzliche Unfallversicherung GUV-V C 53 (bisher GUV 7.13)

[461] Ochsler, Manfred: Einsatzmittel Betonpumpe – Gezielte Wasserbeförderung an schwer zugänglichen Brandstellen; Forum Feuerwehr 24. bis 26. Juni 2004, Forum Niederberg, Velbert; verlag moderne industrie AG & Co.KG – mic – mi information center; Landsberg 2004

[462] Lenz, Bernd: Staubexplosion in einem Holzspänebunker (Betonpumpe als Sonderfahrzeug in Ostfriesland); brandschutz; Kohlhammer Verlag; 2004; Juni; 6; pp. 414 – 420

[463] Gihl, Manfred: Der Water Tower – Eine amerikanische Spezialität; brandschutz; Kohlhammer Verlag; 1996; Sept.; 9; pp. 701 – 706

[464] Shepperd, Fred.: Fire Service HYdraulics; Case-Shepperd-Mann Publ. Corp. New York NY/USA; 1947; pp. 172 – 186.

[465] OLG Stuttgart Beschluss vom 20.2.2008, 4 Ws 37/2008; 4 Ws 37/08

[466] Für bestimmte Anwendungen (z.B. FLF mit Endgeschwindigkeiten deutlich über 100 km/h, Achslasten jenseits der üblichen StVZO-Werte) schreiben nach Informationen von ZAWADKE Reifenhersteller teilweise eine Wasserkühlung der Reifen bei längeren Fahrtstrecken oder extremen Belastungen vor. Diese Wasserkühlung der Reifen darf nicht verwechselt werden mit einem Löscheffekt beim Feuer. Die Reifen halten im Gegensatz zu den serienmäßigen Versorgungsleitungen weit länger einem Feuer oder Hitze stand.

[467] de Vries, H.: Waldbrand-TLF andernorts; In: Feuerwehr Retten Löschen Bergen; Forum Verlag; Merching; 3, März, 2021; pp. 40 – 45

[468] de Vries, H.: Waldbrand-TLF in den Niederlanden und in Schweden; In: Feuerwehreinsatz:nrw; 3, 2021, Feuerwehrservice NRW, Wuppertal; pp. 42 – 53

[469] Unfallverhütungsvorschrift Feuerwehren vom Mai 1989, in der Fassung vom Januar 1997 mit Durchführungsanweisungen vom Juli 2003; Gesetzliche Unfallversicherung GUV-V C 53 (bisher GUV 7.13)

[470] Unfallverhütungsvorschrift Arbeiten mit Flüssigkeitsstrahlern vom März 1993, in der Fassung vom Januar 1997 mit Durchführungsanweisungen vom November 1997; Gesetzliche Unfallversicherung GUV-V D 15 (bisher GUV 3.9)

[471] Hier gibt es einen offensichtlichen und klaren Widerspruch zwischen den UVV: GUV-V D 15 (bisher GUV 3.9): I. Geltungsbereich § 1 (4) „Diese Unfallverhütungsvorschrift gilt auch nicht für das Arbeiten mit [Ziff 1.] Feuerlöschgeräten“, …

[472] Brunacini, A.V.: Fire Command, National Fire Protection Association, Quincy, USA, 1985

[473] Kluth, Karsten; Pauly, Olaf; Keller, Erwin; Strasser , Helmut: Forschungsbericht über die Evaluierung der ergonomischen Qualität von Strahlrohren zur Brandbekämpfung mittels elektromyographischer und subjektiver Methoden; Universität – GH – Siegen, Institut für Fertigungstechnik, AWS Arbeitswissenschaft/Ergonomie, Univ.-Prof. Dr.-lng. Helmut Strasser; Giessen; Februar 1999

[474] Hölemann, H.: Environmental problems caused by fires and fire-fighting agents; International Association for Fire Safety Science – Proceedings of the Fourth International Symposium; 1995; S. 61-77

[475] Salzmann, Jean: 10 Jahre nach Schweizerhalle In: Schweizerische Feuerwehr-Zeitung; Schweizerischer Feuerwehrverband; 1996; 12; Dezember; S. 891-894

[476] Edwards, T.: The prevention of water pollution In: The Fire Engineers Journal; The Institution of Fire Engineers; Leicester/UK; 1995; 176; März; S. 13-17

[477] Paersch, A.; Spengler, D.-U.: Das Problem Löschwasser In: Brandschutz; Kohlhammer; Stuttgart; 1994; 7; Juli; S. 445-448

[478] Whiteley, B.: Firefighting effects on the environment In: Fire International; FMJ International Publications Ltd.; Redhill, Surrey/UK; 1994; August/September; S. 35-36

[479] McConachie, A.: Environmental Protection: Fire and its effects on the environment In: BFSA Journal; The British Fire Services Association; Leicester/UK; 1993; 2; Herbst; S. 7- 3

[480] Pohl, K. D.: Löschmittel in der Diskussion In: vfdb-Zeitschrift; Kohlhammer; Stuttgart; 1989; 4; S. 177-183

[481] Donkelaar, P. van: Protecting waterways from run-off pollution In: Fire International; FMJ International Publications Ltd.; Redhill, Surrey/UK; 1995; Winter; S. 18-22

[482] Donkellar, P. van: Löschwasser-Rückhalteanlagen In: 112 – Magazin der Feuerwehr; 1996; 6; Juni; S. 345-350

[483] National Rivers Authority / Chief & Assistant Chief Fire Officers' Association (Hrsg.): A partnership in environmental protection: water – The bringer of life; NRA / CACFOA; Birmingham/ UK; 1995

[484] Wieneke, A.: Erarbeitung von Konzepten zur Beurteilung und Reinigung kontaminierter Löschwässer (Dissertation BUGH W 1997 – D 468); VDI Verlag; Düsseldorf; Fortschrittberichte VDI Reihe 15 Umwelttechnik Nr. 166; 1997

[485] Berth, P.; Gerike, P. et al.: Zur ökologischen Bewertung technisch wichtiger Tenside In: Tenside Surfactants Detergents; Carl Hanser; München; 1988; 25; S. 108 – 115

[486] Schöberl, P.; Bock, K. J. et al.: Ökologisch relevante Daten von Tensiden in Wasch- und Reinigungsmitteln In: Tenside Surfactants Detergents Carl Hanser; München; 1988; 25; S. 86-98

[487] Hellmann, H.; Müller, D.: Gutachten über die Wassergefährlichkeit von Schaumlöschmitteln; Bundesanstalt für Gewässerkunde; Koblenz; 1975

[488] Jung, M.: Gewässergefährdung beim Einsatz von Schaummitteln In: Brandschutz; Kohlhammer Verlag; Stuttgart; 1996; 11; November; S. 853-858

[489] Scherer, O.: Einleitung von kontaminiertem Löchwasser in Kläranlagen In: Brandschutz; Kohlhammer Verlag; Stuttgart; 1998; 4; April; S. 372-375

[490] Laska, W.: Löschmittel und Umweltschutz – Braucht die Feuerwehr mehr als Wasser? In: vfdb-Zeitschrift; Kohlhammer; Stuttgart; 1990; 4; S. 186-190

[491] Romanus, A.; Köppke, K.-E.: Analytik und Entsorgung kontaminierter Lösch- und Reinigungswässer In: vfdb-Zeitschrift; 1996; 4; S. 160-165

[492] Beimborn, D.; Flemming, H.-C.; Grummt, T. et al.: Wirkungsbezogene Umweltanalytik In: GIT Labor-Fachzeitschrift (Sonderdruck); GIT Verlag; Darmstadt; 1998; 42; S. 905-908; 1058-1062

[493] Bailey, R. P.; Mawdsley, W.: National survey of use of Class A foam for wildland fire management In: International Wildland Fire Foam Symposium and Workshops (Proceedings); Natural Resources Canada, Canadian Forest Service, Petawa National Forestry Institute, Information Report PI-X-131; Thunder Bay/Ontario; 1994; S. 51

[494] Sabol, R. J.: Toxicity, health, and safety of wildland foams In: International Wildland Fire Foam Symposium and Workshops (Proceedings); Natural Resources Canada, Canadian Forest Service, Petawa National Forestry Institute, Information Report PI-X-125; Thunder Bay/Ontario; 1994; S. 114-118

[495] Finger, S. E.; Environmental implications of fire-fighting chemicals: A summary of current research by the national Biological Survey In: International Wildland Fire Foam Symposium and Workshops (Proceedings); Natural Resources Canada, Canadian Forest Service, Petawa National Forestry Institute, Information Report PI-X-126; Thunder Bay/Ontario; 1994; S. 119-122

[496] Langevin, R.; Marotte, P.-M.: Wildland fire extinguishing in Quebec In: International Wildland Fire Foam Symposium and Workshops (Proceedings); Natural Resources Canada, Canadian Forest Service, Petawa National Forestry Institute, Information Report PI-X-131; Thunder Bay/ Ontario; 1994; S. 152-156

[497] Larson, D. L.; Newton, W. E.: Effects of fire suppressant foam on vegetation in North Dakota Prairie In: International Wildland Fire Foam Symposium and Workshops (Proceedings); Natural Resources Canada, Canadian Forest Service, Petawa National Forestry Institute, Information Report PI-X-127; Thunder Bay/Ontario; 1994; S. 123-127

[498] Organization for Economic Co-operation and Development (OECD): Terrestrial Plants, Growth Test No. 208-1984; OECD Guidelines for the Testing of Chemicals; CD-ROM Ausgabe 1993-94

[499] Bolvin, Chr.; Bailor, C.:: Human health and ecological risk assessments: Wildland fire suppression chemicals In: International Wildland Fire Foam Symposium and Workshops (Proceedings); Natural Resources Canada, Canadian Forest Service, Petawa National Forestry Institute, Information Report PI-X-124; Thunder Bay/Ontario; 1994; S. 106-113

[500] Hamilton, S. J.; McDonald, S. F. et al.: Toxicity of fire retardant chemicals to aquatic organisms: In: International Wildland Fire Foam Symposium and Workshops (Proceedings); Natural Resources Canada, Canadian Forest Service, Petawa National Forestry Institute, Information Report PI-X-129; Thunder Bay/Ontario; 1994; S. 132-144

[501] Organization for Economic Co-operation and Development (OECD): Daphnia sp., Acute Immobilisation Test and Reproduction Test: Part I – the 24h EC 50 acute immobilisation test; Part II – the reproduction test (at least 14 days) No. 202-1984; OECD Guidelines for the Testing of Chemicals; CD-ROM Ausgabe 1993-94

[502] Die „ EC50“ oder „effektive Konzentration“ ist definert als die Konzentration einer Substanz, bei der 50 % der exponierten Individuen definierte (toxische) Symptome zeigen.

[503] Poulton, B. C.; Finger, S. E.: Effects of fire suppressant foams on a prairie wetland ecosystem – A study of a North Dakota prairie wetland community In: International Wildland Fire Foam Symposium and Workshops (Proceedings); Natural Resources Canada, Canadian Forest Service, Petawa National Forestry Institute, Information Report PI-X-130; Thunder Bay/Ontario; 1994; S. 145-151

[504] Hygiene Institut des Ruhrgebiets: Brandhygienische und abwassertechnische Prüfung; Sowie: Brandhygienische Prüfung und Beurteilung hier: Löschmittel Silv-ex G; Gelsenkirchen; 22.09.1995

[505] Schmitz GmbH Feuerwehr- und Umwelttechnik: EU-Sicherheitsfatenblatt ONE SEVEN Klasse A Schaummittel; Luckenwalde; 26.11.1998

[506] Albers, R.: Überprüfung verschiedener Analyseverfahren zur Charakterisierung kontaminierter Löschwässer vor Ort während der Brandbekämpfung (Studienarbeit); BUGHW FB 14 Prof. Pohl; Wuppertal; 1997

[507] Voss, S.: Bewertung kontaminierter Löschwässer mithilfe von biologischen und chemischen Parametern (Studienarbeit); BUGHW FB 14 Prof. Pohl; Wuppertal; 1994

[508] de Vries, Holger: Untersuchungen zur Optimierung der Bekämpfung von Feststoffbränden mit Wasser und Schaum im mobilenn Einsatz der Feuerwehren(Dissertation BUGH W 2000); Book-on-Demand www.bod.de

[509] Keinath, D.: Zur thermischen Stabilität nichtionischer Tenside und ihrer Analytik mittels HPLC; DisS. Universität Stuttagrt, Institut für Textil- und Faserchemie; Stuttgart; 1986; S. 122

[510] Stephenson, N.: Volles Rohr; Goldmann Verlag; München; 1. Auflage 1992; S. 34

[511] Prescher, D.; Gross, U.; Wotka, J. et al.: Zum Umweltverhalten von Fluortensiden Teil 1: Prüfung auf Aquatoxizität In: Acta hydochim. et hydrobiol.; Vol. 12; 1984; 6; S. 595-600

[512] Prescher, D.; Gross, U.; Wotka, J. et al.: Zum Umweltverhalten von Fluortensiden Teil 2: Untersuchung der biochmischen Abbaubarkeit In: Acta hydochim. et hydrobiol.; Vol. 13; 1985; 1; S. 17-24

[513] Prescher, D.; Gross, U.; Wotka, J. et al.: Zum Umweltverhalten von Fluortensiden Teil 3: Reinigung der industriellen Abwässer In: Acta hydochim. et hydrobiol.; Vol. 14; 1986; 3; S. 293-304

[514] ANSUL: Technical Bulletin Number 60 – Foam and the environment; Form No. F-97136; 1997

[515] Baumann: U: Flourtenside in Feuerlöschmitteln – Kein biologischer Abbau in Kläranlagen In: Schweizerische Feuerwehr-Zeitung; 1996; 8; August; S. 585; 501

[516] Bundesanstalt für Gewässerkunde (Hrsg.): Stellungnahme zum Abbau und Umweltverhalten von Fluortensiden; Bundesanstalt für Gewässerkunde; Koblenz und Berlin; 30.03.1999

[517] https://de.wikipedia.org/wiki/Großbrand_von_Herborn: Der Großbrand von Herborn wurde am 7. Juli 1987 gegen 21 Uhr durch den Unfall eines Tankwagen-Sattelzuges ausgelöst. Dabei kamen in der hessischen Stadt Herborn (Lahn-Dill-Kreis) sechs Menschen ums Leben und 38 wurden verletzt. Zwölf Häuser brannten ab und 44 Menschen verloren dadurch ihre Wohnungen.

[518] Hesel, H.: Grundgrößen der menschlichen Informationsverarbeitung und Belastungen in Risikoszenarien der Feuerwehr (Dissertation), Universität Bremen; Fachbereich 2 (Biologie/Chemie); 1993

[519] Gist, R.; Woodall, J. S.: Occupational stress in contemporary fire service In: Occupational Medicine; Philadelphia PA/USA; 1995; Vol. 10 No. 4; S. 763-787

[520] Hallmeyer, A.; Klingbell, M.; Köhn-Seyer, Gisela; et. Al.: Physische und psychische Belastungskomponenten in der Tätigkeit des Feuerwehrmannes In: Z. geS. Hyg.; Berlin; 1981; Vol. 27; S. 191-195

[521] Dutton LaVerne, M.; Smolensky, M. H.; Leach, C. S. ; et. Al.: Stress Levels of Ambulance Paramedics and Fire Fighters In: Journal of Occupational medicine; American Occupational Medical Association; 1978; Vol. 20; Februar; 111-115

[522] Noje-Knollmann, S.: Untersuchungen zur sicherheitstechnischen und ergonomischen Gestaltung von Feuerwehrhelmen unter Berücksichtigung der prEN 443 und der EN 397 (Diplomarbeit); BUGHW FB 14 Prof. Pohl; Wuppertal; 1996

[523] Wing, J. F.: Upper thermal tolerance limits for unimpaired mental performance In: Aerospace Medicine; Vol. 36; 1965; S. 960-964

[524] Fox, R. H.; Goldsmith, R. et. al.: The effects of a raised body temperature on the performance of mental tasks In: Proceedings of the Psychological Society; 1963; Feb.; London; S. 22-23

[525] Wilkinson, R. T.; Fox, R. H.; Lewis, H. E.: Psychological ans physiological response to raised body temperature In: Journal of Applied Psychology; Washington DC/USA; 19; 1964; S. 287-291

[526] Morgan W. P.: Psychological problems associated with the wearing of industrial respirators In: American Industrial Hygiene Association Journal; Chicago IL/USA; 1983; 44; 671-676

[527] Ungerer, D.; Hesel, H.; Morgenroth, U.: Risikoprofile und Belastungen im Feuerwehreinsatz In: vfdb; Kohlhammer; Stuttgart; 1993; 2; Februar; S. 44-61

[528] Hancock, P. A.: Task categorization and the limits of human performance in extreme heat In: Aviation, Space and Environmental Medicine; Washington DC7USA; 1982; Vol. 53 Nr. 8; 1982; S. 778-784

[529] Köllmer, S.: Einsatzgrenzen von Feuerwehren bei Brandereignissen in unterirdischen Verkehrstunnelanlagen (Diplomarbeit); BUGHW FB 14 Prof. Hölemann; 1999

[530] Schiffahrtsmedizinisches Institut der Marine (Hrsg.): Einfluß von Temperatur und Feuchtigkeit auf die Leistungsfähigkeit In: Mensch und Schiff – III. Marinemedizinisches Wissenschaftliches Symposium in Kiel 1972; Schmidt Klaunig; Kiel; 1972; S. 57-66

[531] Heimberg und Fuchs: Ausbildungsanleitung für den Feuerwehrdienst; Verlag E. S. Mittler & Sohn GmbH; Frankfurt/Main; 9. Auflage; 1972

[532] Edelmann, A: Lernpsychologie; Urban & Schwarzenberg; München 1986

[533] Bundesministerium der Verteidigung (Hrsg.): Militärische Ausbildungspraxis; Walhalla und Praetoria Verlag; Regensburg; 1987

[534] Döner, D.: Die Logik die Mißlingens – Strategisches Denken in komplexen Situationen; Rowohlt 9314; Reinbek; 1992

[535] Lindermann, G. F.: The world within war; Harvard University Press; Cambridge MA/USA; 1997

[536] Feuerwehr-Unfallkasse Hannover (Hrsg.): Unfallverhütungsvorschrift (UVV) Feuerwehren (GUV 7.13) mit Durchführungsanweisungen; 01.04.1991

[537] Skiba, R.: Taschenbuch Arbeitssicherheit; Erich Schmidt Verlag; 8. Auflage; 1994; S. 27 ff. und S. 344 ff.

[538] Deutscher Feuerwehrverband (Hrsg.): Jahrbücher DFV 1976-1996; Bonn

[539] Döbbeling, E.-P.: Feuerwehreinsatzstatistik – Weche Erkenntnisse sind aus der Feuerwehreinsatzstatistik für die Brandsicherheit abzuleiten? In: VdS Fachtagung Abwehrender Brandschutz – Feuerwehren (Tagungsband); Köln; 2. März 1999

[540] Landeshauptstadt Düsseldorf (Hrsg.): 125 Jahre Berufsfeuerwehr Düsseldorf; Düsseldorf 1997; S. 122 ff.

[541] Berliner Feuerwehr: Jahresbericht 1996

[542] Blätte, H.-J.: Berufsfeuerwehr – Quo vadis? In: vfdb; Kohlhammer; Stuttgart; 1994; 2; Februar; S. 48

[543] BUGHW (Hrsg.): Angewandter Strahlenschutz bei Feuerwehren (Kolloquium); BUGHW FB 14; 1998; S. 26-27

[544] Cimolino, U.: Aus- und Fortbildung von Feuerwehrführungskräften In: Tagungsband der vfdb Jahresfachtagung der vfdb 1999; Saarbrücken; S. 401-427

[545] Rutenborn, A.: Menschenrettung und Brandbekämpfung in Straßentunneln, Tiefgaragen und Tiefkellern (Diplomarbeit); BUGHW FB 14 Prof. Hölemann; 1998

[546] Lippes, S.: Erstellung von Lehrunterlagen für die Ausbildung im Flashover-Container der DMT (Studienarbeit); BUGHW FB 14 Prof. Hölemann; 1999

[547] Dietrich, M.: Grundlagen für die Ausbildung von Feuerwehrangehörigen in einer Brandsimulationsanlage unter realistischen Bedingungen (Studienarbeit); BUGHW FB 14 Prof. Hölemann; 1999

[548] Löbbert, A. et. al.: Brandschutzplanung für Architekten und Ingenieure, Verlag Rudolf Müller, 1998

[549] Vgl. die Diskussion zur „Brand- und Feuerwehrstatistiken der Bundesländer", z.B. auf www.vfdb-statistik.de

[550] de Vries, H.: „Zur Situation des Vorbeugenden Brandschutzes in England", vfdb-Zeitschrift, 1995, Nr. 1, 22 – 26; nachgedruckt in: Brandschutz, 1995, Nr. 8, S. 561 – 566

[551] Es wäre sinvoll, wenn die Information über Konstruktionsart „Nagelplattenbinder" in der Leitstelle als Objektinformation hinterlegt wäre und die Leitstelle von sich aus die vertrichene Zeit in Fünf-Minuten-Takten per Rundspruch über 4-m-Band an die anrückenden Kräfte übermittelt.

[552] National Fire Protection Association: NFPA 11 – Standard for Low-, Medium and High-Expansion Foam; 2005 Edition; Quincy MA/USA 2005

[553] Aquaous Film Forming Foam; wasserfilmbildender Schaum

[554] US Navy Salvage Manual: Chapter 3 – Salvage Firefighting Principles; Dokument Nr. S0300-A6-MAN-030, pp. 3-35 ff.

[555] Die Wassermenge der LF reicht dafür i.d.R. NICHT aus. Selbst ein 2000 L fassender Löschwasserbehälter ist dafür jeweils zu knapp bemessen. Hier müssen TLF für Wassernachschub sorgen,

wenn keine Hydranten o.ä. zur Verfügung stehen bzw. nicht aus offenem Gewässer gesaugt werden kann.

[556] Ggf. auch Teil eines Alarmgerätelagers (AGL).

[557] Cimolino, U. et. al.: Einsatzstellenkommunikation, Verlag ecomed, 2000

[558] Busse Feuer-Arbeits-Umweltschutz: Schnellangrifftasche System Busse-de Vries; D-65462 Ginsheim-Gustavsburg

[559] de Vries, H.: Einsatz von D-Leitungen – Ausbildung und Praxis, ecomed, Landsberg, 2016; ISBN 978-3-609-69837-3

[560] de Vries, H. : Ausbildungsfolien Einsatz von D-Leitungen – Ausbildung und Praxis (CD-ROM oder Download) , ecomed, Landsberg, 2016; ISBN 978-3-609-78582-0

[561] de Vries, H.: „Reality Truck" statt „Concept Truck" – Ein tagesalarmsicheres HLF für die Feuerwehr Hooksiel; In: Feuerwehr Retten Löschen Bergen; Forum Verlag; Merching; 7-8, Juli-August, 2020; pp. 32 – 36

[562] https://www.feuerwehr-ub.de/fachartikel/schwierige-wattrettung/

[563] https://www.feuerwehr-buesum.de/wasserrettung.html

[564] de Vries, H., Nöchel, J.: Kleiner – leichter – schneller: D-Schlauch-Workshop bei der Freiwilligen Feuerwehr Hooksiel; Feuerwehr-UB; Huss Medien; Berlin; 4; April; 2017; pp. 32 – 33

[565] de Vries, H.: Einsatz von D-Leitungen – Ausbildung und Praxis, ecomed, Landsberg, 2016; ISBN 978-3-609-69837-3

[566] de Vries, H.: Zeit zum Umdenken [Pumpenkonfiguration], Feuerwehr-UB; Huss Medien; Berlin; 06; Juni; 2015; pp. 82 – 85

[567] de Vries, H., Schaummittel-Zumischer – Technik und Betrieb; ecomed, Landsberg, 2019; ISBN 978-3-609-69427-6

[568] de Vries, H., E. Zoellner: Alarm für den GW-G zur Schaummittelversorgung [Schaummittelversorgung über lange Wegstrecken]; brandschutz, Kohlhammer Verlag, Stuttgart; 2016; 2; Februar; pp. 115 – 121

[569] de Vries, H.: D-, C- oder B-Rohr? – Richtige Wahl bei Strahlrohren; In: Feuerwehr Retten Löschen Bergen; Forum Verlag; Merching; 6, Mai, 2020; pp.48 – 54

[570] Anonymus: Feuerwehr Reutlingen … Fahrzeugtechnik; http://www.reutlingen.de/feuer/dtech/fahrzeug.htm vom 27.01.1998

[571] Jendsch, W.: Ausnahmezustand – Feuerwehr Reutlingen Teil 1 In: Feuerwehr Magazin; 1998; 10; Oktober; S. 25

[572] Kober, H: Brandbekämpfung mit Class-A-Foam-Schaummittel In: Brandschutz; 1998; 3; April; S. 257-259;

[573] Kober, H: Wohnungs- und Industriebrände mit Schaummittel löschen – Vision oder Realität? (Class-A-Foam-Schaummittel in der Erprobung) In: Brandschutz; 1996; 10; Oktober; S. 813

[574] Reicherter, M.: HLF 16/16/06 – oder LF 16/12 nach Norm? … oder sind Namen nur noch Schall und Rauch? In: Brandschutz; 1998; 3; Juni; S. 254-256

[575] Braun, U.: Erfahrungsbericht über die Druckluftschaum-Brandbekämpfung; Berufsfeuerwehr Ingolstadt; 30.09.98

[576] Anonymus: Ingolstadt: LF 16/12 mit Kompressor-Luftschaumsystem In: 112 – Magazin der Feuerwehr; 1998; 1; Januar; S. 8 -12

[577] Harder, H.: Luftschaum gegen Dachstuhlbrand – Löschversuch an einem Abbruchgebäude in Hamburg In: Die Feuerlöschpolizei; Nr. 5; S. 136-137

[578] Braun, U.: Erfahrungsbericht über die Druckluftschaum-Brandbekämpfung; Berufsfeuerwehr Ingolstadt; 30.09.98, S. 26

[579] Raab, W.: Alternative Löschschaum – Bericht über einen Großbrand in einer Privatklinik In: Schadenprisma; Feuersozietät Öffentliche Leben; Berlin; 1998; 2; S. 12 -19

[580] Fa. Hale Products Europe GmbH: Produktinformation Das CAFS Schaumlöschsystem von HALE; 1997

[581] Schmitz GmbH Feuerwehr- und Umwelttechnik; Foliensatz Schmitz One-Seven Druckluftschaumsystem, D- 14932 Luckenwalde; 1997

# Stichwortverzeichnis


**A**

Abbrandwiderstand 80
Abrasionsmittel 41
Absolute Löscheffektivität 247
AB-Zumischer 124
Arbeitsschutz 264
around-the-pump proportioning 112
Aufbau Düsenschlauch 65
Ausbildung 251

**B**

batch mixing 109
Brandklassen 14

**C**

CCS Cobra 42
Class-A-Foam-Schaummittel (CAFSM) 91
COBRA 50

**D**

Dämmmaterialien 258
Dampfhammer 57
DIN EN 15182 „Tragbare Geräte zum Ausbringen von Löschmitteln, die mit Feuerlöschpumpen gefördert werden – Strahlrohre für die Brandbekämpfung" 34
DIN EN 15767 „Tragbare Geräte zum Ausbringen von Löschmitteln, welche mit Feuerlöschpumpen gefördert werden - Tragbare Werfer" 127
direkter Angriff 57
D-Leitungen mit Zumischern kleiner als Z2 123
DLS/CAFS 164
Dosieraufsätze für Z-Zumischer 140
Drehleiter-Wenderohre 223
Druck
– halteautomatik 228
– luftschaum 153
– luftschaumanlagen 157
– luftschaumsysteme mit Kompressoren 158
D-Schlauch 269
Durchbruchwiderstand 80

**E**

Einpersonenwerfer (EPW) 128
Einsatzerfahrung 251
Extensive Schaummittelversorgung/-abgabe 145

**F**

Fahrzeugtechnische Umsetzung 267
Fehlertoleranz 250
Festeingebaute Z-Zumischer 142
Feuerlöschkreiselpumpe 99, 272
Filmbildende, fluorierte Proteinschäume (FFFP oder 3FP) 84
Fließfähigkeit Schaum 80
Fluorcarbontenside 239
fluorhaltigen Schaummittel 82
Fluorierte Proteinschäume (FPS) 83
Flüssigkeitsbrände 259

**G**

Gefährdungspotenzial
– Beurteilung 237
Gelbildner-Zumischung 68
Groupe Leader Mix 200-1000 V2 143

**H**

Haftfähigkeit Schaum 81
HLZ-Zumischer 141
Hochdruck
– löschverfahren 34, 41
– pumpen 36
Hohlstrahlrohre 33, 164, 187
Holz
– bauweise 256
– mischbauweise 256
– skelettbauweise 256
Hydro-Schilde 64

**I**

indirekter Angriff 57
Intensive Schaummittelversorgung/-abgabe 145

**K**

kontaminiertes Löschwasser 235
Kosten 251

**L**

Leidenfrost-Effekt 19
Logistik 250
Lösch
– düsen 229
– mittelauswurfvorrichtung (LAV) 135, 185
– mittelkonzept 245
– wasserbedarf 25

**M**

Mehrbereich-Schäume (MBS) 87
Mess
– aufbau 171
– durchführung 171
Mindestapplikationsrate (MAR) 22

**N**

Nagelbinderkonstruktionen 258
Netzmittel-Kartuschen 118

**P**

Proteinschäume (PS) 83
Protein-Schwerschaum 83
Pumpenvormischung 112

**Q**

Quellkörperlösung 69

**R**

Reaktionszeit der Zumischeinrichtung 149
Relative Löscheffektivität 248
Retardant-Zumischung 72
RFC CUTTEX Löschsystem 46
Richtlinie 2006/122/EG 239
Ruberg Foam Injector 150 126

**S**

„Salem"-Versuche 158
Saug
– seitige Zumischung 109
– zumischung 111
Schaum
– dichte 79
– mittel-Ansaugschlauch 138
– mittelkennzahlen 79
– mittelzumischung 104
– typen 81
Schneidlöschverfahren 41
Schnellangriffeinrichtungen 36
Schnellangriffsmonitore 233
Schutzkleidung 61
Selbstansaugende Schaumrohre 127
Sicherheits
– einrichtungen 156
– reserven 250
Stockpunkt Schaummittel 80
Strahlrohrtypen 185
Stützkrümmer 231
suction side proportioning 111

**T**

Taktische Löschintensität (TALIS) 22
Tankvormischung 109
Transportzeit 148
Trinkwasserhygiene 235
Tübinger Unfall 181

**U**

UVV Feuerwehr 230

**V**

Venturi-Zumischer 125
Verschäumungszahl (VZ) 79

**W**

Wasser 16
– filmbildende Schäume (AFFF oder A3F) 84
– halbzeit (WHZ) 79
– strahlpumpen-Prinzip 108
– viertelzeit (WVZ) 79
– werfer 222
wässrige Löschmittel 13
Wirtschaftliche Aspekte 65

**X**

X-FIRE 350 45

**Z**

Zumischer
– Feindosierung 125
– mit Umlaufkanal 130
– ohne Umlaufkanal 121
Zumischsysteme 106
zweidimensionaler Brände 217
Z-Zumischer 130